金沙江下游梯级水电站气象预报技术

郭　洁　董先勇　宋雯雯　秦蕾蕾
郑　昊　牛志攀　陶　丽　　等　著

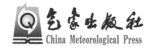

气象出版社
China Meteorological Press

内容简介

本书立足“碳达峰、碳中和”要求，开展了金沙江下游梯级水电站气象预报关键技术研究，全面阐述了金沙江下游及四大水电站暴雨、大风、高温等灾害天气以及面雨量等径流影响因子的理论研究与应用技术的现状和最新发展。内容包括极端暴雨诊断与数值模拟、高温数值模拟及智能预报、大风精细化风热环境数值模拟、基于人工智能的大风预测、面雨量多模式集成预报和峡谷区水电站坝区大风特性数值模拟等方面的研究及应用，具有较强的理论性和实用性。

图书在版编目（CIP）数据

金沙江下游梯级水电站气象预报技术 / 郭洁等著. -- 北京 : 气象出版社, 2022.7
ISBN 978-7-5029-7888-4

Ⅰ. ①金… Ⅱ. ①郭… Ⅲ. ①金沙江－梯级水电站－气象预报－研究 Ⅳ. ①TV752.7

中国版本图书馆CIP数据核字(2022)第243719号

JINSHA JIANG XIAYOU TIJI SHUIDIANZHAN QIXIANG YUBAO JISHU

金沙江下游梯级水电站气象预报技术

郭 洁 董先勇 宋雯雯 秦蕾蕾 郑 昊 牛志攀 陶 丽 等 著

出版发行：气象出版社
地　　址：北京市海淀区中关村南大街46号　　邮政编码：100081
电　　话：010-68407112(总编室)　010-68408042(发行部)
网　　址：http://www.qxcbs.com　　E-mail：qxcbs@cma.gov.cn
责任编辑：蔺学东　毛红丹　　终　　审：张　斌
责任校对：张硕杰　　责任技编：赵相宁
封面设计：艺点设计
印　　刷：北京地大彩印有限公司
开　　本：787 mm×1092 mm　1/16　　印　　张：19.75
字　　数：520千字
版　　次：2022年7月第1版　　印　　次：2022年7月第1次印刷
定　　价：160.00元

《金沙江下游梯级水电站气象预报技术》
编写人员

四川省气象服务中心：

郭　洁　宋雯雯　陶　丽　郑　昊　黄　瑶

陈　晋　淡　嘉　吴　顺　刘新超　徐　诚

刘自牧　蒲吉光　袁　梦　李亚玲

中国三峡建工(集团)有限公司：

董先勇　游家兴　秦蕾蕾　师义成　杜泽东

张　锋　姚孟迪　李　冰　伍佳佳

四川大学：

牛志攀　马旭东

序言

金沙江是中国第一大河长江的上游，其流经青海、西藏、四川、云南四省(区)，干流全长三千多千米。金沙江流域是一个广大的地理概念，北至黄河上游，东至大雪山与大渡河，南至乌蒙山与珠江，西至澜沧江。流域海拔高度由西北向东南逐渐降低，山岳占九成以上，是一条典型的峡谷河流。金沙江流域地形、地貌复杂，涵盖了河谷、盆地、湖泊、高山等诸多类型。山川割裂塑造了多元复杂的气候环境，从亚寒带、温带到亚热带，形成了丰富而独特的气候走廊。

依据历史文献，金沙江得名之缘由有两种说法，一种认为是因江水呈金黄色，另一种说法是因江中产沙金，如《元史·地理志》言："谓金沙江出沙金，故名。"明代宋应星著《天工开物》中记："水金多者出云南金沙江(古名丽水)，此水源出吐蕃，绕流丽江府，至于北胜州，回环五百余里，出金者有数截。"现如今的金沙江，不知这滚滚江水中是否还能淘得沙金，但在水电人的眼中，奔流不息的金沙江无疑是一座能"淘电"的巨大能源宝库：从河源至宜宾干流河长 3464 km，金沙江落差 5100 m，分别占长江干流全长的 55%和总落差的 95%。坡陡流急的金沙江水量丰沛且稳定，落差大且集中，水能资源蕴藏量达 1.124 亿 kW，约占全国的 16.7%，可开发水能资源达 9000 万 kW，富集程度堪称世界之最。在我国规划的十三大水电基地中，金沙江是具有战略地位的最大水电基地，金沙江下游河段从下至上依次有向家坝、溪洛渡、白鹤滩、乌东德四座水电站构成"多组电源"，是我国实施"西电东送"、构建清洁低碳安全高效能源体系的国家重大工程，是新时代推进西部大开发形成新格局、我国全面建成小康社会的标志性工程。

2020 年 6 月 29 日，习近平总书记对乌东德水电站首批机组投产发电作出重要指示，"要坚持生态优先、绿色发展，科学有序推进金沙江水能资源开发，推动金沙江流域在保护中发展、在发展中保护，更好造福人民"。2021 年 6 月 28 日，当今世界在建规模最大、技术难度最高的水电工程白鹤滩水电站首批机组安全投产发电，实现了我国高端装备制造的重大突破，其与三峡工程、葛洲坝工程，以及乌东德、溪洛渡、向家坝水电站一起，构成世界最大的清洁能源走廊，对改善能源结构、助推"碳达峰、碳中和"目标实现具有重要意义。

近年来，在全球气候变化背景下，极端灾害天气频发，水循环也受到了严重影响，对全球能源安全构成的新挑战日益凸显。我国西部地区呈现暖湿化特征，对金沙江流域及巨型梯级水电站运行影响日趋加剧。中国三峡建工（集团）有限公司与四川省气象局应势而谋、因势而动，联合开展科研攻关。三年来，技术团队系统地归纳提炼了金沙江下游暴雨、高温、大风等灾害天气的天气预报理论和方法，完成了《金沙江下游梯级水电站气象预报技术》一书。在此，我对全体技术人员付出的努力和取得的成果表示感谢和祝贺。

内容丰富、技术创新是此书的显著特色。该书紧密联系金沙江下游流域及水电站的预报关键技术，全面阐述了金沙江下游及四大水电站暴雨、高温、大风等灾害天气以及面雨量等径流影响因子的理论研究与应用技术的现状和最新发展。其内容包括极端暴雨诊断与数值模拟、高温数值模拟及智能预报、大风精细化风热环境数值模拟、基于人工智能的大风预测、面雨量多模式集成预报和峡谷区水电站坝区大风特性数值模拟等方面的研究及应用，具有较强的理论性和实用性。

推动流域高质量发展是事关中华民族伟大复兴的千秋大计，我们要深刻认识到做好流域气象保障工作的重大意义。流域气象保障能力提升是筑牢抵御流域气象灾害威胁的第一道防线的基础性工作。因此，提高相关技术人员和预报员的科学素养和应用水平对于流域气象保障工作显得尤为重要。希望本书的出版能进一步增强相关科研和业务人员水文气象服务能力，提升气象防灾、减灾的科学素质，为实现碳达峰、碳中和目标，促进经济社会发展全面绿色转型作出更大贡献！

四川省气象局局长 杨卫东

2022 年 6 月

前言

奔涌的金沙江，得名于江水中裹挟的黄色沙土和江中能淘到的少量沙金。经过 20 多年的开发建设，向家坝、溪洛渡、白鹤滩、乌东德四座水电站拔地而起，点亮了金沙江的深山峡谷，源源不断的清洁电能使长江干流成为了名副其实的世界最大清洁能源走廊。

金沙江流域既是地理区域，也是特定气候分区。流域内天气、气候复杂多变，水资源时空分布不均，是暴雨、干旱、高温等气象灾害的多发区。在全球变暖大背景下，金沙江流域的气候变化以及引起的水分循环的变化，使得极端天气灾害事件的发生频率正在不断上升、强度也在不断增强。因此，不断提升对流域内灾害性、极端性天气的机理研究和监测、预报预警能力，为水电站的防汛抗旱、水资源调度等提供科学可靠的气象保障，是防御和减轻气象灾害的关键。

2019 年伊始，中国三峡建工（集团）有限公司与四川省气象服务中心经过多次研讨，组建了攻关团队，共同开展“金沙江下游梯级水电站气象预报关键技术研究及系统建设”项目，着眼于研究暴雨、高温、大风等灾害天气形成的规律及灾害天气定量预报技术，研究金沙江流域精细化定量降水预报技术和峡谷区水电站坝区大风特性数值模拟技术；建立金沙江下游梯级水电站气象综合服务系统，项目成果将为金沙江下游四座电站施工期和运行期安全生产提供气象保障服务。经过近三年的深入合作、协同创新，携手大力推进了金沙江下游气象预报服务水平，开展流域灾害天气预报预警技术研究，搭建了金沙江下游梯级水电站气象综合服务系统，为流域气象预报服务提供了稳定可靠的系统支撑，流域气象业务服务工作取得明显进展。

全书共分为 12 章，第 1 章“金沙江下游流域基本情况”主要由郭洁、秦蕾蕾、黄瑶、陶丽、杜泽东撰写；第 2 章“金沙江下游暴雨时空分布及环流特征”主要由郭洁、宋雯雯、黄瑶撰写；第 3 章“金沙江下游暴雨微尺度特征”主要由宋雯雯、陶丽、刘新超撰写；第 4 章“白鹤滩水电站典型暴雨过程数值模拟”主要由宋雯雯、陶丽、刘自牧撰写；第 5 章“金沙江下游高温变化特征及数值模拟”主要由黄瑶、刘新超、袁梦、蒲吉光撰写；第 6 章“金沙江下游风场分布及大风特性”主要由陶丽、郭洁、刘自牧撰写；第7章“白鹤滩水电站大风天气过程精细化数值模拟”主要由陶丽、宋雯雯、陈晋撰写；第8章“金沙江下游面雨量分布与多模式集成预报”主要由宋雯雯、徐诚、淡嘉撰写；第9章“金沙江下游气温定量预报”主要由吴顺、黄瑶、陶丽撰写；第10章“金沙江下游复杂地形的大风预测”主要由吴顺、宋雯雯、张锋撰写；第11章“峡谷区水电站坝区大风特性数值模拟技术”主要由牛志攀、马旭东、姚孟迪撰写；第12章“金沙江下游梯级水电站气象综合服务系统”主要由郑昊、游家兴、陈晋、师义成、李冰撰写。全书由郭洁和董先勇统稿并多次修改完善。

本书撰写立足“碳达峰、碳中和”要求，开展了金沙江下游梯级水电站气象预报关键技术研究成果总结，有利于提升专业气象服务人员的综合研究能力和挖掘专业气象服务的潜能，同时还能为流域梯级电站水情调控和防灾、减灾提供重要参考和指导。本书写作的目的在于，从气象角度向读者介绍金沙江下游的气候特征和灾害天气特征，以便读者对金沙江下游灾害天气的理论研究和流域服务有一个全面的认识，进而拓展相关从业人员研究与实践的思路，并进一步推动流域气象服务科研深入发展，助力流域气象服务供给能力提升，为打造集约型、特色化、可持续的流域气象服务发展态势做出积极努力。

本书在编写过程中得到了众多领导、专家的鼓励、支持和帮助。四川省气象局和中国三峡建工（集团）有限公司各位领导对本书顺利出版给予了大力支持，成都信息工程大学李国平教授、中国气象局成都高原气象研究所蒋兴文所长给予了思路方面的指导，王成鑫博士、姜平博士、曾波副研究员、付智龙、吴安南、周芳弛、李毅等给予了有力的支持，作者在此一并表示衷心的感谢。

受科学认知和时间所限，难免有不周全或疏漏之处，恳望读者批评指正。

作者

2022年6月于成都

目录

下篇　应用实践

上篇
基础理论

第1章

金沙江下游流域基本情况

1.1 金沙江流域概况

金沙江又名绳水、淹水、泸水，地处四川省、西藏自治区和云南省三省(区)交界地带，位于90°23′—104°37′E、24°28′—35°46′N，流经青海省、西藏自治区、四川省和云南省。作为中国长江的上游，金沙江起源于青海省和四川省交界处的玉树州直门达，终止于四川省宜宾市东北翠屏区合江门的长江干流河段，全长 3464 km，流域面积为 47 万 km^2，约占长江流域面积的 26%。金沙江流域受横断山脉地区地形影响，局限在南北向的狭长地带，左与岷江流域相邻，右与澜沧江流域相邻。金沙江流经地域包括青藏高原东部和横断山脉区，向南至滇北高原、向东至四川盆地西南边缘的广阔地区，流经青藏高原、川西高原、横断山脉、云贵高原、川西南山地五大地形单元，地形极为复杂，众多高山深谷相间并列，峰谷高差可达 5142 m，坡度大于 25°的土地面积占总流域面积的 48.2%。

金沙江流域基本上属高原气候区，流域跨越了 14 个经度、11 个纬度，自北向南可分为高原亚寒带亚干旱气候区、高原亚寒带湿润气候区、高原温带湿润气候区。金沙江流域内气候时空变化十分显著：冬半年主要受西风带气流影响，被青藏高原分成南、北两支西风急流，其南支带来大陆性的晴朗干燥天气；而流域东北部受昆明静止锋和西南气流影响，阴湿多雨。夏半年西风带北撤，该流域则受海洋性西南季风和东南季风的影响，降水丰沛，流域内降水量自东南向西北逐趋减少。

由于“三江并流”地区未受第四纪冰期大陆冰川的覆盖，加之区域内山脉为南北走向，因此，金沙江成为欧亚大陆生物物种南来北往的主要通道和“避难所”，是欧亚大陆生物群落最富集的地区。这一地区占我国国土面积不到 0.4%，却拥有全国 20%以上的高等植物和全国 25%的动物种数。区域内栖息着珍稀濒危动物滇金丝猴、羚羊、雪豹、孟加拉虎、黑颈鹤等 77 种国家级保护动物和秃杉、桫椤、红豆杉等 34 种国家级保护植物。因此，植物学界将“三江并流”地区称为“天然高山花园”。在金沙江流域的地下还蕴藏着丰富的矿藏资源，尤其在四川和云南交界的攀枝花一带，不但拥有十分丰富的钒钛磁铁矿，而且还有煤炭、石灰石、白云石和黏土等许多种类矿藏资源，这就使攀枝花成了冶炼高级合金钢得天独厚的地方。此外，金沙江流域的丽江老君山分布着中国面积最大、发育最完整的丹霞地貌奇观。

金沙江坡陡流急，水量丰沛且稳定，落差大且集中。金沙江拥有丰富的水能资源，其蕴藏量达 1.124 亿 kW，约占全国的 16.7%，可开发水能资源达 9000 万 kW，其水能资源的富集程度堪称世界之最。在中国规划的十三大水电基地中，金沙江是具有重要战略地位的最大水电基地。金沙江干流以石鼓和攀枝花为界，分为上、中、下三段，直门达至石鼓为金沙江上段，区间流域面积 7.65 万 km^2，河段长 984 km，河道平均比降 1.75‰；石鼓至攀枝花为金沙江中段，区间流域面积 4.5 万 km^2，河段长 564 km，河道平均比降 1.48‰；攀枝花至宜宾为金沙江下段，区间流域面积 21.4 万 km^2，河段长 768 km，河道平均比降 0.93‰。从上段到下段，金沙江的水能资源越来越富集，梯级规划越来越少，电站装机规模越来越大。特别是金沙江下段，由于雅砻江的加入，使得金沙江的流量大增，水能资源最富集，长 782 km，天然落差达 729 m，河流穿行于高山峡谷之中，具有建设高坝大库的地形、地质条件，开发条件最为成熟，规划有溪洛渡、向家坝、乌东德和白鹤滩四座梯级水电站，总装机规模相当于“两个三峡”。

上段河流多沿南北向大断裂带或与褶皱走向一致，山高谷深，峡谷险峻，因两岸分水岭之间范围狭窄，支流不甚发育，水网结构大致呈树枝状，局部河段短小，支流垂直注入干流，水网结构呈“非”字形。其中有 13 条支流的流域面积超过 1200 km^2，9 条支流的河长超过 100 km，依次为松麦河、赠曲、热曲、中岩曲、巴曲、藏曲、欧曲、达拉河和支巴洛河。

中段江水奔腾在四川、云南两省之间，金沙江过石鼓后，流向由原来的东南急转为东北，形成奇特的“U”形大弯道，成为长江流向的一个急剧转折，被称为“万里长江第一弯”。金沙江中段有 19 条支流的流域面积超过 1200 km^2，14 条支流的河长超过 100 km，主要包括雅砻江、牛栏江、普渡河、龙川江、水落河、渔泡江、黑水河、西溪河、硕多岗河、美姑河、小江、漾弓江、以礼河和普隆河等。

下段位于四川和云南交界处，水系发达，自右岸汇入的主要支流相继有龙川河、普渡河、小江、以礼河、牛栏江、横江等，自左岸汇入的主要支流有雅砻江、鲹鱼河、黑水河、西溪河、美姑河等。河口多年平均流量为 4902 m^3/s，年径流量 1550 亿 m^3，水量充沛且稳定，水资源条件优越。

1.2 金沙江下游流域气候概况

雅砻江汇口以下至宜宾为金沙江下游，金沙江下游西北部为横断山脉，地势西北高、东南低，最高峰为丽江县境内的玉龙雪山，海拔高度为 5596 m，最低点为东南的金沙江河谷，海拔高度为1016 m，境内高峰林立，以山地为主；流域东北部为云贵高原的北缘，地势南高北低，最高山峰是东川市境内的拱王山，海拔高度为 4247 m，最低点是水富县金沙江水面，海拔高度为 267 m，地势起伏大，“V”形谷多，流域内坡度大于 25°的土地面积占总面积的 38.9%。

金沙江下游地处亚热带季风气候区，冬半年受青藏高原南支西风环流影响，天气晴朗干燥，降雨稀少；夏半年受副热带西风和西南季风影响，降水较为频繁，年内干、湿季的交替变化极其明显；年平均气温基本呈纬向分布，高纬度气温低，低纬度气温高，由于山势起伏不定，同一地区气温随海拔高度的变化明显，山势越高，气温越低，金沙江河谷地区最为干热。

1.2.1 气温

金沙江下游流域气温基本呈现两头高中间低的分布特征(图 1.1)。宁南县以南的流域为高温中心，该区域年平均气温 20～22 ℃，其中元谋县年平均气温最高达 21.6 ℃，攀枝花附近年平均气温也较高，达到 21 ℃。下游流域的北段(盐津以北)是一个次高温中心，该区域年平均气温在18～19 ℃，其中宜宾县气温最高，年平均气温18.9 ℃。中间段因海拔较高，气温相对南、北两侧是一个低温区，年平均气温为10～18 ℃，尤其是海拔最高点的布拖县，年平均气温仅10.6 ℃。多年平均最高气温、最低气温分布特征与平均气温分布特征一致，年平均最高气温大值中心也在元谋县，达到29 ℃。年极端最高气温出现在巧家县，达到44.4 ℃，发生于2014年6月3日。多年平均最低气温中心在布拖县，为6.1 ℃，布拖县年极端最低气温为－14.1 ℃，发生于1999年1月12日。

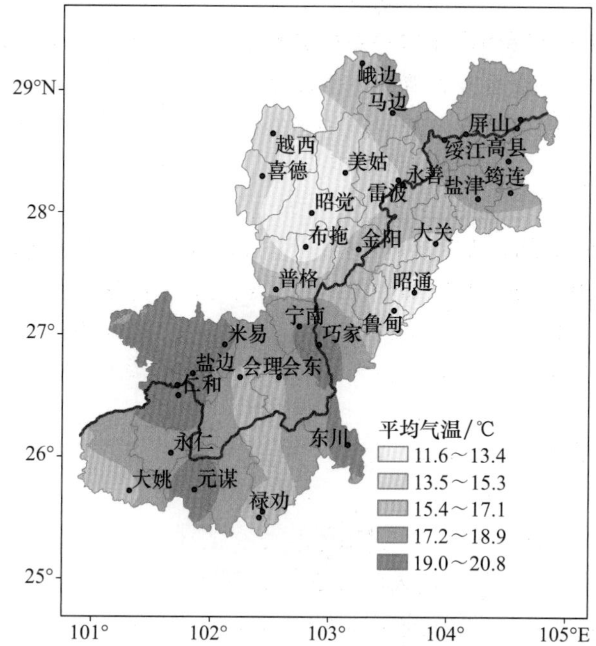

图1.1　1991—2020年金沙江下游年平均气温分布

金沙江下游自南向北的6个代表站(元谋、攀枝花、会东、巧家、雷波、屏山)各月平均气温变化也遵循南北两段高、中间低的分布特征(图1.2)。最热月为6月或7月，其中元谋县6月最热，平均气温最高(26.8 ℃)，最冷月为1月或12月，其中布拖县1月最冷，月平均气温为2.5 ℃。

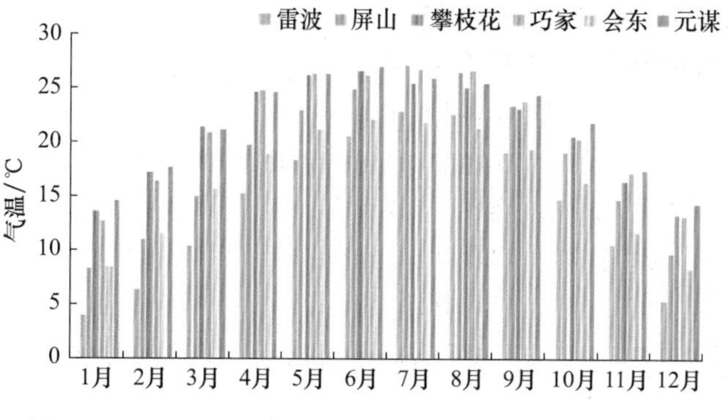

图1.2　1991—2020年金沙江下游代表站平均气温月分布

1.2.2　降水

金沙江下游流域年降水量分布有两个大值中心，分别位于普格和筠连附近，年均降水量均为 1000～1200 mm，流域南段元谋周边区域降水量较小，年均 600～800 mm，而中段鲁甸—美姑一带降水量居中，为 800～1000 mm。年最大降水量出现在盐津县，达到 1671 mm，出现在 2016 年；年最小降水量出现在昭通，为 317.6 mm，出现在 2011 年。出现过的日最大降水量在盐边，达到 216.7 mm，发生时间为 2007 年 7 月 23 日。金沙江下游年降水日数分布不均匀，北段盐津一带降雨日数年均 200 d 左右，而南段元谋—攀枝花一带仅 90 d 左右，流域中段降水日数 100～170 d。金沙江下游两个降水量大值中心大雨日数为 10～13 d，其他区域 5～10 d。暴雨天数较少，下游流域整体暴雨日数 0～4 d，年均暴雨日数最多的是会理和米易县，年均 3.7 d，而在昭通—美姑一带暴雨日数不足 1 d。金沙江下游平均月降水量 12 月最小，7 月最大，但流域不同位置降水不同步，流域南段元谋—攀枝花附近 7 月是降雨高发期，降水最多，中段巧家附近则 6 月降水最多，北段屏山宜宾附近属于亚热带季风湿润气候，8 月降水最多（图 1.3 和图 1.4）。

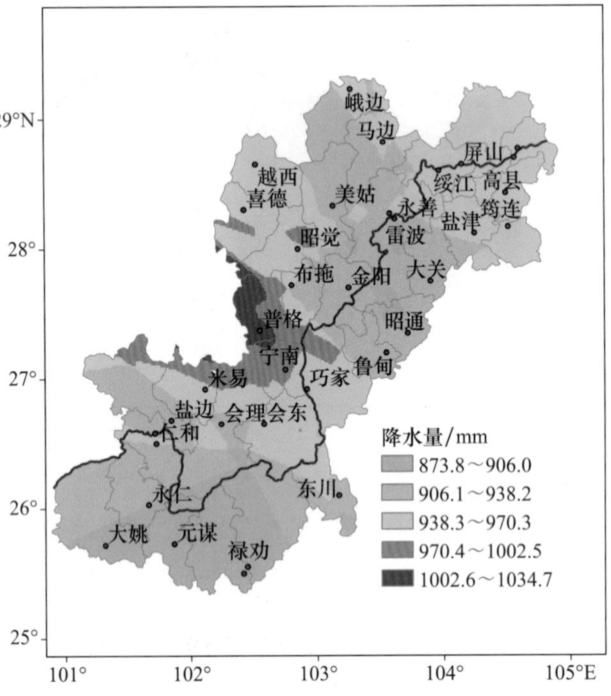

图 1.3　1991—2020 年金沙江下游年降水量分布

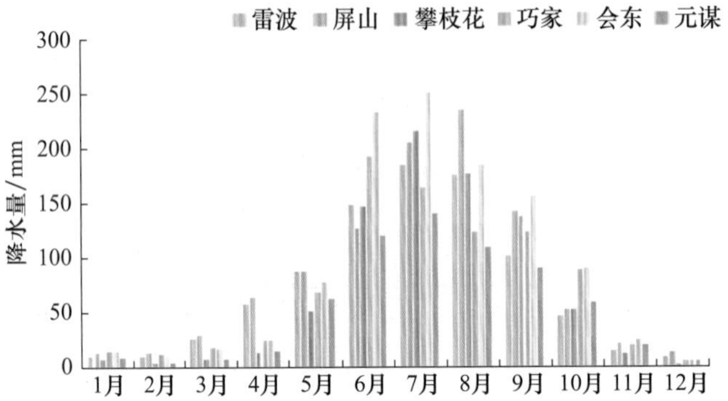

图 1.4　1991—2020 年金沙江下游代表站降水量月分布

1.2.3　风

金沙江下游风速自南向北逐渐减小，以北风为主，年平均风速为 0.6～2.7 m/s，其中喜德站年均风速最大为 2.7 m/s，盐津附近风速最小，为 0.6 m/s。年极大风速出现在巧家县，达 26 m/s，出现在 1991 年 4 月 18 日。流域内春季风速最大，为 1.8 m/s；其次是冬季，平均风速 1.5 m/s；秋季风速最小，平均 1.2 m/s；夏季平均风速 1.3 m/s。3 月平均风速最大，为 1.6 m/s，其中以元谋为代表站的南段流域，3 月平均风速可达 2.6 m/s。流域风速月变化自南向北差异逐渐减小，元谋—攀枝花附近风速月变化较大，而流域北段雷波、屏山站附近风速各月差异不明显（图 1.5 和图 1.6）。

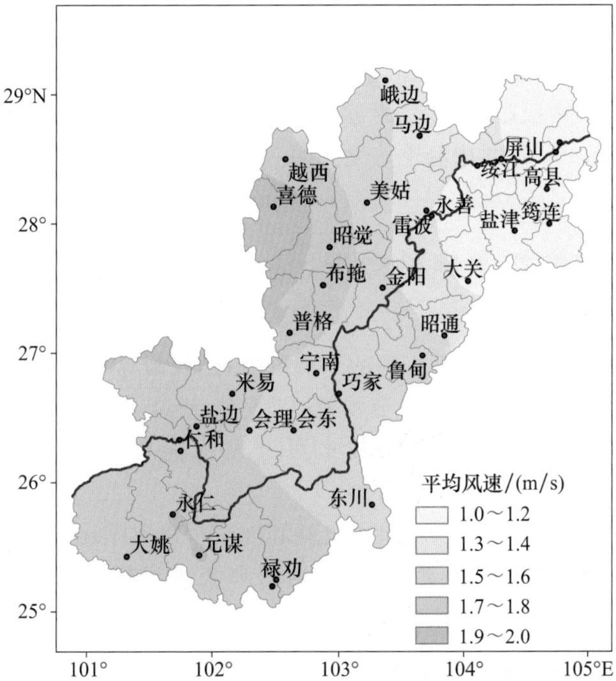

图 1.5　1991—2020 年金沙江下游年平均风速分布

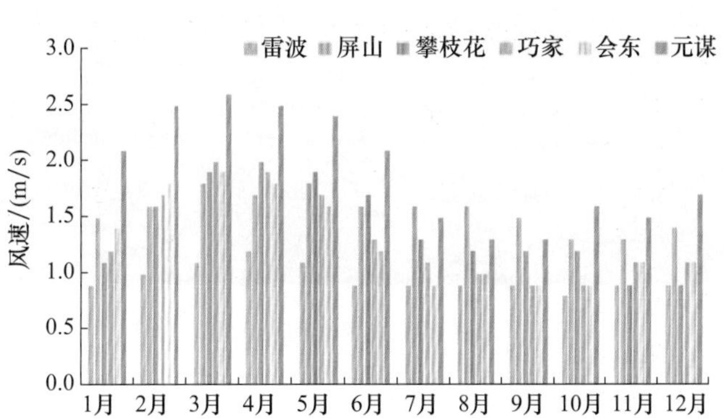

图 1.6　1991—2020 年金沙江下游平均风速月分布

1.2.4 其他要素

日照时数：金沙江下游日照时数自南向北逐渐减少，为 800～2700 h。流域南段元谋—攀枝花一带日照时数年均大于 2500 h，中段昭通—峨边一带日照时数为 1000～2500 h，北段宜宾附近日照时数多为 800～1000 h。一年之中春季日照时数最多，秋季日照时数最少，在流域南段攀枝花附近冬季日照时数也较多，具备丰富的光热资源。

相对湿度：金沙江下游年均相对湿度为 50%～85%，相对湿度自南向北逐渐升高，相对湿度最小的是元谋—攀枝花一带，年均相对湿度为 50%～60%，中段平均相对湿度为 60%～75%，北段是亚热带季风性湿润气候，相对干热河谷更为湿润，年均相对湿度为 75%～85%。一年之中夏季相对湿度最大，春季相对湿度最小，尤其是南段攀枝花附近，干热河谷气候特征明显，春季相对湿度不足 40%。

蒸发量：金沙江下游蒸发量自南向北逐渐减小，南段元谋—攀枝花一带蒸发量较大，年蒸发量为 2000～2700 mm，中段昭通、普格附近蒸发量为 1200～2000 mm，北段宜宾附近蒸发量较小，为 900～1000 mm。一年之中春季蒸发量最大，其次是夏季，冬季蒸发量最小。

1.3 金沙江下游梯级水电站概况

金沙江极大的高度落差造就了其优秀的水能资源，是我国具有战略地位的最大水电基地，是“西电东送”主力。全长 3464 km 的金沙江，天然落差达 5100 m，占长江干流总落差的 95%，水能资源蕴藏量达 1.124 亿 kW，技术可开发水能资源达 8891 万 kW，年发电量 5041 亿 kW · h，富集程度居世界之最。

乌东德水电站、白鹤滩水电站、溪洛渡水电站和向家坝水电站这四座世界级巨型梯级水电站由中国长江三峡集团有限公司负责开发，规划的总装机容量为 4210 万 kW，年发电量超 1850 亿 kW · h，规模相当于两个三峡电站（图 1.7）。

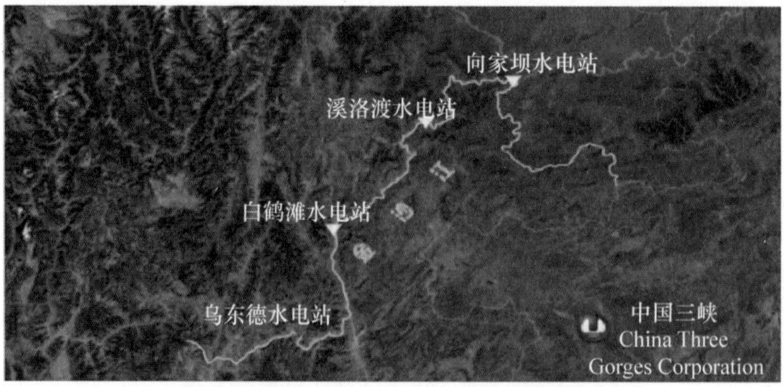

图 1.7 金沙江流域四大梯级水电站分布

乌东德水电站坝址位于四川省会东县和云南省禄劝县交界的金沙江下游河道上，是金沙江下游河段四个水电梯级——乌东德、白鹤滩、溪洛渡和向家坝的第一个梯级，上距观音岩水电站 253 km，下距白鹤滩水电站 182 km。电站坝址控制流域面积 40.61 万 km^2，占金沙江流域的 84%，最大坝高 270 m，为Ⅰ等大(1)型工程。此电站开发任务以发电为主，兼顾防洪和拦沙，电站装机容量 1020 万 kW，多年平均发电量 389.3 亿 kW·h。

白鹤滩水电站是金沙江下游干流河段梯级开发的第二个梯级电站，坝址位于四川省凉山彝族自治州宁南县和云南省昭通市巧家县境内，上游距巧家县城约 41 km，距乌东德坝址约 180 km；下游距溪洛渡水电站约 195 km，距宜宾市河道里程约 380 km。坝址控制流域面积 43.03 万 km^2，最大坝高 289 m，为Ⅰ等大(1)型工程，占金沙江以上流域面积的 91%，是"西电东送"的骨干电源点之一，开发任务以发电为主，电站装机容量 1400 万 kW，多年平均发电量 602.41 亿 kW·h，兼顾防洪，并有拦沙、发展库区航运和改善下游通航条件等综合利用效益。

溪洛渡水电站位于四川省雷波县和云南省永善县接壤的金沙江峡谷段，水电站最大坝高 285.5 m，水库总库容 126.7 亿 m^3，调节库容 64.6 亿 m^3，防洪库容 46.5 亿 m^3，坝址控制流域面积 45.44 万 km^2，占金沙江流域面积的 96%。工程以发电为主，兼有防洪、拦沙和改善上游航运条件等综合效益，并可为下游电站进行梯级补偿。电站装机容量 1386 万 kW，多年平均发电量为 571.2 亿 kW·h，入选世界前十二大水电站，排名第四。

向家坝水电站位于云南省昭通市水富市与四川省宜宾市叙州区交界的金沙江下游河段上，是金沙江下游河段四个水电梯级最末一个梯级电站，上距溪洛渡水电站坝址 157 km，下距水富城区 1.5 km、宜宾市区 33 km。最大坝高 162 m，坝址控制流域面积 45.88 万 km^2，占金沙江流域面积的 97%。水库总库容 51.63 亿 m^3，调节库容 9.03 亿 m^3。电站装机容量 775 万 kW，多年平均发电量 307.47 亿 kW·h。开发任务以发电为主，兼顾航运、灌溉、防洪和拦沙等综合效益。

1.4　金沙江梯级水电站气象预报概况

目前金沙江下游四个梯级水电站的气象服务保障主要是由四川省宜宾市气象局、云南省昆明市气象局和昭通市气象局提供。经过十多年的现场服务保障，从自动气象站建设维护、雷达卫星遥感数据传输、气象服务保障等多方面，为梯级水电站的跨省气象服务奠定了坚实的基础。但是，从目前的气象服务分析，由于仅有市(州)一级气象部门开展服务，在新技术、新产品开发方面都有所欠缺。一方面，短期预报的准确度还需要进一步提升，另一方面，现有的服务不能满足提供逐小时更新的临近预报、预警以及中长期(未来 1 个月)精细化预测需求。监测、预报、预警服务集约化程度不高，新技术应用能力不强，科研支撑作用非常不足。因此，基于全国和西南区域中心气象现代化建设的不断推进，目前，四川省气象灾害防御体系逐步健全，气象预报、预测能力不断提升，综合气象观测能力稳步提高，由四川省气象服务中心牵头，联合相关市(州)开展金沙江下游梯级水电气象服务是非常必要，也是必然的趋势。通过对金沙江下游梯级水电站调研，主要有三方面的需求。

(1)现场施工对灾害性天气精准预警的需求

白鹤滩水电站的现场气象服务应特别关注混凝土浇筑开仓时间内的天气变化，做好暴雨、雷电、大风等灾害性天气的预报、预警非常有必要，目前流域内的短期预报的准确度还需要提高，且现有的服务不能满足提供逐小时更新的临近预报、预警以及中长期(未来 1 个月)精细化预测需求。以白鹤滩统计数据为例，年平均 7 级及以上大风日数为 237 d，其中 7 级日数 73.0 d，8 级日数 80.0 d，9 级日数 58.3 d，10 级日数 21.8 d，11 级日数 3.5 d。大坝施工过程中受河谷大风影响较大，超过 7 级的风会影响缆索式起重机的运行以及混凝土浇筑过程的取料和供料，大风也会对混凝土施工安全、质量、进度造成严重的影响，为保证工程建设的顺利进行，明确坝址施工区域的风场特性分布规律显得十分必要和迫切，同时，探测陡峭地形区和复杂下垫面区边界层气象要素分布和垂直温、湿度廓线，基于观测资料改进模式物理参数化方案，提高金沙江下游梯级水电站施工期天气的预报、预警精度和预见期，做到提前预防、重点监控、应急处置，确保安全生产。

(2)全流域精准面雨量预报的需求

金沙江下游梯级水电枢纽投入运行后对降水预报有极高要求，金沙江来水量占三峡入库流量的30%左右，金沙江流域降水对三峡入库流量预报影响重大。目前流域降水预报技术还主要采用数值预报产品的简单解释应用技术为主，降水量的定时、定点、定量预报精度有待提高。针对金沙江流域下游梯级水电站，加强格点化降水预报技术和站点格点一体化处理技术研发，完善精细化预报产品体系，建立金沙江格点化定量降水预报及检验系统，在时间和空间上无缝隙开展精准定量降水预报业务。

(3)水文气象信息集约化的需求

金沙江流域水电梯级开发及水电安全运行等需要全方位、多尺度、精细化的气象保障服务，应对水资源和气候变化需要提供强大的气象科技支撑，需要整合金沙江流域相关省、市气象服务技术资源，研究金沙江流域气象预报关键技术以及规划设计新一代金沙江下游梯级水电站气象服务系统，实现流域的整体调度。

因此，通过“金沙江下游梯级水电站气象预报关键技术研究及系统建设”项目的推进，可以实现：①建立金沙江下游梯级水电站气象综合服务系统，提供针对金沙江流域水电站的精准气象预报服务产品，实现金沙江下游流域气象数据采集及预报，进一步提高生产效率，通过专业气象信息，及时准确地掌握天气状况，能够提前制订或调整计划，将天气状况对流域生产调度的不利影响降到最低；②开展金沙江流域精细化定量降水预报技术研究，确保水库电站有效蓄水量和有效库容，有效缓解旱情，改善生态环境，最终保障水力发电的稳定性，为电站施工期和运行期安全生产提供保障；③研究大风、暴雨、高温等灾害性天气的规律，研究灾害性天气定量预报技术，提高灾害性天气预报、预警准确率，进一步提升防灾、减灾能力，还能够有针对性地提供应对措施，从而把防灾、减灾工作提升到更科学、更有效的水平。

第 2 章

金沙江下游暴雨时空分布及环流特征

暴雨是一种常见的灾害性天气，常常引发严重的洪涝、山体滑坡、泥石流等灾害性事件。流域内暴雨等极端天气的发生不仅会影响日常生产、生活，同时对国家重点建设项目的工作在经济、时间方面也会造成一定影响。如 1981 年 7 月长江上游发生了较罕见强降水过程，致使长江上游干流重庆至宜昌河段及四川省境内的沱江、涪江、嘉陵江、金沙江中下游等出现了历史上少见的洪水，重庆寸滩站洪峰流量高达 85700 m^3/s(何导，1981)。2020 年 8 月，长江上游发生大范围暴雨—大暴雨的强降水过程，上游干流及多条支流发生严重洪涝灾害，其中，支流岷江发生超历史洪水，沱江、涪江、嘉陵江、金沙江中下游发生超保证水位洪水，沱江、涪江、嘉陵江等支流和上游干流来水量均居历史前列，三峡水库出现建库以来最大洪水(8 月 20 日入库洪峰流量 75000 m^3/s)(杨文发 等，2020)。

针对流域暴雨的研究，已经提出了一些可靠的理论基础，如张庆云等(2003)探讨了夏季中国东部长江流域严重洪涝灾害发生时的天气、气候异常特征，发现东亚夏季风环流偏弱是夏季长江流域发生严重暴雨洪涝灾害的气候特征。东亚中、高纬度大气环流出现 20～30 d 的低频振荡，有利于青藏高原上空的低压系统沿着中纬度东传到 115°—125°E 附近，造成长江流域梅雨锋低压扰动加强；东亚低纬度大气环流出现 20～30 d 的低频振荡，有利于印度洋、中国南海和热带西太平洋的水汽输送到长江流域，为长江流域暴雨提供持续充足的水汽来源。而长江上游的暴雨大多与西南涡的频繁活动紧密相关(陈忠民 等，2003)，杨克明等(2001)也提出长江上游流域暴雨容易出现在欧亚中、高纬度双阻型或中阻型、中低纬度强越赤道气流、异常活跃的西南季风大尺度环流背景下，生成在青藏高原东部，在四川盆地发展的低涡及与其相连的切变线是暴雨产生的主要天气系统，暴雨的加强与中、低纬度系统相互作用、高原涡的特殊结构密切相关。

本章基于 1991—2020 年金沙江下游区域 35 个气象站逐日降水量资料(图 2.1)，分析金沙江下游地区暴雨的时空分布特征，如年、季、月等分布及年际变化情况，统计暴雨高发年份，研究其变化特征，统计单个站的暴雨情况。根据高空天气图，分析暴雨发生时的典型大尺度环流形势及对暴雨形成具有显著影响的常见天气系统，依据环流形势及影响系统对暴雨进行分类，再选取典型个例分析不同类型暴雨天气伴随的大尺度环流情况。

2.1 暴雨趋势变化特征

因金沙江流域生态环境脆弱，较强降水极易引起山体滑坡、洪涝等灾害，故不同于中国气象行业对暴雨的普遍定义(24 h 降水量≥50 mm),利用 1991—2020 年金沙江下游区域 35 个气象站逐日降水量资料,定义研究区内有 1/5 及以上站点的 24 h 降水量≥40 mm 即表示金沙江下游区域内发生一次暴雨天气过程。单个站 24 h 降水量≥40 mm 表示此站点发生一次暴雨,即单站暴雨。

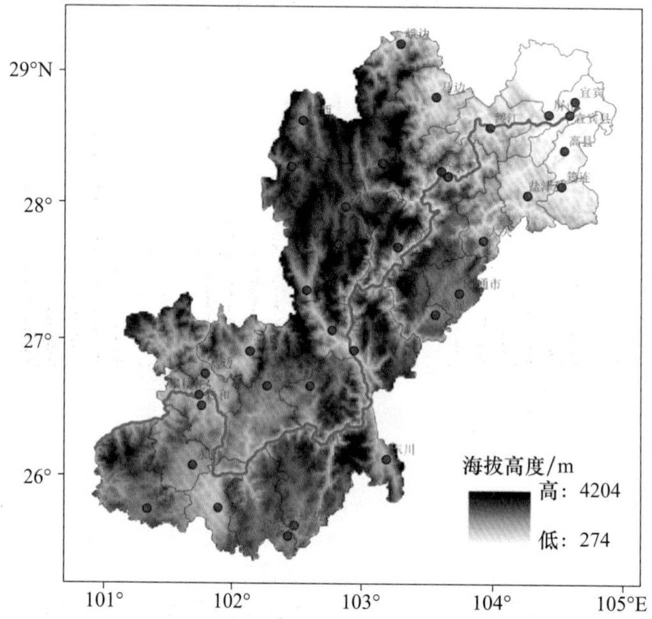

图 2.1　金沙江下游区域内 35 个气象站分布

2.1.1　暴雨的年际变化特征

1991—2020 年 30 a 内金沙江下游共发生了 68 次暴雨过程,年均 2.3 次。主要有两个集中区域:(103°—105°E,28°—29°N)、(102°—103°E,27°—27.5°N),即四川省宜宾市、凉山彝族自治州(简称凉山州)东南部等区域。

统计暴雨逐年发生情况(图 2.2),发现研究区域内暴雨年际变化显著:30 a 中 2001、2003、2005、2006、2007、2009、2012、2013、2015、2016、2017、2018、2020 年区域暴雨发生次数均在平均值以上,其余年份在均值之下。其中 2020 年暴雨发生次数最多,高达 6 次;2015 年次之,为 5 次;而 1993、2011、2019 年并未有暴雨发生。以 2000、2010 年为节点,将时间划分为三个阶段:1991—2000 年、2001—2010 年、2011—2020 年。可以看出,20 世纪 90 年代区域暴雨发生次数为 11 次,平均 1.1 次/a;2001—2010 年有 26 次区域暴雨过程发生,平均 2.6 次/a;21 世纪 10 年代的暴雨发生次数最多,达到 31 次,平均 3.1 次/a。由三个阶段的暴雨发生总频次可看出,该区域暴雨的发生频次呈增长趋势,增幅约为 1 次/10a。20 世纪 90 年代逐年暴雨发生次数均处于均值以下且暴雨发生频次的逐年变化幅度较小。其中 1991—1992 年均为 1 次/a,1993—1996 年为 0～2 次/a,1997—2000 年保持 1 次/a。2001—2010 年 10 a 中 60%的年份暴雨发生频次大于均值,且频次变化幅度有所增大,2001—2005 年为 3 次与 1 次交替变化,2006 与 2007 年增至 4 次,2008—2010 年呈 2 次与 1 次交替变化。2011—2020 年除 2011、2014、2019 年外,其余年份暴雨发生次数均超过均值,且区域暴雨的发生出现了大幅度变化情况,2011 年无暴雨发生,2012 年突增至 3 次,

2013—2018 年中除 2014 年为 2 次外，其余年份频次均在均值以上变化，2019 年未发生暴雨过程，2020 年突增至 6 次。由以上分析可发现区域暴雨发生频次的变化幅度逐渐增大，近十年暴雨极端天气的发生频次呈现出不连续的锐减或剧增现象，暴雨逐年发生次数增多，暴雨防灾减灾的难度与日俱增。

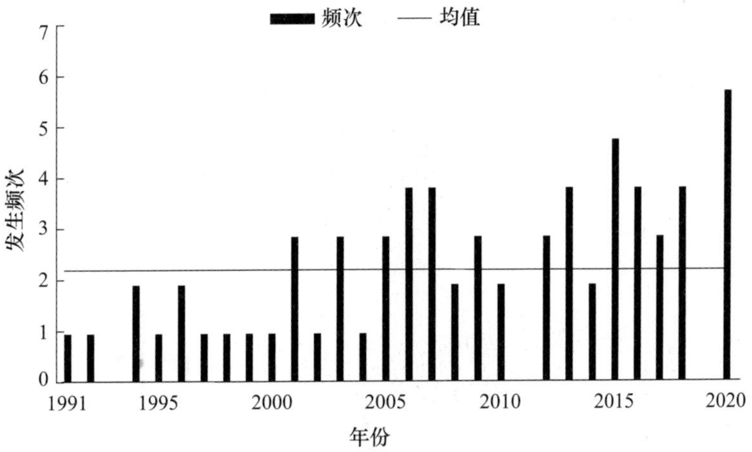

图 2.2　1991—2020 年金沙江下游暴雨逐年发生频次

2.1.2　暴雨的季节变化特征

金沙江下游流域地处川滇交界，夏季在西北太平洋副热带高压（简称副高）、西南涡、高空槽和切变线等系统的影响下，西南、东南季风携带来自孟加拉湾和中国南海的水汽，输送至西南地区，为夏季暴雨提供必要的水汽条件。图 2.3 为 1991—2020 年各季金沙江下游暴雨发生的总次数，发现暴雨季节变化极其显著，以夏季最多，为 58 次，占总数的 85.3%；春、秋季次之但频数极少，春季为 4 次，秋季有 6 次；冬季未发生过暴雨过程。

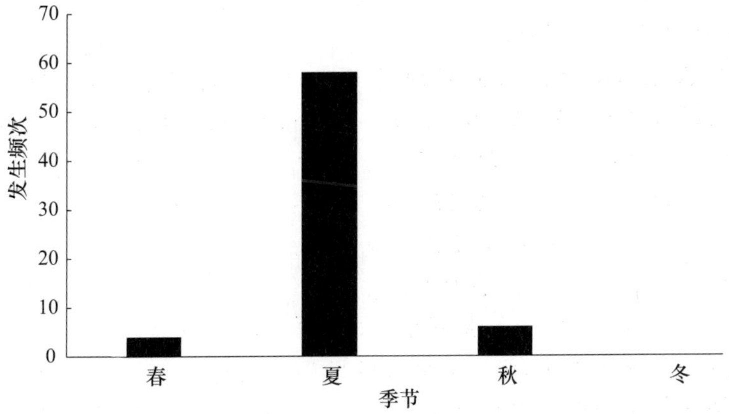

图 2.3　1991—2020 年金沙江下游暴雨各季发生频次分布情况

统计暴雨发生频次季节分布，发现 30 a 内仅 1995、2003、2007、2018 年 4 a 中每年在春季发生了 1 次区域性暴雨过程，其余年份春季均无区域性暴雨过程；2001、2007、2012、2014 年秋季各有 1 次区域性暴雨发生。除此之外，2006 年秋季发生 2 次区域暴雨，其余年份秋季均无暴雨发生；夏季区域性暴雨发生较为频繁，故针对夏季暴雨变化趋势的分析相对而言较为有效。30 a 内夏季暴雨逐年发生频次的分布情况如图 2.4 所示，夏季暴雨平均每年发生约 1.93 次，1994、1996、2001、2003、2005、2006、2007、2008、2009、2010、2012、2013、2015、2016、2017、2018、2020 年夏季区域暴雨发生次数均超过均值，其中 2020 年夏季暴雨发生次数最多，达 6 次，其次为 2015 年，为 5 次，1993、1995、2011、2019 年夏季无暴雨发生。20 世纪 90 年代区域性暴雨共发生 10 次，平均 1 次/a；2001—2010 年有 20 次区域性暴雨过程发生，平均 2 次/a；21 世纪 10 年代次数达 28 次，平均 2.8 次/a。三个阶段中各个阶段的金沙江下游暴雨夏季发生的次数逐步增多。

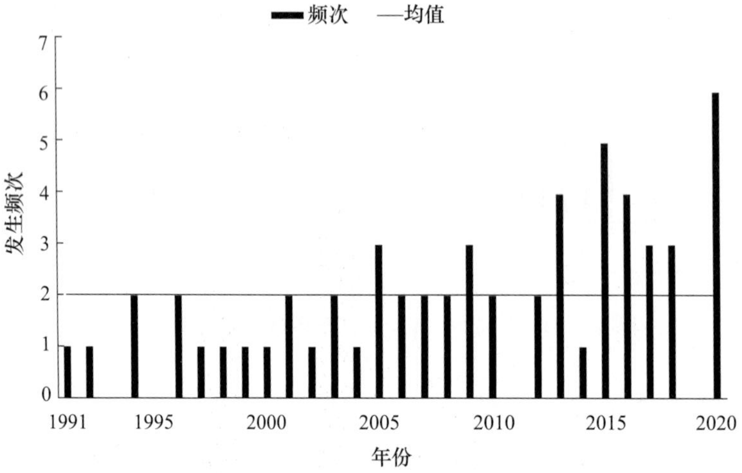

图 2.4　1991—2020 年金沙江下游夏季暴雨逐年发生频次

由夏季区域性暴雨发生的变化趋势（图 2.5）可看出，30 a 内夏季暴雨发生频次呈波动上升趋势，增速约为 0.09 次/a。将年暴雨次数与夏季暴雨次数的年际变化情况对比，易看出夏季暴雨与年暴雨的变化趋势一致，但变化速度有差异。其中 20 世纪 90 年代，除 1995 年之外，二者变化曲线重合，说明 1991—2000 年的区域暴雨过程大多发生于夏季。21 世纪 00 年代夏季暴雨的变化速度明显小于全年暴雨，2000—2004 年夏季暴雨发生频次呈 1 次与 2 次交替变化，2005 年增至 3 次，2005—2006 年频次减少，此处变化趋势相反于全年暴雨，后 2007、2008 年维持，2008—2010 年二者变化趋势再次重合，说明此 10 a 中区域性暴雨过程的发生时段分散至春、秋季，同时全年总暴雨次数也有所增多。21 世纪 10 年代二者总体变化趋势相同，仅 2012、2014、2018 年夏季暴雨发生频次小于全年总频次，表明除这三年之外的其他各年暴雨均发生于夏季，暴雨发生时段较集中，但逐年变化极其明显。以上分析也体现出夏季暴雨发生呈增长趋势，但逐年夏季暴雨频次预测的不确定性也在增大。

2.1.3　暴雨的月变化特征

从暴雨的逐月变化情况（图 2.6）可看出，金沙江下游流域内区域暴雨月分布不均匀，主要集中于夏季的 7、8 月，共发生了 48 次，占总次数的 71%，7 月发生次数最多，达到 27 次，8 月发生频率次之，为 21 次；6 月发生了 10 次；仅有少数几次暴雨发生在春季的 5 月及秋季的 9 月，分别为 4 次与 6 次；其余月份均无暴雨发生。

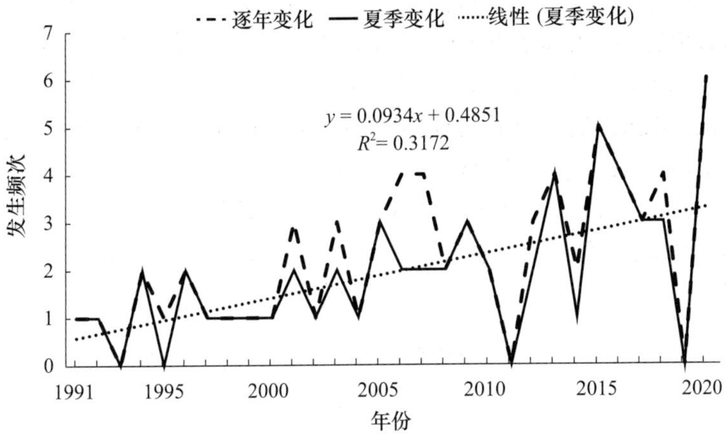

图 2.5　1991—2020 年金沙江下游夏季暴雨逐年发生频次的变化

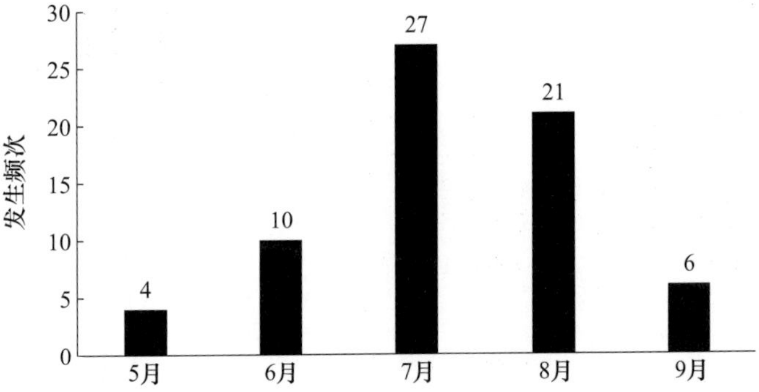

图 2.6　1991—2020 年金沙江下游暴雨各月发生频次

近 30 a 中 7、8 月暴雨发生频率较高，故提取 7、8 月暴雨发生的逐年变化情况做更为详细的分析。图 2.7 给出 1991—2020 年研究区内发生于每年 7 月的区域暴雨逐年频次变化情况，由图可得，1991—2004 年 7 月暴雨发生次数稳定在 0 次与 1 次的交替变换中，其中 1995—1996 年维持 0 次，1998—1999 年、2003—2004 年维持 1 次，2005 年 7 月暴雨突增至 3 次，达到 30 a 内 7 月暴雨发生频次的最大值，此后 7 月暴雨逐年变化速度较之前明显增大，同时出现了连续几年的阶段性持续增长或减少趋势，2005—2008 年存在发生频次连续减少的情况，2008 年 7 月无暴雨发生，而 2009 年又增至 2 次，2009—2012 呈现出逐年减小为 0 又回升至 2 次的情况，2013 年为 2 次后 2014—2018 年均保持为 1 次，2019 年无暴雨发生，2020 年 7 月又发生了两次暴雨过程。即 2004 年之前，7 月暴雨逐年发生较稳定，而 2004 年后，近 15 a 内 7 月暴雨的变化幅度及变化趋势更为明显，连续性的增长或减少情况增多。

由 8 月暴雨过程的逐年变化(图 2.8)可明显看出，1996 年出现 0～2 次的突增，除此之外，暴雨发生频次变化情况较为稳定，基本为 0 次与 1 次的交替变化，2015 年出现 0～4 次的突变，2015 年 8 月暴雨发生次数达到 30 a 内的最大值，2016 年又变为 0 次，2017—2018 年维持每年 2 次，2020 年又发生了 0～3 次的突变。可以看出 2014 年后，8 月暴雨发生频次显著增多成为近年的变化特征。

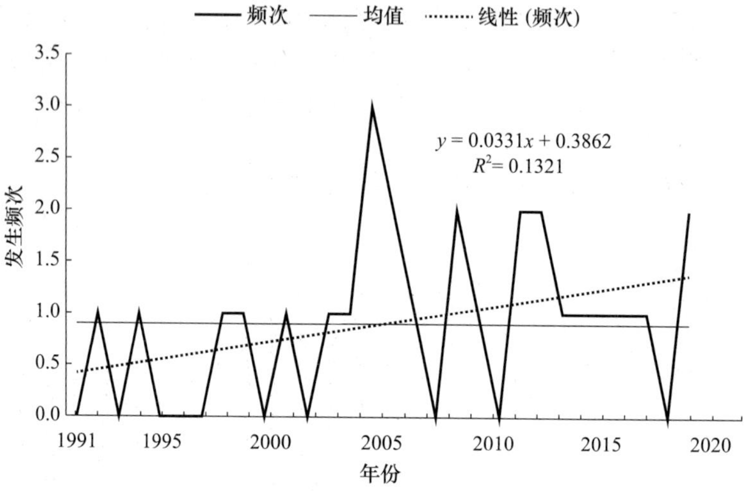

图 2.7 1991—2020 年金沙江下游 7 月暴雨逐年发生频次的变化

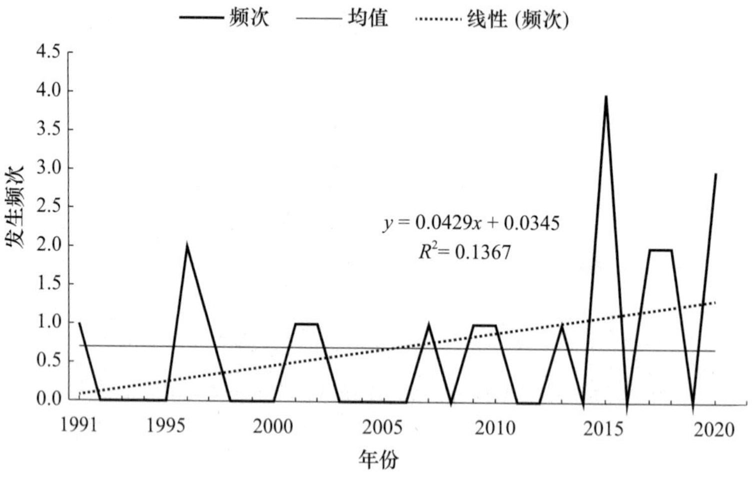

图 2.8 1991—2020 年金沙江下游 8 月暴雨逐年发生频次的变化

2.2 暴雨时空分布特征

2.2.1 暴雨时空分布的总体特征

根据金沙江下游流域内单站暴雨日数(图 2.9)可以看出,会理、米易等站暴雨发生较为频繁,而昭通、美姑等站暴雨发生次数较少,仅不到最频繁站的 1/3。35 个站平均暴雨日数为 87.4 d,而筠连、越西等 17 个站暴雨天数处于均值之下,这些地区为金沙江下游强降水较少的区域。

根据金沙江下游暴雨日数的空间分布情况(图 2.10),可知金沙江下游流域暴雨有两个中心:其一位于攀枝花站、米易站、会理站、会东站、盐边站区域,即包含四川省攀枝花市及凉山州东南部区域;另一个集中区位于金沙江下游末端区域,以区域东北部的盐津站、筠连站为中心,即分布在四川省宜宾市与云南省昭通市东北部的交界区。除暴雨高发区外还存在两个明显的低值区：最明显的低值区位于金阳、美姑站附近，即凉山州东北部；另一个低值区范围较小，位于大姚站、永仁站、元谋站区域内，为云南省楚雄彝族自治州区域。

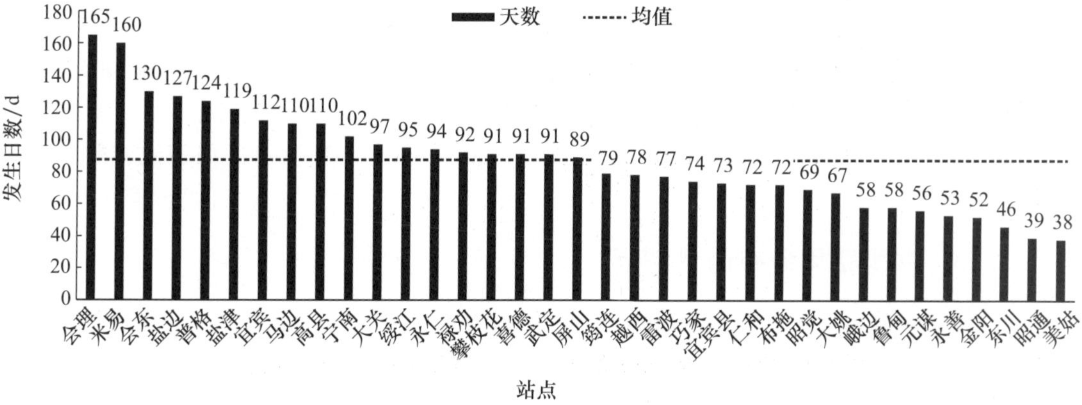

图 2.9　1991—2020 年金沙江下游各站点暴雨发生日数统计

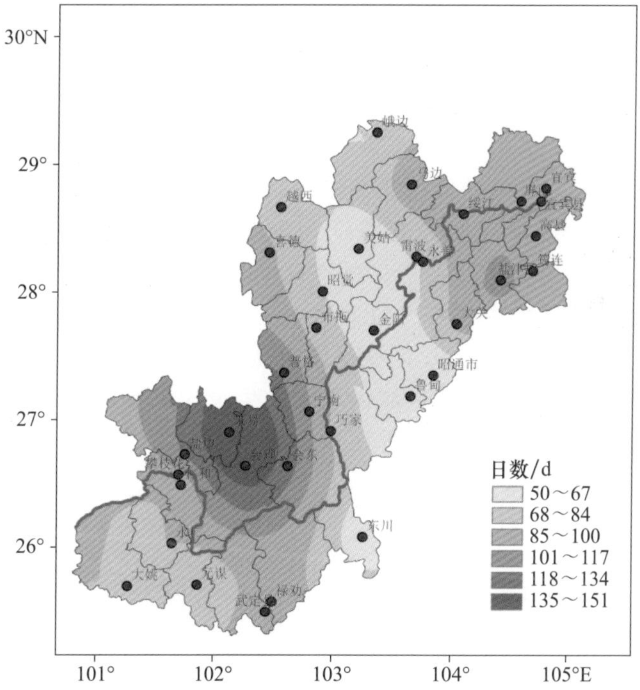

图 2.10　1991—2020 年金沙江下游暴雨发生日数空间分布

以巧家站及永善站为节点，将金沙江下游划分为三段，即以攀枝花站—巧家站为前段，巧家站—永善站为中段，永善站—宜宾站为后段。由图 2.10 可得前段以西及以北区域暴雨发生较为频繁，存在一个大值区，以东及以南地区暴雨发生较少，存在一个较小低值区。中段整个流域内暴雨发生情况都较少，是整个金沙江下游的低值区。后段区域内各站暴雨发生频次无明显差异，暴雨发生频次分布较为均匀。

2.2.2 暴雨空间分布的季节特征

冬季各站均无暴雨发生，故在此仅统计春、夏、秋季金沙江下游暴雨发生日数的空间分布（图 2.11）。春季暴雨分布较为均匀，研究区北部越西、喜德附近暴雨发生次数较其他地区略多。夏季暴雨集中区位于米易站和会理站、筠连站和高县站附近，即四川省凉山州东南部及攀枝花市、宜宾市与昭通市东北部的相邻区域，而大姚、元谋站及金阳站附近则暴雨频次较少。秋季仅流域前段暴雨发生较频繁，中、后段暴雨发生均相对较少，以喜德站、布拖站的连线为界，以北地区秋季暴雨发生日数相对较少，以南地区发生相对频繁，大值区位于流域前段西部米易站、会理站附近。

2.2.3 暴雨空间分布的月特征

金沙江下游暴雨发生的集中时段为 5—9 月，由春季的 5 月与秋季的 9 月的暴雨发生日数分布（图 2.12）可见：5 月（图 2.12a）流域西北部及东南部暴雨发生相对较频繁，东南部更为明显，大值中心在武定站、禄劝站附近，暴雨日数小值中心则在流域东北部。9 月暴雨发生日数的空间分布（图 2.12b）与秋季分布相似，流域前段暴雨发生频繁，大值区仍为米易站、会理站及周边地区，中段各站暴雨发生日数在整个研究区内最小，后段北部地区暴雨频率相较于中段略有增大。

夏季（6—8 月）为一年中暴雨发生最为频繁的时段，分析 6—8 月暴雨发生日数的空间分布（图 2.13）可见，三个月的暴雨发生日数差异不大，但空间分布有明显不同。6 月（图 2.13a），流域内暴雨分布呈单中心，中心区位于流域西部，包括米易站、会理站、会东站、宁南站、普格站及周边区域。流域后段西北部峨边站、马边站、绥江站和屏山站区域内暴雨日数较少。7 月（图 2.14b）暴雨空间分布特征为前、后段暴雨频发，中段暴雨较少发生，即前—中—后段暴雨发生日数呈多—少—多的空间变化。流域前段西部以米易站为中心存在一个暴雨发生的高频区；后段中绥江—宜宾及云南省昭通市东北部区域为另一暴雨高发区；中段以金阳、布拖站为中心的大片区域暴雨发生较少。8 月（图 2.13c）暴雨空间分布有明显的单中心，流域后段绥江—宜宾区域内暴雨发生最为频繁；中段金阳、布拖站及附近区域仍为暴雨相对少发区；前段流域中西部区域的暴雨发生情况较东部略高，米易站、盐边站有一暴雨发生相对频繁的区域。

2.3 暴雨的大尺度环流特征

2.3.1 暴雨的影响系统及环流情况分类

通过分析近 30 a 内金沙江下游流域 68 次暴雨过程的环流形势，将影响该区域内暴雨发生发展的系统分为三类：A 类——槽脊系统（含 500 hPa 高空槽、孟加拉湾槽、500 hPa 青藏高原切变、700 hPa 及 850 hPa 低空切变等）；B 类——涡旋系统（含青藏高原涡、西南涡、西北涡、东北涡、气旋性环流等）；C 类——高值系统（含西太平洋副热带高压、伊朗高压等）。下面对其中的典型系统做详细介绍。

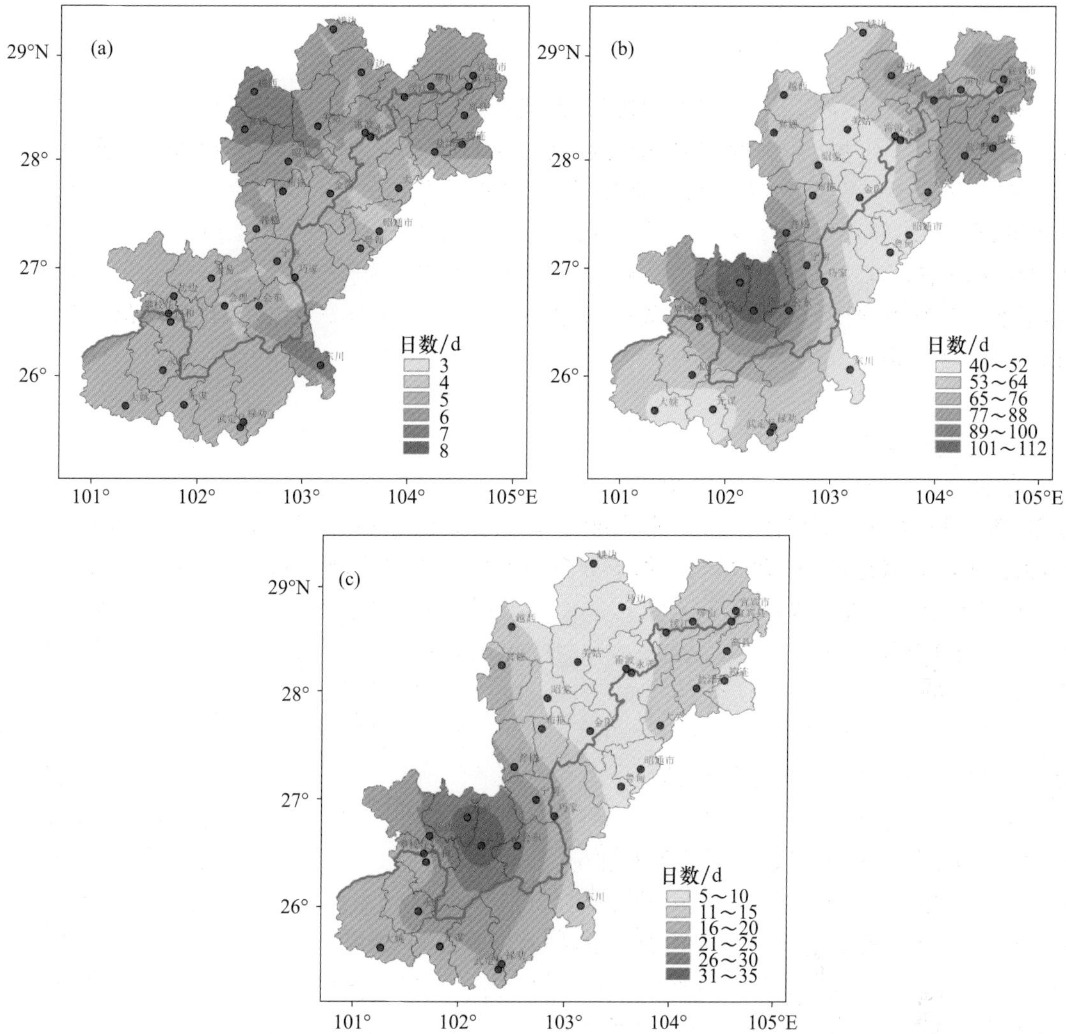

图 2.11　金沙江下游春(a)、夏(b)、秋(c)季暴雨发生日数空间分布

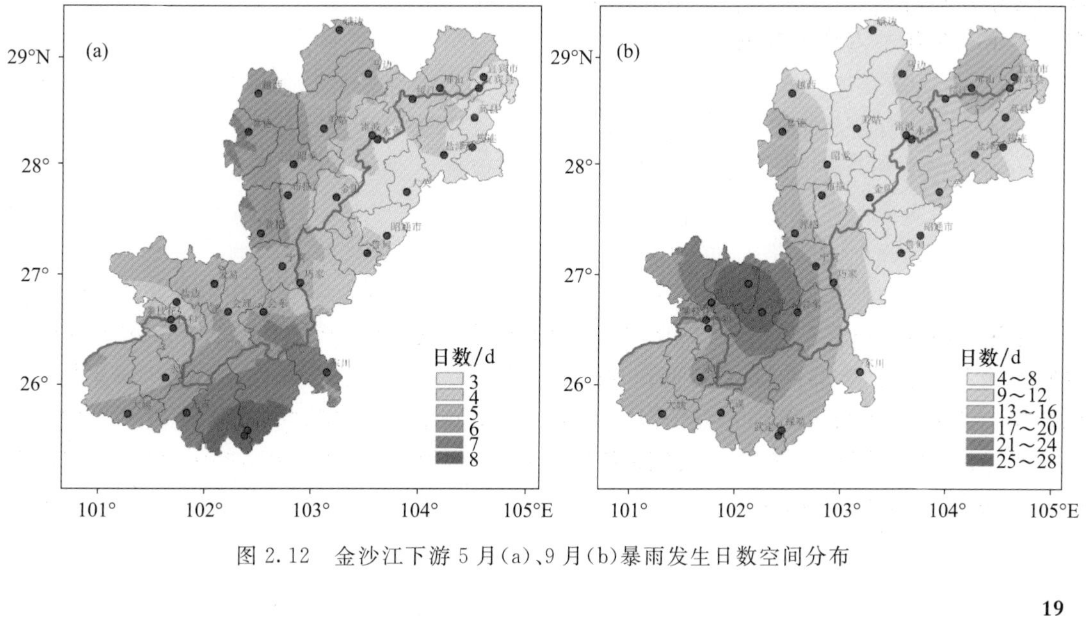

图 2.12　金沙江下游 5 月(a)、9 月(b)暴雨发生日数空间分布

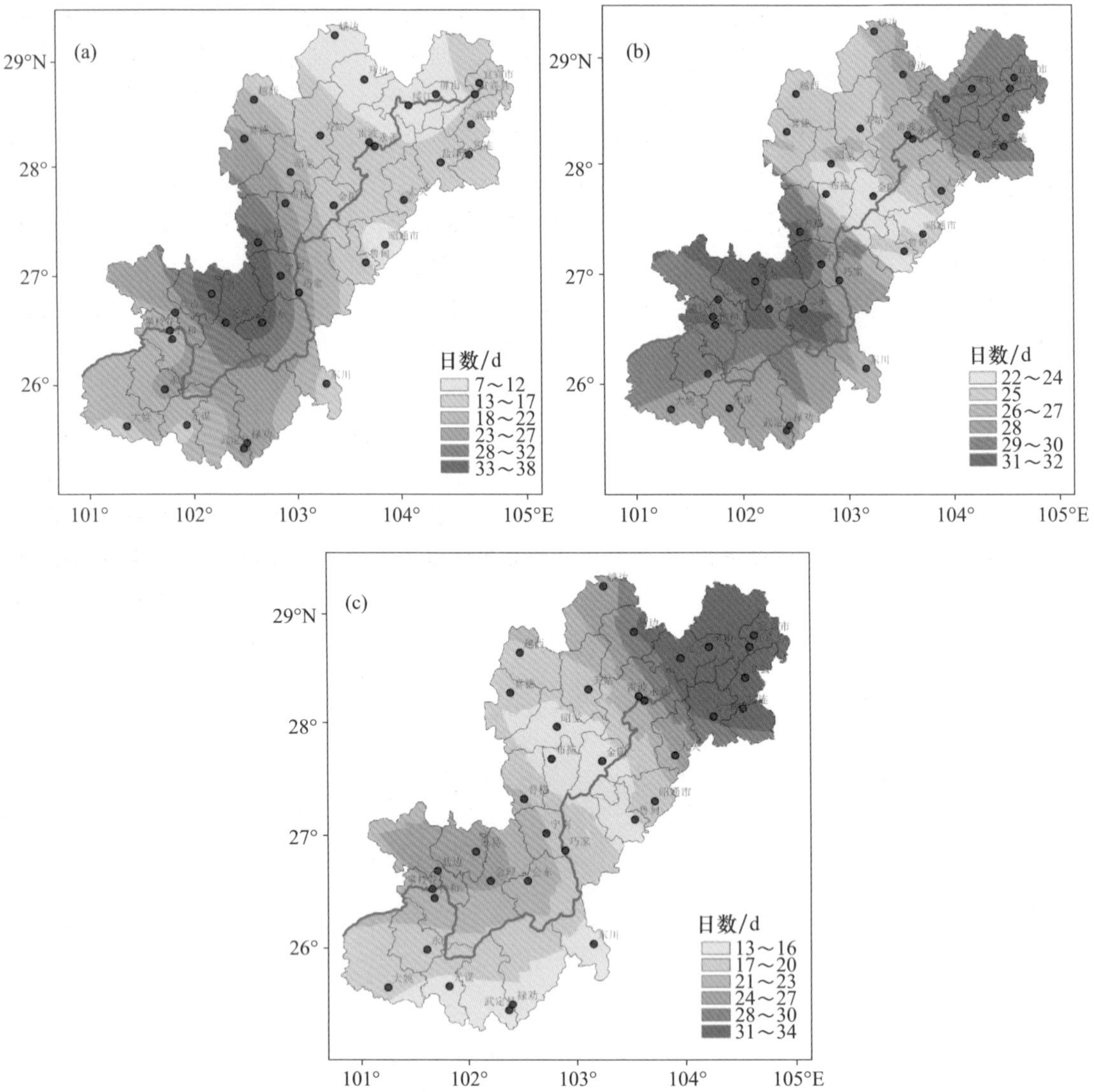

图 2.13　金沙江下游 6—8 月(a—c)暴雨发生日数空间分布

500 hPa 青藏高原切变在夏季经常存在，但并非所有青藏高原切变都产生降水，切变移出青藏高原才会对青藏高原东部地区产生影响。当西太平洋副热带高压脊线偏南时，有利于青藏高原横切变移出青藏高原，从而引导冷空气南下，促进冷、暖气流交汇，易产生暴雨。

青藏高原涡为出现于青藏高原主体上的低涡，因青藏高原平均海拔高度 4000 m 以上，故低层高度不讨论高原涡的存在，仅在 500 hPa 高度上分析高原涡及其活动。高原涡多产生于每年的 4—7 月，其产生、移动可能会为所经地区带来充沛降水，是引起西南地区强降水的主要天气系统之一。

西北涡主要出现于青海、甘肃、四川三省区域内，位于青藏高原以北或东北方，西北涡为气旋性环流，其存在时涡旋后部携带西北冷空气向四川盆地输送，与印度、孟加拉湾一带西南暖湿气流相遇后易引发对流从而产生强降水。

西南涡也是影响我国西南地区降水的主要天气系统之一，多出现于低层的 700 hPa、850 hPa 高原东南侧四川西部地区，西南涡的形成通常有以下几种方式：①500 hPa 高原槽东移过程中，槽前正涡度平流诱生低层气旋环流，同时 500 hPa 槽东移携带冷空气侵入西南涡，能够使涡旋发展加深；②由于青藏高原地形及摩擦作用，西风气流经过高原时南、北分支，南支气流绕高原到达其东侧时，靠近高原一侧受到的摩擦大，远离高原一侧受到的摩擦小，即会增大气旋性涡度，易产生气旋式环流；③当 700 hPa 西南气流增强时，四川盆地气流产生辐合，易形成西南涡；④江淮切变西端也可形成西南涡。它的存在与移动都会在其控制区内产生强降水。

西太平洋副热带高压是指常年稳定存在于副热带的深厚暖性反气旋系统，在副高控制下的天气一般为干旱少雨，但副高边缘南侧东南气流及北侧西南气流会携带大量来自西太平洋、中国南海、印度洋、孟加拉湾的水汽，故其所影响的区域易产生大量降水，是影响我国夏季降水的典型系统之一。当伊朗高压伸入我国西南地区时，副高与伊朗高压二者共存时易在青海到四川盆地区域内存在两高间的切变，形成“两高对峙”的环流形势，导致降水产生。

暴雨过程的发生与维持多为不同系统相互叠加作用，此处通过分析暴雨过程环流形势图，提取每次暴雨过程中主要的影响系统，从而将暴雨过程的大尺度环流情况分为以下三类：槽脊系统＋涡旋系统（A＋B 型）；涡旋系统＋高值系统（B＋C 型）；槽脊系统＋涡旋系统＋高值系统（A＋B＋C 型）。68 次暴雨过程中 A＋B 环流型共出现 37 次，占 54.4％；B＋C 环流型出现 12 次，占 17.6％；A＋B＋C 环流型出现 19 次，占 28.0％。需要说明的是，此三类环流型仅为该研究区内 30 a 暴雨过程的总结分类，实际预报中，暴雨过程可能并不局限于以上三类。

2.3.2　A＋B 环流型暴雨过程

表 2.1 列出了 37 次 A＋B 型大尺度环流所对应的暴雨过程，此类暴雨的影响系统主要为西风带槽、切变和涡旋系统。其中的典型系统有西北涡、高原涡、西南涡等。

表 2.1　金沙江下游 A＋B 环流型暴雨过程

序号	时间(年-月-日)	系统
1	1991-08-07—08	高原涡、江淮低涡、印度气旋性环流＋江淮切变
2	1994-06-19	蒙古气旋环流伸出西风槽、湖南—两广地区西风槽＋印度气旋性环流
3	1996-08-15	华北地区西风槽＋印度气旋性环流
4	1997-08-13	江淮—华南地区西风槽、孟加拉湾槽＋西北涡
5	1999-07-12	华北西风槽、江淮—华南地区西风槽、孟加拉湾槽＋西北涡
6	2000-06-25	云贵川地区西风槽、孟加拉湾槽＋西南涡
7	2001-09-18	孟加拉湾槽＋西北涡
8	2002-08-07	华北西风槽＋印度气旋性环流
9	2003-05-31	高原以南南支槽＋河套地区涡旋、孟加拉湾气旋性环流
10	2003-06-04	西风槽、孟加拉湾槽＋高原涡
11	2003-07-17	华北—江淮西风槽＋青海气旋环流、东北涡、印度气旋性环流
12	2004-07-07	东北—华北—华南西风槽、高原切变＋东北涡、高原涡
13	2006-07-05	青海地区西风槽、云贵川槽＋高原涡、印度气旋性环流
14	2006-07-06	高原以东南支大槽＋西南涡
15	2006-09-16	西风槽＋西北涡、印度气旋性环流
16	2007-05-14	高原—孟加拉湾槽、青海—甘肃—四川低空槽＋西北涡、孟加拉湾气旋性环流
17	2007-07-17	高原以南高空槽、云贵川地区低空槽、孟加拉湾槽＋西南涡
18	2007-09-12	河套地区西风槽、孟加拉湾槽 ＋高原以西气旋性环流
19	2008-06-09	陕西气旋性环流伸出西风槽、长江中下游以南槽＋高原涡、西北涡

续表

序号	时间(年-月-日)	系统
20	2008-06-29	贵州—湖南—两广地区高空槽、江淮切变＋高原涡、印度气旋性环流
21	2009-07-25	川西低空槽＋孟加拉湾气旋性环流
22	2012-07-14	高原切变、东北涡伸出西风槽、孟加拉湾槽＋高原涡
23	2012-07-20	孟加拉湾槽＋西北涡、印度气旋性环流
24	2013-06-19	川西低空槽＋西北涡
25	2013-07-16	高原槽＋高原涡、西北涡、印度气旋性环流
26	2014-07-30	孟加拉湾槽＋高原涡、西北涡
27	2015-08-13	东北涡旋向西南伸出高空槽＋印度气旋性环流
28	2015-08-23	孟加拉湾槽＋西北涡
29	2016-06-05	华北—华南气旋式环流＋向下伸出西风槽、印度—孟加拉湾槽
30	2016-06-13	孟加拉湾槽＋高原涡
31	2016-07-04	华北—华南高空槽、孟加拉湾槽＋西北涡、西南涡、印度气旋性环流
32	2018-05-20	西北涡＋南支槽
33	2018-07-27	孟加拉湾槽＋西北涡
34	2018-08-01	云贵川地区低空槽、孟加拉湾槽＋副高＋高原涡、印度气旋性环流
35	2020-07-15	四川盆地低空槽、孟加拉湾槽＋西南涡、印度气旋性环流
36	2020-07-24	青海—四川—云南地区西风槽＋西南涡、印度气旋性环流
37	2020-08-29	四川—云南地区西风槽＋西北涡、印度气旋性环流

2008 年 6 月 9 日暴雨过程中天气系统显著且较为典型，以该暴雨过程为此类环流型的代表个例进行分析。本次暴雨持续时间 1 d，有 10 个站 24 h 降水量达到暴雨标准(24 h 降水量≥40 mm)，分别为宁南、普格、金阳、大关、美姑、雷波、永善、喜德、巧家、盐津，其中巧家站降水量最大，达到 60.2 mm，暴雨大值区为 102.4°—104.3°E，26.9°—28.3°N。

根据 6 月 9 日环流形势图(图 2.14)可见，6 月 9 日 06 时 500 hPa 高度(图 2.14a)上由陕西向西南方向伸出一低槽至云贵川地区，槽后西北干冷空气南下至四川省及金沙江下游地区。700 hPa 高度(图 2.14b)上甘肃、青海、四川交界处有小型气旋环流存在，但未完全闭合，重庆、两湖地区存在气旋环流，向贵州、云南、广西地区伸出西风槽，印度及孟加拉湾地区气旋引导洋面暖湿气流向我国西南地区输送，冷、暖气流交汇对流增强，易产生强降水。850 hPa 高度场与 700 hPa 相似，四川省东部地区都存在西风槽，利于引导高纬度干冷气流南下。6 月 9 日 12 时 500 hPa 高度场(图 2.14c)上青藏高原地区发展出小型气旋，陕西地区气旋性环流形成闭合中心，低槽加强。9 日 18 时 500 hPa(图 2.14d)高度场等值线南下加深，高原涡形成，700 hPa(图 2.14e)上印度及孟加拉湾地区的气旋环流暖湿气流北上至我国西南地区，降水维持。

6 月 10 日 00 时 500 hPa 高度(图 2.15a)上，高原涡东移减弱，降水仍存在，但强度减小，华北—西南地区的西风槽仍然存在，但较 6 月 9 日明显东移。700 hPa 高度上(图 2.15b)湖北地区存在气旋式环流向贵州、广西延伸，较之前偏东，与 500 hPa 槽位相大致相同。06 时 700 hPa 高度(图 2.15c)上高原涡移出高原向东北方向移动，在甘肃、青海、四川交界处出现气旋性环流，即高原涡转为西北涡，长江下游地区 700 hPa 槽继续东移出金沙江下游。12 时 700 hPa 高度上(图 2.15d)槽系统已不再影响金沙江下游区域，西北涡也减弱，冷、暖气流交汇减弱，暴雨过程逐渐结束。

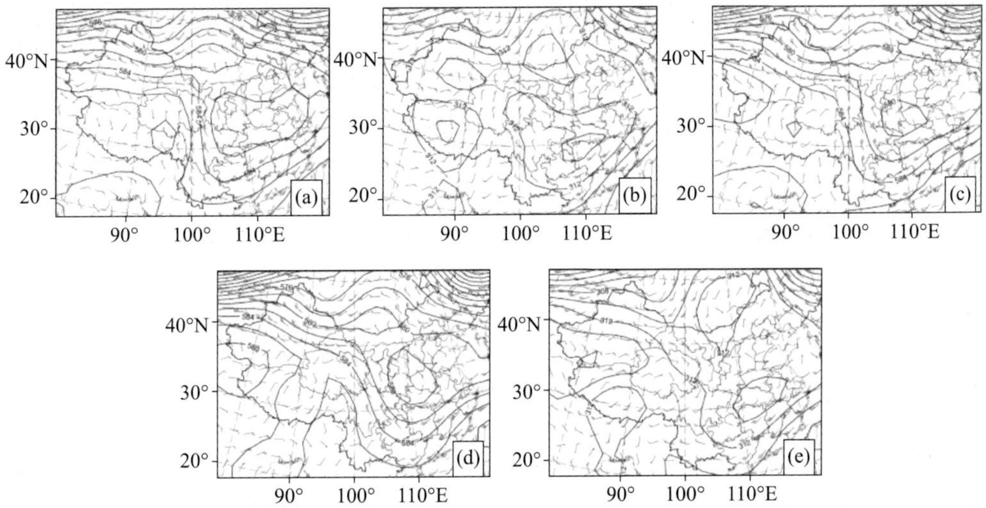

图 2.14　2008 年 6 月 9 日暴雨过程环流形势

(a)9 日 06 时 500 hPa 高度场和风场;(b)9 日 06 时 700 hPa 高度场和风场;
(c)9 日 12 时 500 hPa 高度场和风场;(d)9 日 18 时 500 hPa 高度场和风场;
(e)9 日 18 时 700 hPa 高度场和风场

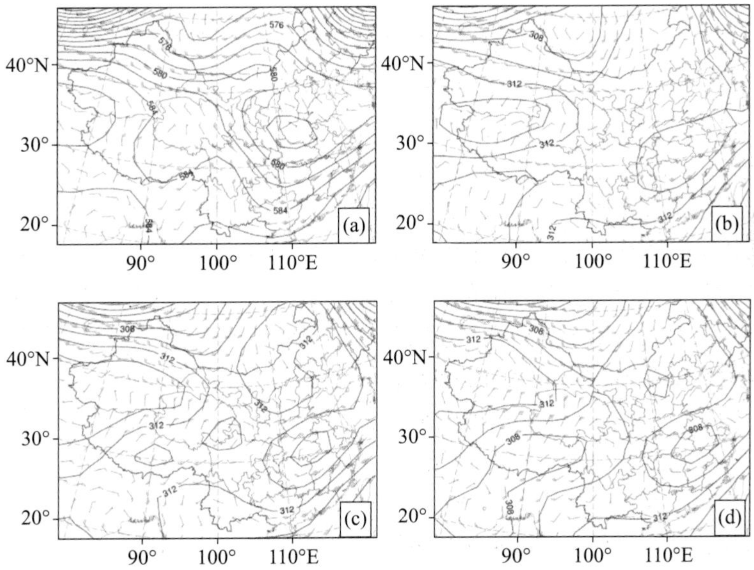

图 2.15　2008 年 6 月 10 日暴雨过程环流形势

(a)10 日 00 时 500 hPa 高度场和风场;(b)10 日 00 时 700 hPa 高度场和风场;
(c)10 日 06 时 700 hPa 高度场和风场;(d)10 日 12 时 700 hPa 高度场和风场

2.3.3　B+C 环流型暴雨过程

表 2.2 列出了 12 次 B+C 型大尺度环流所对应的暴雨过程,此类暴雨的影响系统主要为副高及涡旋系统。

表 2.2　金沙江下游区域 B+C 环流型暴雨过程

序号	时间(年-月-日)	系统
1	1995-05-29	副高+西北涡
2	2005-07-07	副高+西南涡、印度气旋性环流
3	2005-07-17	副高+青海气旋环流、印度气旋性环流
4	2005-07-18	副高+西部地区气旋性环流+印度气旋性环流
5	2006-09-03	副高+西北涡、孟加拉湾气旋性环流
6	2007-08-23	副高、伊朗高压+华南地区气旋性环流
7	2009-08-27	副高+西北涡、印度气旋性环流
8	2010-07-26	副高+西北涡、印度气旋性环流
9	2012-09-09	副高+蒙古气旋性环流、西北涡、印度气旋性环流
10	2013-07-03	副高+西北涡、印度气旋性环流
11	2013-08-24	副高+西南涡、贵州华南气旋性环流、印度气旋性环流
12	2014-09-16	副高+孟加拉湾气旋性环流

以 2013 年 8 月 24 日暴雨过程为例对此类环流型进行分析。本次暴雨持续时间 1 d，金沙江下游区域内 35 个站中有 7 个站 24 h 降水量达暴雨标准，分别为大关、雷波、绥江、筠连、鲁甸、昭通、盐津，其中绥江站降水量最大，达到 70.0 mm，暴雨的集中区域为 103.5°—104.3°E，27.1°—28.6°N。

8 月 24 日 06 时 700 hPa 及 850 hPa 高度(图 2.16a、2.16b)上贵州、云南、广西一带存在一较强的气旋环流，500 hPa 高度场上气旋环流也存在，但强度较弱，金沙江下游正处于气旋的后部边缘范围，整层为低值区，上升运动强，对流旺盛。8 月 24 日 12 时 500 hPa 高度(图 2.16c)上西南地区气旋环流明显，且副高脊线位于 25°—30°N，588 dagpm 等高线位于长江中下游地区，此时在副高控制下，长江中下游区域多为下沉气流，为该区域的伏旱期；而副高边缘区域受暖湿的东南、西南气流影响，降水充沛。气旋东部边缘气流与副高西部边缘气流叠加作用，加强了对印度洋、孟加拉湾及西太平洋的暖湿气流的输送。同时伊朗高压加强东伸至青藏高原，分裂出高压中心，伊朗高压东部边缘的西北气流与四川盆地东部暖湿气流相遇，冷、暖气流交汇引发强对流继而产生强降水。8 月 24 日 18 时(图 2.16d)副高东伸，靠近四川盆地，降水维持。8 月 25 日 06 时 500 hPa、700 hPa 高度(图 2.16e、2.16f)上，副高维持，但气旋减弱南下，四川盆地及金沙江下游流域所受影响逐渐减小，低层 700 hPa 及 850 hPa 高度上已无明显气流交汇，降水逐渐减弱。

该个例中长江中下游地区处于伏旱期，而我国西南地区多强降水天气，与朱艳峰(2003)所得结论一致，我国西南地区盛夏降水与长江中下游地区降水呈负相关关系。

2.3.4　A+B+C 环流型暴雨过程

表 2.3 列出了 19 次 A+B+C 型大尺度环流所对应的暴雨过程，此类暴雨的影响系统主要为高空西风槽、切变、副高及涡旋系统。

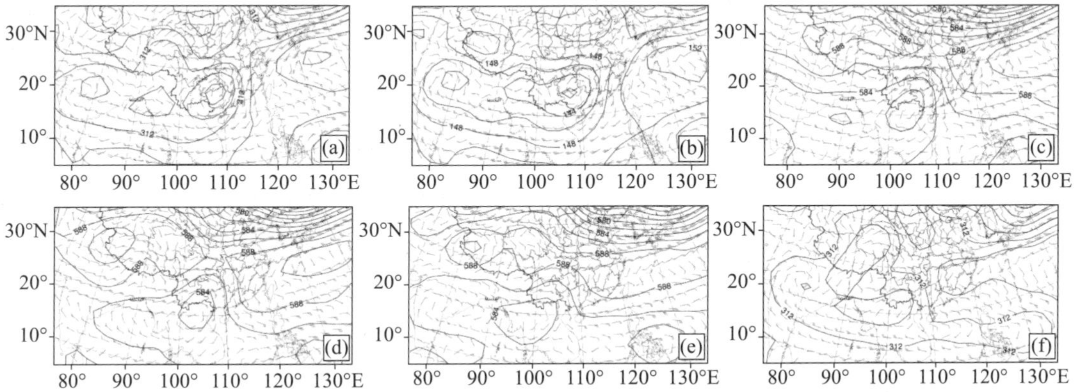

图 2.16　2013 年 8 月 24 日暴雨过程环流形势

(a)24 日 06 时 700 hPa 高度场和风场；(b)24 日 06 时 850 hPa 高度场和风场；(c)24 日 12 时 500 hPa 高度场和风场；(d)24 日 18 时 500 hPa 高度场和风场；(e)25 日 06 时 500 hPa 高度场和风场；(f)25 日 06 时 700 hPa 高度场和风场

表 2.3　金沙江下游区域 A+B+C 环流型暴雨过程

序号	时间(年-月-日)	系统
1	1992-07-12	新疆北部气旋性环流向下伸出西风槽+副高+西南涡
2	1994-07-09	两高间切变+副高、伊朗高压+西北涡、印度气旋性环流
3	1996-08-09	两高间切边、西北地区槽+副高、伊朗高压+印度气旋性环流
4	1998-07-04	青海—四川—云南槽+副高+印度气旋性环流
5	2001-07-28	西风槽、孟加拉湾槽+副高+东北涡向西南伸出槽
6	2001-08-18	贝加尔湖涡旋向下伸出槽+副高+印度气旋性环流
7	2009-07-30	高原切变+副高+西北涡、西南涡
8	2010-08-20	甘肃—青海—四川槽+副高+西南涡
9	2015-07-13	蒙古、东北涡旋向下伸出槽+伊朗高压+西北涡
10	2015-08-07	两高间切变+副高、伊朗高压+甘肃、孟加拉湾气旋性环流
11	2015-08-16	蒙古、东北涡旋伸出槽、孟加拉湾槽+副高+西南涡
12	2016-06-29	高原槽+副高+西北涡、印度气旋性环流
13	2017-07-05	蒙古—甘肃地区西风槽、孟加拉湾槽+高原涡、印度气旋性环流
14	2017-08-06	两高间切变、孟加拉湾槽+副高+西北涡、印度气旋性环流
15	2017-08-23	孟加拉湾槽+副高+孟加拉湾气旋性环流
16	2018-08-20	四川盆地小槽+伊朗高压+西北涡、印度气旋性环流
17	2020-06-28	高原槽、云贵川地区槽、孟加拉湾槽+副高+河套以北小型气旋性环流
18	2020-08-11	孟加拉湾槽+副高+西南涡、印度气旋性环流
19	2020-08-15	川西小槽+副高+西南涡、印度气旋性环流

选取 2020 年 8 月 15 日的暴雨过程进行此类环流型的典型个例分析。本次暴雨持续时间 1 d，金沙江下游区域内 35 个站中有 11 个站 24 h 降水量达暴雨标准，分别为米易、会理、会东、宁南、普格、越西、马边、绥江、屏山、筠连、盐津，其中会东站降水量最大，达到 83.4 mm，暴雨的两个集中区域为 101.7°—102.7°E，26.5°—27.3°N；102.3°—104.5°E，28°—28.8°N。

8 月 15 日 06 时 500 hPa 高度(图 2.17a)上，青海—四川—云南区域存在一西风槽，金沙江下游流域位于西风槽前上升运动区，副高脊线位于 25°—30°N，588 dagpm 等高线已西伸到重庆、四川东部地区，研究区内槽前西南气流与副高边缘的南风叠加，来自西太平洋、南海、印度洋、孟加拉湾的水汽得以输送至金沙江下游。700 hPa 高度上(图 2.17b)，甘肃、青海、四川交界处西北涡发展，同时 500 hPa、700 hPa 上印度、孟加拉湾地区存在涡旋，引导暖湿气流北上，为研究区内暴雨的产生与维持提供充足的水汽条件。8 月 15 日 18 时 500 hPa(图 2.17c)，副高略微东退，川西地区西风槽较之前偏南，700 hPa 上(图 2.17d)西北涡南下至四川盆地转变成西南涡，金沙江下游流域降水维持。8 月 16 日 00 时 500 hPa(图 2.17e)副高较之前持续东退，四川地区的西风槽略有东移，700 hPa 上(图 2.17f)西南涡的闭合环流减弱消失，降水逐渐减少，暴雨过程逐渐结束。

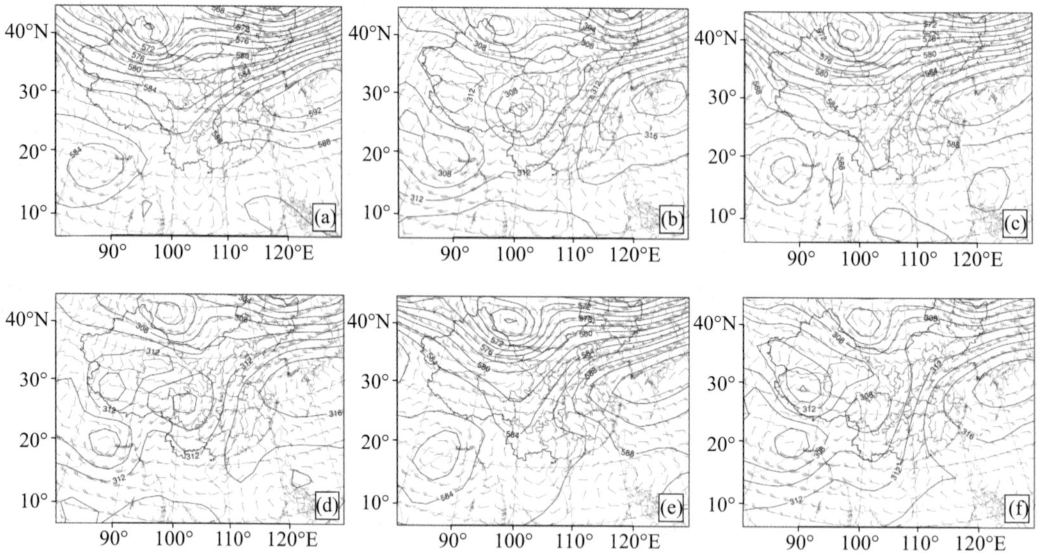

图 2.17　2020 年 8 月 15 日暴雨过程环流形势

(a)15 日 06 时 500 hPa 高度场和风场；(b)15 日 06 时 700 hPa 高度场和风场；(c)15 日 18 时 500 hPa 高度场和风场；(d)15 日 18 时 700 hPa 高度场和风场；(e)16 日 00 时 500 hPa 高度场和风场；(f)16 日 00 时 700 hPa 高度场和风场

2.3.5　其他系统

除上述典型天气系统配置外，我国夏季暴雨过程有时也与西太平洋台风的登陆有关。台风是强气旋性涡旋，又称飓风、热带风暴。其形成需要一定的热力条件，即广阔的暖洋面，需要一定的初始扰动，低层要有气流的水平辐合，故台风系统多生成于副热带海洋上，西太平洋是世界上台风最多的地区。台风的移动除受自身强度、范围等因素外，还与副高有关，即沿副高南侧边缘偏东气流向西或西北方移动，具体移动轨迹与自身强度、范围、副高的强度和位置、588 dagpm 等高线有关。来自暖洋面的台风伴随强烈的气旋性环流，会输送大量暖湿气流至所经之处。故而，当台风移动至我国境内即会造成附近地区出现强风、强降水等极端天气。金沙江下游位于我国西南地区，每年夏季受到台风影响的程度远小于华南及江淮地区，但当台风异常强大且向西移动时，登陆广东、广西及贵州等地会极大增强金沙江流域的暖湿气流输送能力，继而产生或增强本区域的暴雨过程。

分析 30 a 内 68 次区域暴雨过程，筛选出 5 次受台风影响较为明显的暴雨过程，所对应的时间分别为：2005 年 7 月 18 日、2014 年 9 月 16 日、2015 年 8 月 7 日、2015 年 8 月 23 日、2017

年 8 月 23 日。可见金沙江下游区域可能受台风影响的暴雨过程多集中于 8 月。

以 2014 年 9 月 16 日台风暴雨过程为例，本次暴雨持续时间 1 d，金沙江下游区域内 35 个站中有 10 个站 24 h 降水量达暴雨标准，分别为大关、雷波、永善、绥江、屏山、宜宾县、宜宾、高县、筠连、盐津，其中宜宾站降水量最大，达到 76.3 mm，暴雨的集中区域为 103.5°—104.6°E，27.7°—28.8°N。

从 9 月 16 日暴雨过程环流形势(图 2.18)可见，16 日 06 时 500 hPa、700 hPa、850 hPa 高度场上可明显看出台风登陆我国南方。06 时位于贵州、云南、广西及广东省区域内，此时台风发展强盛，在三层等压面图中都有明显的气旋环流存在，此时台风紧挨副高西部边缘，副高脊线位于 25°—30°N，588 dagpm 等高线位于四川盆地东部，副高西部边缘与台风边缘气流合并加强，向四川盆地及金沙江流域下游区域内输送大量暖湿气流，导致强降水发生。9 月 17 日 06 时 500 hPa、700 hPa、850 hPa 高度场上，副高向我国西部地区伸展，台风强度较前一天减弱且向西南方向移动，对金沙江下游地区影响减弱，暴雨过程逐渐结束。

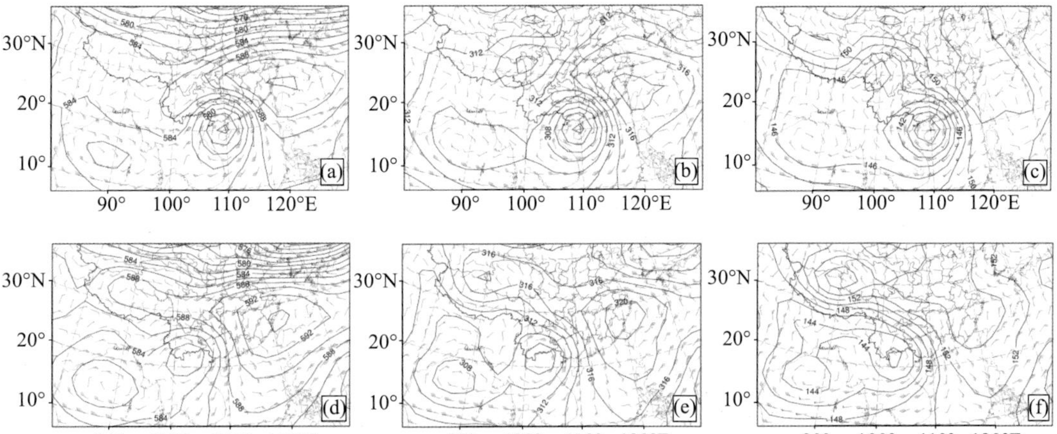

图 2.18　2014 年 9 月 16 日暴雨过程环流形势

(a)16 日 06 时 500 hPa 高度场和风场；(b)16 日 06 时 700 hPa 高度场和风场；(c)16 日 06 时 850 hPa 高度场和风场；(d)17 日 06 时 500 hPa 高度场和风场；(e)17 日 06 时 700 hPa 高度场和风场；(f)17 日 06 时 850 hPa 高度场和风场

2.4　小结

(1)1991—2020 年，金沙江下游区域内共发生了 68 次区域性暴雨过程；其中 2020 年暴雨发生次数最多，为 6 次，2015 年次之，为 5 次，而 1993、2011、2019 年未有暴雨发生；暴雨发生集中于夏季的 7、8 月，7 月最多，达 27 次，占总次数的 39.7%，8 月发生次数次之，为 21 次。暴雨发生次数的逐年变化总体呈波动上升趋势。

(2)金沙江下游流域暴雨呈“两头多、中间少”的空间分布特征，暴雨高发区为四川省凉山州东南部、攀枝花市、宜宾市及邻近地区，暴雨发生较少的区域为凉山州东北部。

(3)金沙江下游流域暴雨过程环流型分为三类：槽脊系统＋涡旋系统(A＋B 型)、涡旋系统＋高值系统(B＋C 型)、槽脊系统＋涡旋系统＋高值系统(A＋B＋C 型)。三种类型中 A＋B 型最常见，有 37 次，占 54.4%；其次为 A＋B＋C 型，气旋环流系统的存在大多伴随槽脊系统发生发展；B+C 环流型最少。

(4)影响金沙江下游流域暴雨过程的常见典型系统有高原涡、西南涡、西北涡、副高、四川盆地附近的气旋性涡旋环流等；印度及孟加拉湾地区的气旋性环流为研究区内输送大量来自洋面的暖湿气流，提供暴雨所需的充沛水汽。除此之外，伊朗高压、台风等系统对四川暴雨也有一定影响，但每年 8 月才会凸显。

(5)金沙江下游流域暴雨过程多为上述多个系统共同作用而产生，高空槽引导北方干冷空气南下，副高、印度气旋、孟加拉湾槽等向流域内输送大量来自中国南海、西太平洋、孟加拉湾、印度洋的暖湿气流，持续提供暴雨所需的充足水汽，同时涡旋系统相互配合或叠加加强了对流活动，引发并维持暴雨过程。

第3章

金沙江下游暴雨微尺度特征

短时强降水，主要指发生时间短、降水效率高的对流性降水，1 h降水量达到或超过20 mm。短时强降水有时伴有雷暴大风，在短时间内易造成局地洪水，甚至引发山洪、滑坡或泥石流等次生灾害，严重威胁水电站安全。众所周知，短时强降水是在中小尺度系统中产生的，但以大尺度天气系统为背景，大尺度天气系统影响或决定着中小尺度天气系统的生成、发展和移动过程，而中小尺度天气系统又对大尺度天气系统有反馈作用，因此对暴雨进行微尺度分析研究是非常有必要的。在国内，许多学者对短时强降水的气候特征和环流形势特征进行了分析。殷雪莲等(2008)通过对祁连山两次典型强降水的对比分析得出“东高西低”切变辐合及低空急流是区域性强降水产生的关键。周淑玲等(2008)强调了高低空急流的耦合作用。杨贵名等(2006)对2003年梅雨期的一次强降水的分析揭示了干侵入对强降水起到激发作用。各种表征热力、动力的物理量也被广泛地应用到短时强降水的分析诊断中(屠妮妮 等，2008；廖胜石 等，2008)。杨诗芳等(2010)通过个例分析发现，发生短时强降水时大气层结不稳定，各个大气对流参数场中心与短时强降水中心对应较好。随着新一代天气雷达资料的广泛应用，短时强降水的分析研究和短时预报、预测服务水平得到很大提高。

本章选取2016—2020年5—10月金沙江下游790个国家基本气象站和区域自动气象站逐时降水资料，研究该区域强降水与海拔高度的关系。并利用1960—2019年宁南、巧家以及区域气象站新田站2009—2019年地面气象站降水日值数据，通过百分位阈值法等定义了白鹤滩水电站极端降水指数，得到白鹤滩极端降水阈值并分析了各指数的变化趋势以及分布规律。

3.1 金沙江下游不同海拔高度强降雨特征

由于部分区域自动气象站有数据缺测，因此剔除了连续缺测时次超过1个月的站点；同时考虑到研究的代表性，剔除了海拔高度300 m以下、2500 m以上的站点，最后挑选出488个站，其中包括34个国家基本气象站、454个自动气象站，气象站分布见图3.1。另外，雨日、小雨日、中雨日、大雨日、暴雨日的标准分别为24 h降水量≥0.1 mm、0.1～9.9 mm、10.0～24.9 mm、25.0～49.9 mm、50.0～99.9 mm，短时强降水的标准为1 h降水量超过20 mm，降水集中期为5—10月。

为研究流域内降水与海拔高度的关系，对海拔高度为300～2500 m的站以100 m的间隔进行分级，如 400 m 代表 400～500 m 内所有站的统计结果，依此类推。需要说明的是，各个海拔高度上降水量、雨日、短时强降水频次为所有站的平均，雨强极值为所有站的最大值，短时强降水首次出现月份为所有站点最早出现的月份。金沙江下游站点分布如图 3.1 所示，各个海拔高度区间范围的站点数如表 3.1 所示。

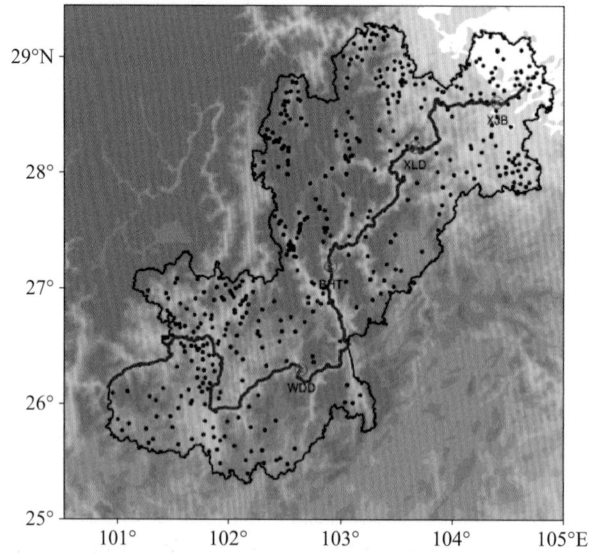

图 3.1 金沙江下游梯级电站坝址、选取气象站分布及地形
（电站坝址自西南向东北分别为乌东德（WDD）、白鹤滩（BHT）、溪洛渡（XLD）、向家坝（XJB））

表 3.1 各个海拔高度区间范围的气象站数

	海拔高度/m										
	1400	400	500	600	700	800	900	1000	1100	1200	1300
站数/个	36	31	29	21	13	13	18	15	27	28	18
	海拔高度/m										
	2500	1500	1600	1700	1800	1900	2000	2100	2200	2300	2400
站数/个	23	20	22	30	34	32	29	13	10	16	10

金沙江下游的流域内海拔高度大多为 400～2500 m。从图 3.2 可以看出，金沙江下游超过 95％的气象站在降雨集中期的年平均总雨量为 400～1600 mm，主要雨区位于乌东德电站以上的金沙江以北流域和溪洛渡、向家坝电站之间的流域，金沙江南岸云南境内流域雨量相对较少。流域内降雨集中期的年平均雨量为 870.36 mm，最大年平均雨量为 1712.07 mm，出现在攀枝花市盐边县干坪子村站，最小年平均雨量为 149.77 mm，出现在凉山彝族自治州普格县普格洛乌站。

3.1.1 降雨量与海拔高度的关系

图 3.3 为降雨集中期年平均总雨量、昼雨量、夜雨量随海拔高度的变化，其中出现昼雨的时间为北京时 08—19 时，夜雨的时间为 20 时—翌日 07 时。通过一元线性拟合后，可以发现金沙江下游流域汛期总雨量、夜雨量随海拔高度升高而减少，但夜雨量减少比总雨量更显著，同时通过置信度 95％的显著性检验（以下简称显著性检验）；而昼雨量则随海拔高度升高而增

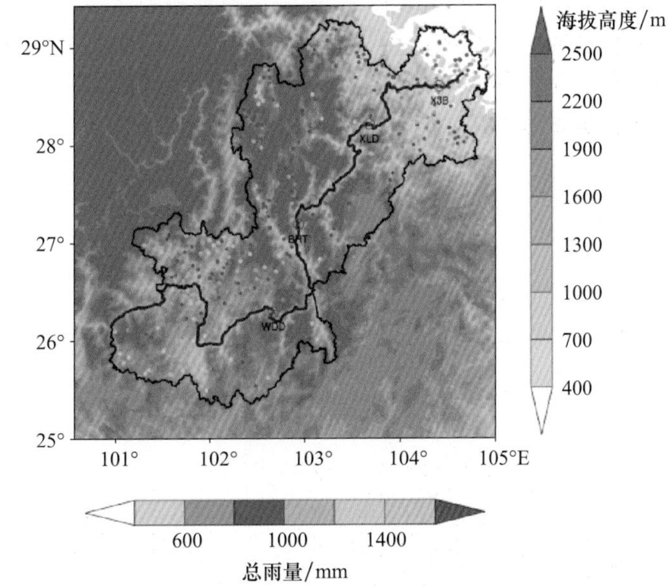

图 3.2　金沙江下游降雨集中期年平均总雨量分布

大，回归方程也通过了显著性检验。由于在各个海拔高度上夜雨量都要比昼雨量多，所以即使昼雨量随海拔高度变化的趋势要比夜雨量明显，但总雨量的变化趋势却与夜雨量相同。

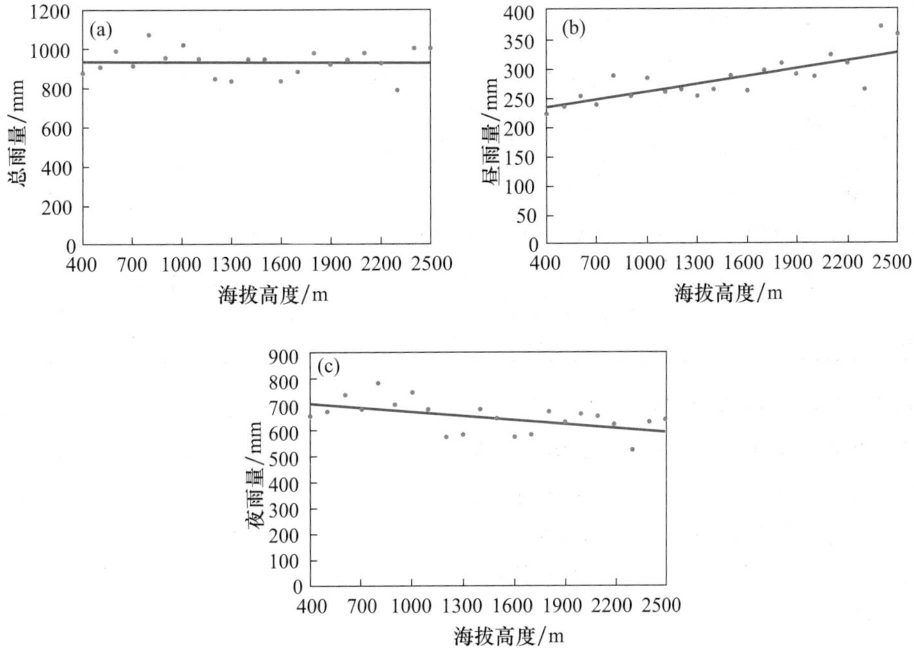

图 3.3　降雨集中期年平均汛期总雨量(a)、昼雨量(b)、夜雨量(c)与海拔高度的关系

(红色实线为一元线性回归拟合线)

另外，我们还将每个月的多年平均总雨量(图 3.4)、昼雨量(图 3.5)、夜雨量(图 3.6)对海拔高度进行回归拟合。结果发现，各月多年平均总雨量与海拔高度的关系中，5 月、7 月和 8 月的总雨量随海拔高度升高而减少，但是只有 8 月的总雨量通过显著性检验；而 6 月、9 月、10 月

的总雨量随海拔高度升高而增多，其中 6 月、9 月的总雨量通过显著性检验。

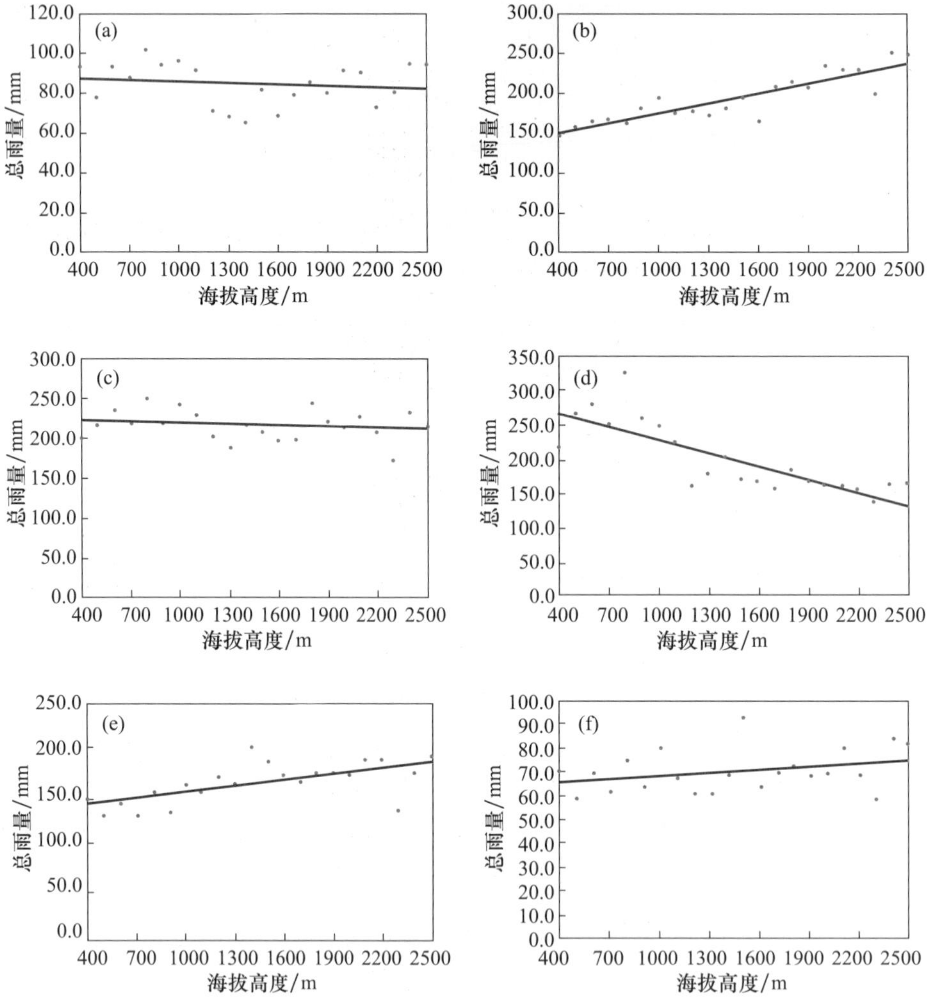

图 3.4　降雨集中期各月多年平均总雨量与海拔高度的关系

(a)5 月；(b)6 月；(c)7 月；(d)8 月；(e)9 月；(f)10 月；红色实线为一元线性回归拟合线

在多年平均月昼雨量与海拔高度的关系上，几乎所有月份的降雨都随海拔高度升高而增多，并且都通过了显著性检验，只有 8 月份的昼雨量随海拔高度升高而减少，但是并没有通过显著性检验，这说明昼雨量随海拔高度升高而增多的这一趋势是非常显著的，几乎在汛期的每个月份都有表现。

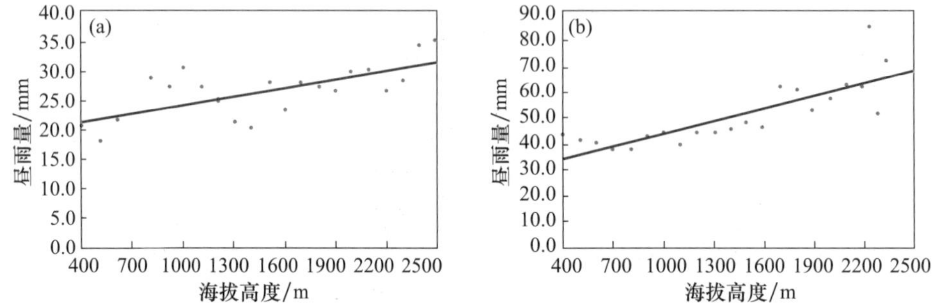

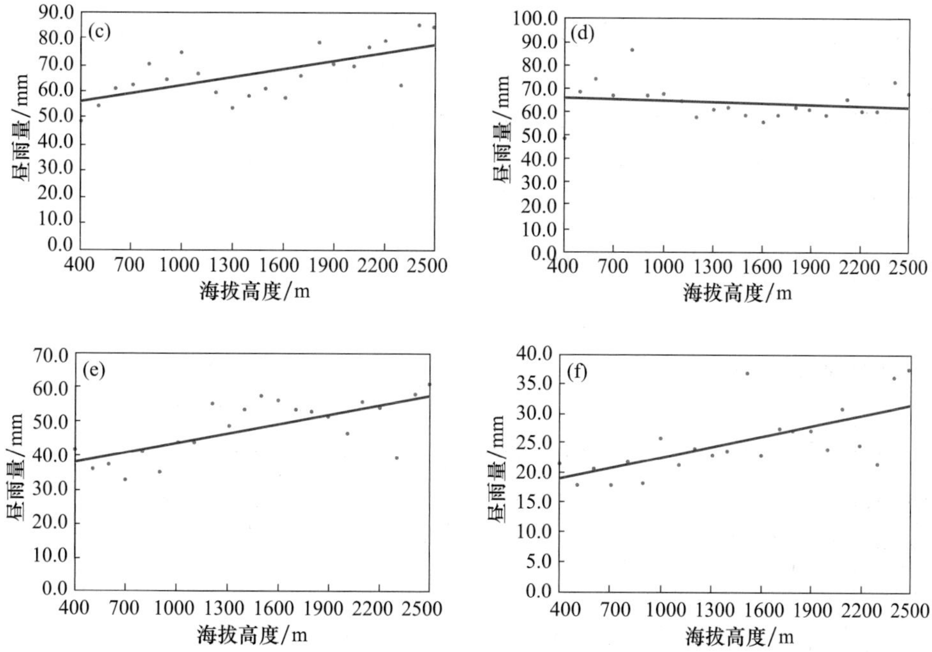

图 3.5　降雨集中期各月多年平均昼雨量与海拔高度的关系

(a)5 月;(b)6 月;(c)7 月;(d)8 月;(e)9 月;(f)10 月;红色实线为一元线性回归拟合线

在多年平均月夜雨量与海拔高度的关系上,5 月、7 月、8 月和 10 月的夜雨量随海拔高度升高而减少,其中 10 月的夜雨量没有通过显著性检验;6 月和 9 月夜雨量随海拔高度升高而增多,并且都通过了显著性检验,由于总夜雨量也是随海拔高度升高而减少,因此金沙江下游汛期的夜雨可能主要发生在 5 月、7 月和 8 月。

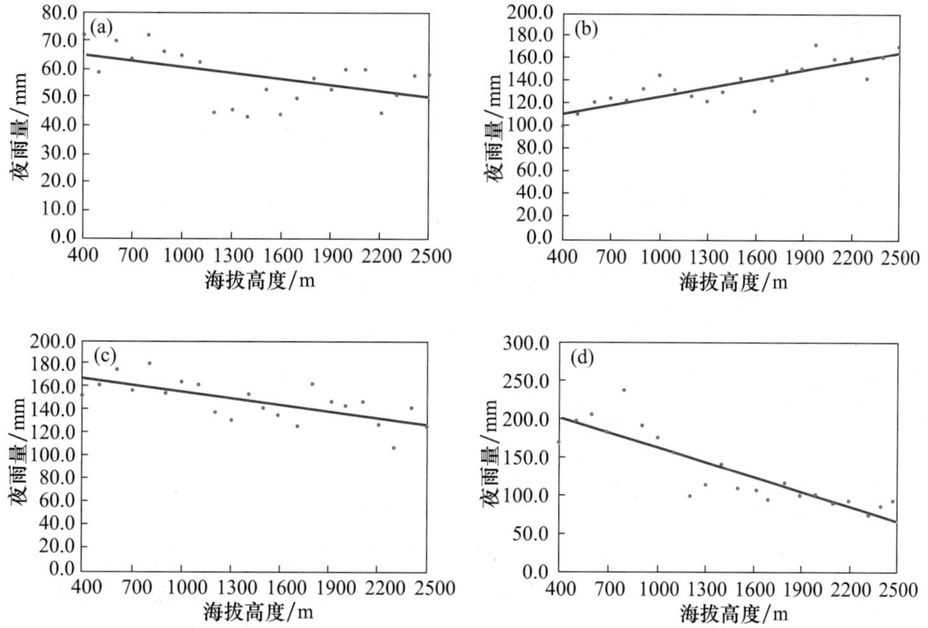

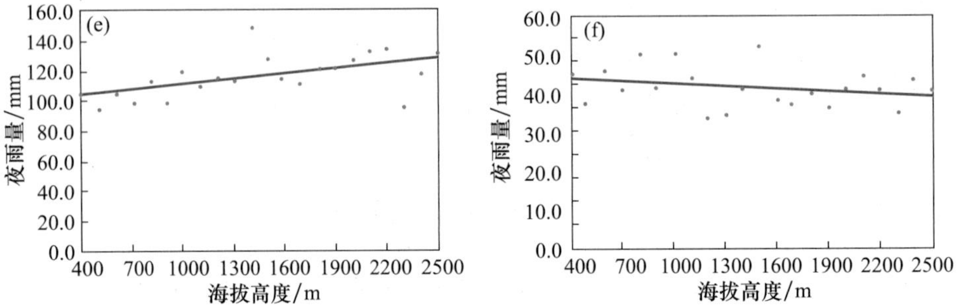

图 3.6 降雨集中期各月多年平均夜雨量与海拔高度的关系

(a)5 月;(b)6 月;(c)7 月;(d)8 月;(e)9 月;(f)10 月;红色实线为一元线性回归拟合线

3.1.2 降雨日数与海拔高度的关系

图 3.7 为降雨集中期年平均总雨日数、小雨日数、中雨日数、大雨日数、暴雨日数随海拔高度的变化,从图中回归拟合线可知,总雨日数、小雨日数、暴雨日数趋势一致随海拔高度升高而减少且都通过显著性检验,说明小雨日数、暴雨日数对总雨日数贡献较大,但在各个海拔高度上暴雨日数占总雨日数的比例很小(不足 5%),小雨日数占总雨日数的比例很大,达 70%,因此,小雨日数基本决定了总雨日数的变化趋势。中雨日数、大雨日数则随海拔高度升高而增多,但是只有中雨日数通过显著性检验。结合昼雨量、夜雨量随海拔高度的变化来看,中雨日数、大雨日数随海拔高度变化的趋势与昼雨量相似,说明昼雨以中雨、大雨为主;而夜雨则以小雨、暴雨为主。

图 3.8 为降雨集中期年平均暴雨日数站数统计,其中横坐标“1”是指“2>暴雨日数≥1”,依此类推。从图中可以得出随着暴雨日数增多,金沙江下游流域内站点数先增多后减少,站点数最多的暴雨日数为“1”,说明流域内 32%的站点每年汛期暴雨日数为 1~2 d。

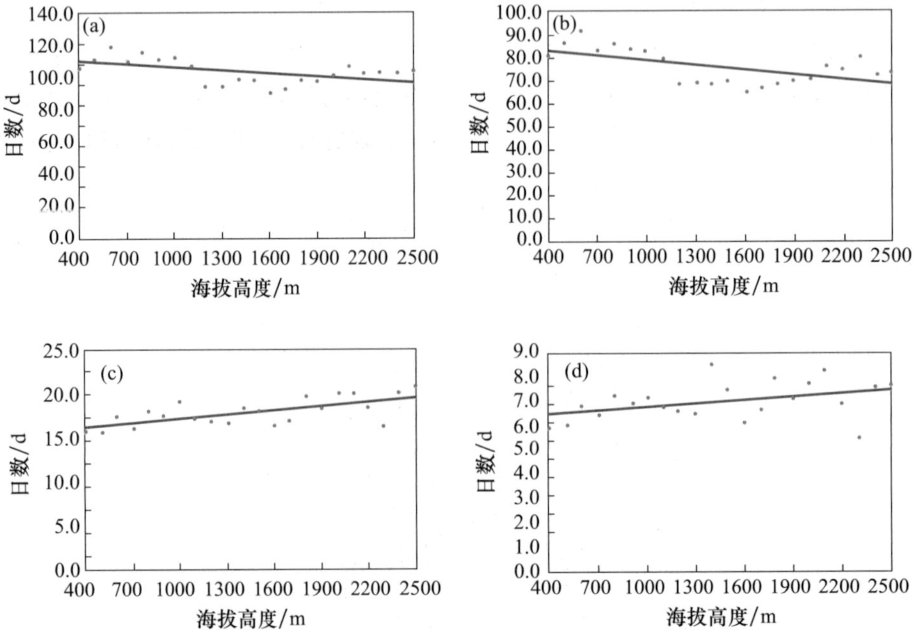

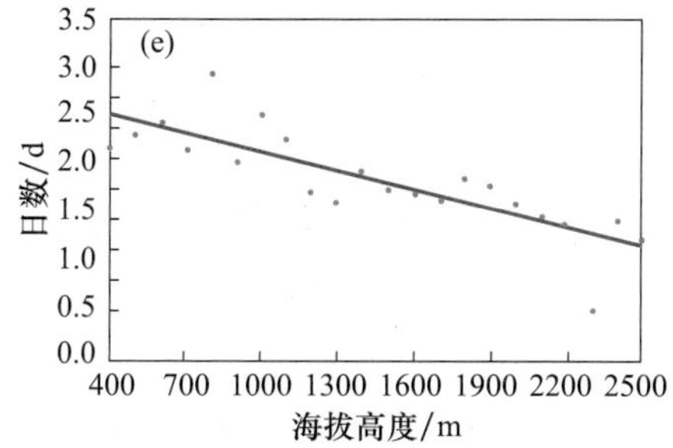

图 3.7　降雨集中期多年平均汛期总雨日数(a)、小雨日数(b)、中雨日数(c)、大雨日数(d)、暴雨日数(e)与海拔高度的关系

（红色实线为一元线性回归拟合线）

从伴随短时强降水发生的暴雨日占比(以下简称短时强降水占比)的统计结果(图 3.9)来看，暴雨日数不伴随短时强降水发生的站数有 32 个，占总站数的 6.56%，每次发生暴雨都伴随短时强降水发生的站数有 36 个，占总站点数的 7.38%。短时强降水占比为0～100%的站数呈现中间高、两端低的趋势，站数最多的短时强降水占比为 50%～60%，50%以上的站数占总站数的 76.64%，说明流域内多数站一半以上暴雨日伴随短时强降水发生。

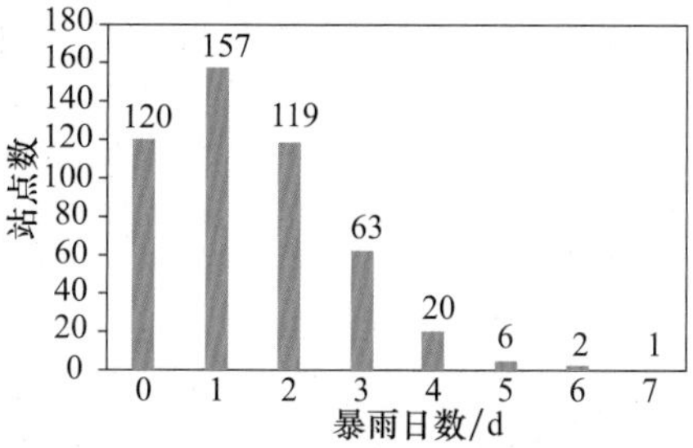

图 3.8　降雨集中期年平均暴雨日数站点数统计

（横坐标“1”表示“2>暴雨日数≥1”，依此类推）

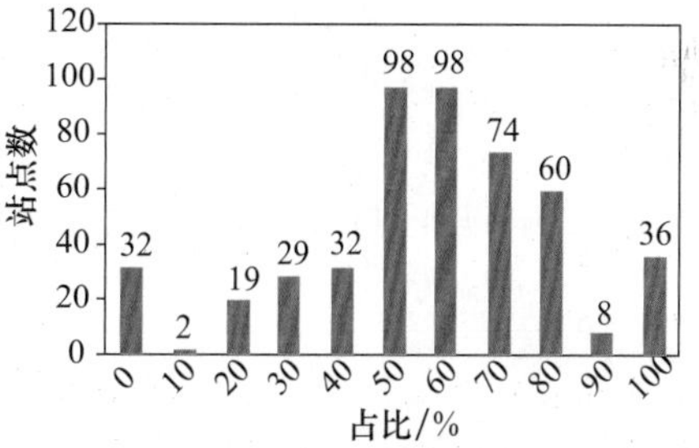

图 3.9　伴随短时强降水发生的暴雨日占比统计

（横坐标“0%”表示“10%>占比≥0%”，依此类推，但“100%”表示“占比=100%”）

从短时强降水占比大于 60%的气象站分布(图 3.10)可以看出，短时强降水的高发地区主要位于白鹤滩到溪洛渡流域的河谷地带以及流域东北部海拔高度小于 1000 m 的山地，说明这两个地区的暴雨日主要由短时强降水贡献，而白鹤滩上游的站点短时强降水占比大多为 60%～80%，暴雨日可能由持续性的降雨造成。

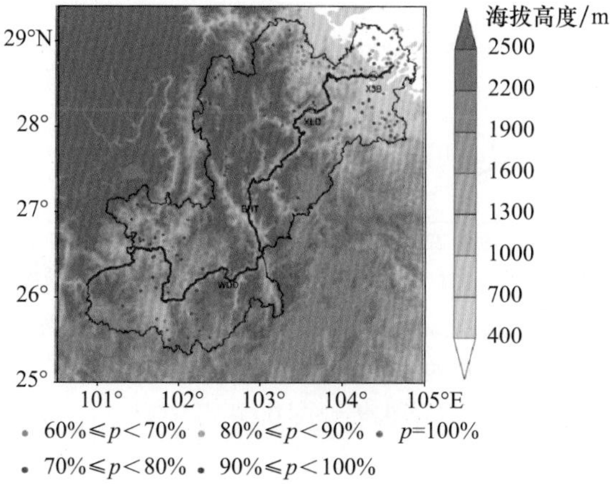

图 3.10　降雨集中期伴随短时强降水发生的暴雨日占比大于 60%的站点分布

3.1.3 降雨强度与海拔高度的关系

进一步探究金沙江下游 1 h 雨强与海拔高度的关系(图 3.11)，发现 1 h 雨强大于 20、30、50 mm/h 的短时强降水频次及雨强极值均随海拔高度升高而降低，且回归方程都通过显著性检验，其中大于 20 mm/h 的短时强降水频次与海拔高度的相关性最好，相关系数可达－0.91，说明海拔高度对大于 20 mm/h 的短时强降水影响最显著，这与周秋雪等(2019)在四川盆地边缘山地得出的结论相似。

从不同海拔高度对应的小时雨量日变化峰值出现时间来看(图 3.12)，各海拔高度小时雨量的峰值都出现在 00—05 时，随着海拔高度升高峰值出现时间也延迟且通过显著性检验，以 02 时为分界时刻，海拔高度 1100 m 以下的气象站雨量峰值均出现在 02 时以前，海拔高度 1100 m 以上的站雨量峰值出现在 02 时以后；同时短时强降水频次峰值也出现在 23 时—翌日 04 时，但其出现时间随着海拔高度上升上下波动，并没有明显的趋势，拟合方程也没有通过显著性检验。

短时强降水首次出现的时间随海拔高度的不同存在很大差异，通过统计所有站短时强降水首次出现的月份发现(图 3.13)，只有个别站短时强降水首次在 10 月出现，其余都是在 5、6、7、8、9 月首次出现短时强降水。从图 3.13 可以看出短时强降水首次出现在 5、6、7、8 月的站数随着海拔高度升高而减少，而首次出现在 9 月的站点数则随着海拔高度上升而增多，其中只有 5、7 月的回归方程通过显著性检验，说明低海拔高度站首次出现短时强降水的月份多在 5、7 月，而较高海拔高度站首次出现短时强降水的月份多在 6、8、9 月。

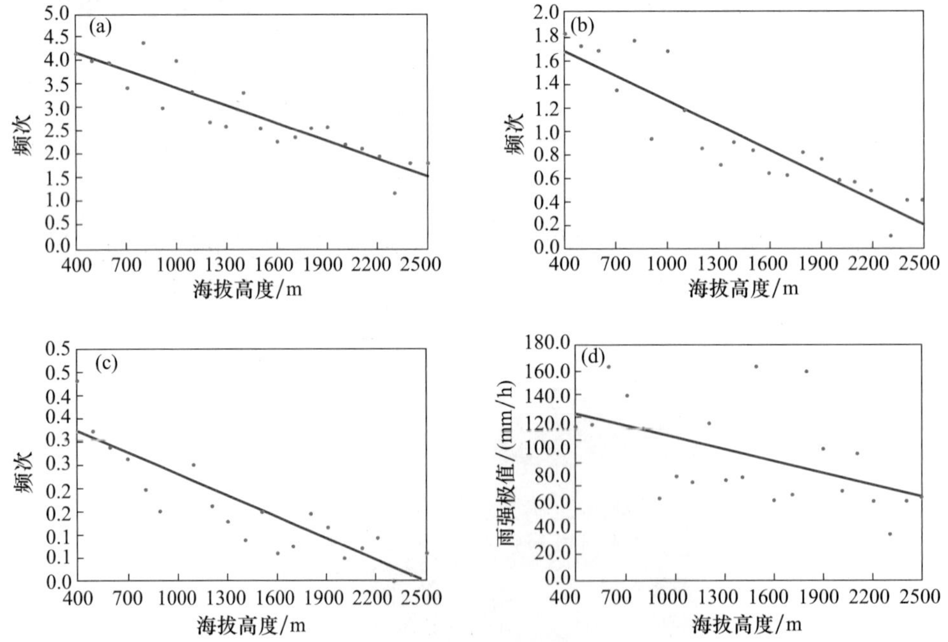

图 3.11 大于 20(a)、30(b)、50(c) mm/h 雨强的短时强降水频次及(d)雨强极值与海拔高度的关系

(红色实线为一元线性回归拟合线)

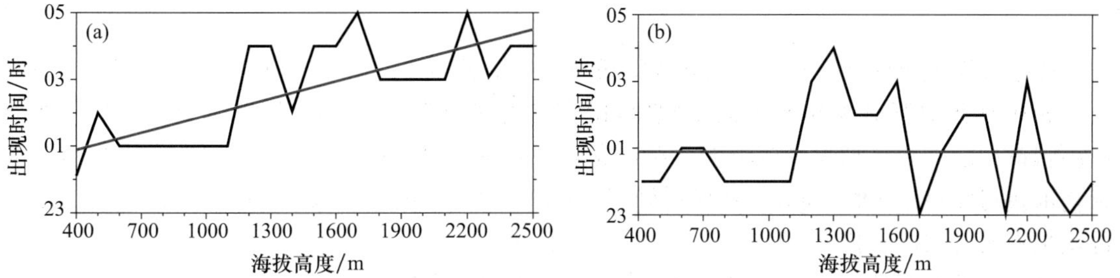

图 3.12　小时雨量(a)及短时强降水(b)频次日变化峰值出现时间随海拔高度变化

（红色实线为一元线性回归拟合线）

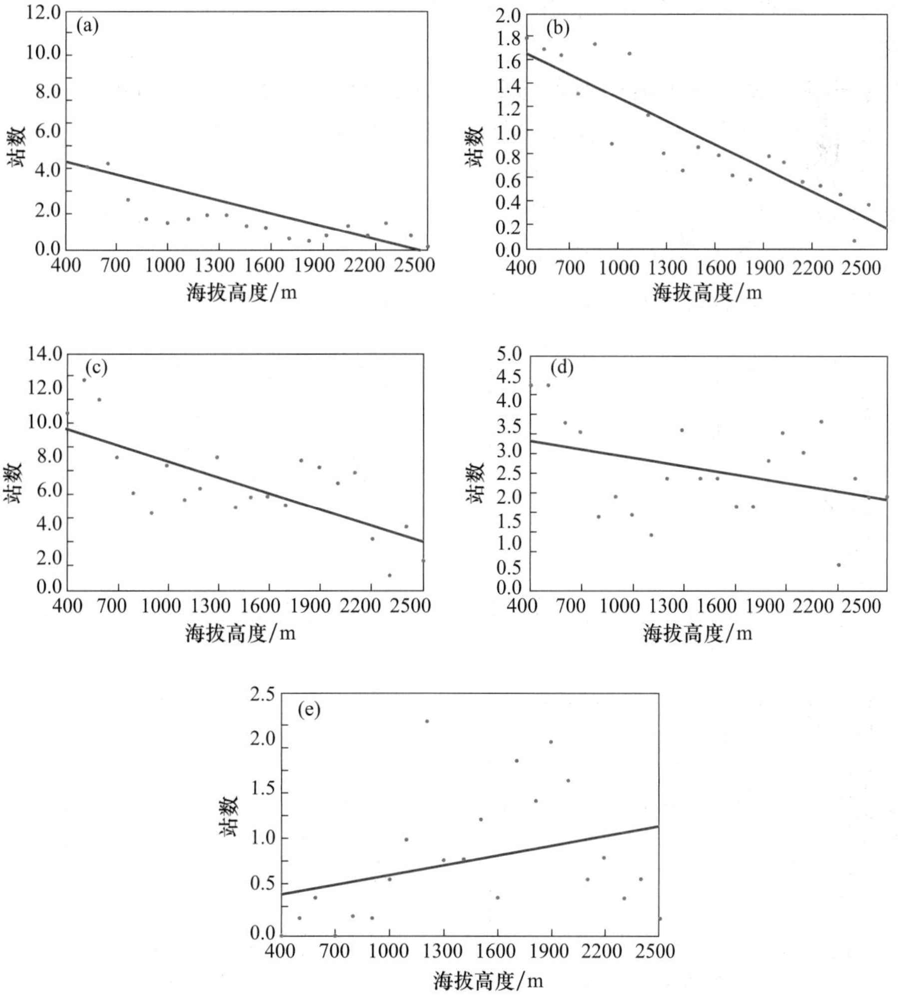

图 3.13　短时强降水首次出现在 5 月(a)、6 月(b)、7 月(c)、8 月(d)、9 月(e)的站数随海拔高度变化

（红色实线为一元线性回归拟合线）

3.2 白鹤滩水电站强降雨特征分析

目前国际上对极端事件的研究多采用百分位阈值法来定义，即将某地一段时间超过某个阈值的值称为极值，将超过阈值的事件称为极端事件。本节采用的降水资料取自 CIMISS 实况数据资料，时段为国家基本气象站 1960—2019 年，区域气象站 2009—2019 年；选取白鹤滩周边宁南、巧家、新田三个站的历史数据为研究对象，利用百分位阈值法，对宁南(60 年)、巧家(60 年)和新田(11 年)三个站有降水记录的日降水量按时间序列排序，取该站的第 99 百分位数为该地极端降水阈值，超过这个阈值的降水定义为极端降水。在此基础上，定义了极端降水量(全年日降水量大于第 99 百分位数的降水总量)、极端降水日数(全年极端降水日数大于第 99 百分位数的降水日数)、极端降水强度(全年极端降水量与极端降水日数的比值)、极端降水比率(全年极端降水量与全年降水总量的百分比)。根据对极端降水的定义，对白鹤滩周边三个站的降水数据进行计算，可得到各站极端降水阈值：宁南 42.9 mm、巧家 36.9 mm、新田 32.2 mm。可见宁南站降水强度最大，该地是最容易发生强降水的地区，新田站对比前两个国家气象站的数据，也是极易出现强降水的地区。

3.2.1 极端降水量

分别统计宁南站和巧家站 1960—2019 年极端降水量变化(图 3.14)，从多年平均来看，宁南站为 156.1 mm、巧家站为 132.7 mm，从多年极端降水量最大值来看，宁南县在 1983 出现 60 年以来的极端降水最大值，为 396.8 mm，巧家县在 2016 年出现 60 年以来的极端降水最大值，为 496.3 mm。将两站极端降水量年变化进行线性拟合，可以看出宁南、巧家两个地区极端降水量均呈不同程度增大趋势。计算两站气候倾向率，发现宁南站极端降水量以 8.9 mm/10a 的速度增大，巧家站以 11.5 mm/10a 的速度增大。新田站由于气象资料时间跨度较短，仅可看出极端降水量有增大趋势。

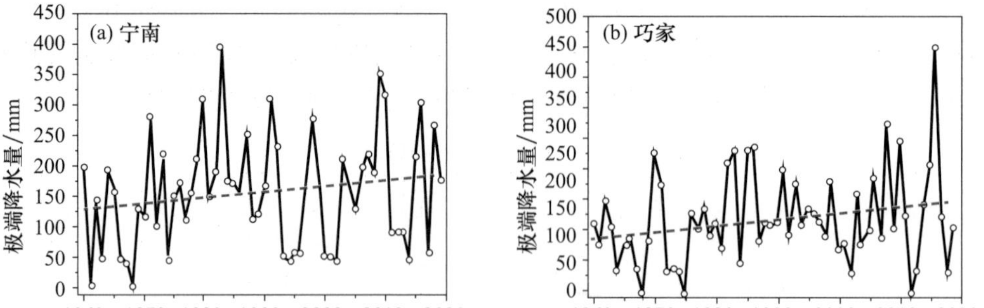

图 3.14 宁南站(a)和巧家站(b)极端降水量年变化

3.2.2 极端降雨日数

近 60 a 宁南站和巧家站极端降水日数年变化趋势与各县极端降水量对应，均呈增多的趋势。计算平均极端降水日数，发现两县年均极端降水日数相近，宁南为 2.7 d，巧家为 2.6 d。

其中宁南站极端降水日数最多发生在 1983 年，达到 7 d，巧家站发生在 2016 年，达到 8 d。

分别统计两站极端降水日数的月分布状况，如图 3.15 所示。宁南极端降水都是从 1 月开始，2、4、12 月没有极端降水记录。其中极端降水日数最多的月份是 6 月，60 a 中总共 51 d；巧家极端降水都是从 3 月开始，1、2、5 月没有极端降水记录，其中极端降水日数最多的月份也是 6 月，60 a 中总共 48 d；可见 6 月是极端降水发生的高峰期，其次是 7 月。

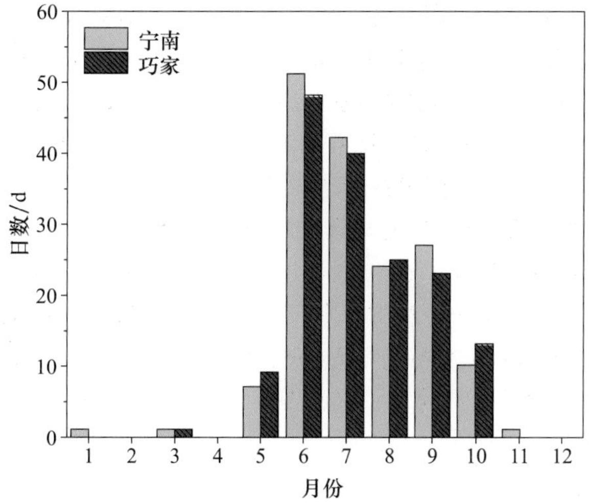

图 3.15　宁南站和巧家站极端降水日数月分布

3.2.3　极端降水强度

通过对两站极端降水强度的计算，发现两站极端降水强度年际波动变化不大，基本在多年平均值上下小范围浮动，平均强度结果如表 3.2 所示。平均极端降水强度为 32～43 mm/d，宁南平均极端降水强度为 42.9 mm/d，该地区降水强度大是其降水量多的主要原因。统计各站降水强度历史最大值，发现巧家站历史最大值达到 95.30 mm/d，有极大的致灾隐患。

通过对两站极端降水比率的长时间序列分析，发现宁南和巧家站年平均极端降水比率一样，均为 15.93%（表 3.2）。从历史极端降水比率最大值来看，宁南、巧家两站比率在 35%左右，新田站达到 40%以上，由此可见白鹤滩周边站点极端降水在全年降水中扮演极其重要的角色，做好白鹤滩水电站极端降水的预报服务是对该地降水预报的重要突破。

表 3.2　宁南、巧家和新田站极端降水强度和极端降水比率情况

降水指数	宁南	巧家	新田
平均极端降水强度/(mm/d)	42.9	36.9	32.2
极端降水强度最大值/(mm/d)	93.07	95.30	57.63
平均极端降水比率/%	15.93	15.93	20.52
极端降水比率最大值/%	36.13	33.92	46.47

3.3　小结

（1）金沙江下游流域汛期总雨量、夜雨量随海拔高度升高而减小，而昼雨量则随海拔高度升高而增大。总雨日数、小雨日数、暴雨日数趋势一致随海拔高度上升而减少，中雨日数、大雨日数则随海拔高度上升而增多。

(2)暴雨日常伴随短时强降水发生，短时强降水频次及雨强极值均随海拔高度升高而降低。各个海拔高度小时雨量的峰值都出现在 00—05 时。低海拔高度站首次出现短时强降水的月份多在 5、7 月，而较高海拔高度站首次出现短时强降水的月份多在 6、8、9 月。

(3)选取宁南、巧家、新田站为代表研究极端降水特征，发现其阈值分别为宁南 42.9 mm、巧家 36.9 mm、新田 32.2 mm。可见宁南站降水强度最大，该地是最容易发生强降水的地区。宁南站平均极端降水量最大，新田站的平均极端降水比率最大。

(4)宁南、巧家站平均每年极端降水日数相近，为 2～3 d。极端降水发生峰值期相同，6 月是极端降水发生的高峰期，其次是 7 月。

(5)宁南和巧家两县极端降水量、极端降水日数和极端降水比率均呈上升趋势。

第 4 章

白鹤滩水电站典型暴雨过程数值模拟

目前暴雨的准确预报难度较大，而暴雨的研究主要基于实测资料和数值模拟两种途径（张晓红 等，2009；张羽 等，2010）。近年来，已经有很多学者利用 MM5（Mesoscale Model 5）或 WRF（Weather Research and Forecasting）中尺度气象数值预报模式来模拟暴雨天气过程，结果表明：中尺度数值模式对降雨天气过程具有一定的模拟能力（陈业国 等，2010；沈桐立 等，2010），并且 WRF 模式对气象要素模拟的准确度优于 MM5。气象学者针对四川暴雨，尤其是盆地西部地震断裂带陡峭地形附近的暴雨过程，开展了大量有意义的研究工作，内容涉及诸多方面，但暴雨过程的发生十分复杂，涉及多尺度天气系统影响，加之复杂地形的作用，使得我们对该地区暴雨过程的理解和认识仍然十分欠缺，相关预报水平仍然较低，大尺度环流背景演变特征、中尺度系统发展演变等过程，如何与复杂地形效应相结合，并最终导致强降水发生、发展等问题，仍需要深入分析。由于金沙江下游地理地形复杂的特性，模拟该地区的降水现象对了解数值模拟的参数化方案非常必要，对改进数值预报模式具有重要意义。

本章利用新一代中尺度天气研究和预报模式 WRF，对 2012 年 6 月 27—28 日和 2020 年 9 月 6 日两次灾害暴雨过程进行了数值模拟研究，与过去的研究相比，分辨率大幅度提高。书中结合相关实测资料与模式输出的物理量，分析了暴雨形成的环流背景和水汽、动力、热力条件等，从而为金沙江下游降雨预报提供了一些定量化的参考指标。

4.1 2012 年 6 月 28 日极端强降雨数值模拟

4.1.1 极端强降雨特征及灾害

2012 年 6 月 27—28 日白鹤滩水电站出现局地强降水过程，此次过程 24 h 降水量超极端降雨阈值（42.9 mm/d）1.82 倍，暴雨诱发的山洪泥石流灾害严重影响水电站施工，该个例发生在青藏高原东部的横断山脉高海拔地区（图 4.1），因此作为典型极端个例研究。

统计白鹤滩周边宁南、白鹤滩、跑马乡新田、西瑶乡、新村镇、新华乡等 16 个站 24 h 降水量、小时降水强度、降雨实数和出现位置，分析得出此次降雨中心跑马乡新田站 24 h 累计降雨量达 78.3 mm，小时最大降雨量达 23.3 mm，历时 11 h。另有新村镇和白鹤滩站 24 h

降水量超过 30 mm,降雨分别历时 8 h 和 9 h。强降雨集中出现的主要时段为 6 月 28 日 06—07 时。此次降雨主要特点是,强降水中心持续降雨时间较长,小时雨强较大,因此易诱发泥石流灾害。

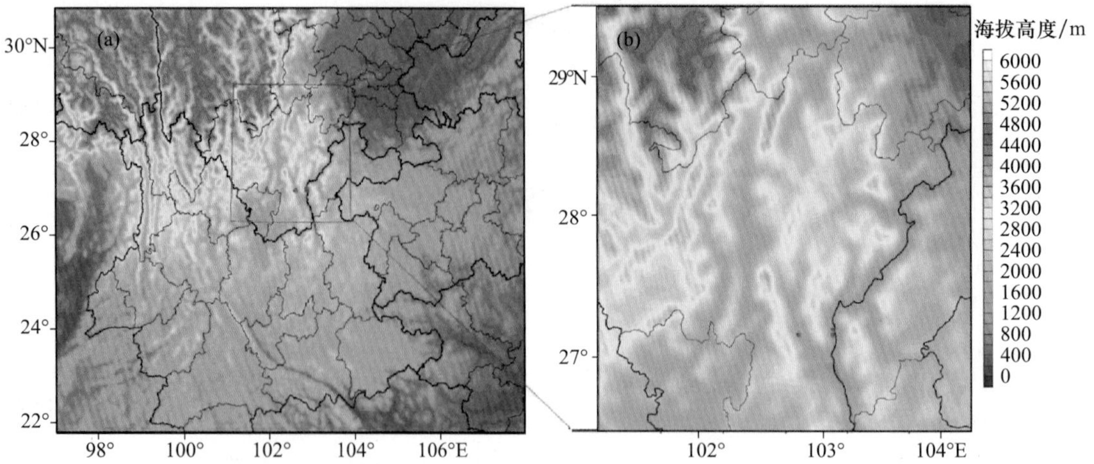

图 4.1　2012 年 6 月 28 日金沙江下游暴雨模拟区域的地形高度(a)、强降水集中分析区域海拔高度(b)
(图中点 A、B、C 分别为新田站、新村镇、白鹤滩站)

表 4.1　2012 年 6 月 27—28 日白鹤滩坝区关键气象站点降雨统计

暴雨时间	24 h 最大降水量/(mm/站)	1 h 最大降雨量/(mm/站)	小时最大降雨出现时间	降雨时数/h
27 日 20 时—28 日 20 时	78.3/新田	23.3/新田	28 日 06 时	11
	32.4/新村镇	13.6/新村镇	28 日 07 时	8
	29.8/白鹤滩	9.1/白鹤滩	28 日 06 时	9

4.1.2　强降雨过程的大气环流条件

图 4.2(a1)是暴雨发生前 12 h 的 500 hPa 位势高度场、温度场和 200 hPa 急流区,白鹤滩位于图中五角星位置。500 hPa 位势高度场呈现明显的"两脊一槽"形势,其中脊分别位于巴尔喀什湖和黑龙江上空,大槽则从贝加尔湖向新疆延伸,500 hPa 温度场在青藏高原上空有个暖中心,进一步加深了高空槽,白鹤滩则位于槽底前部西南气流区和 200 hPa 急流区南侧,有利于暴雨的发生。图 4.2a2 是暴雨发生前 500 hPa 环流场,与 12 h 前相比,整体形势稳定,大槽东移,有短波槽生成,温度暖中心进一步移至白鹤滩上空。图 4.2b1 是暴雨发生前 12 h 的 700 hPa 环流场,从水汽通量场来看,本次暴雨主要是由孟加拉湾水汽西南水汽输送而至,暴雨区南侧有明显水汽输送大区;从温度场来看,雨区上空有明显的暖中心;从风场来看,上空有明显的气旋式涡度,有利于水汽和热量辐合及不稳定能量积聚。图 4.2b2 是暴雨发生前 700 hPa 环流场,系统略东移,水汽输送和风场有利条件维持,暖中心范围进一步扩大,表明暖湿气流明显积聚,暴雨即将发生。图 4.2c1 是暴雨发生前 12 h 的 850 hPa 环流场,位势高度场、风场、温度场与 700 hPa 环流场特征类似。高守亭等(2007)首先提出广义位温的概念,指出其比干位温及饱和湿位温能更好地描述实际大气非均匀饱和的特性。850 hPa 雨区东侧有明显广义位温大区(斜线区),证明高温高湿有利环境的形成。图 4.2c2 是暴雨发生前 850 hPa 环流

场，广义位温区（斜线区）明显扩大，进一步证明暖湿气流不断积聚，与高空西北偏冷气流相遇后，暴雨一触即发。

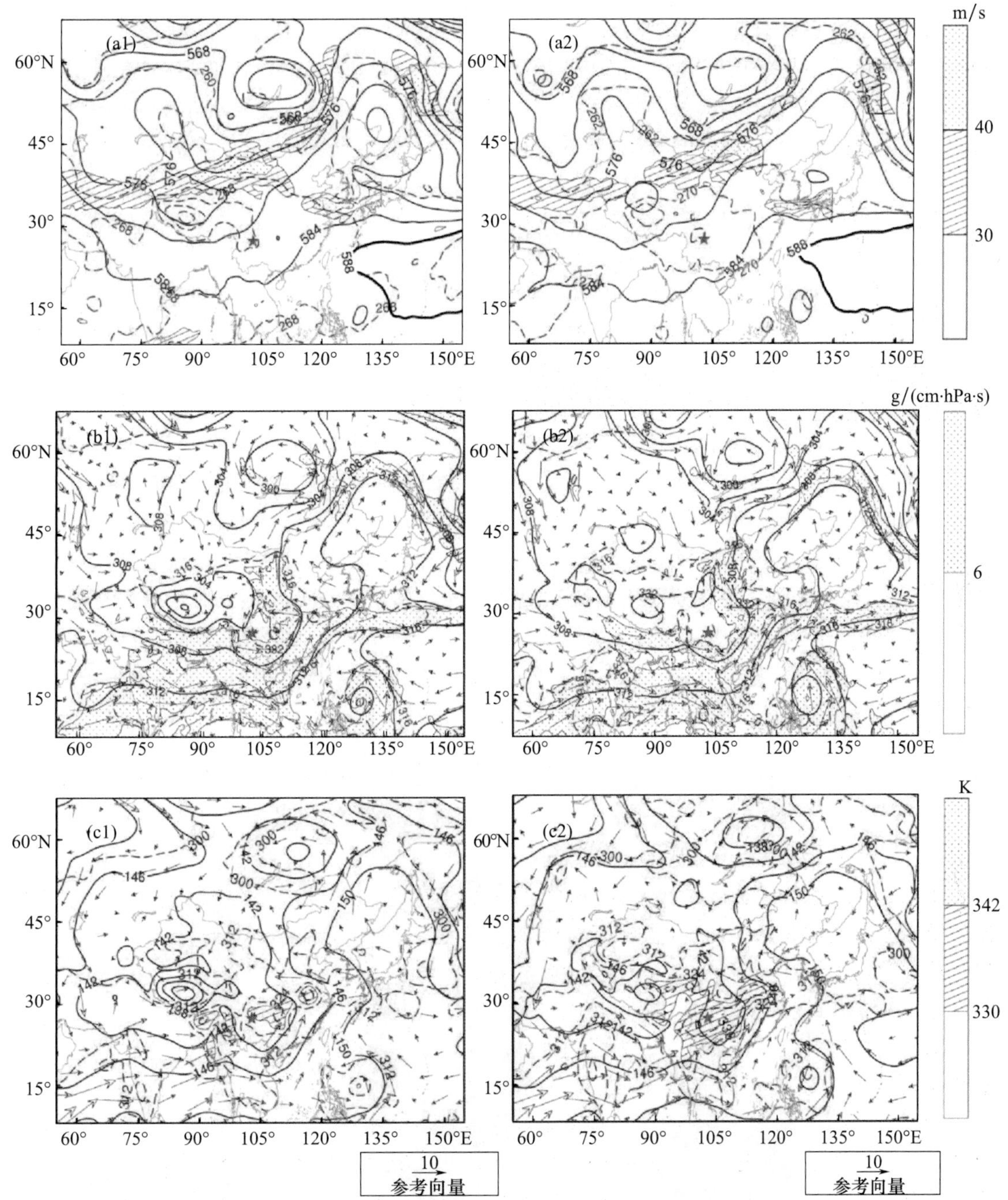

图 4.2　2012 年 6 月 28 日极端强降雨过程大气环流条件分析

（a1）500 hPa 位势高度场（蓝线）、温度场（红线）、副高 588 dagpm 特征线（黑粗线）以及 200 hPa 急流（点斜区）；（b1）700 hPa 位势高度场（蓝线）、温度场（红线）、风场（箭头）、水汽通量（点斜区）；（c1）850 hPa 位势高度场（蓝线）、温度场（红线）、风场（箭头）、广义位温（点斜区）；（a2）～（c2）与（a1）～（c1）要素相同、时间不同，（a1）～（c1）时间为 2012 年 6 月 26 日 12 时（世界时），（a2）～（c2）时间为 2012 年 6 月 27 日 00 时（世界时）；图中五角星代表白鹤滩站位置

4.1.3 强降雨过程的大气特征环境场

4.1.3.1 水汽条件

充足的水汽是暴雨形成的基本条件之一。判断一个地区的水汽条件可以通过计算水汽通量和水汽通量散度的变化来实现。水汽通量是表示水汽输送强度的物理量，而水汽通量散度则是表示水汽集中程度的物理量(沈茜 等，2016；朱乾根 等，2000)，它表示在单位时间里，单位体积(底面积 1 cm^2，高 1 hPa)内汇合进来或辐散出去的水汽质量，单位体积的水汽通量散度计算公式为

$$A=\nabla\left(\frac{1}{g}\vec{V}q\right)=\frac{\partial}{\partial x}\left(\frac{1}{g}uq\right)+\frac{\partial}{\partial y}\left(\frac{1}{g}vq\right) \tag{4.1}$$

当 $A>0$ 时，则水汽通量是辐散的(水汽因输送出去而减少)；若 $A<0$，水汽通量是辐合的(水汽因输送进来而增多)。

从 2012 年 6 月 26 日 20 时 850 hPa 水汽通量矢量和水汽通量散度图(图 4.3a)上可以看出，暴雨发生前，白鹤滩水电站就处在水汽辐合带中，水汽通量散度为 -1×10^{-6} g/(cm^2 · hPa · s)，则表明该地区有水汽通量辐合，说明在降雨发生之前，白鹤滩水电站已经有一定的水汽累积。暴雨发生过程中，2012 年 6 月 28 日 08 时(图 4.3b)水汽输送明显加强，位于白鹤滩水电站水汽通量散度中心强度增大，达到 -2×10^{-6} g/(cm^2 · hPa · s)。水汽辐合区有明显的扩大，为降雨发生发展提供充足的水汽条件。2012 年 6 月 28 日 20 时，暴雨区上空水汽通量散度辐合区消失，暴雨明显减弱。这说明暴雨形成、加强、减弱与暴雨上空 850 hPa 的水汽通量的辐合区变化密切相关。结合以上分析可知，此次降雨的水汽来源有局地水汽含量和水汽输送两部分，水汽输送的源地为孟加拉湾。850 hPa 的水汽输送是此次降雨过程的主要水汽来源，当水汽通量辐合减小时，水汽输送减小，降雨也随之减弱。

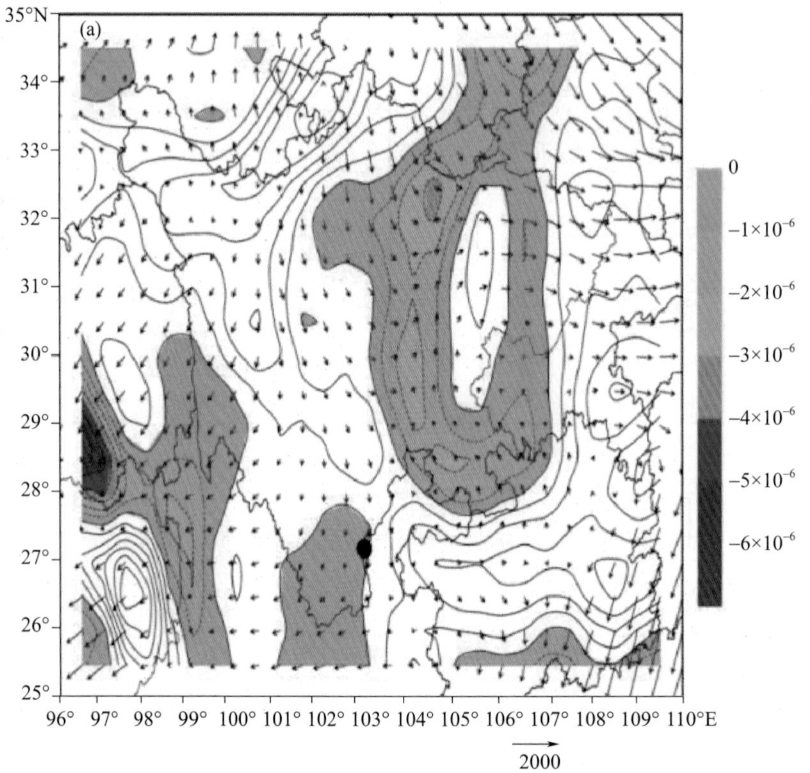

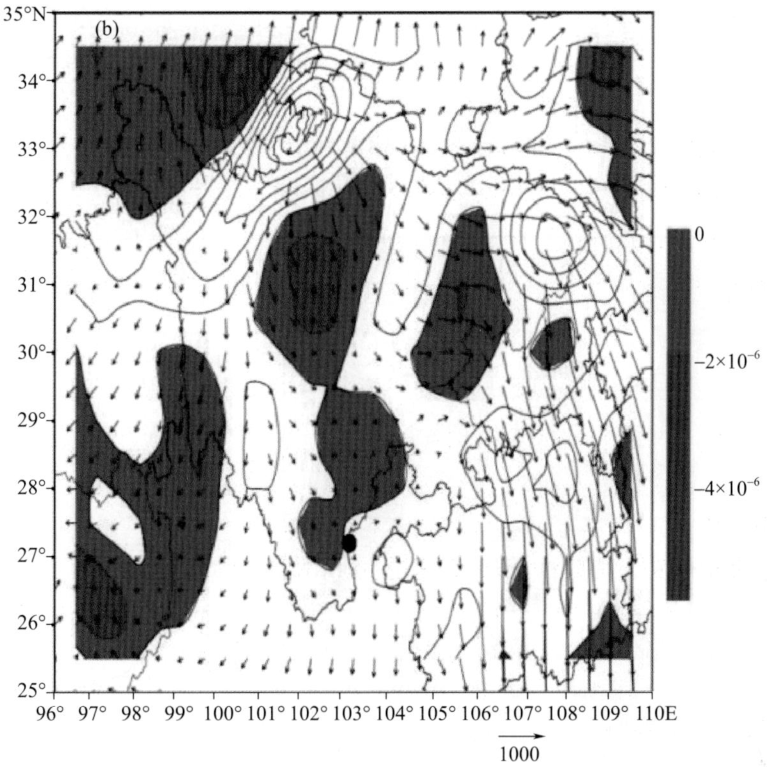

图 4.3　850 hPa 水汽通量矢量及水汽通量散度

(a)6 月 26 日 20 时；(b)6 月 28 日 08 时；阴影区为水汽通量散度的负大值区，单位为 g/(cm^2 · hPa · s)；箭头为水汽通量矢量，单位为 g/(cm^2 · hPa · s)；圆点标注暴雨中心跑马乡新田站(27.2°N，102.8°E)

4.1.3.2　动力条件

垂直速度表示气流的上升或下沉运动，一定强度的上升运动是形成降水的条件之一。图 4.4a 给出了 2012 年 6 月 26 日 08 时至 29 日 08 时暴雨中心区域(26°—27°N，102°—103°E)平均垂直速度的时间-高度剖面，从图中可以看出垂直速度负大值区，即为气流强上升运动区，从垂直高度上看，800 hPa 低层从 26 日 12 时至 28 日 18 时始终维持上升运动，中心位置垂直速度为－0.15 Pa/s，对应的时间是 26 日 20 时前后及 27 日 10 时前后，28 日 00—12 时从垂直高度上看，垂直速度从低层至高层保持一致的负值，28 日 12 时强度较大中心分别：在 850 hPa上为－0.1 Pa/s，400 hPa 上为－0.25 Pa/s，300 hPa 上为－0.65 Pa/s，垂直结构最完整，这说明暴雨发生期间有较强的垂直上升气流。这从 28 日 02 时暴雨中心白鹤滩所在地的垂直速度剖面图(图 4.4b)上也可看出，垂直上升运动维持，暴雨发展强盛。

4.1.3.3　热力不稳定条件

假相当位温(θ_{se})是表征大气温湿特征的物理量，其值的大小反映显热能和潜热能的高低，其高值中心反映大气能量的积累；θ_{se}随高度变化还反映大气层结稳定度状况，它在大气的干绝热和湿绝热变化中都是守恒的(郑京华 等，2009；刘芝芹 等，2010)。用假相当位温随高度的变化($\partial\theta_{se}/\partial p$)表示稳定度时，当($\partial\theta_{se}/\partial p$)＞0 时，对流不稳定，即假相当位温随高度降低；当($\partial\theta_{se}/\partial p$)＜0 时，对流稳定，即假相当位温随高度升高；($\partial\theta_{se}/\partial p$)＝0 为中性。

暴雨开始之前(27 日 20 时)，从 850 hPaθ_{se}场(图 4.5a)可见，与西南暖湿气流相对应，有一θ_{se}大值高能中心位于(27°N，102.5°E)附近($\theta_{se}\geqslant$360 K)，此处正是暴雨中心位置，而(30°N，97°E)

附近存在一个低能中心($\theta_{se} \leqslant 335$ K)，这两支不同性质气流之间有一条东北—西南向 θ_{se} 能量锋区在高能舌与低能中心之间建立，且能量锋区梯度较大。暴雨中心白鹤滩水电站位于两层能量锋区靠近高能侧。700 hPa θ_{se} 场(图 4.5b)同样可见能量锋区，但中心位置偏北偏西，白鹤滩水电站附近 θ_{se} 减弱为 374 K，强度减弱。说明暴雨中心 θ_{se} 随高度减小，有不稳定能量存在，只要有冷空气入侵，极易释放不稳定能量，造成强降水。

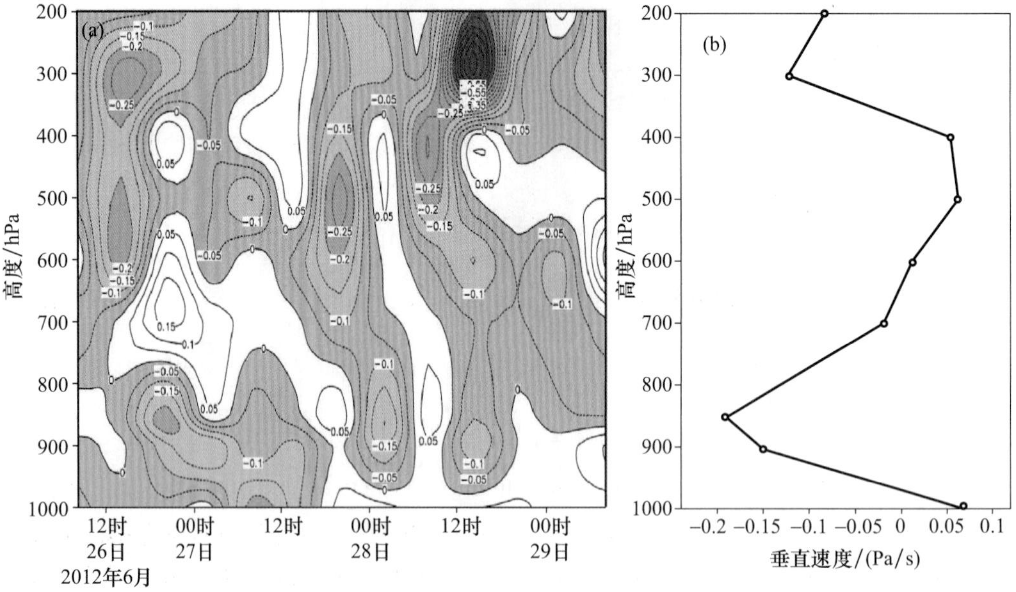

图 4.4　2012 年 6 月 26 日 08 时至 29 日 08 时垂直速度的时间-高度剖面(a)
及 28 日 02 时垂直速度(b)(单位：Pa/s)

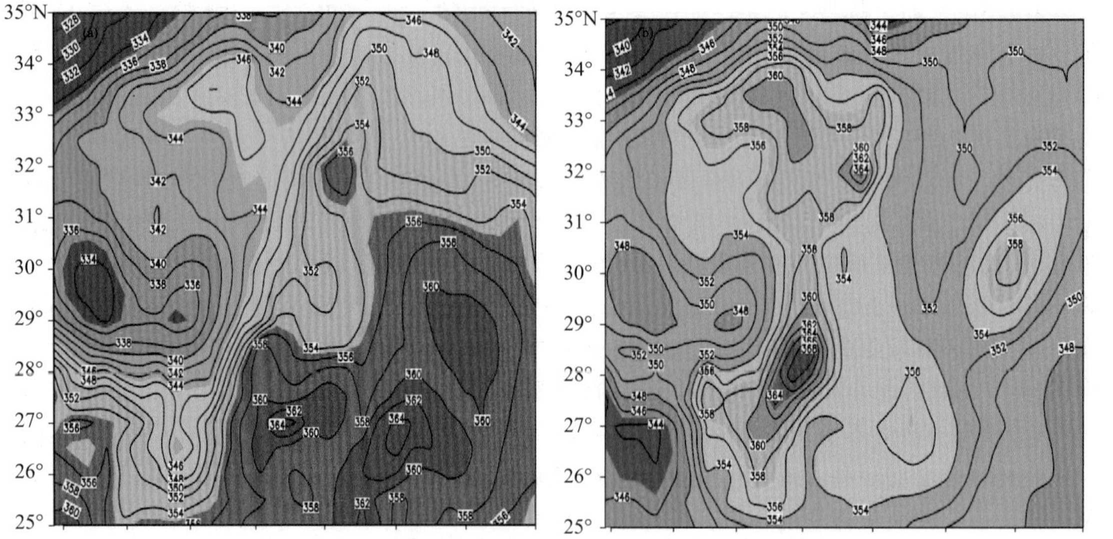

图 4.5　2012 年 6 月 27 日 20 时 850 hPa(a)和 700 hPa(b)的 θ_{se} 场(单位：K)

从暴雨中心 θ_{se} 随高度变化图(图 4.6)可看出，28 日 00—20 时低层 800 hPa 以下始终维持高能，中心值达 364 K。800 hPa 以上 28—29 日假相当位温随高度降低，即$(\partial\theta_{se}/\partial p)>0$，对流不稳定，有不稳定能量存在，易发生强对流天气。

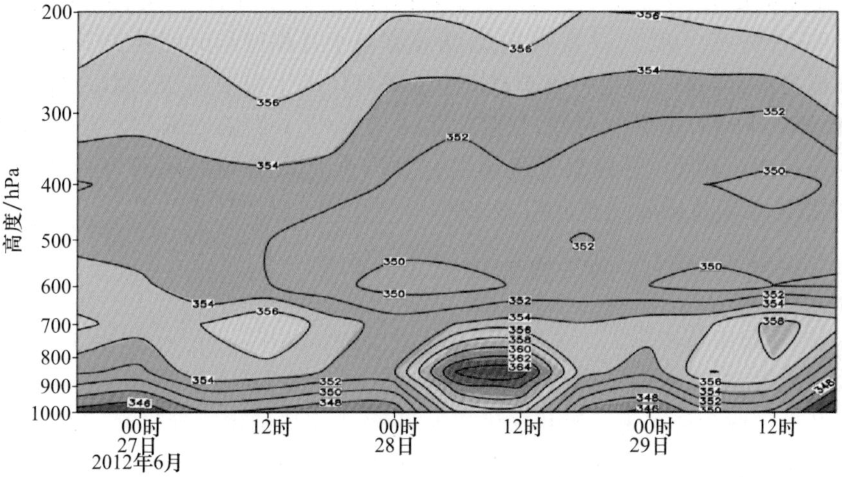

图 4.6 2012 年 6 月 26—29 日暴雨中心跑马乡新田站(27.2°N,102.8°E) θ_{se}随高度变化(单位:K)

4.1.4 数值试验及降水对比

4.1.4.1 数值试验方案

采用欧洲中期天气预报中心(ECMWF)的 ERA-Interim(以下简称 ERA)和美国国家环境预报中心 NCEP)的 FNL(以下简称 FNL)全球大气 6 h 间隔再分析资料,作为不同初始场驱动 WRF V3.9 模式进行"6・28"暴雨数值模拟。WRF 模式模拟区域如图 4.1a 所示,模式分辨率为 5 km,中心点为(102.9°E,27.2°N),水平网格数为 361×361,顶层气压为 50 hPa;物理方案分别采用 Morrison 云微物理方案、RRTM 长波辐射方案、Dudhia 短波辐射方案、YSU 边界层方案等,并关闭积云对流方案。因此,设计进行了两个数值试验方案,分别为 ERA 方案和 FNL 方案,模式参数配置都一样,只是初始场不同,模拟时间为 2012 年 6 月 27 日 00 时至 28 日 00 时(世界时),模式结果间隔 1 h 输出。

4.1.4.2 降水过程对比

为了检验不同初始场对本次暴雨过程的模拟能力,分别给出了图 4.7 和图 4.8,从累计降水和降水逐时序列两方面进行对比。图 4.7 是"6・28"暴雨 24 h 累计降水观测和模拟对比,其中图 4.7a 是地面自动气象站和 CMORPH 卫星融合的 24 h 累计降水,从图中来看,降水主要分布在青藏高原东侧的四川南部、贵州西部、云南东部和广西北部,模拟区域已覆盖了整个大范围的大部分降雨区。图 4.7b 和 4.7c 分别是 FNL 方案和 ERA 模拟的 24 h 累计降水量分布,与实况相比,两个方案都能把握住降水的总体形势,降水强度偏强,但在分析区域(26.5°—29.5°N,101°—104°E),ERA 方案要明显优于 FNL 方案。因为实况在(102.5°E,28°N)附近有一个明显的强降水中心,FNL 方案在该区域降水明显偏弱,且分析区域内的降水分布形势与实况也不太吻合,而 ERA 方案则表现较好。值得一提的是,中国气象局融合实况降水可能偏小,因为根据(陶丽 等,2020)新田站 24 h 降水量最大有 78.3 mm,而融合降水在该处只有 30 mm 左右。图 4.7d 是图 4.7c 的区域放大版,可以清晰地看到新田站、新村镇、白鹤滩三个站都位于 ERA 方案强降水中心边缘,降水量级为大到暴雨,与观测实况较为接近。

图 4.8 是 ERA 和 FNL 方案在分析区域的面平均逐时降水序列对比,可以看到,6 月 27 日 07 时(世界时)FNL 和 ERA 方案降水相当,都是逐步上升;6 月 27 日 07 时到 18 时(世界

时)ERA 方案降水要明显高于 FNL 方案;6 月 27 日 18 时到 28 日 00 时(世界时)FNL 方案降水反而高于 ERA 方案。因此,这表明 ERA 方案强降水过程持续时间要长于 FNL 方案,FNL 方案降水峰值更高,降水时间更为集中;ERA 方案总体降水量要高于 FNL 方案。根据新田、新村镇、白鹤滩三个站观测降水可知,强降水集中期有 11 h 左右,ERA 方案强降水时间持续更长与之更为接近。因此,通过累计降水量分布和强降水持续时间两方面对比,我们认为 ERA 方案模拟降水的效果要优于 FNL 方案。

4.1.5 不同初始场下的云微物理过程分析

4.1.5.1 水物质对比

通过上节分析,本次暴雨过程 ERA 方案模拟效果要优于 FNL 方案。本节将通过云凝物和云微物理转换项两个层次来分析和探讨"6·28"暴雨主要的微物理过程,以及不同方案主要的云微物理过程差异。由于本次过程模拟采用都是 WRF 模式 Morrsion 云微物理方案,因此探讨结果都基于该方案,其分别包含了六种水物质混合比,水汽(Q_V)、云水(Q_C)、雨水(Q_R)、冰晶(Q_I)、雪(Q_S)和霰(Q_G);四种水物质数浓度,雨水(N_R)、冰晶(N_I)、雪(N_S)和霰(N_G);并修改 WRF 模式,输出了部分的云微物理转化的 29 个混合比项。

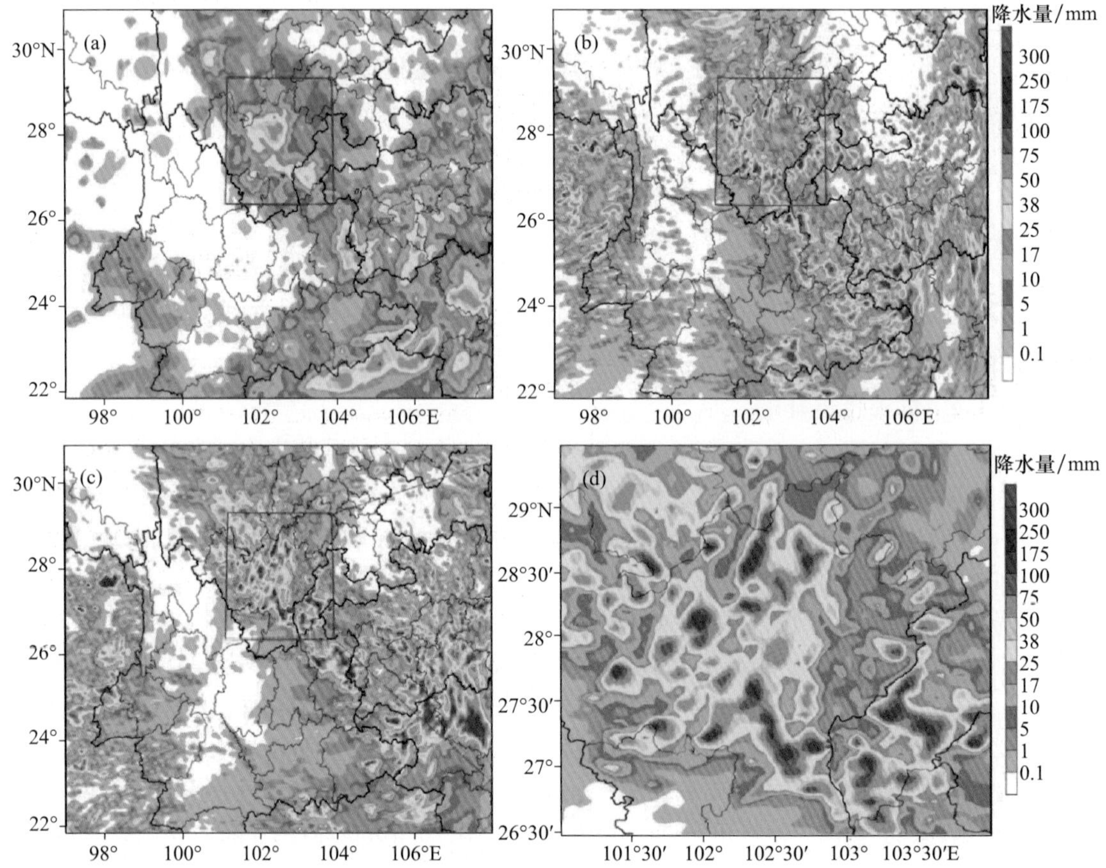

图 4.7 (a)自动气象站和 CMORPH 卫星融合的 24 h 累计降水实况;(b)FNL 方案 WRF 模拟的 24 h 累计降水;(c)ERA 方案 WRF 模拟的 24 h 累计降水;(d)同(c),只是区域缩小分析区域((a)~(c)中的玫红色框);观测模拟 24 h 降水时段为 2012 年 6 月 27 日 00 时至 28 日 00 时(世界时)

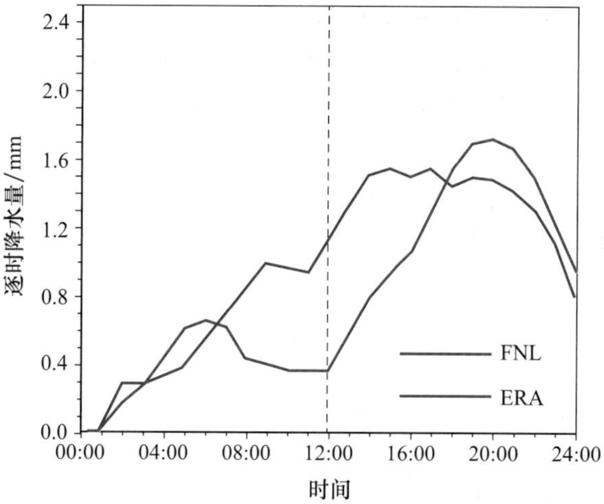

图 4.8 "6·28"暴雨不同初始场模拟的逐时降水序列对比

表4.2是ERA方案和FNL方案在分析区域内面平均的水物质混合比对比，无论哪种方案，水汽都是占绝对优势(>97%)，表明即使是暴雨过程的云凝物也只消耗了少量水汽；其次，ERA方案中超过0.5%的有雪、冰晶和云水，表明其冷云过程明显占优，而FNL方案中依次为云水和雪，表明其暖云过程更占优。ERA和FNL方案横向对比，FNL方案中水汽比例都要高于ERA方案，表明ERA方案有更多的云微物理过程发生；ERA方案中雨水、冰晶、雪和霰比例都高于FNL方案，表明ERA方案产生了更多的降水，而且包含了更多的冰相过程。

表 4.2 ERA和FNL方案水汽及云凝物混合比对比

变量	ERA方案含量/(kg/(kg·s))	FNL方案含量/(kg/(kg·s))	ERA方案各变量占比/%	FNL方案各变量占比/%
水汽(QV)	6.34	6.33	97.23	97.85
云水(QC)	4.20×10^{-2}	4.43×10^{-2}	0.64	0.68
雨水(QR)	2.12×10^{-2}	1.81×10^{-2}	0.33	0.28
冰晶(QI)	4.55×10^{-2}	3.05×10^{-2}	0.70	0.47
雪(QS)	5.90×10^{-2}	3.88×10^{-2}	0.90	0.60
霰(QG)	1.27×10^{-2}	7.37×10^{-3}	0.19	0.11

表4.3是ERA方案和FNL方案在分析区域内面平均的水物质数浓度对比，无论哪种方案，冰晶数浓度都是排名第一，其后依次是雪粒子、雨水粒子和霰粒子数浓度，这表明虽然初始场条件有所不同，降水分布也明显不同，但是并未改变该方案中的粒子数浓度排名。两方案横向对比，ERA除了冰晶数浓度，其余粒子数浓度都高于或接近FNL方案，再考虑表4.2中FNL冰晶混合比要明显小于ERA方案，表明FNL方案产生了更多更小的冰晶粒子，进一步证明了其暖云过程更强。

表 4.3 ERA和FNL方案水汽及云凝物数浓度比对比

变量	ERA方案粒子数浓度/(1/(kg·s)	FNL方案粒子数浓度/(1/(kg·s)	ERA方案各变量占比/%	FNL方案各变量占比/%
雨水(NR)	9.00×10^{5}	9.00×10^{5}	0.34	0.30
冰晶(NI)	2.50×10^{8}	3.00×10^{8}	98.80	98.89
雪(NS)	2.00×10^{6}	2.00×10^{6}	0.83	0.79
霰(NG)	7.00×10^{4}	5.00×10^{4}	0.03	0.02

图 4.9 给出了 ERA 方案和 FNL 方案在分析区域面平均的时间-高度水物质演变对比。首先两方案水物质垂直分层都比较接近，水汽基本分布在 350 hPa 以下；云水粒子与之接近，基本在 400 hPa 以下；雨水粒子更低，基本在 500 hPa 以下；冰晶粒子分布高度最高，500 hPa 到 100 hPa 都有可能，集中分布在 300 hPa 以上；雪和霰粒子类似，虽然在对流层高层也能有少量分布，但是大多都分布在对流层的 500 hPa 到 300 hPa 之间。其次两方案横向对比，并与逐时降水序列对照(图 4.8)，无论有无暴雨水汽都有大量分布，但是暴雨发生后，850 hPa 以下的水汽含量明显增多维持，这与地面降水造成低空湿度加大一致，ERA 方案的近地面水汽增加明显早于 FNL 方案，这与其强降水早于 FNL 方案一致(图 4.9a1、图 4.9a2)。五种云凝物粒子的含量上升与强降水发生相关较高，但云水粒子在强降水发生前都有一个高值区，这表明云水粒子在云微物理方案中存在初始化强迫，ERA 方案初始化的云水粒子中心高度要低于 FNL 方案，生命期整体强度也不如 FNL 方案(图 4.9b1、图 4.9b2)。ERA 方案的冰晶粒子强中心要显著高于 FNL 方案，表明其有更高的云层、更强的对流活动，与表 4.2 和表 4.3 分析结论一致(图 4.9c1、图 4.9c2)。ERA 方案的雨水粒子高值区生命期要长于 FNL 方案，但是强中心不如 FNL 方案，这与两者降水序列特征一致(图 4.9d1、图 4.9d2)。ERA 方案的雪粒子和霰粒子分布有明显的先后性，雪粒子强中心在后期，霰粒子强中心在前期，表明 ERA 方案中前期冰相降水以霰过程为主，后期转为雪过程为主；而 FNL 方案中雪粒子和霰粒子都集中在降水后期，且中心强度都不如 ERA 方案(图 4.9e1、图 4.9e2、图 4.9f1、图 4.9f2)。

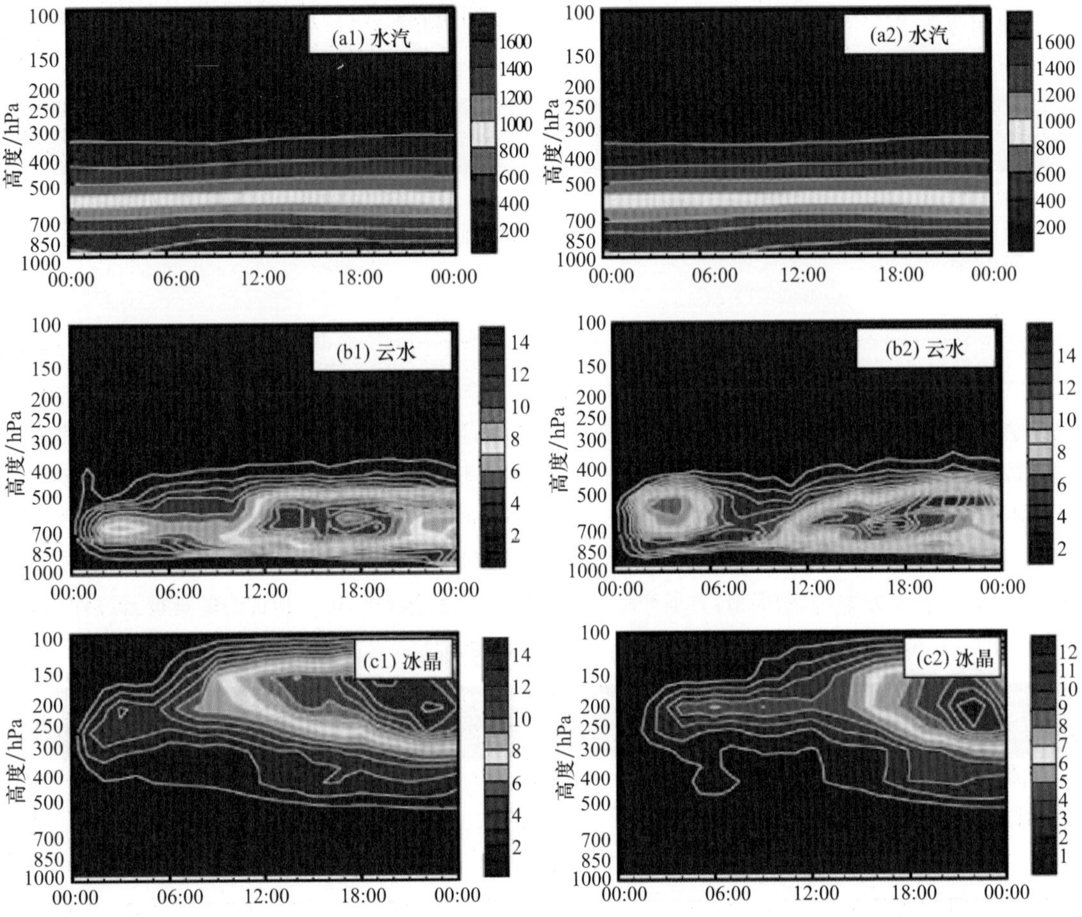

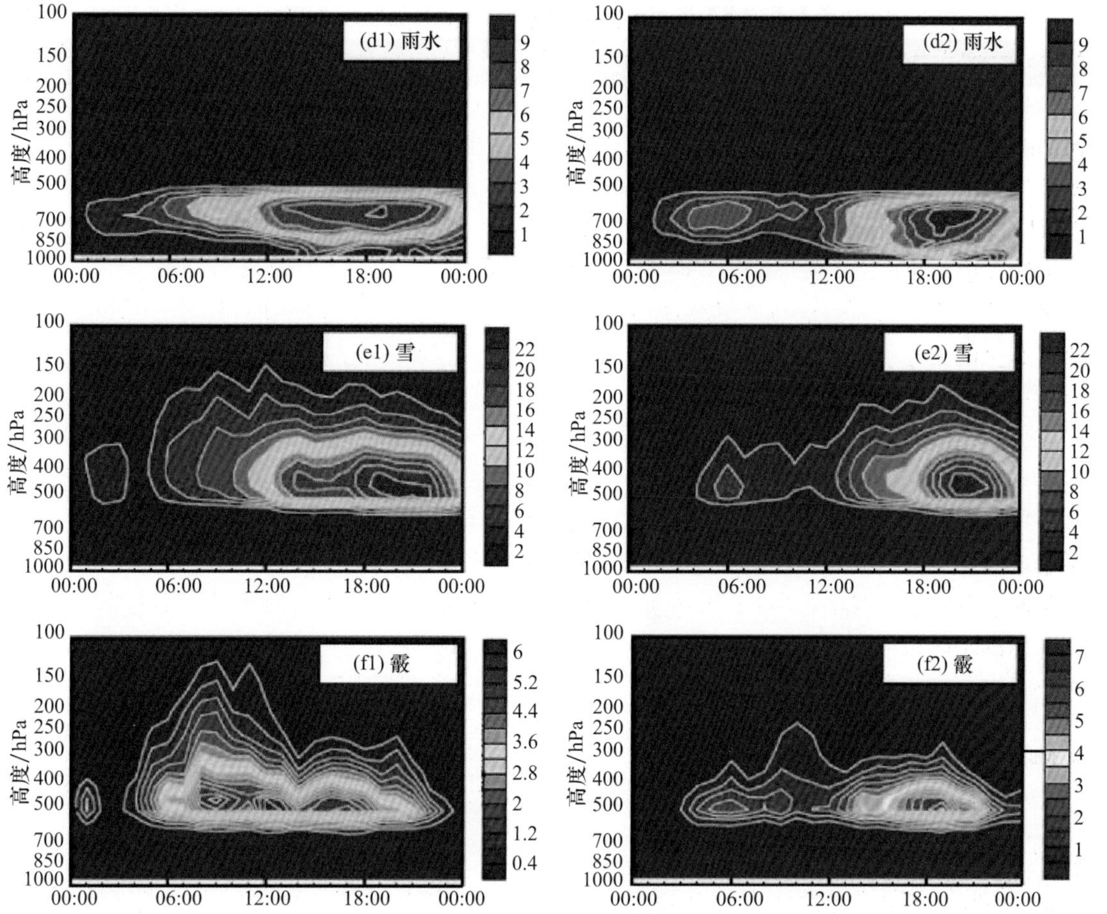

图 4.9　2012 年 6 月 27 日 00 时到 28 日 00 时(世界时)ERA 方案(a1～f1)和 FNL 方案(a2～f2)水物质混合比的时间-高度演变(色阶,单位:10^{-5} kg/kg)

4.1.5.2　云微物理转化项对比

在对比了 ERA 和 FNL 两方案的水物质差异后,进一步分析不同水物质间相态或非相态转化,即所谓的云微物理转化项。表 4.4 是 ERA 方案和 FNL 方案在分析区域内面平均的云微物理转化项的混合比对比。从表 4.4 可知,无论 ERA 或是 FNL 方案,主要的转化项都是比较一致的,分别是 PCC3D 云滴蒸发为水汽/水汽凝结为云滴(该项同时包含正、反过程)占 50%以上、PRA3D 云滴碰并增长为雨滴占 30%以上、PRDS3D 水汽凝华成雪占 20%左右、PRD3D 水汽凝华成冰晶占 10%以上、PSACWG3D 雨滴撞冻为霰占 5%以上、PSACWS3D 雨滴撞冻为雪占 5%以上、PSMLT3D 雪融合为雨滴占−20%以上、PGMLT3D 霰融化为雨滴占−10%以上、PRE3D 雨水蒸发为水汽占−5%,其余转化项占比一般都在±5%以下,注意 Morrison 方案中的正、负代表放热和加热过程。

从 ERA 和 FNL 方案转化项混合比横向对比来看,PRAI3D 冰晶自动转化为雪、PRDG3D 水汽凝华为霰、MNUCCD3D 水汽冻结为冰晶、MNUCCC3D 云滴接触冻结为冰晶、MNUCCR3D 雨滴接触冻结为霰、EVPMG3D 霰融化蒸发为水汽、EPRDG3D 霰升华为水汽的差异占比超过了 50%,其中 2 个为霰的生成过程,2 个为冰晶的生成过程,1 个为雪的生成过程,以及 2 个霰的消耗过程。很显然,再次证明了 ERA 方案与 FNL 方案最大的差别就在冰相过程。

表 4.4 ERA 和 FNL 方案的云微物理转化项混合比对比

变量	ERA/(kg/(kg·s))	FNL/(kg/(kg·s))	ERA/%	FNL/%	(ERA−FNL)/FNL/%
PCC3D	3.61×10^{-5}	3.27×10^{-5}	52.38	54.57	10.40
PRA3D	2.34×10^{-5}	2.23×10^{-5}	33.95	37.21	4.93
PRDS3D	1.65×10^{-5}	1.12×10^{-5}	23.94	18.69	47.32
PRD3D	9.43×10^{-6}	6.61×10^{-6}	13.68	11.03	42.66
PSACWG3D	6.23×10^{-6}	4.21×10^{-6}	9.04	7.03	47.98
PSACWS3D	5.04×10^{-6}	3.85×10^{-6}	7.31	6.42	30.91
PRAI3D	3.00×10^{-6}	1.89×10^{-6}	4.35	3.15	58.73
PRDG3D	1.82×10^{-6}	1.15×10^{-6}	2.64	1.92	58.26
PRCI3D	1.36×10^{-6}	9.56×10^{-7}	1.97	1.60	42.26
MNUCCD3D	7.77×10^{-7}	4.17×10^{-7}	1.13	0.70	86.33
PGSACW3D	7.67×10^{-7}	6.03×10^{-7}	1.11	1.01	27.20
PRACG3D	4.50×10^{-7}	3.26×10^{-7}	0.65	0.54	38.04
PSACWI3D	2.67×10^{-7}	2.48×10^{-7}	0.39	0.41	7.66
PRACS3D	2.63×10^{-7}	2.15×10^{-7}	0.38	0.36	22.33
PIACRS3D	1.63×10^{-7}	1.23×10^{-7}	0.24	0.21	32.52
PIACR3D	1.27×10^{-7}	1.03×10^{-7}	0.18	0.17	23.30
PRC3D	5.35×10^{-8}	5.56×10^{-8}	0.08	0.09	−3.78
MNUCCC3D	2.30×10^{-8}	1.19×10^{-9}	0.03	0.00	1832.77
PSACR3D	1.66×10^{-8}	1.25×10^{-8}	0.02	0.02	32.80
PRACIS3D	7.60×10^{-9}	7.40×10^{-9}	0.01	0.01	2.70
MNUCCR3D	1.73×10^{-9}	4.71×10^{-10}	0.00	0.00	267.30
EVPMG3D	-1.84×10^{-7}	-1.01×10^{-7}	−0.27	−0.17	82.18
EPRDG3D	-2.09×10^{-7}	-1.10×10^{-7}	−0.30	−0.18	90.00
EVPMS3D	-6.76×10^{-7}	-5.10×10^{-7}	−0.98	−0.85	32.55
EPRD3D	-3.28×10^{-6}	-2.38×10^{-6}	−4.76	−3.97	37.82
EPRDS3D	-3.32×10^{-6}	-2.47×10^{-6}	−4.82	−4.12	34.41
PRE3D	-4.67×10^{-6}	-3.69×10^{-6}	−6.78	−6.16	26.56
PGMLT3D	-8.24×10^{-6}	-6.19×10^{-6}	−11.96	−10.33	33.12
PSMLT3D	-1.63×10^{-5}	-1.16×10^{-5}	−23.65	−19.36	40.52

从图 4.10e 和 4.10f 分析结果，可以得出 ERA 前期多霰过程，后期多雪过程，而前期降水量却不如后期，结合此处分析，前期虽然产生了很多霰，但是有相当部分的霰转化回了水汽，因此前期降水没有显著增强。

图 4.10 是表 4.4 中 ERA 和 FNL 方案有显著差异的云微物理转化项的比的时间-高度演变，可以看到，PRAI3D 冰晶自动转化为雪分布在 500 hPa 到 100 hPa、PRDG3D 水汽凝华为霰

分布在 500 hPa 到 200 hPa、MNUCCD3D 水汽冻结为冰晶分布在 250 hPa 到 100 hPa、MNUCCC3D 云滴接触冻结为冰晶分布在 300 hPa 到 200 hPa、EVPMG3D 霰融化蒸发为水汽分布在 700 hPa 到 450 hPa、EPRDG3D 霰升华为水汽分布在 600 hPa 到 250 hPa；此外大部分转化项强弱都与降水强弱有明显相关，而只有 MNUCCC3D 云滴接触冻结为冰晶发生在降水前期，可能与冰晶初始化有关。ERA 和 FNL 方案横向对比来看，虽然图 4.10 中给出的转化项 ERA 方案中量级都是显著高于 FNL 方案的(至少>50%)，但是这些项在 FNL 方案中依然有所体现，可以推测模式中相似高度的对流云，其云微物理过程应该十分相似，而不同初始场作用导致对流云数量不同，可能是两方案云微物理过程差异的主要原因，这与热动力过程决定云微物理过程的发生是一致的。

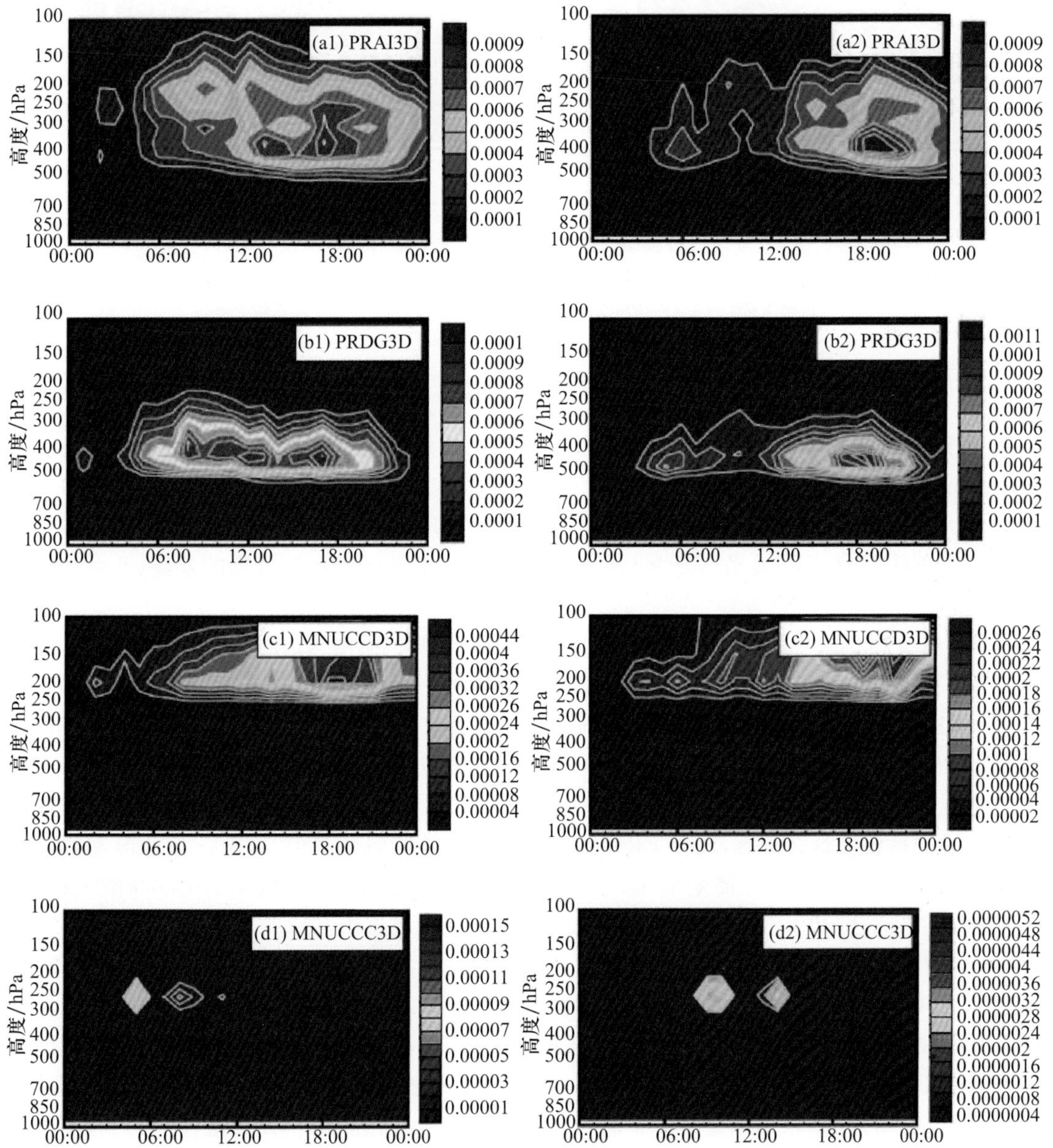

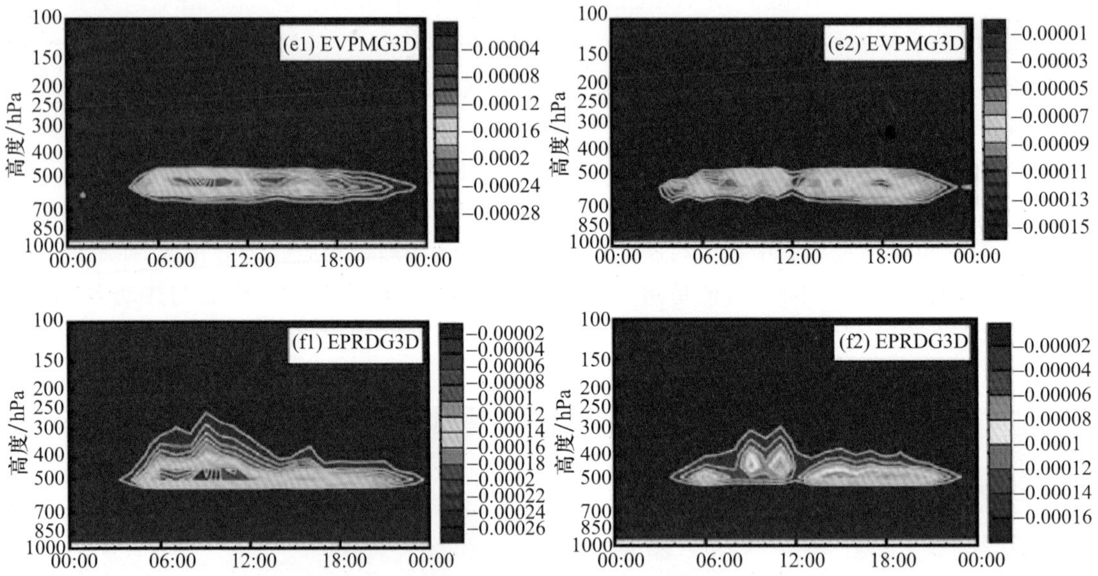

图 4.10　2012 年 6 月 27 日 00 时到 28 日 00 时(世界时)ERA 方案(a1～f1)和 FNL 方案(a2～f2)云微物理转化项混合比的时间-高度演变(色阶,单位:kg/(kg・s))

PRAI3D 冰晶自动转化为雪;PRDG3D 水汽凝华为雪;MNUCCD3D 水汽冻结为冰晶;MNUCCC3D 云滴接触冻结为冰晶;EVPMG3D 霰融化蒸发为水汽;EPRDG3D 霰升华为水汽

4.1.6　不同初始场的可能影响机制分析

上节对 ERA 和 FNL 的水物质和云微物理转化项进行了定量分析,发现了 ERA 方案中的冷云过程更强,FNL 方案中的暖云过程更强,同时也通过云微物理转化项分析,推测初始场的热动力过程对云微物理过程起了主导作用。因为 ERA 和 FNL 两个数值试验方案差异只有初边界条件不同,所以本节假定是初始场差异导致了后续云微物理过程的差异,并对其进行定量分析。

表 4.5 是暴雨发生前分析区域内的 ERA 和 FNL 资料的多要素、多层次、面平均对比,数据为 2012 年 6 月 26 日 12 时、18 时和 27 日 00 时(世界时)三个时刻平均;多要素包含了温度、位势高度、比湿、风速、相对湿度、散度、水汽通量、水汽通量散度、广义位温和垂直速度,较全面地表征了初始场的热动力条件。从 ERA 和 FNL 方案对比来看(表 4.5),ERA 方案的 500 hPa 水汽通量散度、水汽通量、散度、风速都要明显强于 FNL 方案(至少>30%),而 700 hPa 这几个要素差异就没有这么显著,甚至 ERA 的 700 hPa 风速还弱于 FNL 方案。从比湿和相对湿度两个指标来看,ERA 方案整层的水汽条件都优于 FNL 方案,尤其是 500 hPa 高空,结合前面的水汽通量散度和水汽通量差异分析,表明 ERA 在对流层中层有明显强于 FNL 方案的水汽输送和积聚,形成了更有利的水汽条件。从温度来看,ERA 方案 200 hPa 高空温度偏低,500 hPa 中空温度持平,700 hPa 同样低空偏低,没有明显的热力条件优势;而从广义位温来看,其考虑了实际大气非均匀饱和特性,ERA 中、低空都有比 FNL 更明显的暖区,原因是 ERA 中、低空相对湿度更大,更接近饱和。从位势高度来看,ERA 中、低空高度场都偏低,与其更暖湿的条件一致。从垂直速度来看,ERA 中、高空对流强于 FNL 方案,这与其有更强烈的辐合运动一致,也对应了更强的不稳定能量积聚。

表4.5 ERA和FNL方案的要素差异分析

要素	高度/hPa	ERA方案各要素值	FNL方案各要素值	ERA方案与FNL方案各要素差值	(ERA−FNL)/ERA/%
温度/K	200	225.24	225.48	−0.24	−0.11
	500	272.11	272.10	0.01	0.00
	700	285.00	285.47	−0.47	−0.16
位势高度/dagpm	200	1253.63	1253.37	0.26	0.02
	500	580.91	581.31	−0.40	−0.07
	700	304.89	305.40	−0.51	−0.17
比湿/(kg/kg)	200	2.41×10^{-4}	2.32×10^{-4}	8.78×10^{-6}	3.64
	500	6.36×10^{-3}	6.08×10^{-3}	2.87×10^{-4}	4.51
	700	1.20×10^{-2}	1.21×10^{-2}	-7.63×10^{-5}	−0.64
风速/(m/s)	200	8.54	7.92	0.63	7.33
	500	6.22	4.00	2.21	35.61
	700	2.06	2.55	−0.49	−23.78
相对湿度/%	200	95.78	90.08	5.70	5.95
	500	89.94	86.17	3.78	4.20
	700	96.62	94.08	2.54	2.62
散度/s^{-1}	200	1.46×10^{-5}	9.58×10^{-6}	5.03×10^{-6}	34.42
	500	-4.78×10^{-6}	1.26×10^{-5}	$-1.74E\times^{-5}$	363.75
	700	-9.72×10^{-6}	-7.33×10^{-6}	-2.39×10^{-6}	24.55
水汽通量/(g/(s·hPa·cm))	200	0.22	0.19	0.03	12.34
	500	4.02	2.48	1.54	38.19
	700	2.54	3.16	−0.62	−24.41
水汽通量散度/(g/(s·hPa·cm^2))	200	3.26×10^{-7}	1.72×10^{-7}	1.54×10^{-7}	47.24
	500	-2.43×10^{-6}	7.80×10^{-6}	-1.02×10^{-5}	421.59
	700	-1.19×10^{-5}	-8.72×10^{-6}	-3.13×10^{-6}	26.41
广义位温/K	200	357.85	357.87	−0.02	−0.01
	500	342.27	340.05	2.22	0.65
	700	342.90	338.13	4.77	1.39
垂直速度/(m/s)	200	0.02	0.01	0.01	62.92
	500	0.01	0.00	0.00	73.42
	700	0.01	0.02	−0.01	−71.21

图4.11给出了新田站、新村镇站和白鹤滩站附近地形高度及24 h暴雨分布，可以发现，ERA和FNL方案的强降水中心大多都在山峰附近，除了ERA方案沿着山谷地带有一条极值中心100 mm以上的强降水带，显然无论山峰附近或是沿着山谷分布，本次暴雨都与地形明显相关。不同的初始场，加之地形作用，影响了强对流系统的生成和发展，进而对应了不同的云微物理过程。

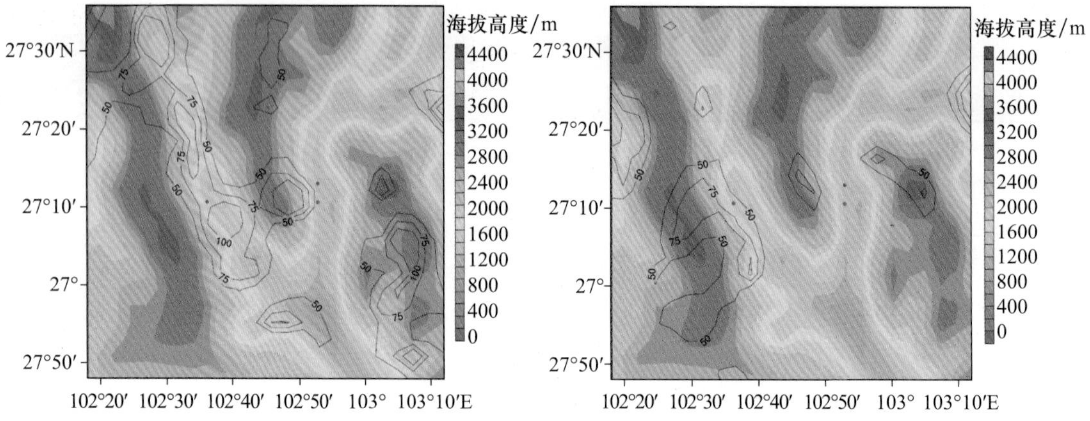

(a) (b)

图 4.11 ERA 方案(a)和 FNL 方案(b)的白鹤滩周边地形高度(色阶)及 24 h 累计降水量(单位:mm)分布(黑线＞50 mm)

4.2 2020 年 9 月 6 日大暴雨过程数值模拟

本节使用的资料共四部分:①降水数据使用国家基本气象站、区域加密气象站逐时雨量资料,主要用于分析雨强和降水量分布。②欧洲中期天气预报中心(ECMWF)提供的第五代全球再分析资料(ERA5),时间分辨率为 1 h,水平分辨率为 0.25°×0.25°,垂直方向共 37 层,主要用于环流形势、环境场的诊断分析以及为数值模式提供初始场和边界条件。③国家卫星气象中心 FY-4A 卫星遥感的云顶黑体亮温度(TBB)资料,主要用于分析中尺度对流云团的强弱变化。风云 4 号卫星是我国新一代静止气象卫星,搭载多种观测仪器,包括多通道扫描成像辐射计、干涉式大气垂直探测仪、闪电成像仪和空间环境监测仪器等。其中多通道扫描成像辐射计包含 14 个探测波段,波长范围从可见光到长波红外波段(0.45～13.80 μm),本研究中使用的是成像仪中通道 12(10.80 μm)的 TBB 产品,该产品分为全圆盘和中国区域,时间分辨率分别为 15 min 和 5 min,空间分辨率为 4 km。

4.2.1 大暴雨过程特征

2020 年 9 月 5 日 18 时至 6 日 15 时(北京时,下同),金沙江下游流域发生一次暴雨过程(图 4.12a),除南部大姚、禄劝等县(市)外,雨带几乎覆盖整个流域,强雨带位于宁南、普格、巧家县,流域内降雨超过 50 mm 的站点有 101 个,其中以普格县花山建设站(以下简称普格站)和巧家县白鹤滩站(以下简称白鹤滩站)的雨势最强,对应的 24 h 累计雨量为 173.6 mm 和 139.6 mm;另外流域东北的宜宾部分县(市)也出现了较为集中的强降雨。结合逐小时降雨量的分布来看,降雨在 5 日 18 时首先出现在流域的西北部,之后雨带逐渐扩大并自西北向东南移动影响金沙江下游。从强降雨中心普格站、白鹤滩站的逐小时雨量曲线(图 4.12b)可以看到,普格站和白鹤滩站的降雨几乎同时开始,降雨持续时间都不足 16 h,而强降雨主要集中在 6 日 00—06 时,两站的最大雨强均大于 40 mm/h,其中普格站录得这次过程的最大小时雨强为 54.3 mm/h。根据武汉暴雨研究所定义的突发性暴雨特征:对于单个站点,1 h 累计雨量≥20 mm 且 3 h 累计雨量≥50 mm 的强降雨为突发性暴雨。从图 4.12b 可以看到,从 5

日 23 时开始就出现了 1 h 累计雨量≥20 mm 的站点且持续时间 3 h，并且 3 h 累计雨量超过 50 mm。由此可见，此次暴雨过程强降雨时间集中，降雨强度大，降雨局地性和突发性强。

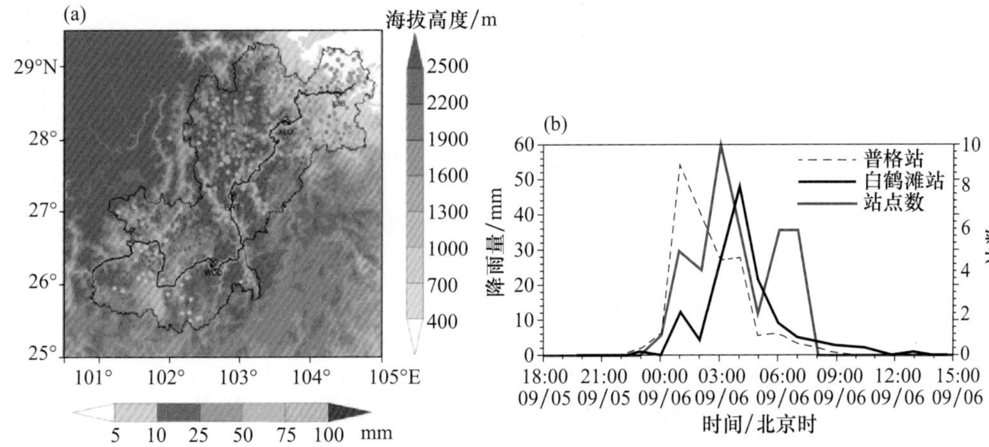

图 4.12　2020 年 9 月 6 日大暴雨过程特征分析

(a)2020 年 9 月 5 日 18 时至 6 日 15 时 22 h 累计降水量分布；(b)普格站(黑色虚线)、白鹤滩站(黑色实线)逐小时雨量，金沙江下游流域雨强≥20 mm/h 站数(蓝色实线)

4.2.2　环流形势及环境场特征

暴雨发生前，500 hPa 环流场(图 4.13a)上亚洲中、高纬度为“两槽一脊”的环流形势，高压脊位于贝加尔湖北侧，两侧分别为东北冷涡和巴尔喀什湖低涡。东北冷涡中向南伸展的低槽可以到达 35°N 左右，槽后冷空气影响我国南方多个省份，同时巴尔喀什湖低涡不断分裂出短波槽影响下游地区。中、低纬度 2020 年第 10 号超强台风“海神”位于台湾岛以东海域，副高被台风“拦腰折断”，其中海上副高与西风带高压脊位相叠加，脊线到达 35°N 左右。金沙江下游地区位于短波槽前，受西南暖湿气流、正涡度平流的影响；当强降水发生时(6 日 00 时)，“海神”环流逐渐与东亚大槽同位相叠加，此时短波槽已经东移出金沙江流域，金沙江下游地区转而受东亚大槽槽后西北气流影响，西北气流引导冷空气和高原对流系统南下影响金沙江下游流域。

从 700 hPa 的环流形势(图 4.13b)可以看到，金沙江下游流域受一致的西南气流控制，西南气流为金沙江下游带来大量暖湿空气。另外，由于短波槽前正涡度平流的作用，在金沙江的下游区域出现一西南—东北走向的正涡度带，在几小时之后冷空气南下与西南气流交汇时，斜压性增强，诱发低涡发展，在贵州威宁附近形成本地贵州涡。

从暴雨发生前 700 hPa 的水汽通量(图 4.14a)来看，西南气流将孟加拉湾上的水汽输送到金沙江流域。在持续西南暖湿气流的作用下，有一整层可降水量大值区从攀枝花市一直延伸到昭通市，可降水量大值区中的普格、宁南等县(市)可降水量达 105 mm。CAPE 是一个衡量空气中位能转换为动能的热力变量，可以表征大气对流的不稳定程度。如图 4.14b 所示，5 日 17 时金沙江下游流域中部存在 CAPE 大值区，其中有两个大值中心分别位于白鹤滩东北和西南的昭通市和普格县附近，位于普格县附近的大值中心 CAPE 值超过 2250 J/kg 并且与此次过程的强降水区域(图 4.14a)有很好的对应关系。由此可知，在暴雨发生前，金沙江流域具有充足的水汽和很好的不稳定层结条件，再配合有利的动力抬升条件就会导致暴雨的发生。

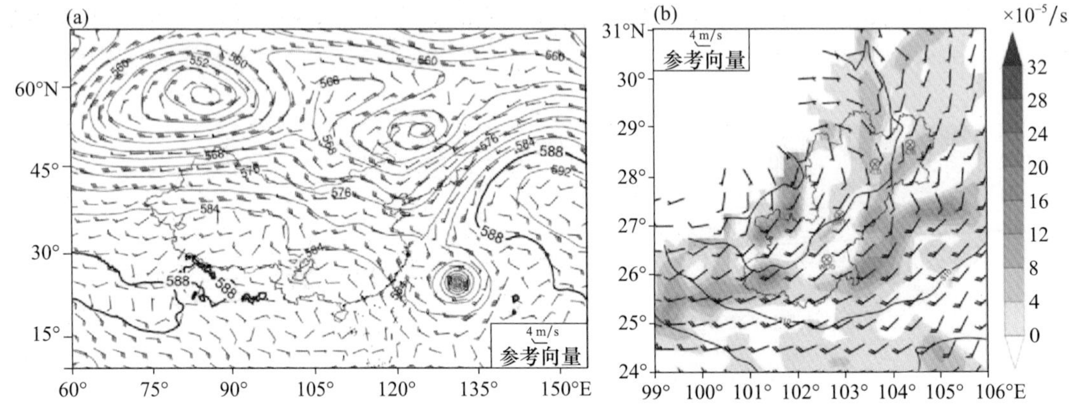

图 4.13 2020 年 9 月 5 日 17 时环流形势和环境场特征分析

(a)500 hPa 高度场(等值线,单位:dagpm)和风场(风羽);

(b)700 hPa 高度场(等值线,单位:dagpm)、风场(风羽)和涡度场(填色)

4.2.3 中尺度对流云团分析

TBB 可以很好地指示对流云团的强弱和演变特征,TBB 值越低表示对流云团发展的高度越高,云内对流强度越强。从 2020 年 9 月 5 日 18 时的 FY-4A 红外云图的 TBB 分布(图 4.15a)可以看出,生成于川西高原的对流云团已经东移至流域西北侧的凉山、乐山等市(州),逐渐“逼近”金沙江中游流域,此时金沙江下游还没有出现降雨。5 日 20 时,对流云团在高空短波槽后的西北气流引导下向东南移动影响金沙江下游,西南侧云团 TBB 值小于−72 ℃的区域迅速增大,而东北侧的云团则由于受到冷空气的影响而逐渐消散,也就是在这时流域西北部峨边、越西、喜德等县(市、区)的降雨也开始了。5 日 20 时至 6 日 00 时,对流云团范围进一步发展持续影响金沙江流域。到了 6 日 00 时,冷空气开始自北向南影响金沙江流域,与西南气流汇合产生上升运动,使得中尺度对流云团继续在流域内维持,普格站的强降水因此开始了;与此同时,在白鹤滩附近又生成了一个 TBB 值小于−72 ℃直径约为 0.2 个纬距的圆形对流云团,正是这个对流云团造成了白鹤滩站 139.6 mm 破历史极值的单站降水纪录。6 日 02 时之后,对流云团在南移的过程中逐渐减弱,最后在 08 时对流云团趋于消散,移出金沙江流域,普格站和白鹤滩站的降雨也逐渐停止(图 4.15)。

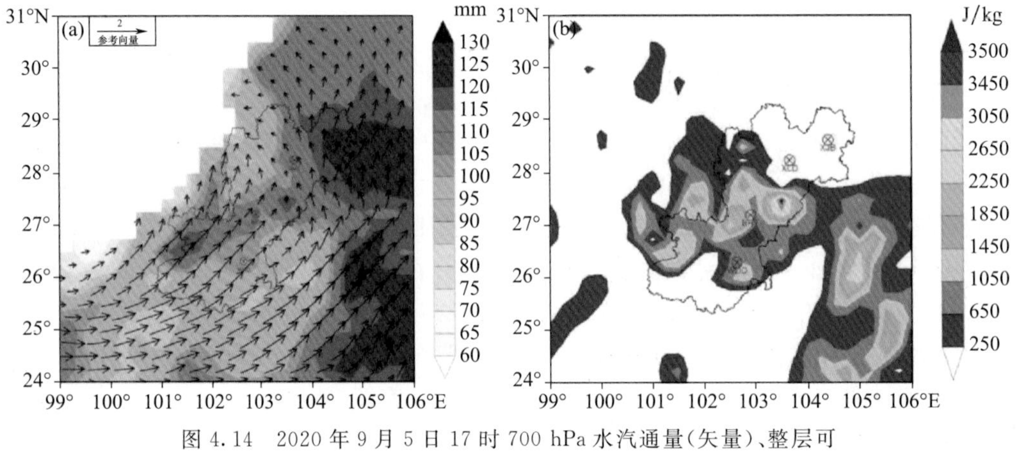

图 4.14 2020 年 9 月 5 日 17 时 700 hPa 水汽通量(矢量)、整层可降水量(色阶)(a)与 CAPE 值分布(色阶)(b)

综合以上分析可知，金沙江下游流域冷、暖气流的交汇使得东移的高原对流云团继续维持，导致了这次突发性暴雨过程的发生。

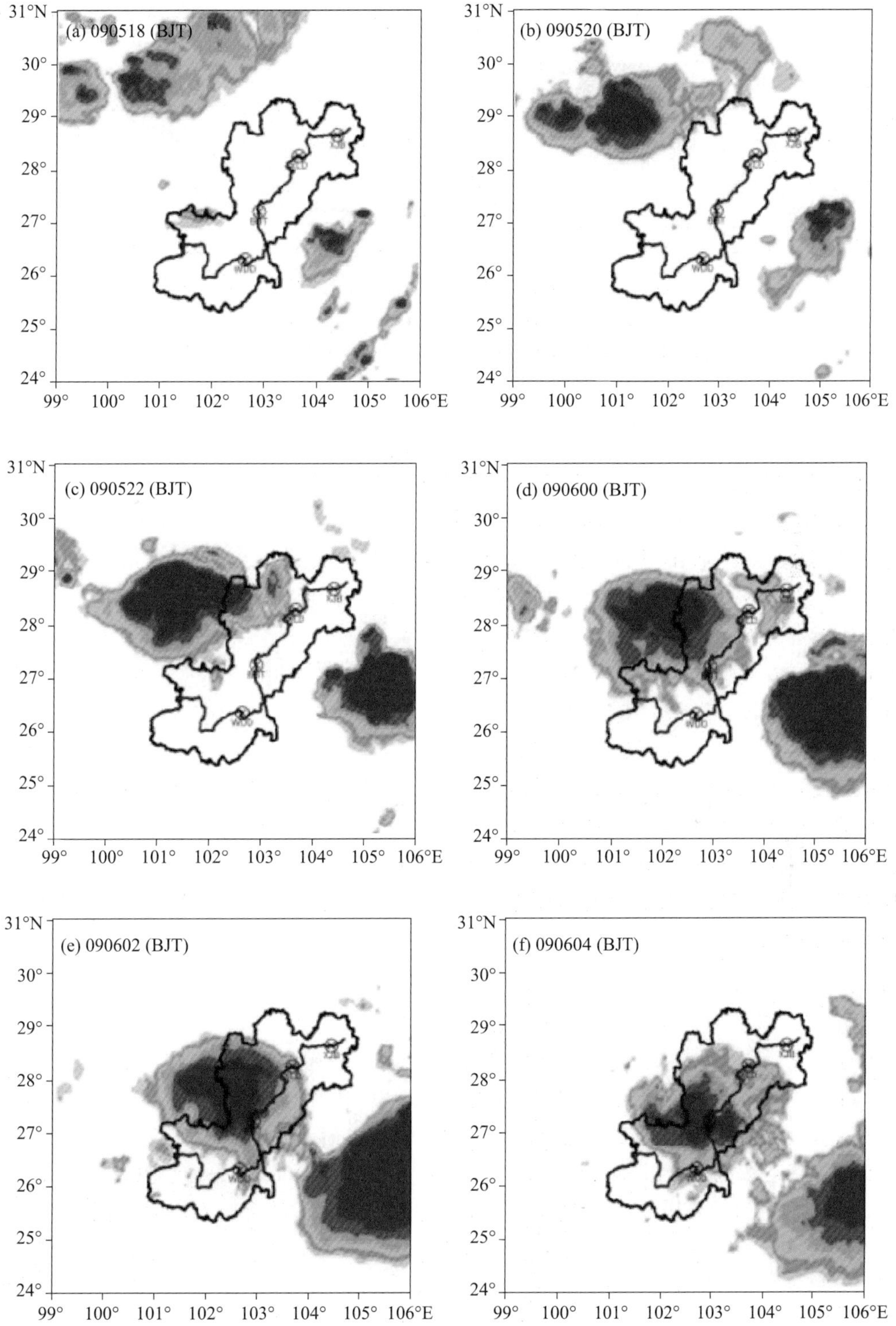

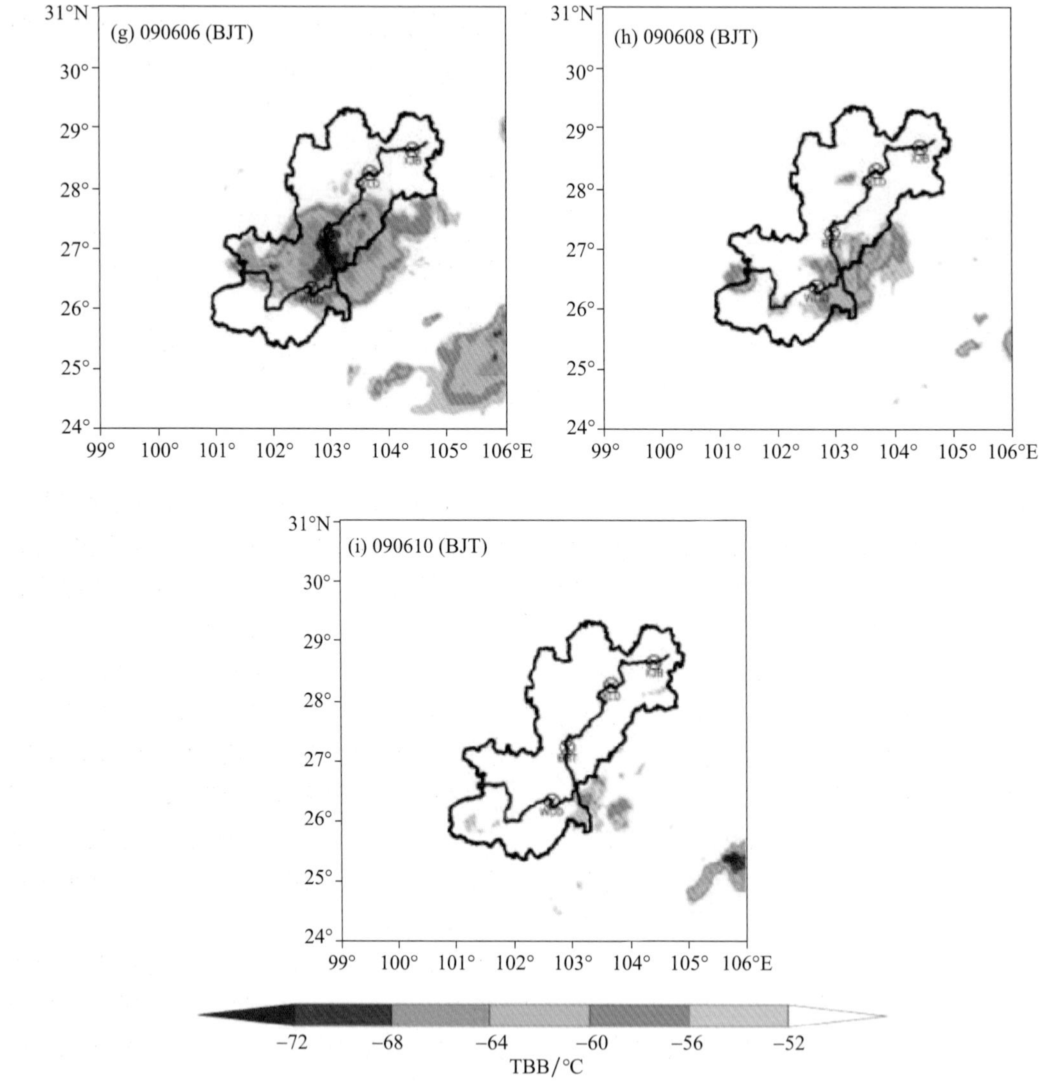

图 4.15　2020 年 9 月 5 日 18 时至 6 日 10 时逐 2 h TBB 分布(色阶)

4.2.4　数值模拟方案及结果

4.2.4.1　模拟方案设计

数值模式采用 WRF V4.2,以 ERA5 再分析资料为初始场和边界条件驱动模式,积分时间从 2020 年 9 月 5 日 05 时到 6 日 20 时,共 40 h。模式模拟区域如图 4.16a 所示,采用三层双向嵌套和兰勃特(Lambert)投影,模拟区域中心位于白鹤滩坝址(27.216°N,102.904°E),每层嵌套的网格点数分别为 157×110、187×160、307×256,对应的水平网格距为 27 km、9 km、3 km。模式垂直坐标采用混合 σ-P 坐标,共 50 层,顶层气压为 10 hPa,地形数据采用 topo_gmted2010_30 s 数据集。模式三重网格均采用相同的物理过程:NSSL 2-moment+CNN 云微物理参数方案、New SAS(Simplified Arakawa-Schubert)积云参数化方案、Noah 陆面方案、Revised Monin-Obukhov 近地层方案、YSU 边界层方案、Dudhia 短波辐射方案、RRTM 长波辐射方案。

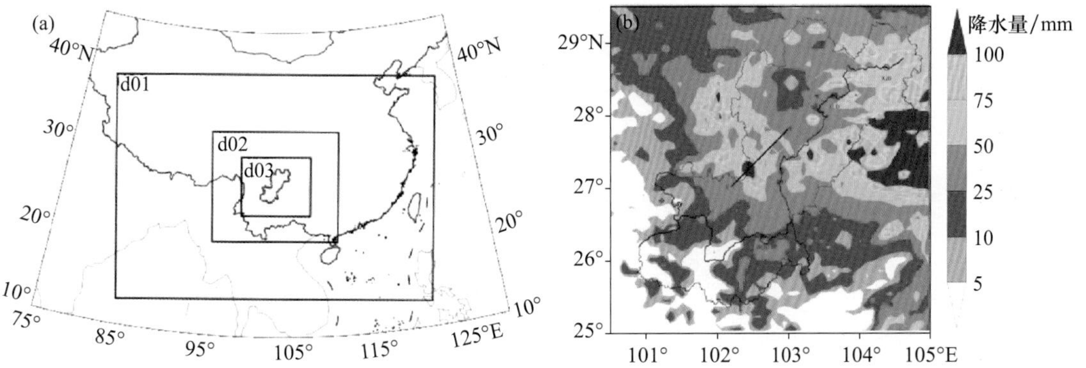

图 4.16　(a)模拟区域及(b)模拟的过程累计降水量

4.2.4.2　模拟结果验证

对比 WRF 模拟和实况的过程累计降水量分布，可以看到模式模拟的雨带落区、强度与观测较为一致，同时模式还成功模拟出了位于普格、宁南县的强降水中心，中心强度与实况一致，超过 100 mm，位置较实况偏西南约 0.1 个纬度。此外，模式在白鹤滩东北部约 0.5 个纬度处模拟出了一个虚假的强降水中心，结合图 4.17 可以看到，在白鹤滩东北方向约 0.5 个纬距的地方有一 CAPE 大值中心和可降水量大值中心，这一大值中心与模式模拟出的虚假强降水中心位置十分吻合，因此初步推断这个虚假强降水中心可能与永善、昭阳等地测站稀少导致真实降水无法被观测到有关。进一步验证模式结果的可靠性，对比过程前后 11 h 模拟和观测的降水分布。在前 11 h 里(即 2020 年 9 月 5 日 18 时—6 日 04 时)模拟的雨带主要集中在 27°N 以北，与实况基本一致，但模式并没有模拟出位于白鹤滩的单点强降水，因此导致白鹤滩处模拟的过程累计降水量偏低；在暴雨过程的后 11 h 里(即 9 月 6 日 05 时—6 日 15 时)，模拟雨带向南移动到流域南部的会理、会东县，说明模式还是较好地重现了实况雨带自南向北移动的过程。

为了进一步证实模式资料高空风场的可用性，对比了模拟和实况的高空风场资料。由于金沙江下游流域内并无探空资料，因此选取了离流域最近的西昌站高空风场进行对比。从西昌站 5 日 20 时和 6 日 08 时模拟和观测的高空风场资料来看，模拟高空风场除在 800 hPa 以下与实况存在一些差异外，其他层次基本与观测的高空风相同，模拟风场大体上能反映实况风场的基本特征(图 4.18)。

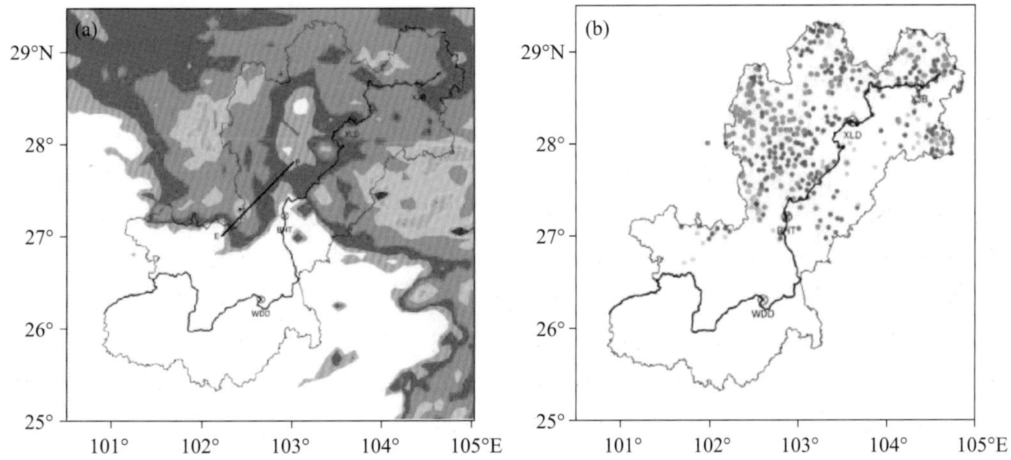

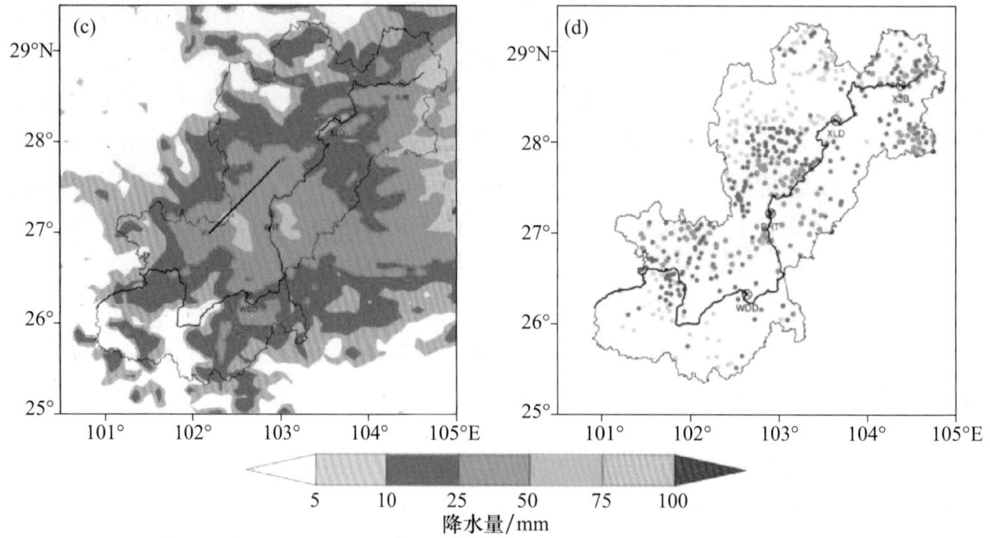

图 4.17　WRF 模拟和实况的过程累计降水量分布

(a、b)2020 年 9 月 5 日 18 时—6 日 04 时(前 11 h)模拟、观测累计降水量；

(c、d)9 月 06 日 5 时—6 日 15 时(后 11 h)模拟、观测累计降水量

综合以上对模拟降水、高空风场与观测对比的结果来看，模式虽在降水、低层风场的模拟上存在一些细节上的不足，但大体上还是再现了雨带的分布、传播过程以及强降水中心。因此，本节在模拟结果基本可信的基础上，利用模式输出的高时空分辨率资料对这次暴雨的成因进行初步分析。

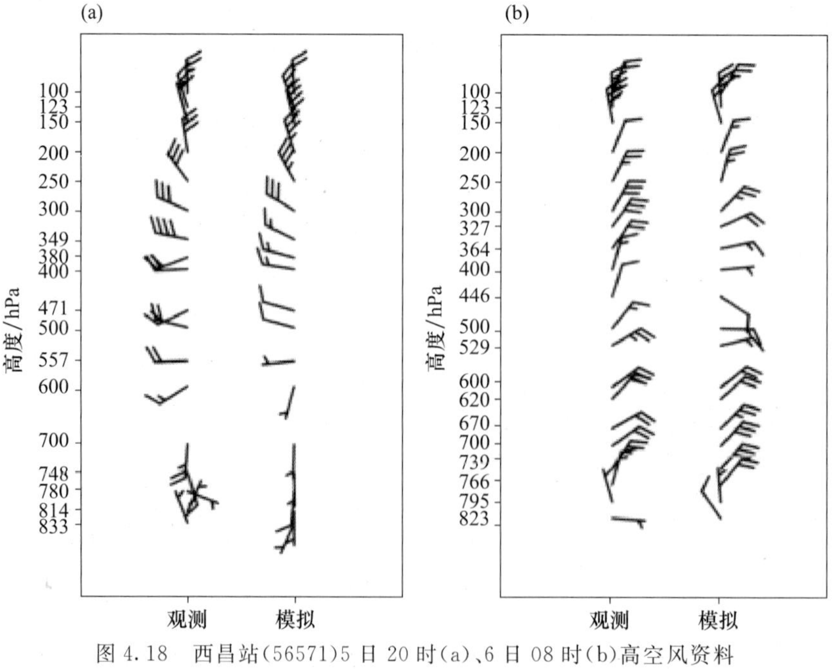

图 4.18　西昌站(56571)5 日 20 时(a)、6 日 08 时(b)高空风资料

4.2.4.3　模拟结果分析

由于这次过程的强降水发生在 6 日 00—06 时，因此选取强降水发生前(5 日 23 时)和出现最强降水时(6 日 03 时)作为主要研究时刻，重点分析这次暴雨过程的成因。从过暴雨中心(27.2°N，102.4°E)做的垂直剖面(图 4.19)可以看到，5 日 23 时，此时暴雨区的降水还没开始，

暴雨区内为一致的西南风，暴雨区上空没有明显的辐合、辐散区和上升运动，而且从涡度场上看，暴雨区上空 500～700 hPa 甚至为负涡度区，这些动力条件都不利于暴雨的发生。从热力条件上看，暴雨区 500 hPa 以下假相当位温随高度上升而降低，为显著的对流不稳定层结；500 hPa 以上则为稳定层结，这个稳定层好像一个“盖子”盖在暴雨区上空，西南暖湿气流输送的暖湿空气被这个“盖子”压制在 500 hPa 以下，使暖湿空气得以聚集，为强降水的发生做了准备。同时在暴雨中心西南侧约 0.1 个纬距的地方有假相当位温舌向上伸展到 500 hPa，说明暖湿空气正在不断聚集向高空输送。

从强降水发生前的 700 hPa 风场和散度场来看(图 4.19a)，5 日 23 时冷空气已经到达 28.3°N 附近，流域下游的贵州涡已出现气旋性风场。冷空气、西南气流和贵州涡的东风回流这三股气流在流域西部(28°N，102°E)处汇合，形成明显的辐合区。我们从 600 hPa 上的水汽通量散度(图 4.19c)也可以看到由于这三股气流汇合形成的水汽辐合区，大量的水汽辐合导致流域西北部越西、喜德、美姑县的降水。

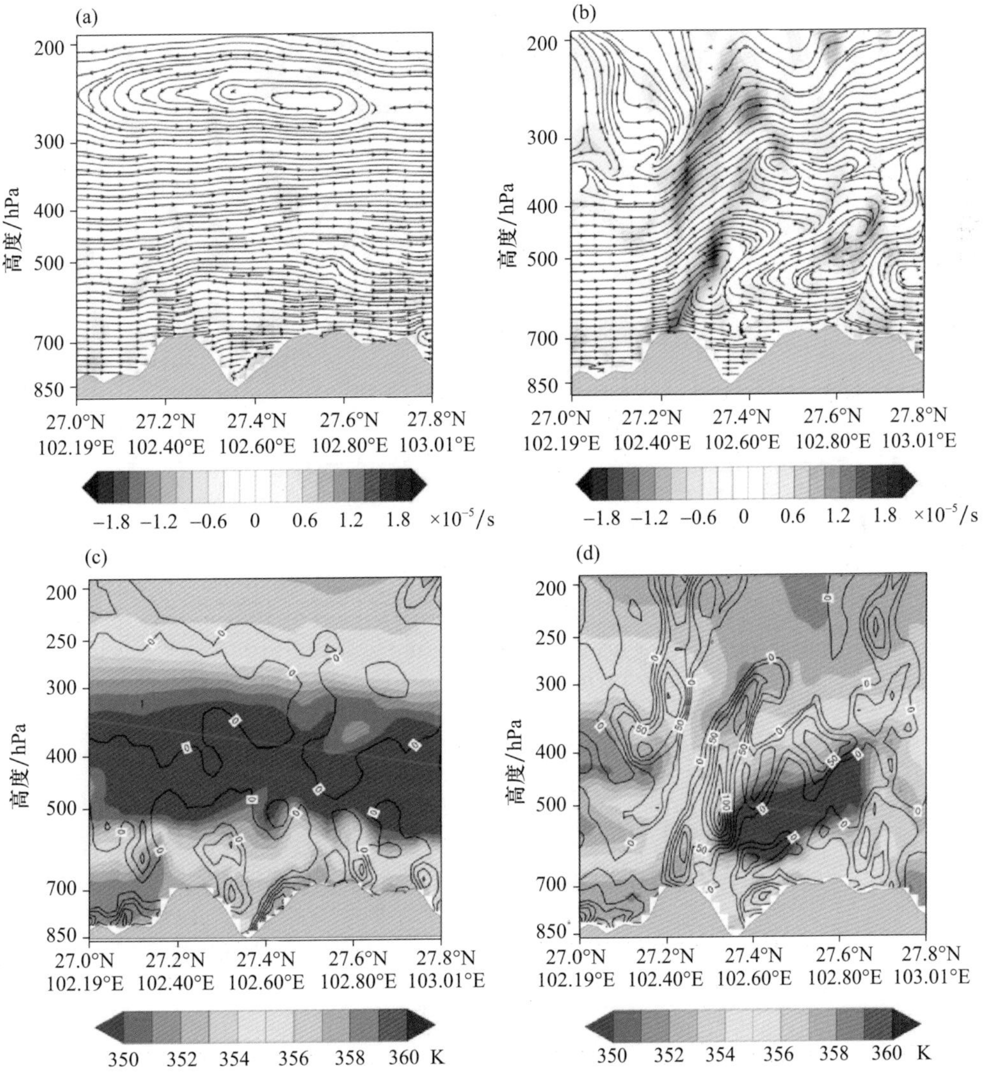

图 4.19 (a、b)5 日 23 时、6 日 03 时沿图 4.17a 中直线 EF 流场(流线)和散度(色阶)垂直剖面，(c、d)5 日 23 时、6 日 03 时沿图 4.17a 中直线 EF 涡度(等值线单位：10^{-5}/s)和假相当位温(色阶)垂直剖面

到了 6 日 03 时，贵州涡内气旋性环流更加明显，涡内还有明显的辐合区（图 4.20b），冷空气也已经到达 27.4°N 附近，西南气流与冷空气汇合造成暴雨区的水汽辐合（图 4.20d）。过暴雨区的垂直剖面（图 4.20b）显示，偏北风主体已经达到 27.6°N，但有小股冷空气已经渗透到了暴雨中心东北侧（27.35°N，102.55°E）700 hPa 以下的河谷，我们在热力场上（图 4.20d）也可以看到河谷内与冷空气对应的假相当位温低值区。受冷空气抬升的影响，西南气流在暴雨区开始倾斜上升，上升气流从 700 hPa 一直延伸到 450 hPa。上升气流达到 450 hPa 后在（27.4°N，102.6°E）附近下沉，下沉气流在 700 hPa 开始分支，一支与冷空气汇合后流回暴雨区，不断抬升西南气流，构成一个中心在 600 hPa 高度附近的反气旋垂直环流圈；另一支向暴雨区东北侧流去与冷空气主体汇合，造成辐合上升运动，形成更多的降水。从图 4.20d 可以看到，在最强降水发生时，强上升气流将底层的水汽、能量等输送到高空，稳定层结盖被打通，暴雨区假相当位温分布出现向上突起，等假相当位温线非常陡立。吴国雄等（1995）指出，假相当位温的陡立区容易出现涡度的倾斜发展，因此伴随着陡立的等假相当位温线，在暴雨区上空出现了强的正涡度区，强烈的正涡度组织气流在上升的过程中气旋性旋转，进一步增强上升运动。

当冷空气进一步南下时，冷空气前缘逐渐移出了暴雨区，暴雨区因此被冷空气内的高压环流所控制，这次暴雨过程也随之结束。通过以上对模拟结果的初步分析可知，这次暴雨过程的发生与冷空气密切相关，当冷空气达到流域北部时，冷空气与西南气流、贵州涡东风回流在流域西北部汇合，造成该区域的降水；而当冷空气南侵接近白鹤滩时，浅薄的冷空气顺着流域内的河谷进入暴雨区内，强迫抬升西南气流，触发暴雨区强降水发生。

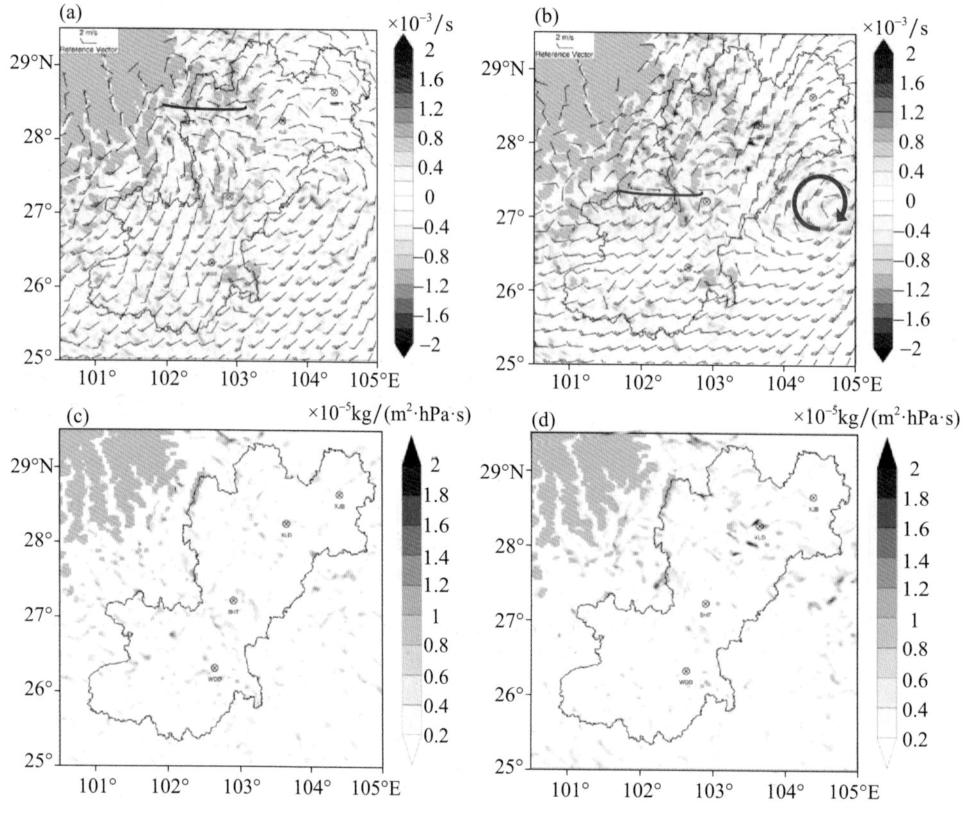

图 4.20 （a）5 日 23 时、（b）6 日 03 时 700 hPa 风场（矢量）和散度（色阶），（c）5 日 23 时、（d）6 日 03 时 650 hPa 水汽通量散度（色阶）

4.3 小结

本章选取了金沙江下游 2012 年 6 月 27—28 日和 2020 年 9 月 6 日两次灾害性暴雨过程作为研究个例，前者采用了欧洲 ERA 和美国 FNL 全球大气再分析数据驱动中尺度 WRF V3.9 模式进行数值模拟(分别为 ERA 方案和 FNL 方案)，较好地再现了本次暴雨降水的、时空分布；然后定量对比了水物质，输出了 WRF 模式 Morrison 方案中 29 种云微物理部分的转换项；最后分析了不同初始场的差异，探讨了可能的影响机制。针对 2020 年 9 月一次发生在金沙江下游的突发性暴雨，基于国家基本气象站和区域自动气象站逐小时雨量、ERA5 再分析、FY-4A 卫星 TBB 资料开展诊断分析，然后利用 WRF 模式输出的高时空分辨率资料对这次暴雨的成因进行了初步的分析，主要结论如下。

(1)白鹤滩"6・28"强降雨主要由于高原短波槽东移加强，槽前的正涡度平流和高层辐散影响，同时配合低层西南暖湿气流和从北方南下的冷空气交汇，造成了白鹤滩水电站暴雨天气。强降雨发生期间，白鹤滩水电站对流层低层水汽通量辐合较强，水汽的积聚给暴雨的维持提供条件。垂直速度场表现为较强的垂直上升运动，同时对流层低层 θ_{se} 随高度上升降低，反映了该处大气的不稳定，为白鹤滩水电站地区产生强对流降水天气提供了有利条件。

(2)"6・28"过程水物质分析表明，ERA 方案冰晶、雪、霰和雨水粒子都强于 FNL 方案，而云水粒子偏少，表明 ERA 方案有更强的冷云过程，FNL 方案有更强的暖云过程；其中 ERA 方案中雪降水前期为霰粒子占优，后期雪粒子占优。云微物理转化项分析表明，两种方案主要转化项基本一致，差异主要体现在 ERA 有更强的冰晶、雪和霰相关转化项。初始场分析表明，ERA 方案与 FNL 方案初始场最大差异在于 500 hPa 水汽通量散度、水汽通量、散度、风速，ERA 方案在 500 hPa 中空有明显更强的水汽输送和辐合，中、低空更好的暖湿条件，更有利于对流系统产生，而中高空有更强的垂直运动，有利于冷云过程发展，这与 ERA 方案有更强冷云过程一致。此外，地形对降水分布也有明显影响，进而间接影响云微物理过程。

(3)2020 年 9 月 6 日这次突发性暴雨发生在冷空气南下和高原对流系统东移的天气背景下，强雨带主要集中在宁南、普格等县(市、区)，强降水时间集中，降雨强度大，具有很强的局地性和突发性。在暴雨发生前，金沙江流域具有充足的水汽和很好的不稳定层结条件，非常有利于暴雨的发生。经过暴雨的中尺度分析可知，冷、暖气流在金沙江流域交汇使得东移的高原对流云团继续维持，导致了这次突发性暴雨过程的发生。

(4)2020 年 9 月 6 日数值模拟结果表明，冷空气在这次暴雨过程中扮演着非常重要的角色，雨带随着冷空气的移动而移动。当冷空气到达流域北部时，冷空气与西南气流、贵州涡东风回流在流域西北部汇合，造成该区域的降水；而当冷空气南侵接近白鹤滩时，浅薄的冷空气顺着流域内的河谷进入暴雨区内，强迫抬升西南气流，形成对暴雨发展具有正反馈作用的垂直环流圈，进一步加强暴雨过程。

第5章

金沙江下游高温变化特征及数值模拟

气温是影响河流径流的重要因素之一，同时，气温还会对流域土壤水分造成影响，从而影响生态环境。研究气温变化的规律及特点，对于预测未来气温变化趋势至关重要。对于高温天气，科学家们已经做了大量的研究。不少学者从行星尺度和天气尺度系统出发，指出大气环流异常是造成极端高温天气的主要原因。西太平洋副热带高压和大陆副热带高压的持续稳定和偏强，加上极涡强度和西风环流偏弱导致高纬度纬向风盛行，这些均构成了利于高温天气形成的环流形势（李云泉 等，2005；廉毅 等，2005）。500 hPa 西太平洋副热带高压的位置和强度很大程度上决定了我国夏季主要雨带和高温热浪天气出现的位置，在高压控制下强烈的下沉运动加上长时间的辐射加热使地面快速升温（林建 等，2005）。王文等(2017)对长江中下游高温天气进行了系统研究，认为西太平洋副热带高压偏西偏强，长期控制长江流域是诱发当地高温的直接原因，同时副热带西风急流偏北、东亚夏季风偏强导致暖湿气流强盛，冷空气偏北从而降水减少，加剧了高温干旱。同样有不少学者指出高压控制下的下沉绝热升温是造成华北和川渝地区高温干旱的主要原因（张天宇 等，2010；张迎新 等，2010；郭渠 等，2009）。

本章选取金沙江下游 35 个具有代表性的长序列气象站 1960—2020 年的逐日气温数据进行研究，分析该流域高温的时空分布特征以及极端气温指数的气候变化特征，在此基础上进一步分析金沙江下游高温的环流特征并对高温进行物理量诊断和数值模拟。

5.1 高温时空变化特征

5.1.1 气温年际变化

金沙江下游段多年平均气温为 16.6 ℃，显著高于金沙江流域多年平均气温(9.2 ℃)。经计算，金沙江下游段 1960—2020 年流域年平均气温为 15.8～17.9 ℃。从年平均气温时间变化(图 5.1)来看，金沙江下游近 61 a 年平均气温呈现波动上升趋势，线性倾向率为 0.239 ℃/10a，相较整个金沙江流域 0.15 ℃/10a 来说增速更加明显，且能够通过置信度为 99%的 Mann-Kendall 显著性检验，表明金沙江流域下游近 61 a 年平均气温呈现显著上升趋势。由 5 a 滑动平均可知，20 世纪 70 年代以前年平均气温呈下降趋势；70 年代初期到 90 年代末，气温变化平缓，大多数年份平均气温低于常年气温平均值，但总体呈波动上升趋势；直至进入 21 世纪气温开始呈现比较明显的上升趋势，年平均气温高于常年气温平均值。

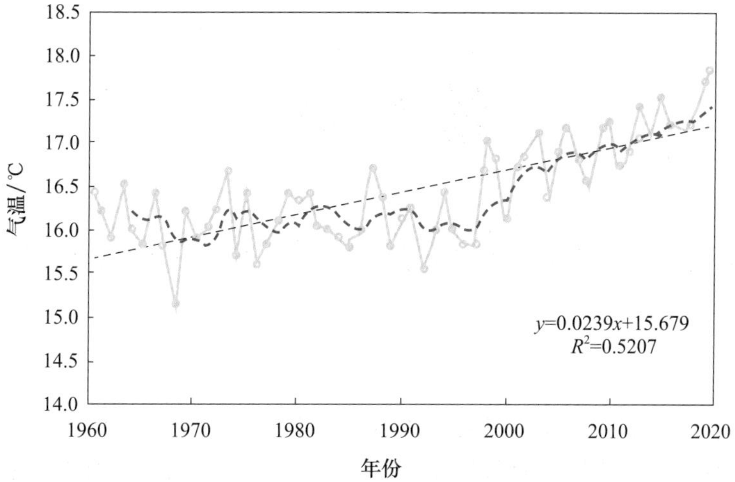

图 5.1　金沙江流域下游年平均气温年际变化趋势

（红色虚线：5 a 滑动平均；黑色虚线：线性倾向）

金沙江下游流域年最高气温平均值为 35.0 ℃，年平均最高气温为 32.9～37.4 ℃，而各站气温极大值为 31.9～44.4 ℃。金沙江下游代表站历史监测最高气温记录为 44.4 ℃，出现在巧家站（2014 年），其余各站气温极大值如表 5.1 所示。

金沙江下游历史气温极大值超过 35 ℃的站有 30 个，占比 85.7%，其中气温极大值未超过 38 ℃的站主要分布在金沙江下游的中段，且这些站的海拔高度均高于 1400 m。该流域段中气温极大值超过 40 ℃的站有 17 个，占比 48.6%，分别是巧家、盐津、元谋、屏山、仁和、攀枝花、筠连、高县、宜宾县、宁南、盐边、米易、东川、宜宾市、绥江、金阳、大关，由此可见金沙江下游中低山峡谷干热河谷特征十分典型。

表 5.1　金沙江下游各站气温极大值　　单位：℃

站名	气温极大值	站名	气温极大值	站名	气温极大值	站名	气温极大值	站名	气温极大值
巧家	44.4	高县	42.1	绥江	40.6	普格	37.8	雷波	35.5
盐津	42.8	宜宾县	41.9	金阳	40.4	会东	37.8	禄劝	35.2
元谋	42.4	宁南	41.7	大关	40.3	喜德	37.7	会理	34.7
屏山	42.4	盐边	41.5	永善	39.5	越西	37.5	大姚	34.6
仁和	42.2	米易	41.2	马边	39.0	鲁甸	36.7	昭通	33.5
攀枝花	42.2	东川	40.9	峨边	38.4	美姑	36.1	昭觉	33.1
筠连	42.2	宜宾市	40.7	永仁	37.8	武定	35.9	布拖	31.9

从平均年最高气温的时间变化（图 5.2）来看，金沙江下游近 61 a 年最高气温呈现波动上升趋势，线性倾向率为 0.36 ℃/10 a，且能够通过置信度为 99% 的 Mann-Kendall 显著性检验，表明金沙江流域下游近 61 a 年最高气温呈现显著上升趋势。由 5 a 滑动平均可知，20 世纪 80 年代初以前最高平均气温呈波动略降低的变化；20 世纪 80 年代初至 21 世纪初，气温变化平缓而略有波动上升趋势；直至进入 21 世纪气温开始呈现比较明显的快速上升趋势。

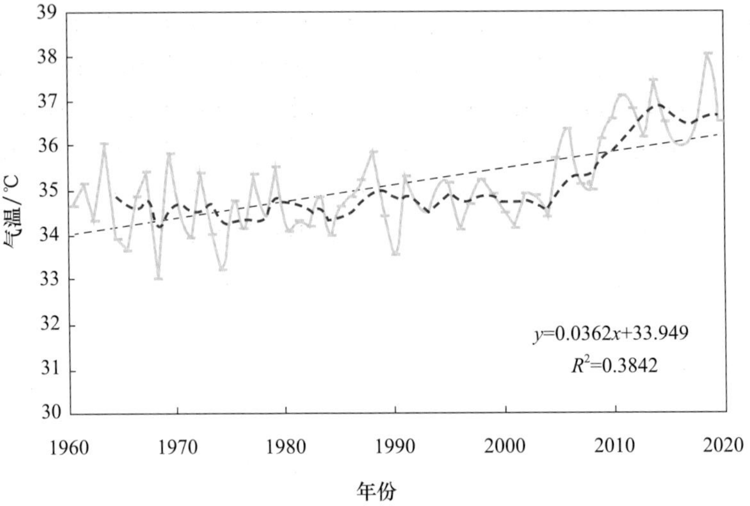

图 5.2　金沙江流域下游平均年最高气温变化趋势

（红色虚线：5 a 滑动平均；黑色虚线：线性倾向）

从日平均最高气温的时间变化来看（图 5.3），金沙江下游近 61 a 年平均日最高气温度呈现波动上升趋势，线性倾向率为 0.31 ℃/10a，且能够通过置信度为 99% 的 Mann-Kendall 显著性检验，表明金沙江流域下游近 61 a 年平均日最高气温呈现显著上升趋势。

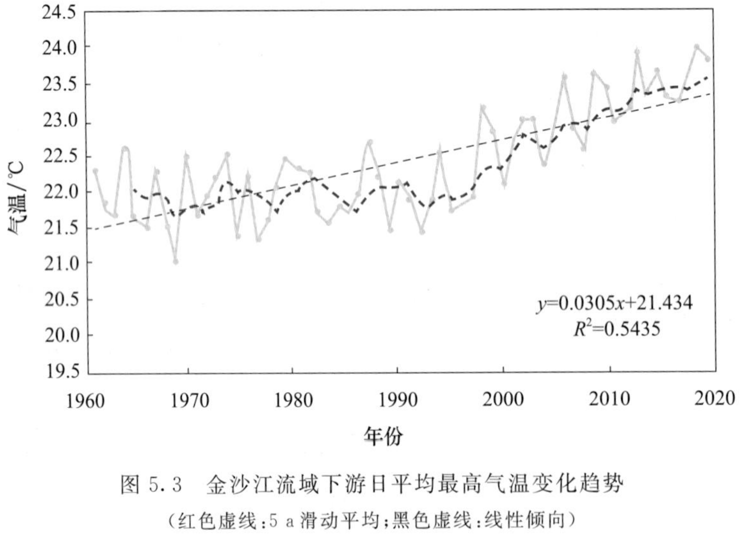

图 5.3　金沙江流域下游日平均最高气温变化趋势

（红色虚线：5 a 滑动平均；黑色虚线：线性倾向）

从日平均最低气温的时间变化（图 5.4）来看，金沙江下游近 61 a 年平均日最低气温呈现波动上升趋势，线性倾向率为 0.25 ℃/10a，且能够通过置信度为 99% 的 Mann-Kendall 显著性检验，表明金沙江流域下游近 61 a 年平均日最低气温呈现显著上升趋势。

5.1.2　气温突变检验

采用 Mann-Kendall 检验法（M-K 检验）来分析金沙江下游各气温要素突变特征，Mann-Kendall 检验法是被广泛应用于降水、干旱、气温等气象研究领域的非参数检验方法，且允许序列有缺测值，适用于非正态分布的气象数据，能够有效地确定某一气象要素的长期变化趋势和突变（方法介绍略）。由金沙江下游年平均气温M-K检验结果可知，1980年前后呈现两种截然不同的变化趋势，20世纪60、70年代该区域年平均气温呈平稳的波动变化且略有降低的趋势，UF统计量基本为负值，但未通过0.05显著水平检验；20世纪80年代开始，该区域年平均气温呈上升趋势，1980年以后UF统计量为正值，年平均气温呈波动上升趋势，到2005年以后，年平均气温出现迅速上升，气温上升趋势通过0.01显著水平检验，由计算结果可知，进入21世纪后尤其是2005年以后金沙江流域下游升温趋势显著（图5.5）。

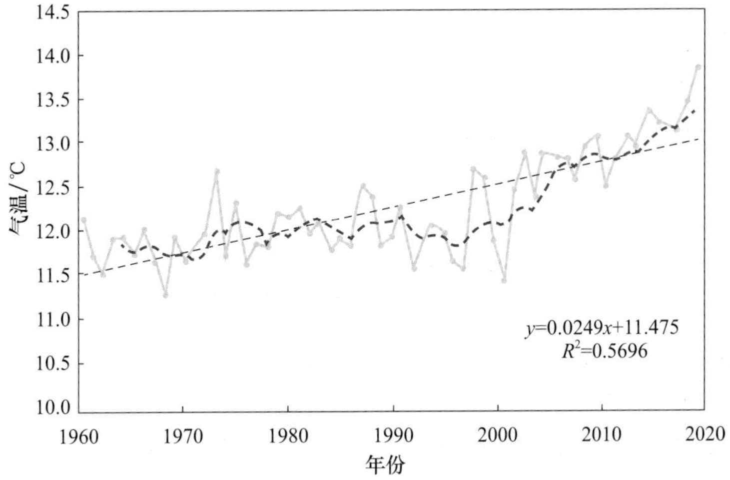

图5.4　金沙江流域下游日平均最低气温变化趋势

（红色虚线：5 a滑动平均；黑色虚线：线性倾向）

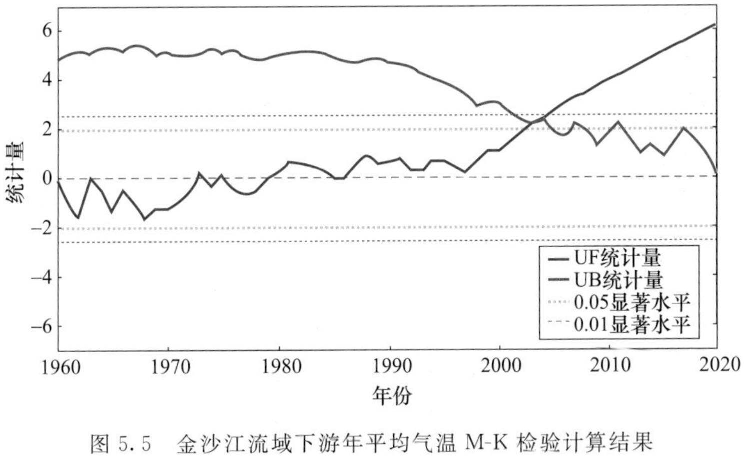

图5.5　金沙江流域下游年平均气温M-K检验计算结果

由金沙江下游年最高气温M-K检验结果可知（图5.6），金沙江下游年最高气温1986年前后呈现不同的变化趋势，20世纪60、70年代和80年代初期该区域年最高气温呈平稳的波动变化且略有降低的趋势，UF统计量基本为负值，但未通过0.05显著水平检验；20世纪80年代后期开始，该区域年最高气温呈快速上升趋势，到2010年以后，年平均最高气温均值迅速增大，温度上升趋势通过0.01显著水平检验，由计算结果可知进入21世纪后尤其是2010年以后金沙江流域下游气温极值增大趋势显著。

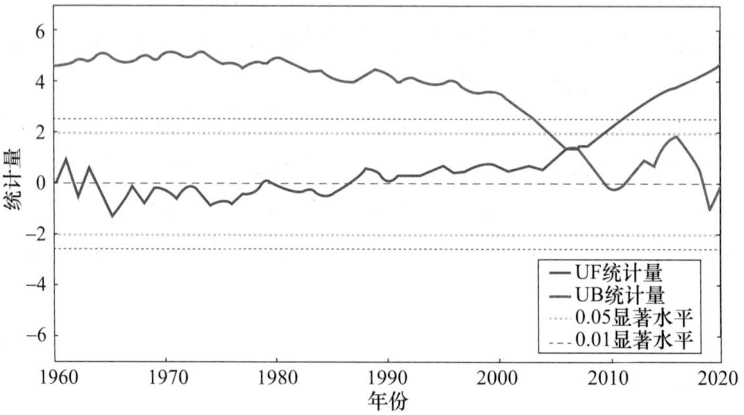

图 5.6　金沙江流域下游年最高气温 M-K 检验计算结果

由金沙江下游日平均最高气温 M-K 检验结果可知(图 5.7),1997 年前后呈现不同的变化趋势,1997 年后呈波动上升趋势,21 世纪初开始该区域年平均日最高气温呈增速上升趋势,到 2004 年以后,日平均最高气温出现迅速上升,气温上升趋势通过 0.01 显著水平检验,升温趋势显著。

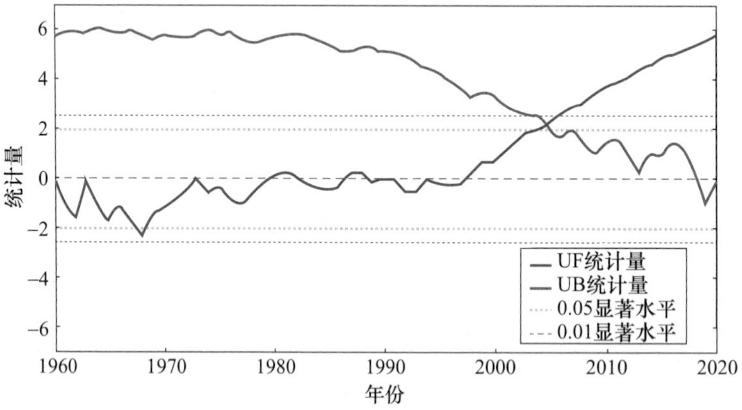

图 5.7　金沙江流域下游日平均最高气温 M-K 检验计算结果

由金沙江下游日平均最低气温 M-K 检验结果可知(图 5.8),1973 年前后呈现不同的变化趋势,1973 年后呈波动上升趋势,2002 年左右开始该区域年平均日最低气温呈增速上升趋势,通过 0.01 显著水平检验,升温趋势显著。

由上分析可见金沙江流域下游年平均气温、日平均最低气温和日平均最高气温均呈现波动上升的趋势,并通过了置信度为 99%的显著性检验,其中平均最低气温升速最大,说明平均最低气温对日平均气温上升的贡献率最大。

5.1.3　气温空间变化特征

5.1.3.1　年平均气温及其倾向率空间变化特征

从金沙江下游多年平均气温空间分布(图 5.9a)来看,金沙江下游平均气温分布沿流域的西南—东北的倾斜走向大致为两边高中间相对偏低的空间分布形势。金沙江下游干热河谷气候特征显著,以攀枝花、元谋、巧家等地为例,年平均气温都在 19 ℃以上,最冷月平均气温高于

12 ℃。从年平均气温来看，位于该流域段西南部的攀枝花、仁和、元谋、巧家、东川、宁南附近和东北部的宜宾、高县、筠连一带气温普遍较高，受海拔高度的影响，位于下游中部的昭觉、布拖、昭通、鲁甸一带年平均气温相对偏低。

而从金沙江下游平均气温线性倾向率来看(图 5.9b)，除宁南、大关、元谋线性倾向率为负外，其余站点线性倾向率均为正，即 1961—2020 年该地区平均气温普遍有所升高。金沙江流域下游平均气温线性倾向率分布沿流域的西南—东北的倾斜走向大致为高—低—高的空间分布态势，在该地区东北部屏山、雷波一带线性倾向率高，平均气温的上升趋势相对较显著，屏山平均气温的线性倾向率达到了 1.134 ℃/10a。

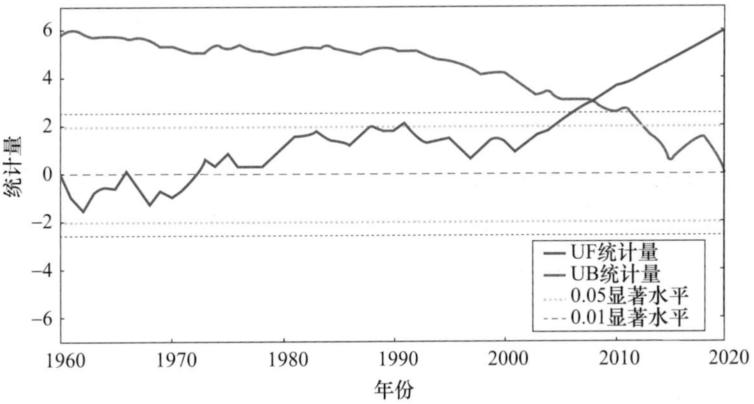

图 5.8　金沙江流域下游日平均最低气温 M-K 检验计算结果

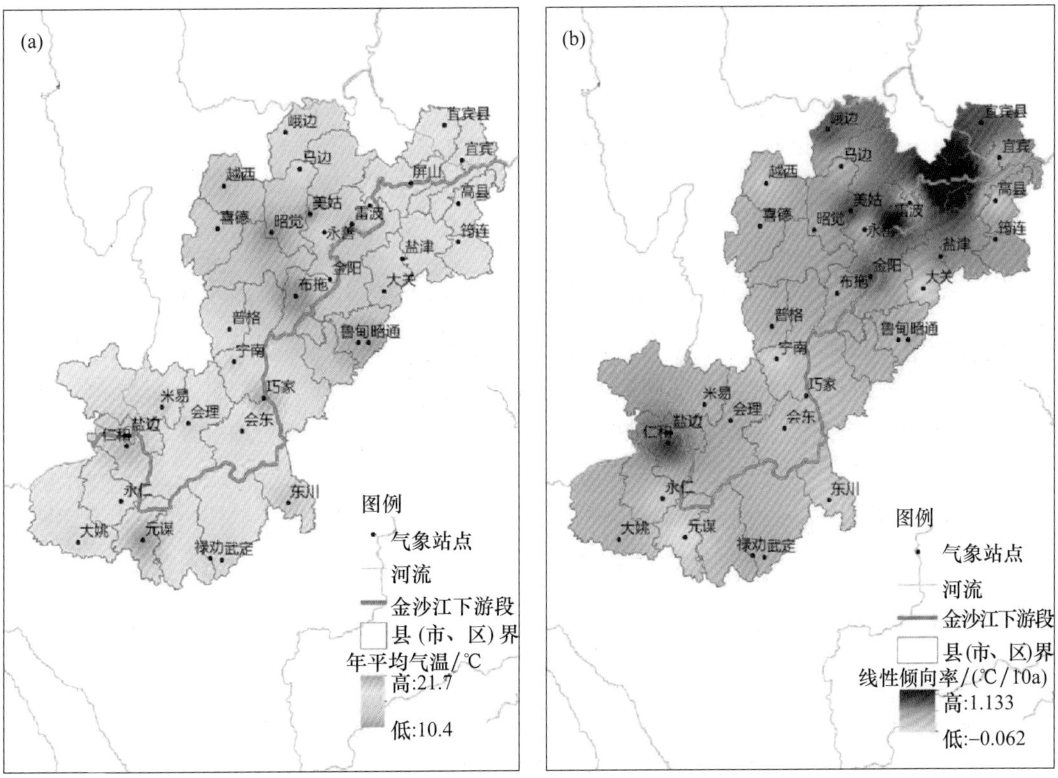

图 5.9　金沙江下游多年平均气温(a)及气温倾向率(b)空间分布

5.1.3.2 高温空间变化特征

金沙江下游处于川滇断裂带之间，向东至宜宾汇入长江，途经地主要为峡谷和盆地丘陵，地形、地貌复杂多变，是干热河谷的代表。每年 5—8 月，受副热带高压-青藏高压、南支槽等影响，该地区高温频发。近 61 a 金沙江流域下游极端高温空间分布见图 5.10a，统计阶段该区域各站气温极值为 31.9～44.4 ℃，35 个站中气温极值突破 40 ℃的站达到 17 个，接近 50%。近 61 a 金沙江流域下游年平均高温≥35 ℃日数空间分布见图 5.10b，高温日数的分布与年平均气温有相同的空间分布格局，高温日数沿西南—东北的流域走向呈两头多、中间相对较少的分布特征。高温日数最多的是巧家站，年均高温日数高达 51.8 d，其次是元谋、盐边、攀枝花、仁和、米易一带，年均高温日数普遍为 20～34 d，这一带呈现典型的亚热带干热河谷气候特征。在金沙江与岷江、长江三江交汇处附近，即宜宾周边城市高温日数也较多，年均高温日数普遍为 10～20 d，这一带主要是亚热带季风性湿润气候。而金沙江下游的中间区域普遍高温日数相对较少，主要原因是受海拔高度影响。海拔高度 1500 m 以上的站点年均高温日数大部分不足1 d。近 61 a 金沙江流域下游年平均日最高气温的空间分布见图 5.10c，与年平均高温日数的空间分布态势类似，沿西南—东北的倾斜走向基本呈现两头高、中间低的分布特征。金沙江下游年平均日最高气温为 16～29 ℃，其中，西南部的平均日最高气温高于其他区域，普遍在 27 ℃以上。

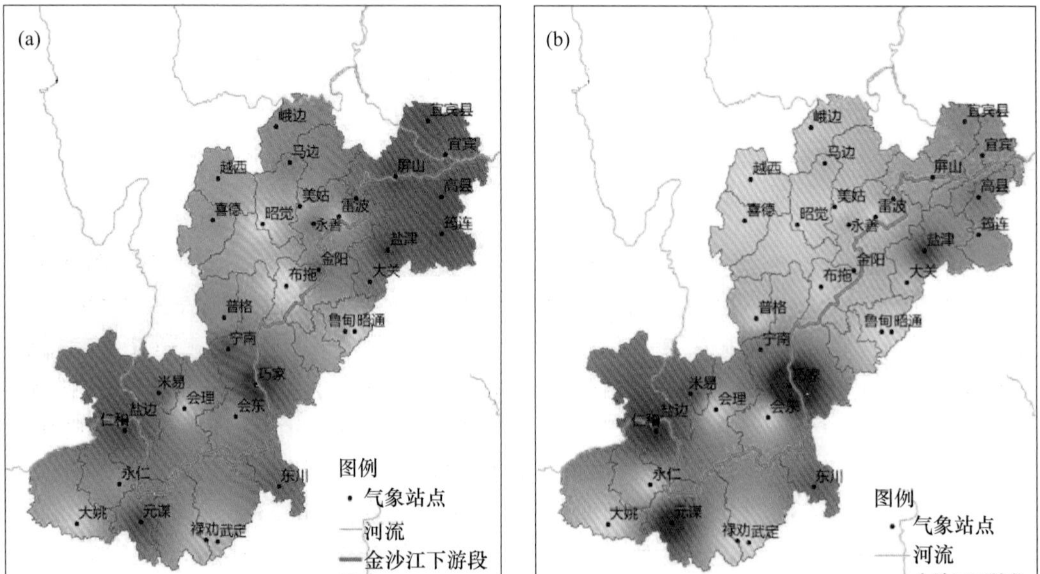

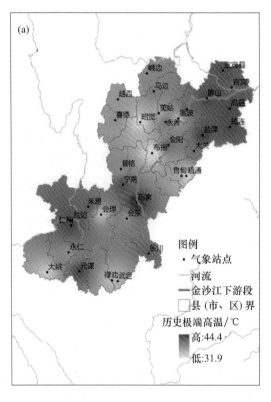

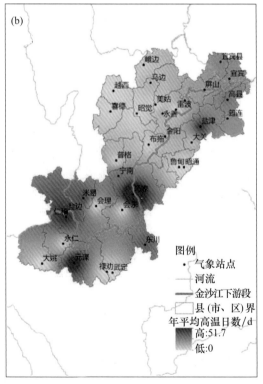

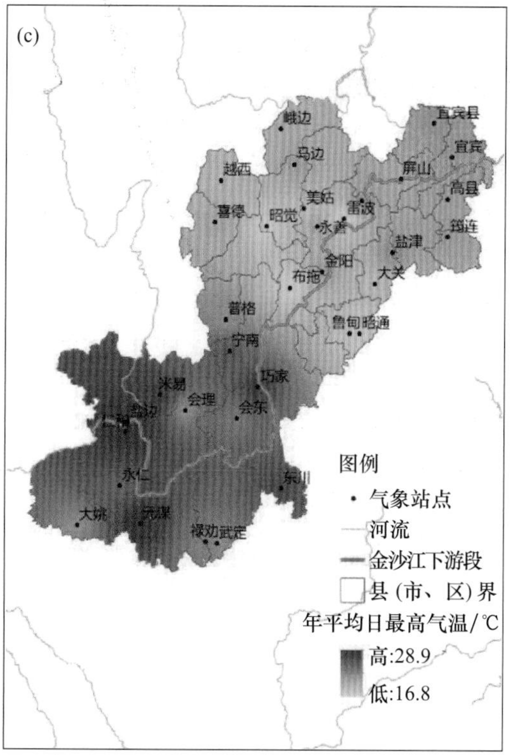

图 5.10　金沙江下游极端高温(a)、年平均高温(≥35 ℃)日数(b)、年平均日最高气温(c)空间分布

5.1.4　极端气温指数变化特征

在全球变暖背景下,近年来极端天气事件发生频率和强度均有所增大,成为区域性洪涝、干旱及山体滑坡、泥石流等自然灾害形成的重要致灾因子,造成的经济损失呈逐年增多态势。为更好地了解金沙江下游段极端气温的变化规律,本节对该流域段极端气候指数进行了分析。

极端气候指数的定义和计算采用的标准是基于世界气象组织(WMO)气候委员会(CCl)、全球气候研究计划(WCRP)气候变化和可预测性计划(CLIVAR)气候变化检测、监测和指标专家组(ETCCDMI)确定的“气候变化检测和指标”(Expert Team on Climate Change Detection and Indices),该方法已被国内外学者在研究极端气候事件中广泛应用。这些指数能够反映极端气候不同方面的变化,具有极端性较弱、噪声低、显著性强的特点。

气候变化监测与指数专家组将极端气候划分为 16 个气温极值和 11 个降水极值(http://www.climdex.org/learn/indices/),可通过 RClimDex 模型对逐日最高、最低气温和逐日降水量等要素按指定规则计算得到上述共 27 个核心极端气候指数,该模型功能结构如图 5.11 所示。结合金沙江下游实际情况及研究需要,选取与极端气温紧密相关的 6 个具有代表性的指数进行讨论(表 5.2)。

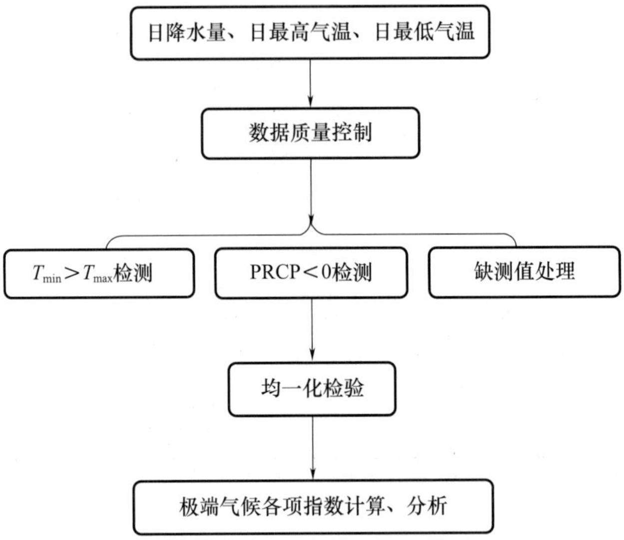

图 5.11　RClimDex 模型结构示意

表 5.2　极端气温指数定义

分类	缩写	极端气候指数	定义	单位
绝对指数	SU	夏季日数	年内日最高气温>25 ℃的日数	d
	TR	热夜日数	年内日最低气温>20 ℃的日数	d
极值指数	TXn	日最高气温的极低值	每个月日最高气温的最小值	℃
	TNn	日最低气温的极低值	每个月日最低气温的最小值	℃
	TXx	日最高气温的极高值	每个月日最高气温的最大值	℃
	TNx	日最低气温的极高值	每个月日最低气温的最大值	℃

调试 R 语言 RClimDex 程序，对金沙江下游气象站历史日资料进行了逐站计算和统计。首先，对数据进行初步的质量控制，包括数据记录日期是否与现实一致、日最低气温是否大于日最高气温、错误值与异常值的筛选。其次，分别计算了与研究区域气温密切相关的绝对指数(SU、TR)以及极值指数(TXn、TNn、TXx、TNx)。

由图 5.12 可以看出金沙江下游各极端气温指数的空间分布特征。SU(夏季日数)西南部最高，东北部次之，而中部相对最低，这与该地区平均气温的空间分布态势基本吻合，年内日最高气温大于 25 ℃的日数西南部达到了平均 209.21 d。TR(热夜日数)则与该地区平均气温的空间分布有所不同，呈现东北部 TR 值最高，西南部次之，而中部仍相对最低。TNn、TNx、TXn、TXx 四个指数也基本呈现两头高、中间低的分布特征。金沙江下游各段历年平均极端气温指数计算结果见表 5.3。

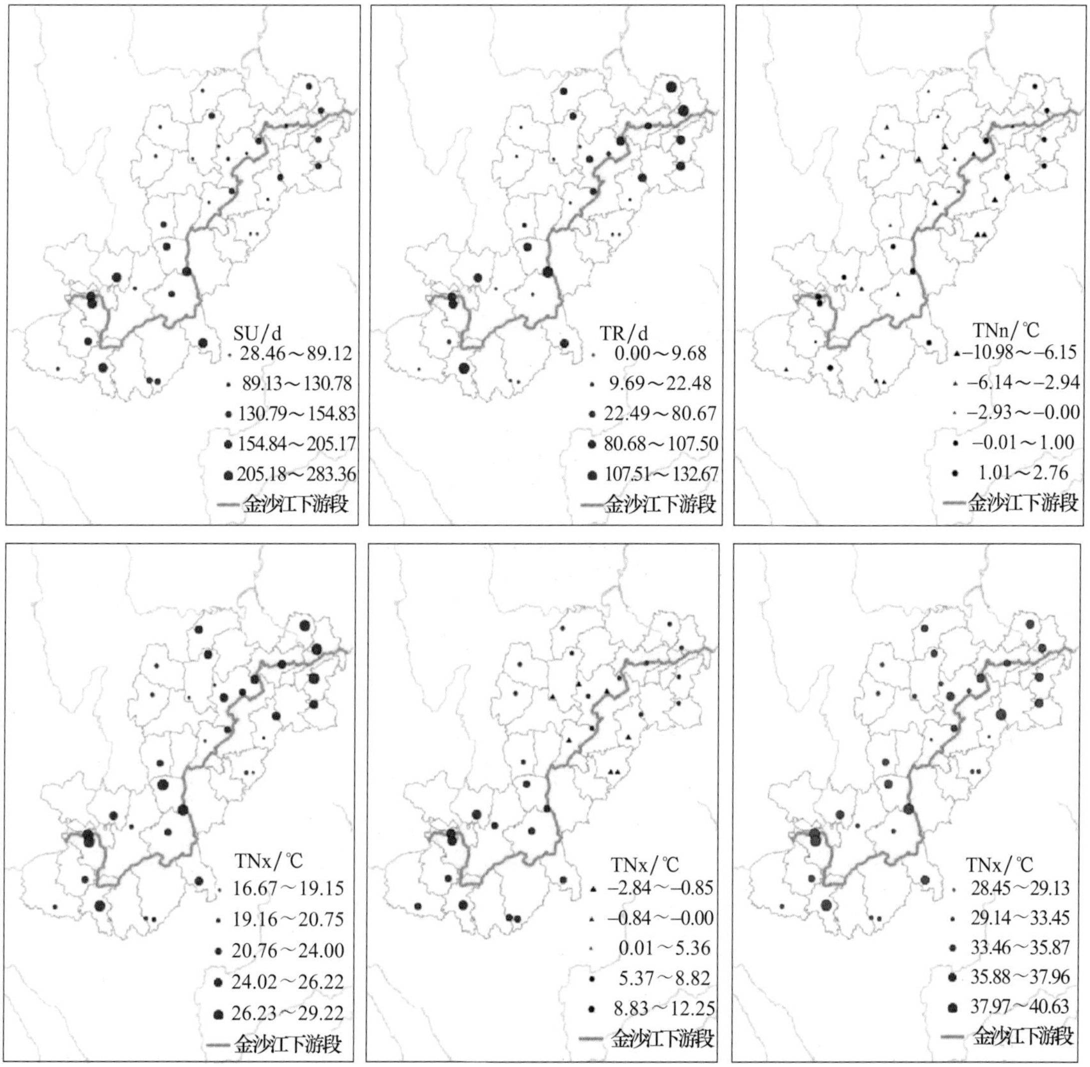

图 5.12　1961—2020 年金沙江下游各极端气温指数空间分布

表 5.3　金沙江下游各段历年平均极端气温指数

	西南部	中部	东北部
SU/d	209.21	103.11	141.04
TR/d	66.93	18.57	95.14
TNn/℃	−0.19	−4.64	0.14
TNx/℃	24.67	20.89	26.19
TXn/℃	8.68	1.33	4.39
TXx/℃	36.43	32.87	36.60

由图 5.13 可以看出金沙江下游各极端气温指数倾向率的空间分布特征。SU 指数倾向率均为正，东北部倾向率相对最大，即 SU 指数在金沙江下游的东北部增大趋势最显著，西南部次之，中部增幅相对较小；TR 指数倾向率大部分站为正，部分地区为负，表明 TR 指数在

金沙江下游整体呈增长趋势，少部分站为负增长，负值站主要出现在金沙江下游中部；TNn、TNx 指数倾向率大部分站点为正，极个别站为负，且大值区主要分布在东北部和西南部，表明 TNn、TNx 指数具有相似的空间变化特征，东北部和西南部增大趋势明显；TXn、TXx 指数倾向率大部分站为正，西南部极个别站为负，且该指数大值区主要分布在东北部，表明 TXn、TXx 指数具有相似的空间变化特征，东北部增大趋势明显。

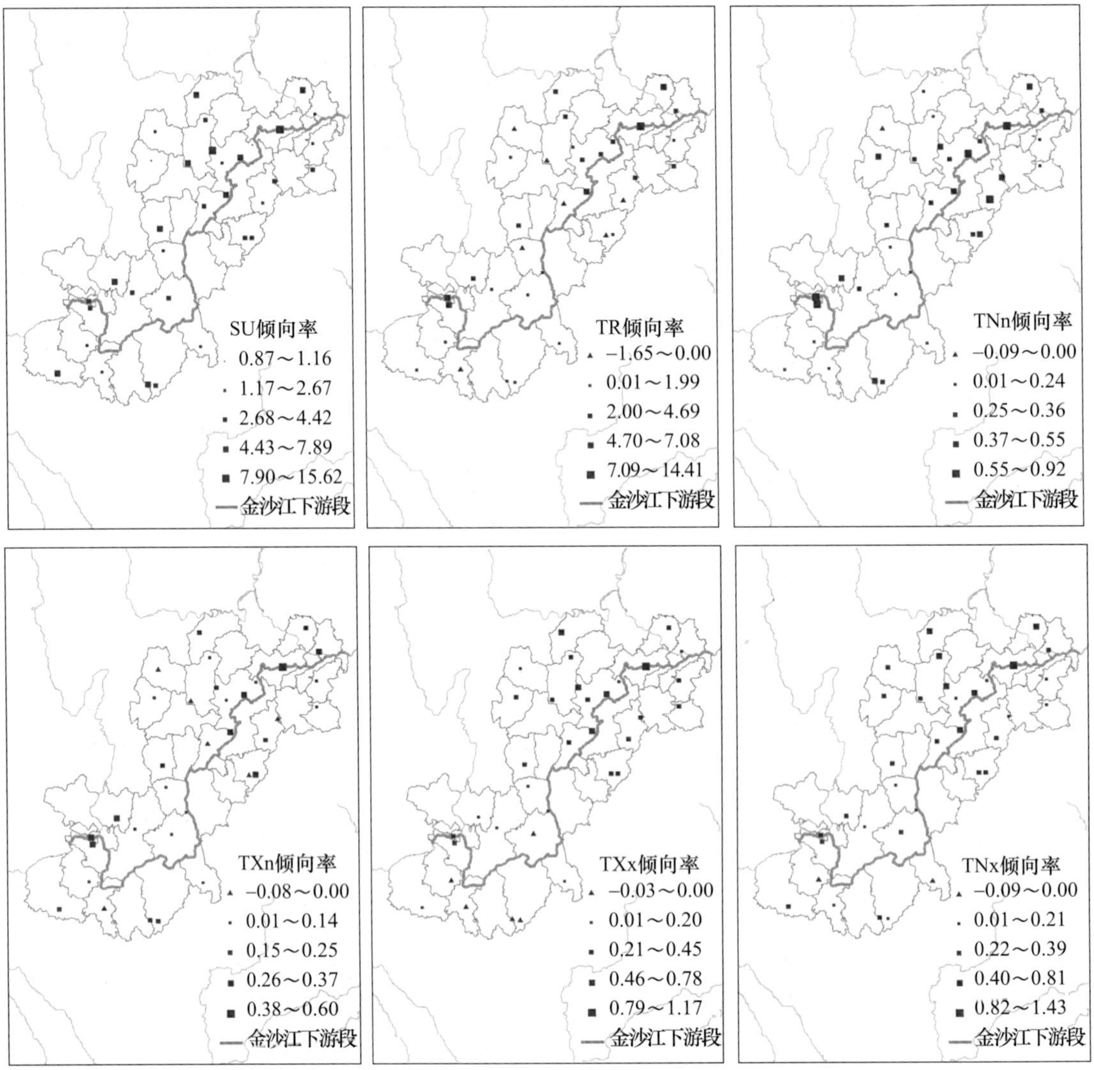

图 5.13　1961—2020 年金沙江下游各极端气温指数倾向率空间分布

从各站点指数平均倾向率时间变化(图 5.14)来看，金沙江流域下游极端气温指数平均呈现不同程度的波动上升趋势。其中极值指数 TXn(日最高气温的极低值)、TNn(日最低气温的极低值)、TXx(日最高气温的极高值)、TNx(日最低气温的极高值)总体来说略有增长但变化幅度较小，倾向率＜0.05 ℃/a；SU(夏季日数)呈波动上升趋势，增大明显，各站 SU 的变化速度为 0.1～1.6 d/a；TR(热夜日数)总体呈上升趋势，增速明显，变化幅度为－0.1～1.5 d/a。

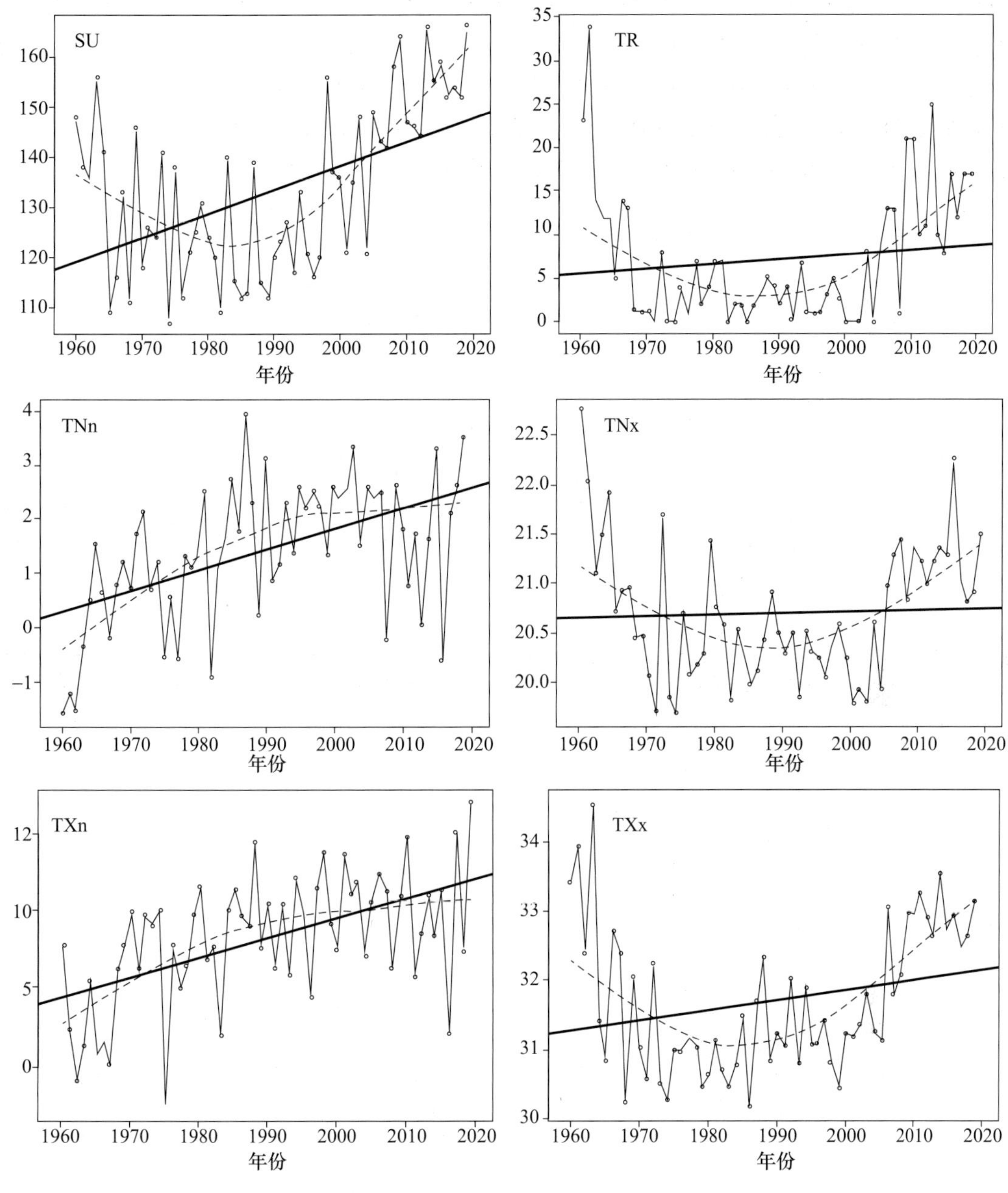

图 5.14　1961—2020 年金沙江下游各极端气温指数平均倾向率

5.2 高温天气大气环流分型及热力诊断

5.2.1 环流分型

本节根据金沙江下游高温气候特点，同时考虑高温天气发生的区域性，将一天之中研究区域同时有 18 个站日最高气温≥35 ℃的日期定义为区域性高温天气。根据上述区域高温天气定义，筛选出1981—2020年金沙江下游区域高温天气过程18次，如表5.4所示。金沙江下游21世纪以前未出现大范围的区域高温，自2006年开始区域高温天气显著增多。尤其是2011—2020年，区域高温天气过程发生14次，约占1981—2020年高温天气过程的78%，其中2011年、2019年高温天气发生频率最高，高温天气过程均有3次。从高温天气过程发生月份来看，高温出现在5—8月，其中，8月最频繁，8月发生高温天气9次；其次是5月，发生5次；6月和7月各发生2次。从高温天气中达到高温标准的站数来看，最大范围的一次过程是2011年5月18—19日，高温持续2 d，有21个国家基本气象站达到高温标准。从达到高温标准的站点平均最高气温来看，平均最高气温为36～39 ℃，其中最高的过程为2014年6月2日，平均最高气温为38.5 ℃，同时此次高温过程巧家站也出现了历史极端高温的最大值(44.1 ℃)。

根据K-means聚类法(方法介绍略)，以上述18次高温过程同期500 hPa高度场为依据进行环流分类，结果显示金沙江下游高温天气的环流背景可分为三种类型(表5.4)，分别是南支槽型、副热带高压-青藏高压型(本书中副热带高压指西太平洋副热带高压)、青藏高压型。其中，南支槽型高温过程发生4次，且均发生在5月。副热带高压-青藏高压型和青藏高压型分别各发生7次，前者发生在6—8月，后者则在5—8月均有发生，总的来说两类高温均在8月发生频率最高。下面基于这种分类结果，对各类高温天气过程的平均环流场进行分析。

表5.4 1981—2020年金沙江下游高温天气个例

日期(年-月-日)	高温站数	平均最高气温/℃	极端高温/℃	环流分型
2006-05-03	18	36.8	39.5	南支槽型
2006-08-31—09-01	18	37.5	41.0	副热带高压-青藏高压型
2009-07-19	19	37.0	38.6	青藏高压型
2010-08-11	18	36.9	39.2	副热带高压-青藏高压型
2011-05-8	18	37.0	39.6	南支槽型
2011-05-18—19	21	37.0	40.4	南支槽型
2011-07-26	18	36.5	39.1	副热带高压-青藏高压型
2013-06-17—18	18	37.0	40.4	青藏高压型
2014-06-01—02	19	38.5	44.1	副热带高压-青藏高压型
2016-08-17—18	18	36.6	38.4	副热带高压-青藏高压型
2016-08-24—25	20	37.2	40.0	副热带高压-青藏高压型
2017-08-22	19	36.3	38.7	副热带高压-青藏高压型
2018-05-16	18	37.0	39.3	南支槽型
2019-08-11—12	18	36.7	39.1	青藏高压型
2019-08-17	19	36.5	39.4	青藏高压型
2019-08-26	18	36.5	39.1	青藏高压型
2020-05-19	18	36.6	38.7	青藏高压型
2020-08-05—06	19	36.8	39.7	青藏高压型

5.2.1.1 南支槽型

南支槽型200 hPa环流场(图5.15a)，中、高纬度西风带较平直，以纬向环流为主，对应副热带西风急流较强盛。30°N附近东亚为一脊一槽形势，高压脊位于青藏高原上空，低压槽位于华南附近。金沙江下游受高压脊控制，并且在 70°—100°E 范围内存在东西向的高温中心，金沙江下游位于高温中心东侧。500 hPa(图 5.15b)，中、高纬度和高层一致，有宽阔的纬向西风带，高纬度槽、脊较弱，位置偏北，冷空气无法南下。低纬度为一槽一脊，青藏高原南侧有较强的南支槽，而华南为高压脊。南支槽对应有－8 ℃的温度脊，金沙江下游正位于南支槽和温度脊的控制下，并且这种环流型下西太平洋副热带高压和伊朗副热带高压较弱，位置偏南，主体位于海上。700 hPa(图 5.15c)，四川盆地有暖中心存在，金沙江下游受南支槽控制，又正好位于暖中心的西南侧。值得注意的是，伊朗高压在这一高度层表现明显，并且在内陆对应有大范围的暖中心。南支槽位于伊朗高压外围东北侧，将高压暖中心的干暖气流向我国西南输送，对金沙江下游的升温起到重要作用。地面图(图 5.15d)，四川盆地有闭合低压，对应 700 hPa 暖中心，金沙江下游位于地面低压西南侧，同时受中层南支槽影响，地面吹西南风，与 700 hPa 上风场一致，为干暖气流，有助于地面升温。

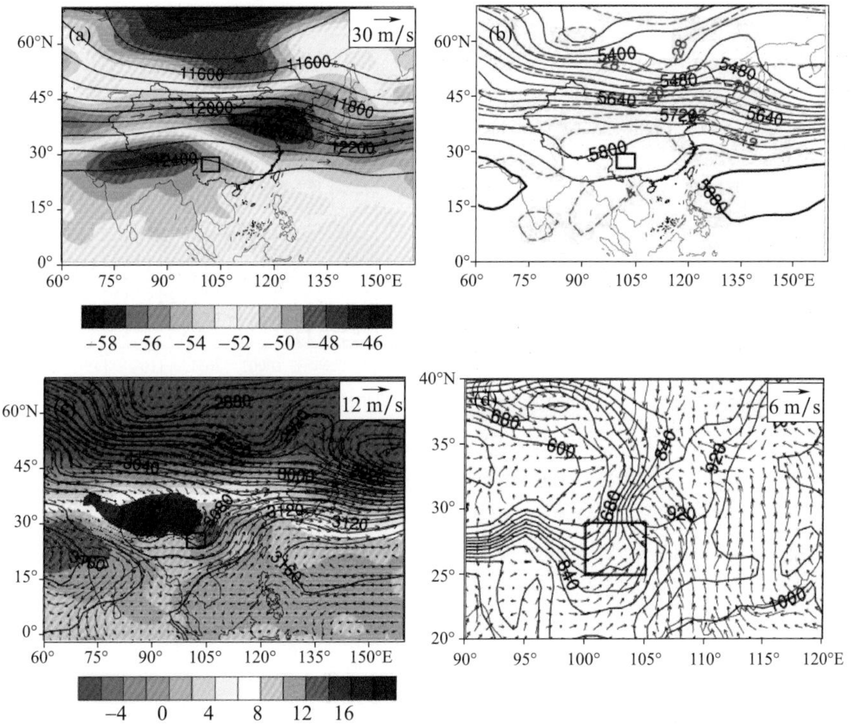

图 5.15　南支槽型环流形势

(a)200 hPa 高度场(实线，单位：dagpm)和温度场(色阶，单位：℃)；(b)500 hPa 高度场(实线，单位：dagpm)和温度场(虚线，单位：℃)；(c)700 hPa 风场(箭头，单位：m/s)、高度场(实线，单位：dagpm)和温度场(填色)；(d)地面风场(箭头)和海平面气压场(实线，单位：hPa)；方框为金沙江下游，下同

5.2.1.2　副热带高压-青藏高压型

此类型的高温天气环流场中，200 hPa(图 5.16a)，欧亚地区 45°N 以北为两脊一槽型，乌拉尔山和东亚地区为高压脊，巴尔喀什湖为低压槽，经向环流在中、高纬度较明显。35°—45°N 为平直西风带，西风急流偏弱。青藏高压偏强，东伸至 135°E，金沙江下游在青藏高压控制下。500 hPa 高度场和温度场(图 5.16b)，中、高纬度和高层 200 hPa 保持一致，维持两脊一槽的形势，但 35°—45°N 的纬向气流阻断了高纬度的冷空气向南输送，有利于中、低纬度高温天气的形成。同时，西太平洋副热带高压较强，在高原上空与青藏高压打通连接，形成强大的高压带，

高压带下有中心强度为−4 ℃的暖中心。700 hPa(图5.16c)，暖中心在30°N附近，呈东西带状分布，金沙江下游在暖中心范围内，同时受到来自孟加拉湾暖湿气流的影响，容易形成高温闷热天气。地面(图5.16d)，气压分布与南支槽型类似，四川盆地依然存在暖低压，但强度较南支槽型更强。地面风场上同700 hPa一致，金沙江下游受到来自孟加拉湾偏南气流影响。

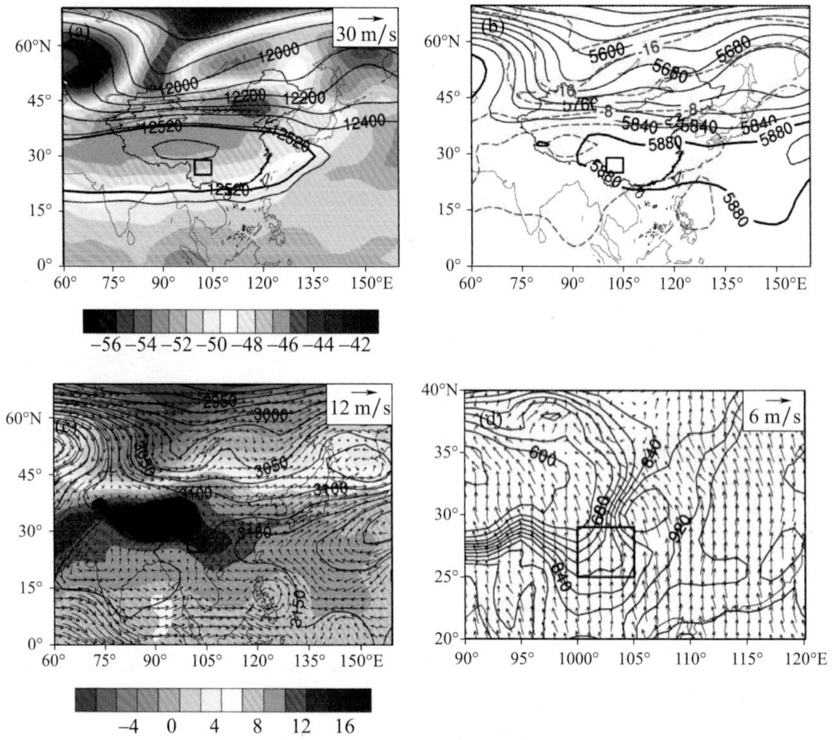

图5.16　副热带高压-青藏高压型环流形势

(a)200 hPa高度场(实线，单位：dagpm)和温度场(色阶，单位：℃)；

(b)500 hPa高度场(实线，单位：dagpm)和温度场(虚线，单位：℃)；

(c)700 hPa风场(箭头，单位：m/s)、高度场(实线，单位：dagpm)和温度场(色阶，单位：℃)；

(d)地面风场(箭头)和海平面气压场(实线，单位：hPa)

5.2.1.3　青藏高压型

青藏高压型高温天气的环流场中，200 hPa(图5.17a)为纬向环流，西风带平直，西风急流较弱。青藏高压强盛，呈现两边窄、中间宽的形状，东伸脊点达到135°E，高压中心对应有强大的暖中心，金沙江下游位于暖中心东部。500 hPa(图5.17b)为一脊一槽的分布形势，贝加尔湖以西为高压脊控制，贝加尔湖以东为低压槽。温度槽脊与高度槽脊重合，金沙江下游位于脊区，脊区下沉气流有利于高温天气形成。此类型中西太平洋副热带高压位于海上，强度偏弱。700 hPa(图5.17c)高度场与中高层基本一致，维持西高东低的分布态势，槽后冷空气无法影响到金沙江下游区域。温度场中高温中心与青藏高压对应，在高原上空呈带状分布，但由于西太平洋副热带高压较弱，所以高温中心相较于副热带高压-青藏高压型位置更偏西，金沙江下游位于高温中心东部。同时，在孟加拉湾存在气旋性环流，气旋东侧偏南气流给金沙江下游带来暖湿空气。地面(图5.17d)特征与副热带高压-青藏高压型类似，金沙江下游地区受到来自孟加拉湾偏南暖湿气流影响。

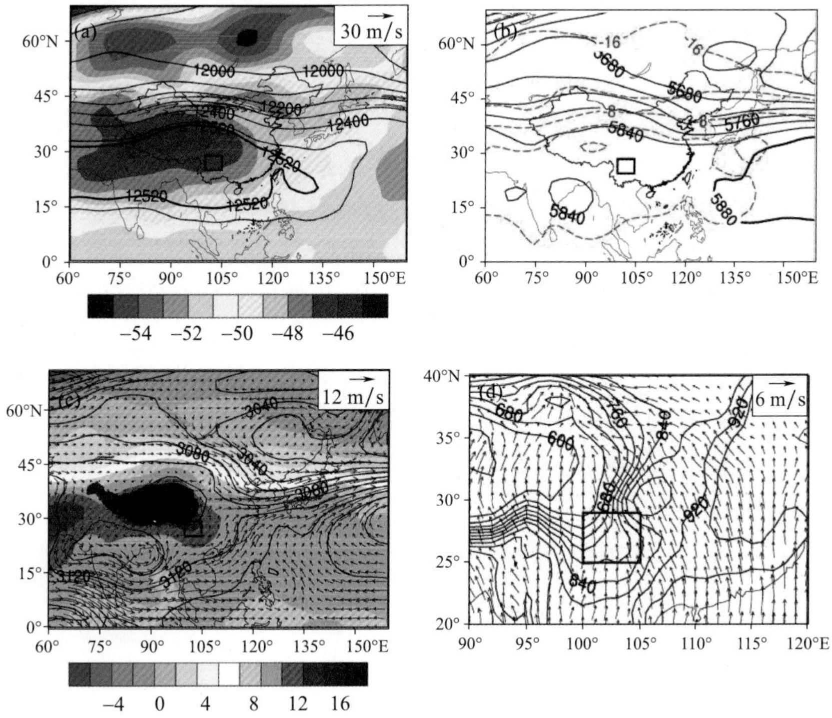

图 5.17　青藏高压型环流形势

(a)200 hPa 高度场(实线,单位:dagpm)和温度场(色阶,单位:℃);

(b)500 hPa 高度场(实线,单位:dagpm)和温度场(虚线,单位:℃);

(c)700 hPa 风场(箭头,单位:m/s)、高度场(实线,单位:dagpm)和温度场(色阶,单位:℃);

(d)地面风场(箭头)和海平面气压场(实线,单位:hPa)

5.2.1.4　垂直结构分析

为了揭示金沙江下游高温天气产生的物理机制,需要对大气垂直结构做更详细的分析,沿(25°N,101°E)、(29°N,105°E)两点连线做垂直剖面,以此来探究金沙江下游高温天气的大气垂直结构。图 5.18 给出了三种环流形势下 500 hPa 以下的垂直环流,剖面图中地形有中间高、两边低的特征,由于山峰和山谷间的热力差异易形成山谷风。南支槽型(图 5.18a)中可看出在 750 hPa 以上,金沙江下游对应深厚的下沉气流,两侧山坡均有谷风形成,西南侧山坡(25°N,101°E 附近)谷风更加明显,上升气流强,越过山顶后形成下沉气流,与高层下沉气流叠加,对温度有增幅作用。高温区的近地面层有较弱的上升气流,说明此处有浅薄热低压形成。副热带高压-青藏高压型垂直环流场(图 5.18c)中,高温区近地面依然有热低压导致的弱上升气流,高层下沉气流范围更大,西南侧山坡也对应有下沉气流,说明在这一环流型中,两个高压控制下形成的动力下沉气流强盛,地形作用相对较小。青藏高压型垂直环流场(图 5.18e)与前两类类似,但不同的是东北侧山坡上(30°N,104°E 附近)山谷风环流较前两类更加明显,在 105°E 与高空下沉气流叠加形成深厚的下沉气流。

南支槽型湿度场(5.18b)中,金沙江下游 500 hPa 为干区中心,正好对应 500 hPa 上的南支槽位置,最小湿度为 0,而近地面湿度也不超过 50%。这是南支槽为金沙江带来的内陆干暖空气所致,属于干热型高温天气。空气湿度小意味着成云条件不足,因此会导致晴空辐射更强,使地面升温更快。散度场(5.18b)中,中层更多地表现为负值,负值中心在 600 hPa,说明高空以辐合为主，在 800 hPa 附近为正散度中心，说明低层为辐散，这种高层辐合低层辐散的配置利于气流持续下沉，造成下沉升温。在近地面有弱的负散度，说明地面有热低压造成的上升气流。

在副热带高压-青藏高压型(5.18d)中，700 hPa 以上为干层，干值中心在 400 hPa，这是由西太平洋副热带高压和青藏高压下沉气流共同作用的结果，所以中高层也是晴空少云。而在低层，由于有来自孟加拉湾暖湿气流的输送，使近地面湿度有所升高，湿度可超过 70%，所以此类天气是属于闷热型高温。散度场上，500～600 hPa 和 300 hPa 分别有负值中心，说明高空有辐合下沉气流，在 700 hPa 以下大部分区域为正值，热低压处有小范围负值中心，散度场配置仍然有助于高空气流下沉升温。

在青藏高压型湿度场(5.18f)中，300～500 hPa 为干区，主要由青藏高压下沉气流导致，在近地面有湿层，湿度大于 70%，也属于闷热型高温天气。散度场上负值中心在 200 hPa，与青藏高压位置对应，中低层以正值为主，主要是下沉气流，近地面也有小范围负值区对应地面热低压，与前两类类似。

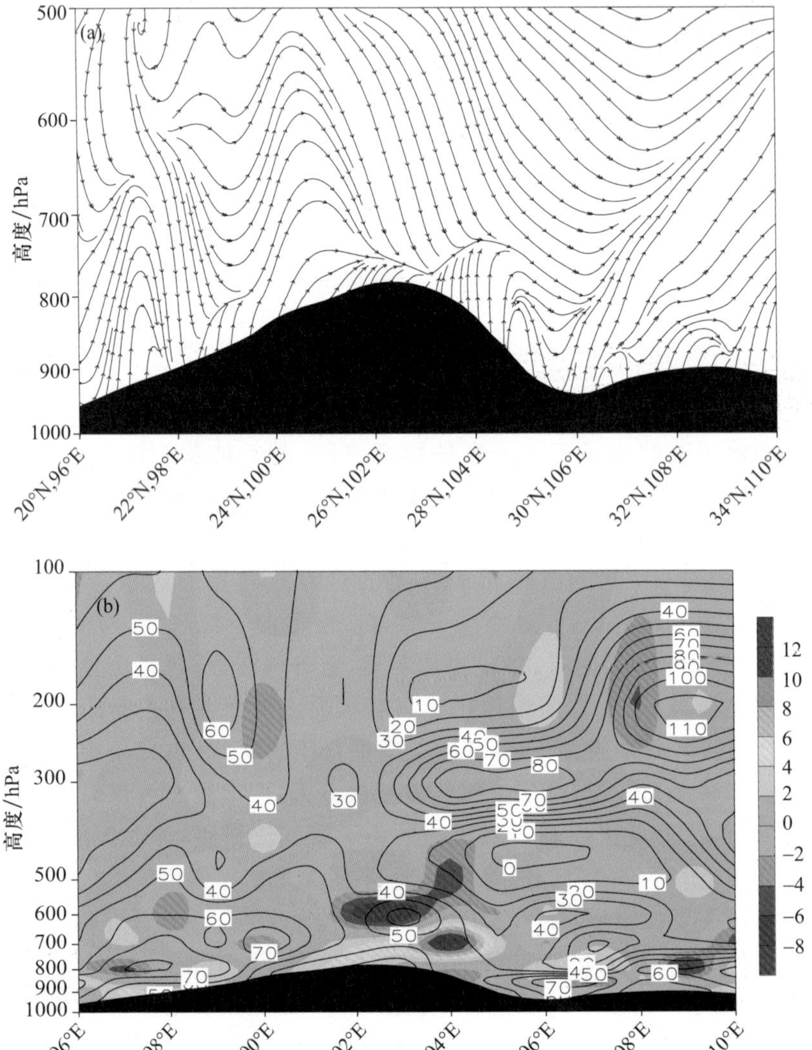

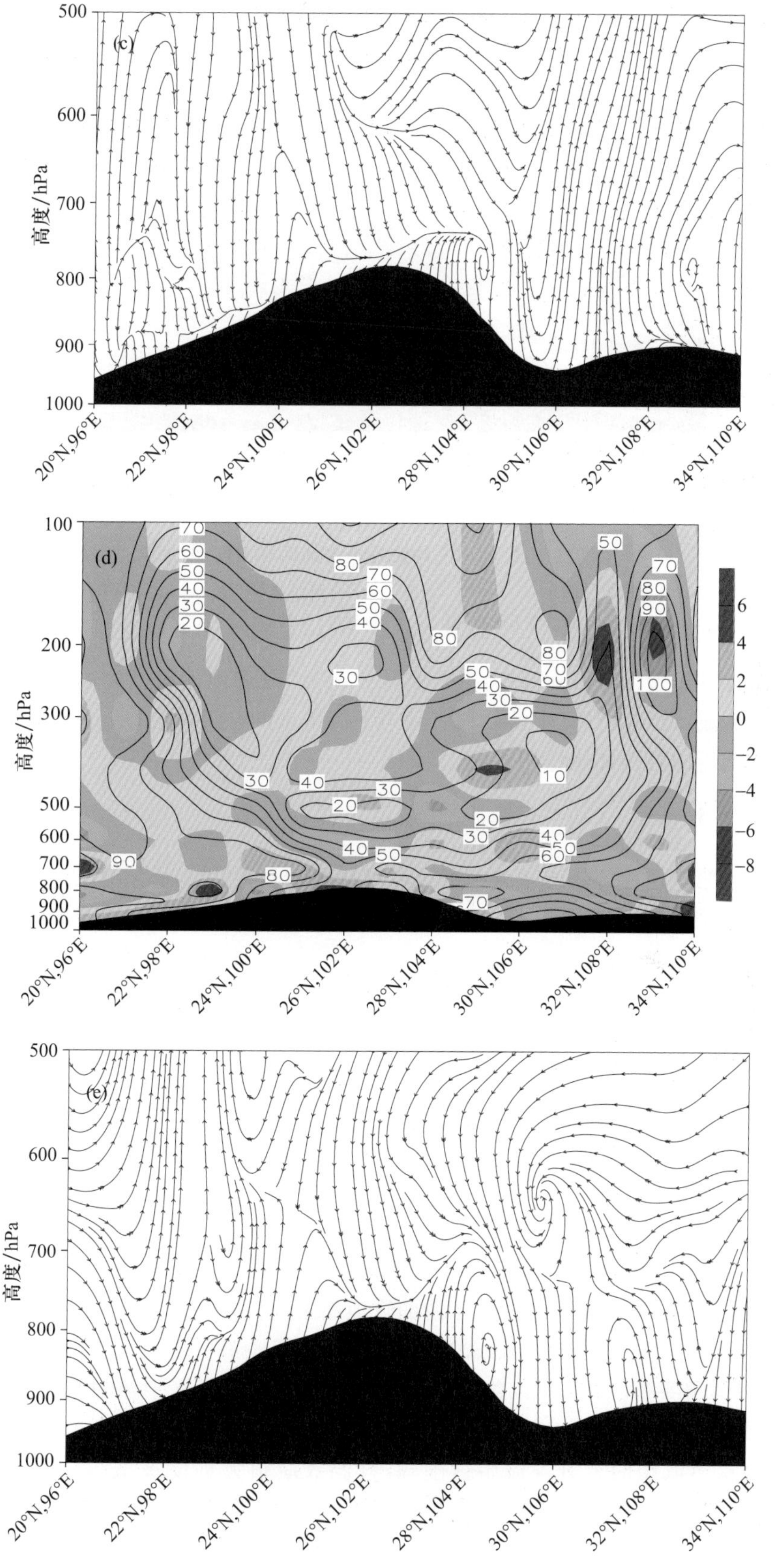
(c)
高度/hPa
500
600
700
800
900
1000
20°N,96°E
22°N,98°E
24°N,100°E
26°N,102°E
28°N,104°E
30°N,106°E
32°N,108°E
34°N,110°E
(d)
100
200
300
500
600
700
800
900
1000
6
4
2
0
−2
−4
−6
−8
(e)

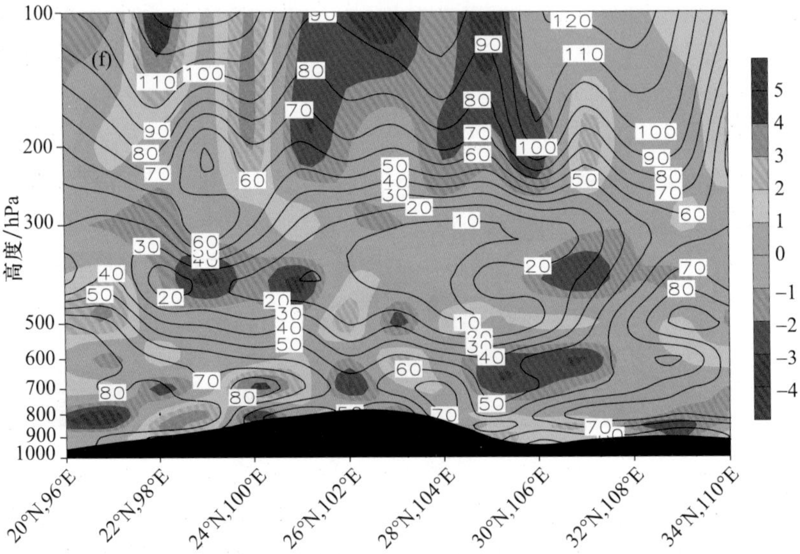

图 5.18 金沙江下游 14 时平均流场垂直剖面和湿度、散度垂直剖面

(a)、(b)为南支槽型;(c)、(d)为副热带高压-青藏高压型;(e)、(f)为青藏高压型;(a)、(c)、(d)为流场,垂直速度放大 100 倍;(b)、(d)、(f)为湿度(实线,%)和散度(色阶,单位:10^{-5}/s)

从云量图(图略)可以看出,三种类型上空几乎无云,在近地面湿度大的地区有少量低云,但云量均小于 1 成,说明金沙江下游不仅有动力下沉带来的升温效应,还有强烈的晴空辐射加热和近地面热低压的直接加热作用。

5.2.2 热力诊断

运用热力学第一定律即热流量方程来对高温过程进行热力诊断分析(方宇凌,2011;邹海波 等,2015),公式如下:

$$\frac{\partial T}{\partial t}=-\mathbf{V}\cdot\nabla_{h}T-w(\gamma_{d}-\gamma)+\frac{1}{c_{p}}\frac{\mathrm{d}Q}{\mathrm{d}t} \tag{5.1}$$

式中,T 为温度,t 为时间,$\mathbf{V}$ 为水平风矢量,w 为 z 坐标系下的垂直速度,γ_d 为干绝热递减率,γ 为垂直温度递减率,c_p 为干空气定压比热,Q 为非绝热。上式可以解释为温度的局地变化等于温度的水平平流、垂直绝热变化和非绝热加热的总和。其中,绝热变化项可通过其他三项由式(5.1)采用倒算法计算得到。本节通过计算上述各项热力因子的值得到各项在局地升温中所占的比例及贡献。

根据热力诊断方程,分别计算了三种高温类型 08—14 时平均的近地面的局地变化项、水平平流项、垂直绝热变化项和非绝热加热项。考虑到发生高温的站点大多海拔高度低于 1500 m,所以将 850 hPa 近似为金沙江下游的近地面来进行各项热力诊断分析。

南支槽型局地变化水平分布图(5.19a)中金沙江下游有一个升温中心,中心数值达到 1.5 ℃/h,温度水平平流项(5.19b)数值较小,接近于 0,可见温度平流对局地升温的作用较小。垂直绝热变化项中(5.19c),金沙江下游数值较小,也接近于 0,但为正值,说明高空的下沉气流在近地层热低压的上升气流中被削弱,升温效应很大程度被抵消。非绝热加热项中(5.19d),金沙江下游有一个加热中心,数值接近局地升温,说明此处升温的主要原因是由非绝热加热引起。副热带高压-青藏高压型(图略)局地升温也为 1.5 ℃/h,温度水平平流较弱,且为负值，说明温度平流对局地升温做负贡献，垂直绝热变化也接近于 0，非绝热加热项有明显的升温中心。青藏高压型（图略）中局地升温中心数值为 0.8 ℃/h，较前两类高温局地变化更小，其他各项热力因子与前两类类似，最大贡献为非绝热加热项。

为了进一步精确各项热力因子在局地升温中的贡献大小，将各环流型中金沙江下游的各项热力因子进行区域平均，从而估算每一项的贡献大小。如表 5.5 所示，南支槽型的局地变化项最大，平均为 0.87 ℃/h，水平平流项对局地升温贡献为－9.2%，垂直绝热变化平均贡献为 0，非绝热加热贡献高达 109.2%。副热带高压-青藏高压型局地变化项平均为 0.73 ℃/h，水平平流项和垂直绝热变化平均贡献均为负，分别是－13.7%和－0.02%，非绝热加热贡献为 116.4%。青藏高压型局地变化项最小，平均为 0.64 ℃/h，水平平流项贡献为－21.9%，垂直绝热变化平均贡献均为 4.7%，非绝热加热贡献为 117.2%。

由此可见，金沙江下游高温主要由非绝热加热引起，高空强烈的下沉气流和干热环境导致天空晴朗无云，从而使地面热辐射增强，地面迅速升温。而金沙江下游为高温中心，地面吹南风或者西南风，将周边温度较低的气流带入高温区，因此该区域为冷平流，对升温的贡献为负。高空的垂直下沉气流到近地面受到热低压上升气流的抵消，对近地面的直接升温贡献不大，但间接增强了地面热辐射，从而使非绝热加热作用更明显。

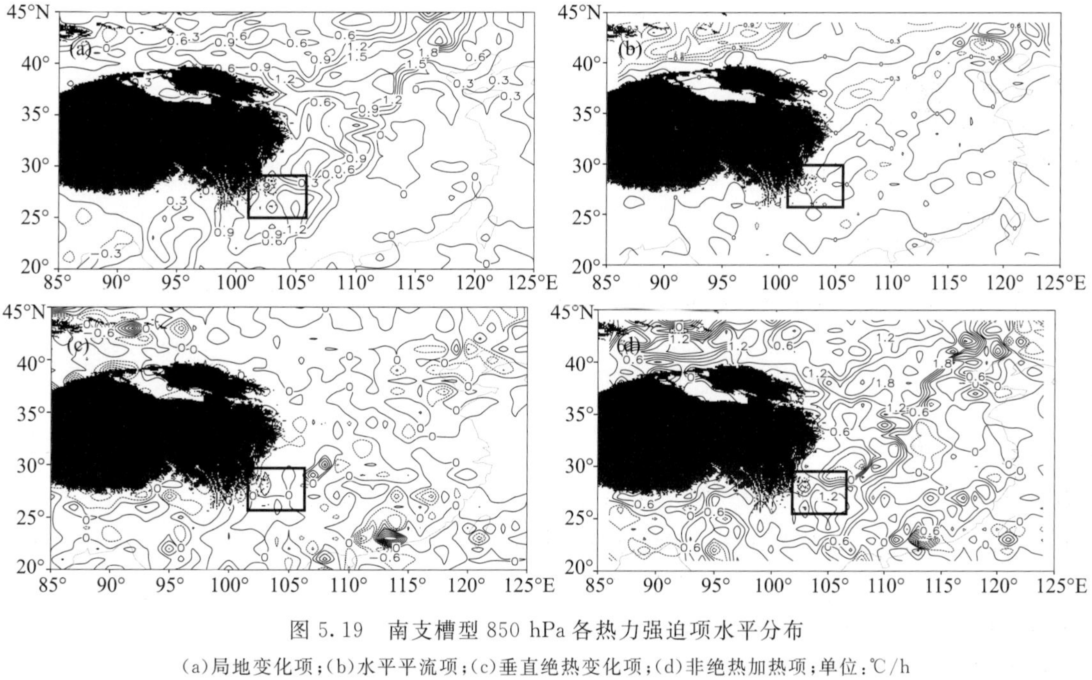

图 5.19　南支槽型 850 hPa 各热力强迫项水平分布

（a）局地变化项；（b）水平平流项；（c）垂直绝热变化项；（d）非绝热加热项；单位：℃/h

表 5.5　金沙江下游高温期间平均的各热力强迫项所占比例

类别	局地变化项/（℃/h）	水平平流项/（℃/h）	水平平流项贡献/%	垂直绝热变化项/（℃/h）	垂直绝热变化项贡献/%	非绝热加热/（℃/h）	非绝热加热贡献/%
南支槽型	0.87	－0.08	－9.2	0	0	0.95	109.2
副热带高压-青藏高压型	0.73	－0.1	－13.7	－0.02	－2.7	0.85	116.4
青藏高亚型	0.64	－0.14	－21.9	0.03	4.7	0.75	117.2

5.3 2020年8月5日高温天气过程数值模拟

5.3.1 高温过程概况

2020年8月5—6日,在金沙江下游地区出现了一次区域性极端高温天气,期间金沙江下游地区最高气温超过35 ℃的站点达到469个,其中四个站最高气温达到39.7 ℃(昭通市永善县黄华站、四川凉山州金阳县山江站、宜宾市长宁县铜鼓三元站、攀枝花市仁和区拉鲊站),此次高温天气过程影响范围广,高温持续2 d,金沙江下游地区多个气象局针对此次高温天气过程发布高温天气预警。本节选取离水电站最近的三个站,2020年8月5日、6日的日最高气温如表5.6所示。

表5.6 2020年8月5—6日各站日最高气温 单位:℃

日期	洛溪渡	白鹤滩	向家坝
8月5日	35.6	38.3	38.9
8月6日	36.4	38.8	38.0

通过对NCEP/NCAR再分析资料中的6 h高度资料求平均,得到2020年8月5—6日的平均高空形势(图略),从200 hPa高空形势可以明显看出研究区域位于南亚高压中心南部,中西伯利亚地区上空有一个低压中心。500 hPa高空形势图上,金沙江流域下游地区在此次高温天气过程中位于588 dagpm线内,受副热带高压西南部控制,在印度半岛、里海地区以及中西伯利亚分别有一低压。700 hPa高空形势的分布和500 hPa相似,存在西太平洋副热带高压以及三个热低压。850 hPa高空形势图中,可以看出印度半岛仍为热低压且低压相较于高层有所加强,而西太平洋为高压控制,金沙江流域下游地区处于两个高低压之间的过渡地带。因此,南亚高压和西太平洋副热带高压为金沙江下游高温天气提供了有利的天气环流背景,高层为稳定少变的大气层,有利于晴好天气维持,大量太阳辐射能量得以到达地面,为高温天气提供了能量来源。

5.3.2 高温过程诊断分析

图5.20为2020年8月5—6日的距地面2 m平均温度场以及10 m平均风场分布,四个黑点从下往上依次为乌东德水电站、白鹤滩水电站、溪洛渡水电站和向家坝水电站,可以看到在研究区域内金沙江所在区域的气温与周围地区相比明显较高,其中在乌东德水电站上游、沿金沙江干流以及向家坝水电站下游平均气温都在30 ℃以上,乌东德水电站上游和向家坝水电站下游分别有一个高温中心。

风场分析可以看出,金沙江下游流域基本上为南风,其中乌东德水电站上游高温中心所在区域有弱的西南风和东南风辐合,在向家坝水电站下游高温中心区域有南北风辐合,辐合后气流向西。2020年8月5—6日的平均垂直风场垂直剖面图(图5.21)中在25°—29°N的高层大气都为下沉气流,结合高空形势图可知该区域高层受南亚高压(青藏高压)和西太平洋副热带高压双重影响,因此在该区域出现强烈的下沉气流。29°—30°N转为高低层两个上升运动高值区,500 hPa有一个0值区域,结合500 hPa高空形势图以及地面风场分布可知,在此区域地面由于风场辐合所以引起上升运动,但是金沙江流域下游地区处于西太平洋副热带高压边缘,天气形势稳定,所以地面上升气流到达 500 hPa 高度的时候逐渐减小到 0。在 27°—28°N 的区域近地面有一个下沉气流高值区，由于受南亚高压控制，该区域的下沉气流到达地面，有利于地面增温，并且下沉气流区域一般是晴好天气，这就解释了为什么太阳短波净辐射的高值区正好与之对应。

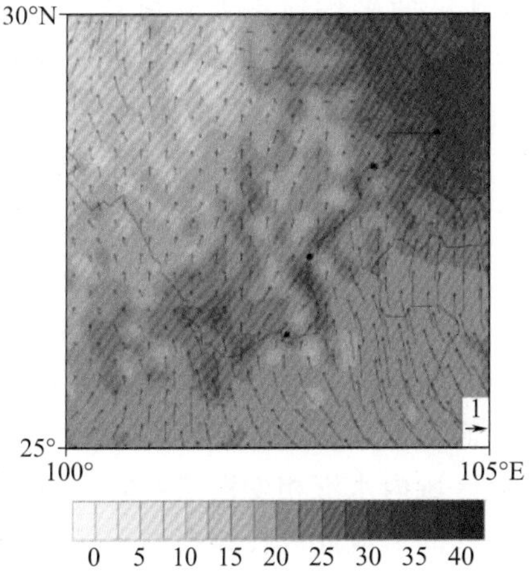

图 5.20　2020 年 8 月 5—6 日平均 2 m 温度场(色阶，单位：℃)和平均 10 m 风场(箭头，单位：m/s)分布

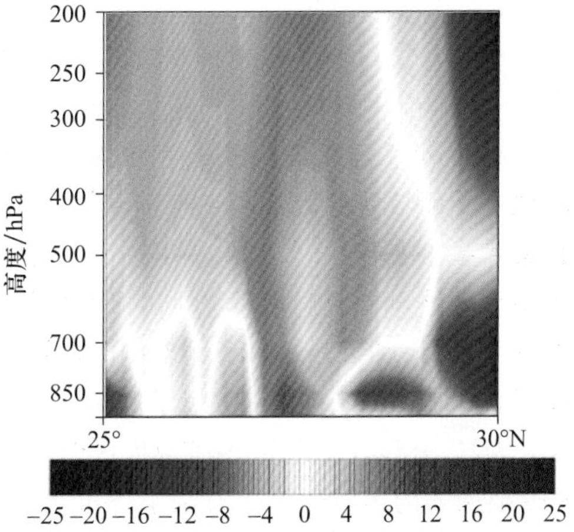

图 5.21　2020 年 8 月 5—6 日平均高空垂直速度场(沿 104°E 平均，单位：hPa/s)

2020 年 8 月 5—6 日金沙江流域下游地区的平均地表潜热加热通量和感热加热通量分布如图 5.22 所示，可以看出该地区平均潜热通量的量级整体比平均感热通量明显大，平均潜热通量达到 5000～10000 kJ/m²，且平均潜热通量在金沙江流域下游偏东地区存在一个高值中心；金沙江流域下游地区平均感热通量分布差异较小，均值约为 2000 kJ/m²。通过对比平均潜热通量的分布和距地面 2 m 平均温度场的分布有着明显的对应关系。与感热加热相比，相变潜热加热和温度有更明显的联系。

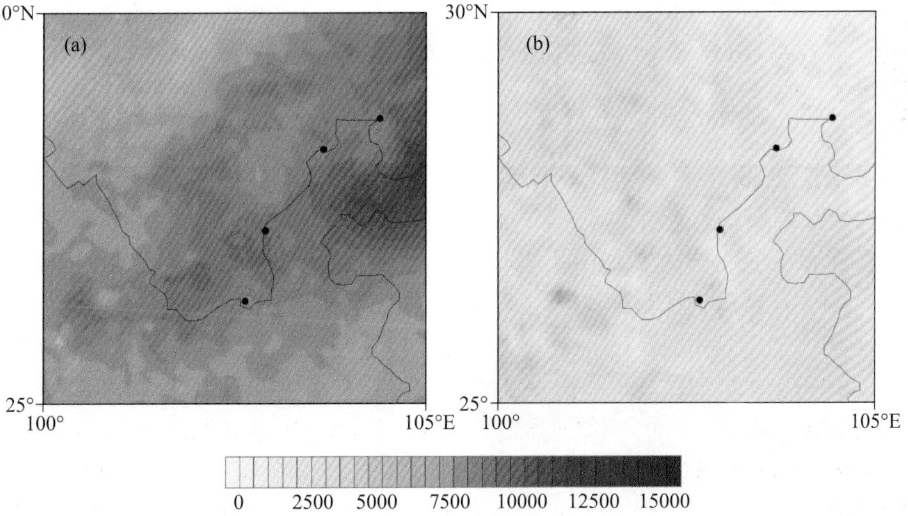

图 5.22　2020 年 8 月 5—6 日地面平均潜热通量(a)和平均感热通量(b)(单位：kJ/m²)

通过对比平均潜热通量和平均温度场，可知两者存在明显的联系，潜热通量来源于水汽相变，所以有必要对该地区的水汽分布做一个分析，进一步验证金沙江流域下游地区高温的成因。图 5.23 为 2020 年 8 月 5—6 日地面平均比湿，从图中可知，对应于平均温度场的两个高

值中心，在乌东德水电站上游以及向家坝水电站下游地区分别存在一个比湿的高值区，向家坝水电站下游高值中心比湿达到 27 g/kg，由此不难看出金沙江流域下游地区极端高温天气的产生和水汽的分布有着直接的关系，水汽相变潜热释放热量，有助于极端高温天气的形成。

图 5.24 为 2020 年 8 月 5—6 日金沙江流域下游地区的平均地表太阳短波净辐射以及平均地表大气长波净辐射的分布，可以看到太阳短波辐射的分布与地面 2 m 温度场的分布相似，均值在 14000 kJ/m^2 以上，且在金沙江流域下游地区偏东有一个高值中心，最大值近似 20000 kJ/m^2。而大气长波辐射和感热加热通量的分布相似，整体较为平均且数值偏低。不难看出地面太阳短波净辐射和地面 2 m 的温度场有密切的联系，而大气长波净辐射对温度的贡献作用相对较小。

此次在金沙江流域下游地区出现的极端高温天气过程，首先是得益于有利的高空环流形势：在 200 hPa 南亚高压以及 500 hPa 西太平洋副热带高压这两个稳定的系统控制下，晴好的天气使得该地区受到大量的太阳辐射，得以累积热量。而在近地面，由于金沙江流域下游水汽条件较好，金沙江下游干热河谷地区的热量累积使得该区域内水汽相变潜热释放更多热量，配合近地面弱的风场辐合以及高空下沉气流的升温作用，共同形成此次极端高温天气。

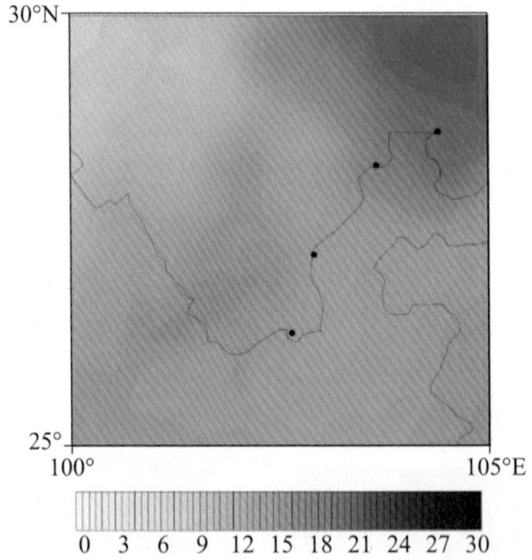

图 5.23　2020 年 8 月 5—6 日地面平均比湿(单位：g/kg)

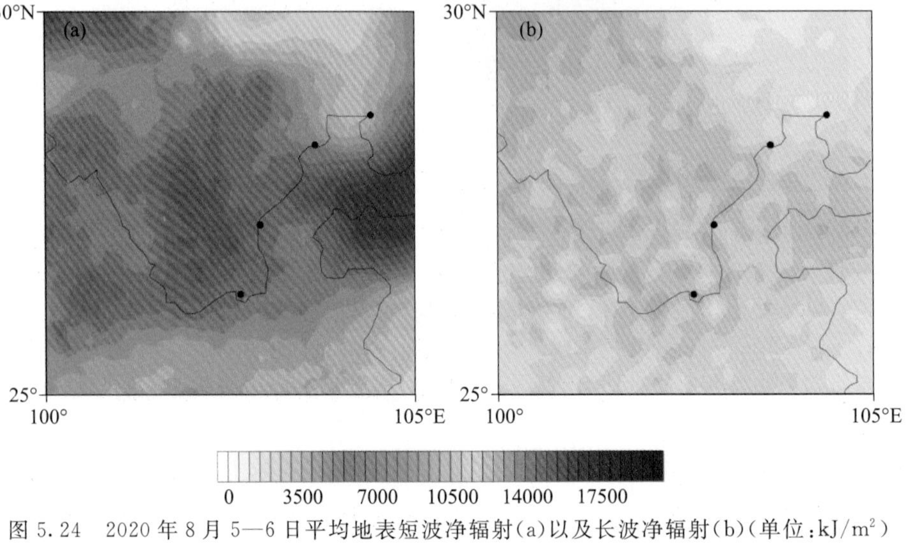

图 5.24　2020 年 8 月 5—6 日平均地表短波净辐射(a)以及长波净辐射(b)(单位：kJ/m^2)

5.3.3 数值模拟及分析

利用 WRF V4.2.1 中尺度数值模式对此次极端高温天气过程进行数值模拟试验。初始场采用 ERA-5 高分辨率再分析资料，模拟初始场资料选取 ERA-5 grib 数据，开始时间为 2020 年 8 月 5 日 00 时，结束时间为 2020 年 8 月 6 日 23 时，时间分辨率为逐小时。模式使用单层嵌套、兰勃特投影方式，模拟区域如图 5.25 所示，模拟区域的中心经纬度为(27.5°N，102.5°E)，嵌套的网格点数为 90×90，对应的水平网格距为 10 km，模式层顶为 0 hPa，垂直方向 38 层。模式采用的物理过程为：Lin 等(1983)的微物理过程方案、RRTM 长波辐射方案、Dudhia 短波辐射方案、Monin-Obukhov 近地层参数化方案、Noah 陆面过程方案、YSU 边界层参数化方案、Kain-Fritsch(new Eta)积云对流参数化方案。

西南地区多山地丘陵，地形复杂。而金沙江下游地区不仅有高山丘陵，还有峡谷沟壑，局地的天气变化较大，影响天气的因素多种多样，因此通过模式来研究此区域的天气变化是很有必要的。针对此次的数值模拟过程，首先进行对照试验，将得出的对照试验结果与 ERA-5 再分析数据进行比较。

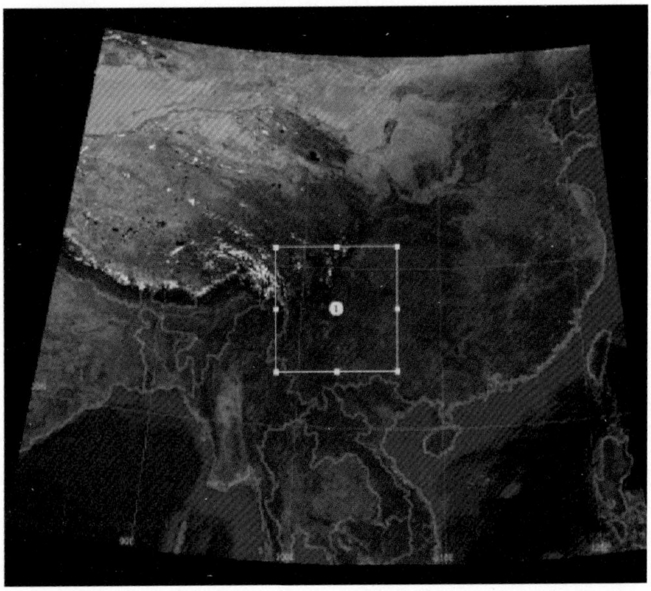

图 5.25　数值模拟试验选取区域

通过对比再分析资料和数值模式模拟对照试验的结果(图 5.26)，不难看出 WRF 模式对于此次金沙江流域下游地区极端高温天气过程的温度模拟效果较好，乌东德水电站上游和向家坝水电站下游区域的高温中心都能很好地模拟出来，并且强度差异较小，沿着金沙江河道干流的高温区也能很好地模拟。不足之处是地面风场的效果相对较差，数值模拟出来的地面平均风场整体数值偏大，且在向家坝水电站下游高温中心区域的南北风辐合区转变为一个气旋式辐合中心，这可能是由于模式对于高温中心判断导致在此区域形成热低压，从而导致了风场的气旋式辐合。

由前文分析可知，高温天气和非绝热加热及水汽有着密切的联系，因此我们针对非绝热加热项和水汽变化进行敏感性试验以进一步验证此次高温天气过程的成因(表 5.7)。

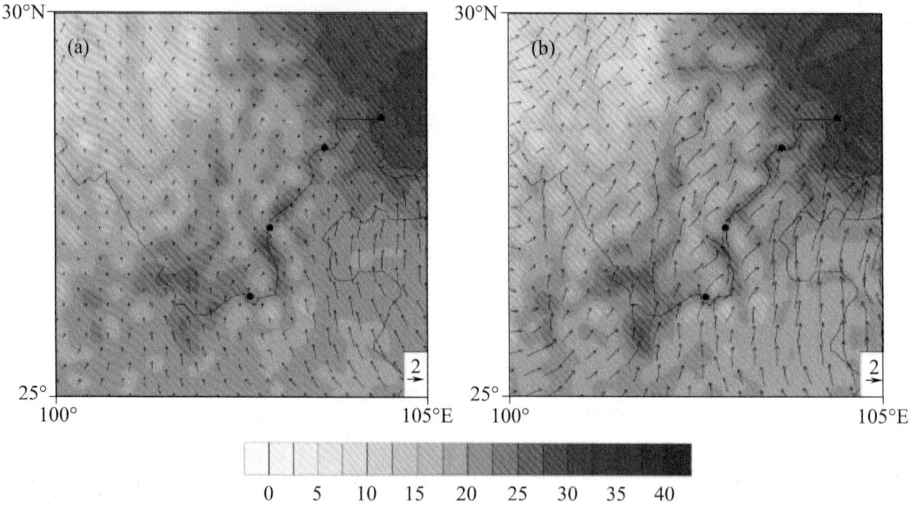

图 5.26 2020 年 8 月 5—6 日地面平均温度场（色阶，℃）和平均风场（箭矢，m/s）
（a）ERA-5 再分析数据；（b）WRF 数值模拟对照试验

表 5.7 高温数值模拟敏感性试验方案

试验	试验内容	目的
CTRL	不修改任何参数	用作对比分析
1	关闭 Lin 云微物理方案中的潜热项	探究该方案潜热项对温度的影响
2	关闭地面热通量和水汽通量	探究地面热通量和水汽通量对温度的影响

在此次敏感性试验中，选择两个和本研究相关的物理参数作为敏感性试验的改变参数，试验 1 是关闭 Lin 云微物理方案中的潜热加热项，用以验证云微物理过程中的潜热项与温度变化的关系，试验 2 则是关闭边界层条件参数中的地面通量，包括感热通量、潜热通量以及水汽通量。两个方案都围绕非绝热加热有关的物理量设计，来研究非绝热加热项和此次高温的联系。

图 5.27 为三个试验结果得出的 2020 年 8 月 5—6 日地面小时平均潜热通量，可以看到图 5.27b 中改变微物理方案中的潜热项对于近地面的潜热通量并没有明显影响，其大小和分布特征与原对照试验几乎一样。图 5.27c 是直接关闭地面热通量后的结果，地面的潜热通量直接为 0。可知对于微物理方案中的潜热项的改变，并不能引起地面潜热通量的改变，所以该方案对于地面热通量的影响可以忽略不计。

图 5.28 为三个试验结果得到的 2020 年 8 月 5—6 日平均地面比湿，可以看到图 5.28b 中关闭微物理方案中潜热项对于地面水汽的影响微乎其微，只有局地很小的区域有很微弱的变化。从图 5.28c 中可以明显看到由于关闭地面水汽通量场，该图上水汽含量为 0。可知微物理方案中的潜热项对于地面的水汽变化并没有明显的影响。

从图 5.29 中可以看出，试验 1 中关闭微物理方案潜热加热项，模式模拟结果并没有发生显著改变，平均温度场和风场分布均与对照试验相似，且两个高温中心也未发生明显变化；试验 2 中关闭了地面热通量以及水汽通量，地面平均温度场和平均风场分布有了明显的改变，平均温度场整体明显降低，平均风场分布相对更散乱。乌东德水电站上游的高值中心和金沙江干流河道附近的高值区域近乎消失，向家坝水电站下游的高值中心明显减弱，这说明此次金沙江流域下游地区的极端高温天气与地面热通量以及水汽通量有明显的联系，由于太阳短波辐射加热地面，地

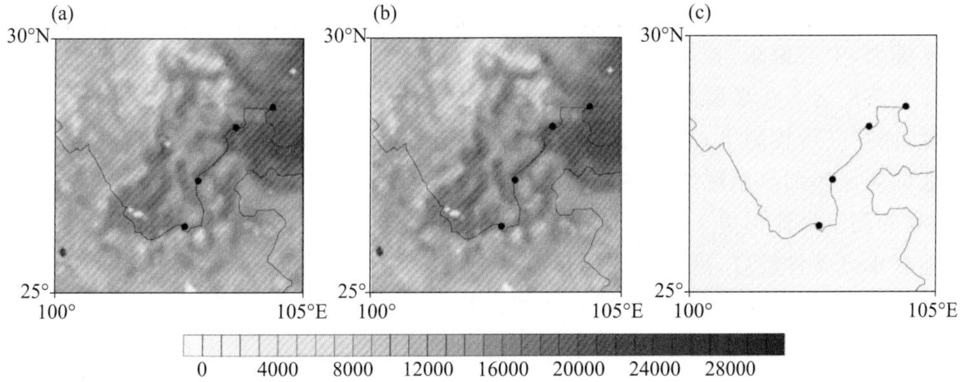

图 5.27　三个模拟试验中平均地面潜热通量分布(单位：kJ/m²)

(a)对照试验用作对比；(b)关闭 Lin 云微物理方案中潜热加热；(c)关闭地面热通量和水汽通量

面累积热量，而金沙江流域下游区域植被较少，下垫面吸收热量更快，地面累积热量通过地表热通量把热量传递到近地面大气，金沙江流域下游区域丰富的水汽也使得该区域能释放更多的潜热加热近地面，尤其是金沙江河道的高温区域。通过对地面风场的分析可以看出，在试验 2 中风场相比对照试验，局地风场有所变化，乌东德水电站上游的微弱高温中心仍存在，风场存在微弱辐合，而在研究区域北边东风减弱，向家坝水电站下游的高温中心也没有往西伸的趋势。

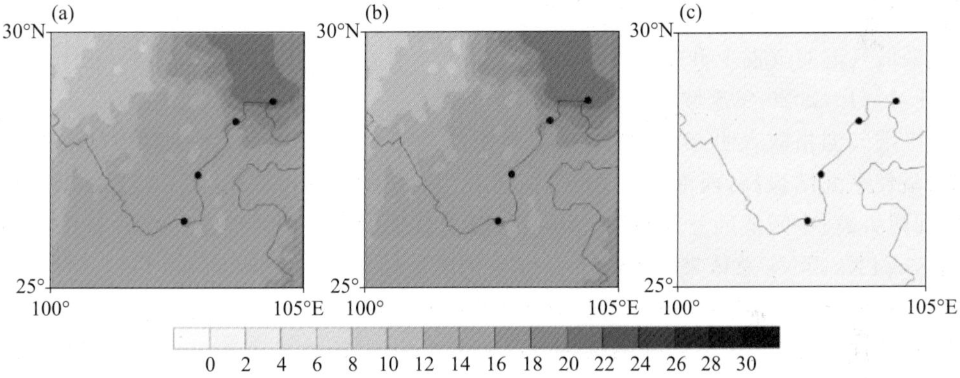

图 5.28　三次数值模拟实验中平均地面比湿(单位：g/kg)

(a)对照试验用作对比；(b)关闭 Lin 云微物理方案中潜热加热；(c)关闭地面热通量和水汽通量

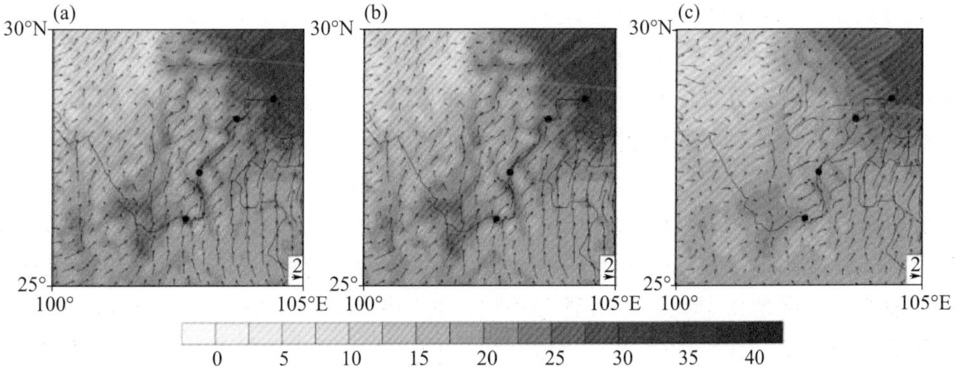

图 5.29　WRF 三次实验模拟的 2020 年 8 月 5—6 日距地面 2 m 平均温度场(色阶，℃)以及 10 m 风场(箭矢，m/s)

(a)对照试验用作对比；(b)关闭 Lin 云微物理方案中潜热加热；(c)关闭地面热通量和水汽通量

由以上分析可知，此次极端高温天气的形成得益于有利的环流形势背景：200 hPa 上南亚高压强度偏强，中心偏东，控制着金沙江流域下游地区；500 hPa 副热带高压发展加强，西伸控制金沙江下游地区。在高层高压的稳定控制下，配合晴好的天气，能给该地区带来大量的太阳辐射能量，而在高压控制下，高层的下沉气流也是近地面升温的重要因素。

近地面非绝热加热是形成极端高温天气的重要因素，其中太阳辐射是高温的直接能量来源，在有利的高空环流形势下，晴好天气的太阳辐射给地面带来升温的直接能量，在金沙江流域下游地区水汽条件较好，地面潜热通量以及局地风场的分布和极端高温有着明显的联系，金沙江河道区域水汽含量大值区正好对应高温区域。感热通量整体分布较为平均，但量级相对潜热通量较小，因此，此次过程中感热通量对近地面温度影响较小，而潜热通量大值区、太阳辐射大值区、水汽通量大值区和该区域的高温中心有很好的对应关系，说明这些物理过程都是极端高温天气形成的重要原因。

5.4 小结

本章重点分析了金沙江下游高温天气的气候特征、环流形势，并对各类高温天气进行了动力和热力诊断分析，主要得到以下结论。

(1)金沙江流域下游近 61 a 年平均气温呈现显著上升趋势，进入 21 世纪后升温趋势显著，平均最低气温对气温上升的贡献率最大。金沙江下游流域气温基本呈现两头高、中间低的分布特征，1961—2020 年流域气温普遍有所升高。

(2)极端气温指数表明：SU(夏季日数)西南部最高，东北部次之，而中部相对最低；TR(热夜日数)呈现东北部最高，西南部次之，而中部仍相对较低；TNn、TNx、TXn、TXx 四个指数也基本呈现两头高、中间低的分布特征。极端气温指数平均呈现不同程度的波动上升趋势，其中 TXn、TNn、TXx、TNx 总体来说略有上升但变化速度较小，倾向率<0.05 ℃/a；SU 呈波动上升趋势，升速为 0.1～1.6 d/a；TR 总体呈上升趋势，升速为－0.1～1.5 d/a。

(3)金沙江下游高温天气的环流背景可分为南支槽型、副热带高压-青藏高压型和青藏高压型三种类型。三种类型高温期间高层均有下沉气流，低层有热低压导致的弱上升气流，中、高层均为干层，天空晴朗无云，所以金沙江下游不仅有动力下沉带来的升温效应，还有强烈的晴空辐射加热和近地面热低压的直接加热作用。南支槽型近地面湿度较小，为干热型高温天气，而副热带高压-青藏高压型和青藏高压型受孟加拉湾暖湿气流影响，近地面湿度较大，为闷热型高温。

(4)金沙江下游高温主要由非绝热加热引起，温度平流对局地升温的贡献为负，地面热低压上升气流对下沉升温有抵消作用，所以垂直绝热变化对近地面的直接升温贡献不大，但间接增强了地面的热辐射，从而使非绝热加热更明显。

(5)通过对极端高温天气过程进行数值模拟以及敏感性试验，证明使用 ERA-5 高分辨率资料作为初始场，通过 WRF 中尺度数值模式能很好地模拟此次极端高温天气过程。在敏感性试验中 Lin 云微物理方案中潜热加热项对近地面温度没有明显影响，而下垫面感热通量和水汽通量的有无对近地面温度影响明显，关闭近地面热通量、水汽通量参数后，数值模拟结果显示地面高温区域明显减小，高温强度明显减弱，可知地面潜热通量是加热近地面导致地面极端高温产生的重要因素，而水汽是潜热加热影响地面温度的重要媒介，对于今后该地区的温度预报，应该关注局地风场、水汽含量的变化特征以及考虑使用非绝热加热项来预报极端高温。

第6章

金沙江下游风场分布及大风特性

大风给位于金沙江下游的大型水电站的设计和施工带来了诸多难题。由于金沙江下游梯级水电站处在河谷的狭窄河段，受地形狭管效应作用影响，大风天气频发。2018年乌东德坝区出现7级及以上大风天数最多，其中上游围堰站97 d，年最大风速出现在4月30日大茶铺站(风速32.4 m/s，11级)。据白鹤滩水电站坝区气象统计资料，坝区常年以7级、8级和9级风为主，由于大坝在浇筑过程中受河谷大风影响较大，超过7级的风会影响布设的缆索式起重机和其他大型设备的运行，同时大风天气也会对混凝土施工安全、质量(施工必须保持连续性，根据大坝不同坝段单个仓面浇筑的情况，需要持续施工20～30 h)、进度造成严重的影响。电站修建期间极端强风对左右岸高空缆机的运行影响极大，对施工人员的安全也存在严重威胁，因此为保证该工程建设的顺利进行，明确水坝施工区域的风场分布规律对极端大风的研究显得十分必要和迫切，而且对正在建设中的实际工程以及未来将要建设的工程也具有一定的指导意义。

近年来，有关大风的研究中，部分学者从寒潮冷空气大风与地形作用等方面进行了探讨，张俊兰等(2011)对天山地区春季大风进行了统计分析，还建立了大风预报模型；潘新民等(2012)总结了新疆地区百里风区的特点，理论证明了地形作用对大风的影响；李燕等(2013)一方面描述了渤海大风的气候特点，另一方面介绍了海陆分布差异对大风的影响；李秀连(2002)、马月枝等(2010)还针对两次冷锋南下过程，归纳了首都国际机场寒潮强风极值的出现条件；苗爱梅等(2010)探讨了近51 a山西大风与地面冷高压强度、沙尘日数的时空分布及变化，并根据大风成因确定了预报指标；此外，还有部分学者针对对流性大风进行了分析，陈红玉等(2009)运用风廓线雷达资料，研究了强降水过程中的对流性大风，秦丽等(2006)研究了北京地区多年雷暴大风的天气、气候学特征，归纳了雷暴大风的预报指标。

本章选取金沙江下游404个气象站，站点的海拔高度分布在255～3532 m，统计了各个海拔高度区间内的站点数。利用2016—2020年5 a逐时的平均风速、风向和极大风速、风向资料分析金沙江下游不同海拔高度的风场特征。采用风廓线雷达资料分析白鹤滩电站的边界层水平风场随高度的变化，对2020年11月至2021年7月这一段时间的风廓线雷达资料进行平均，得到水平风场的日变化。

6.1 金沙江下游不同海拔高度风场特征

选取金沙江下游(图 6.1)的 404 个气象站,站点的海拔高度分布在 255～3532 m,其中超过 3000 m 的站点仅有 2 个,按 500 m 的间距,分成 6 段海拔高度范围区间,统计各个海拔高度区间内的站点数(表 6.1)。利用四川省气象局提供的这 404 个气象站 2016—2020 年 5 a 逐时的平均风速、风向和极大风速、风向资料(2020 年 3 月仅有 28—31 日的数据)来分析金沙江下游不同海拔高度的风场特征。

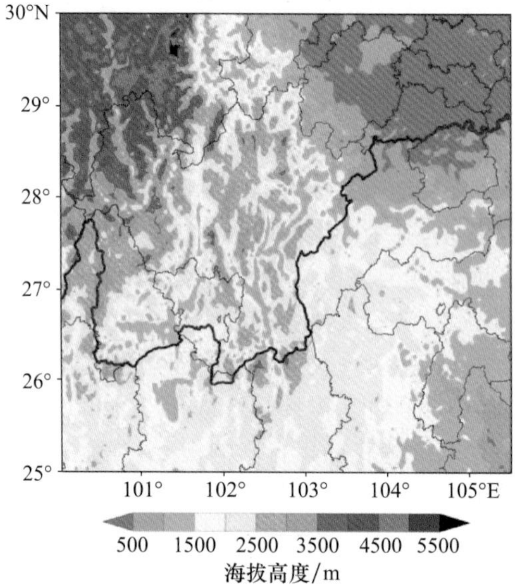

图 6.1 金沙江下游地形

(图中蓝色实线为金沙江下游河段)

表 6.1 不同海拔高度区间站点数

海拔高度/m	<500	[500,1000)	[1000,1500)	[1500,2000)	[2000,2500)	≥2500	合计
站数/个	85	56	52	133	62	16	404

6.1.1 不同海拔高度风场的、时空分布特征

6.1.1.1 不同海拔高度平均风速、风向分布

图 6.2 为金沙江下游不同海拔高度的平均风速、风向分布,可以看出 2016—2020 年金沙江下游不同海拔高度的平均风力主要为 0～3 级,随着海拔高度的升高,4 级及以上风的比例增大,4 级及以上风主要出现在 1000 m 及以上海拔高度,在大于或等于 2500 m 的高度上,4 级及以上风所占比例仅为 5.9%。500～1000 m 海拔高度的静风频率最大,为 23.2%,随着海拔高度的升高,静风频率降低。不同海拔高度的平均风向分布存在差异,500 m 以下海拔高度偏北风占比较高,为 40.8%,500～1000 m 海拔高度的平均风向在各方向分布较为均匀。1000～2500 m 海拔高度的西南风所占比例较大,为 15.7%～20.9%。2500 m 及以上高度的平均风向主要为偏西,占比为 44.3%,且 4 级及以上风的主导风向为偏西。

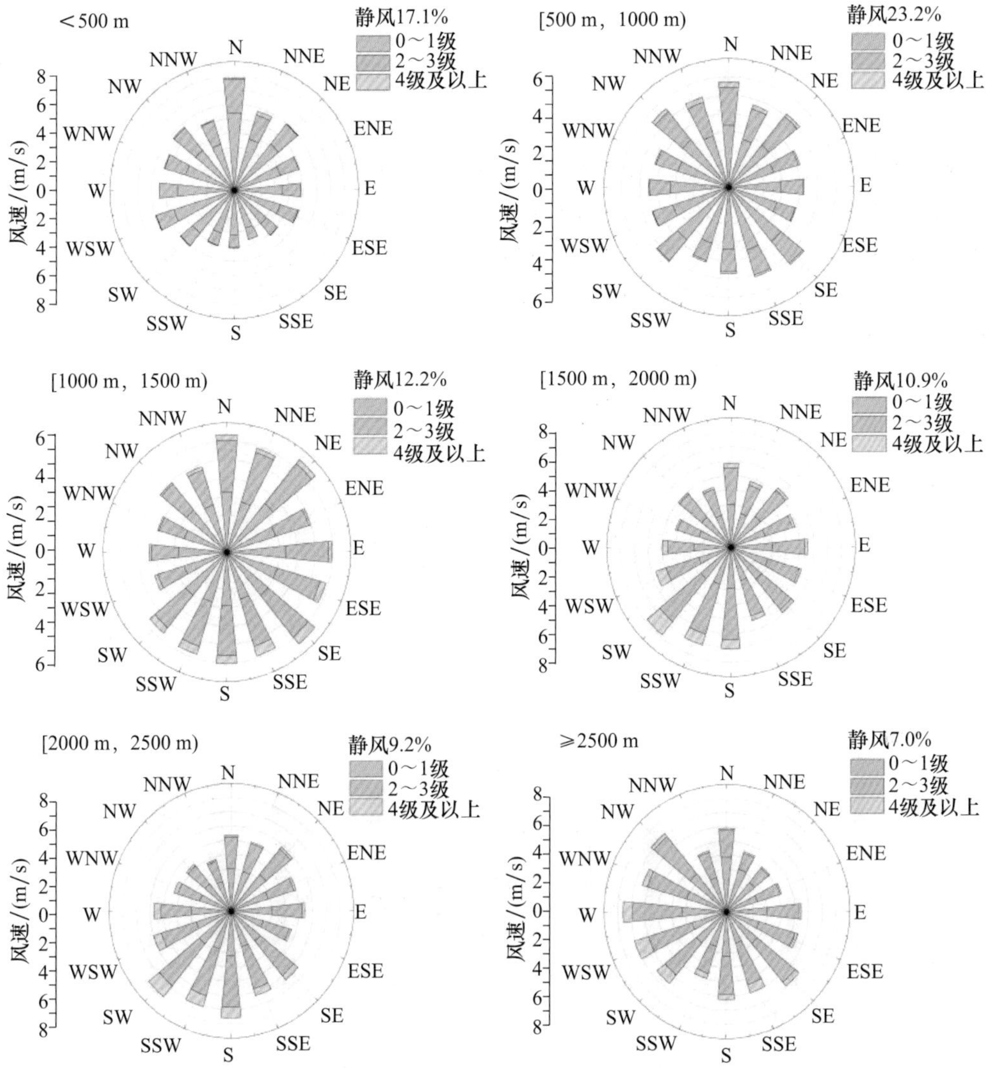

图 6.2 不同海拔高度的平均风速、风向玫瑰图

6.1.1.2 不同海拔高度平均风速、风向的时间变化

分析 2016—2020 年不同海拔高度平均风速、风向的时间变化(图 6.3)发现，2016—2020 年，1000 m 以下海拔高度平均风速的年际变化较小，平均风速始终维持在较低水平，即 1.5 m/s 左右。1000 m 及以上海拔高度各年平均风速呈现为春冬高、夏秋低，且从 2018 年起，春、冬季平均风速有增大趋势。2016—2020 年，500 m 高度以下的主导风始终维持偏北风。500～2000 m 海拔高度各年的平均风向变化不大。从 2019 年起，2000～2500 m 高度上的西南风比例增大，成为该海拔高度的主导风，在 2020 年达到 22.6%，2500 m 及以上高度的东南风则减弱。平均风速的月变化(图 6.4)表明，1000 m 以下海拔高度的平均风速月变化较小，1000 m 及以上高度的平均风速由春季到冬季呈现出先减小后增大的“V”形变化趋势，在 3 月达到最大，2 月次之，9 月最小。不同海拔高度的平均风速在春、冬季相差较大，夏、秋季较小，则在春、冬季存在较大的风速垂直切变。在春季和冬季，1500 m 及以上海拔高度盛行西南风。

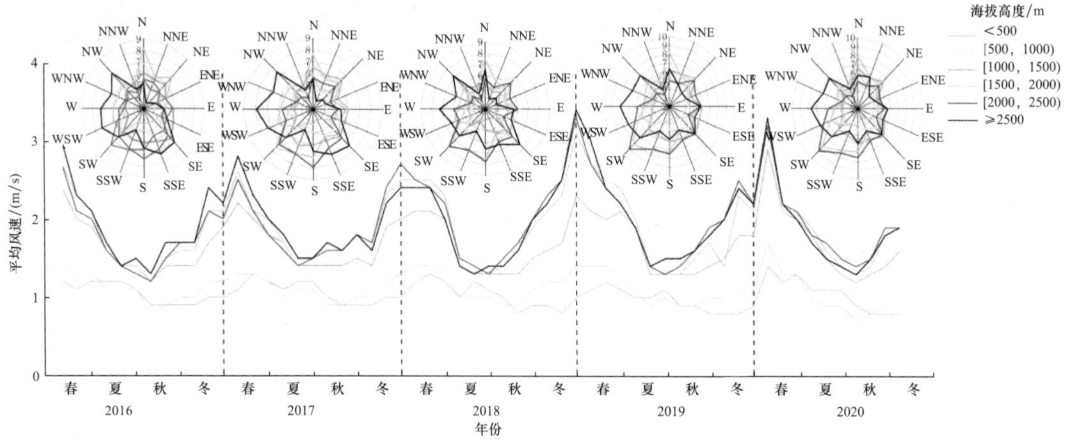

图 6.3　2016—2020 年不同海拔高度平均风速、风向变化

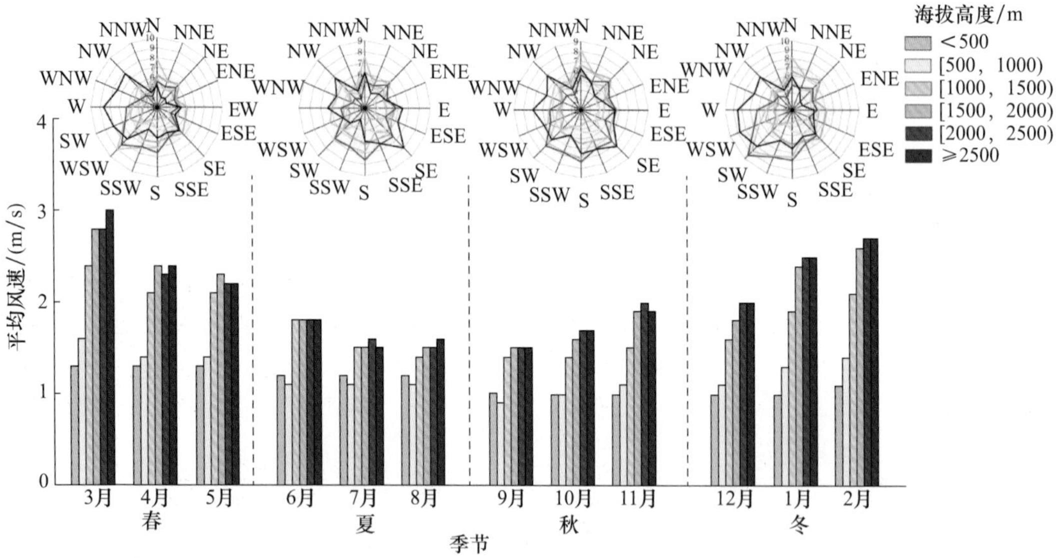

图 6.4　不同海拔高度各月平均风速、风向

由以上分析可知，不同海拔高度平均风速在 3 月最高，且在 2019—2020 年有增大趋势，进一步分析不同海拔高度 2019—2020 年 3 月的极大风速、风向分布(图 6.5)。风力等级为 6 级的风称为强风，由图 6.5 可知 6 级及以上强风在各海拔高度分布较小，主要分布在 1500 m 及以上海拔高度上，在大于或等于 2500 m 的高度上，6 级及以上风所占比例仅为 1.6%，且主要为西南风。

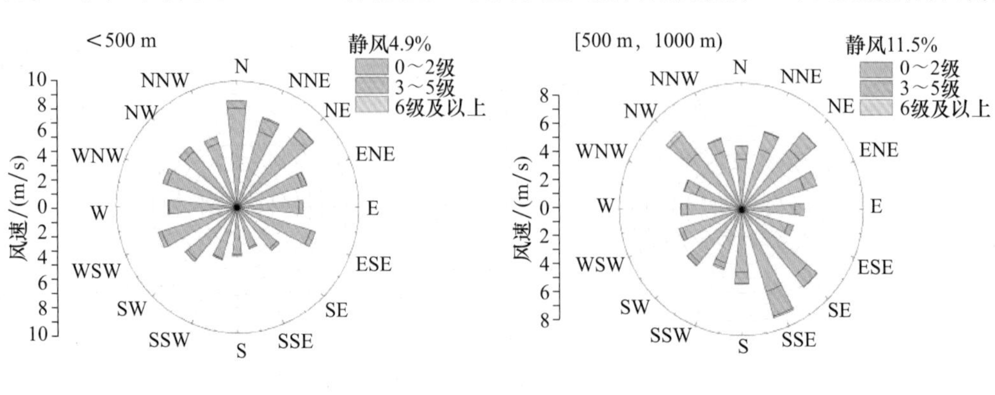

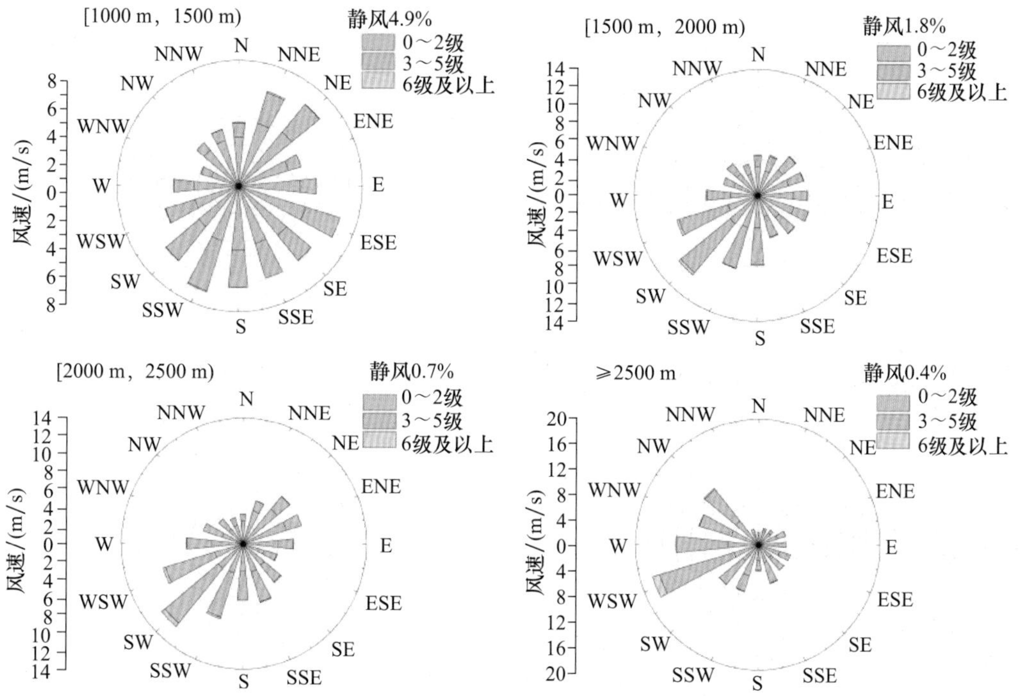

图 6.5　2019—2020 年 3 月不同海拔高度的极大风速、风向

平均风速、风向的日变化(图 6.6)表明，不同海拔高度的平均风速表现为在 08—16 时持续升高，16 时达到最大，此后风速下降，20 时后风速下降速率变缓，风速维持在较低水平，在次日 07 时达到最小。即不同海拔高度平均风速的日变化表现为白天大、夜间小的变化趋势。平均风速的日夜差在海拔 1000 m 及以上高度更为明显。相比于白天，夜间各方向的风向频率变小。

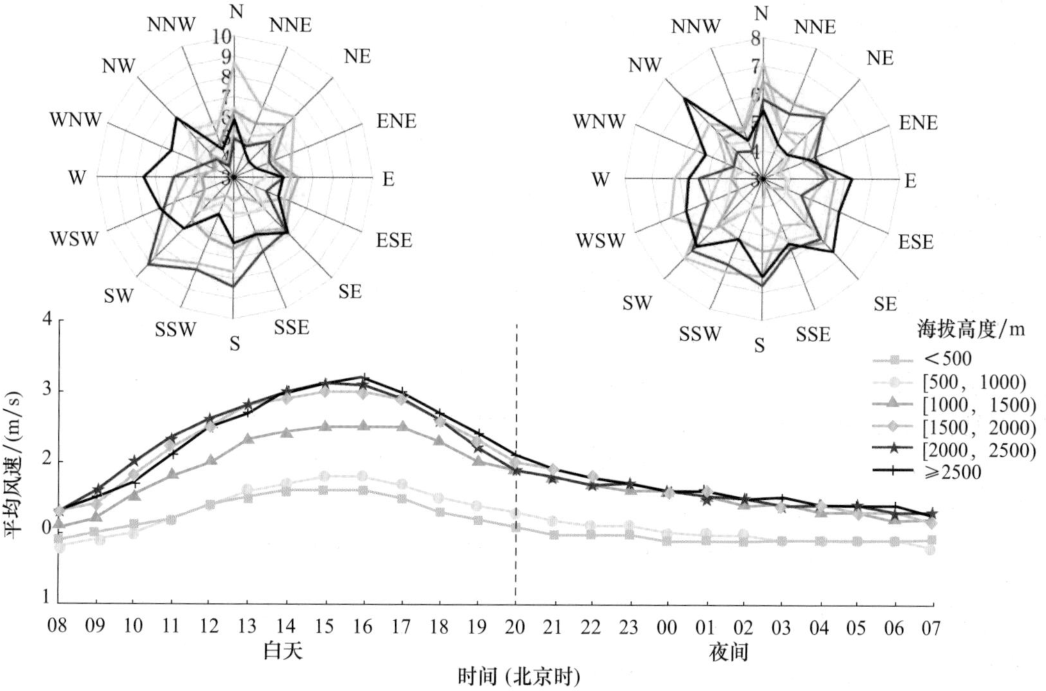

图 6.6　不同海拔高度平均风速、风向的日变化

6.1.2 梯级水电站的极大风速、风向特征

6.1.2.1 梯级水电站的极大风速、风向分布

金沙江下游河段分布着四大巨型梯级电站，由北至南分别为向家坝、溪洛渡、白鹤滩和乌东德水电站。4 座水电站中向家坝水电站的海拔高度最低且低于 500 m，溪洛渡和白鹤滩水电站的海拔高度都处于 500～1000 m，乌东德水电站的海拔高度最高，超过 1000 m。图 6.7 为 4 座水电站 2016—2020 年逐时的极大风速、风向分布（乌东德水电站的资料时间为 2018 年 12 月— 2020 年 9 月）。显示 2016—2020 年白鹤滩水电站的极大风速最大，风力主要为 3～5 级，6 级及以上大风所占比例为 7.2%，其他 3 座水电站的 6 级及以上大风占比极小，极大风力主要为 0～2 级。向家坝、溪洛渡和白鹤滩水电站的静风频率较低，乌东德水电站的静风频率最高，为 4.1%。4 座水电站的极大风向分布差异显著。向家坝水电站的极大风向十分集中，西南风占比高达 98.3%。乌东德水电站的西风和南风占比都较高且相近，分别占 14.8% 和 14.5%，但西风风速更大。白鹤滩水电站的主导风向为东北，占比为 39.3%，东北风中 6 级及以上大风占 3.5%。溪洛渡水电站的主导风向为偏东，所占比例为 86.0%。

6.1.2.2 梯级水电站极大风速风向的日变化

图 6.8 为 4 座水电站极大风速、风向的日变化，向家坝、溪洛渡和乌东德水电站极大风速的日变化均表现为白天大于夜间，其中乌东德水电站极大风速的日夜差距最大，在 11—18 时风速较大，18 时后风速明显下降，夜间风速在 4 座水电站中趋于最低。向家坝和溪洛渡水电站极大风速的日变化较为一致，白天和夜间的极大风速都较小。白鹤滩水电站白天和夜间的极大风速最高且日夜差较小，风速近似呈日、夜对称分布。乌东德水电站白天的主导风为西风，夜间转为南风，其他 3 座水电站极大风向的日变化则较小，其中向家坝水电站白天和夜间的西南风占比都非常高，在 98% 左右。

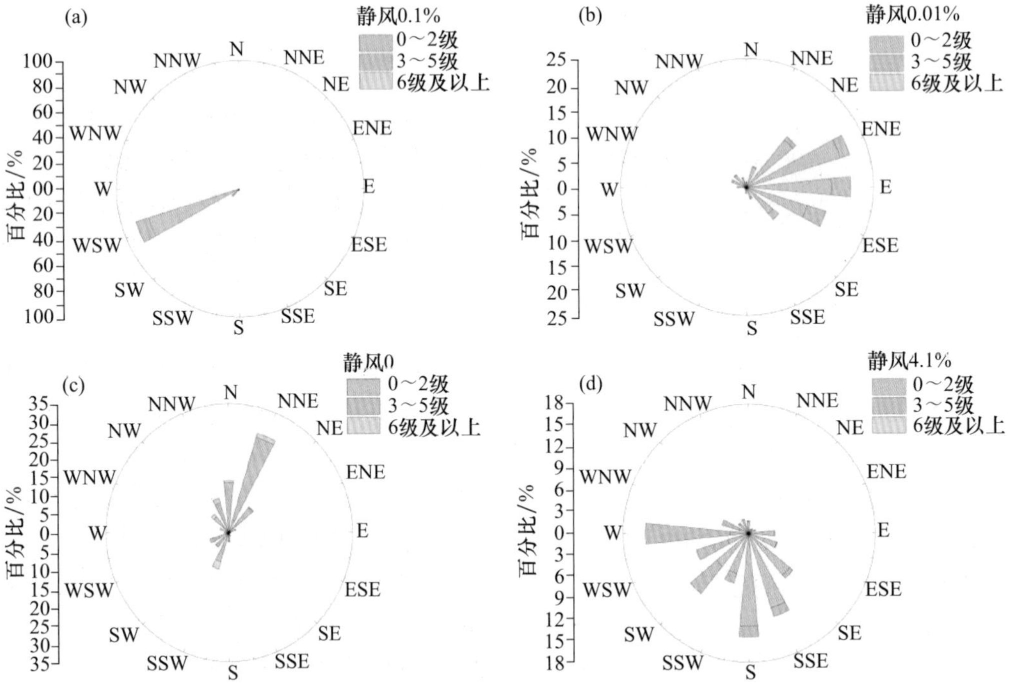

图 6.7　4 座水电站的极大风速、风向

(a)向家坝水电站；(b)溪洛渡水电站；(c)白鹤滩水电站；(d)乌东德水电站

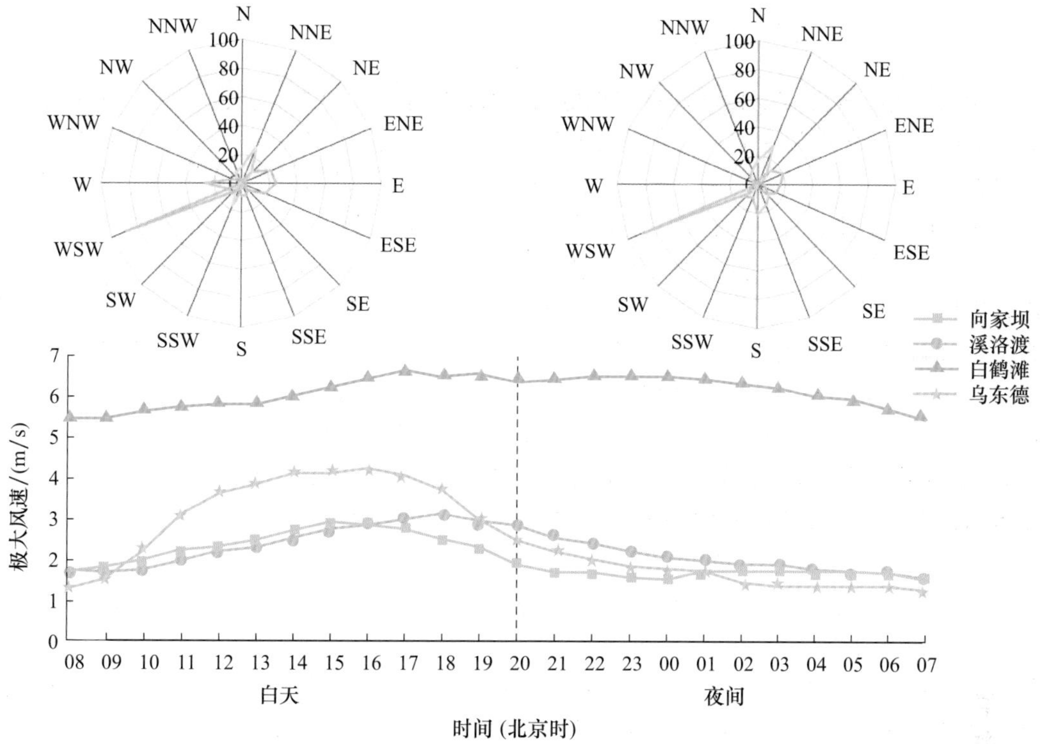

图 6.8　4 座水电站极大风速、风向的日变化

6.2　白鹤滩水电站大风变化特征

由上节分析可知，在金沙江下游的 4 座水电站中，白鹤滩水电站的极大风速最大。白鹤滩水电站坝高 289 m，处于南北走向的金沙江峡谷中，所处位置海拔高度约 840 m，其两侧峡谷海拔高度则逐渐升高，最高可达 4200 m 左右，与坝区海拔高度落差约 3000 m，地势东西高、中间低。由于其特殊的地形，峡谷内狭管效应明显，坝区受大风天气影响巨大，特别是冬、春季。

6.2.1　白鹤滩水电站大风日数变化特征

统计白鹤滩水电站 2016—2020 年各月 6 级、7 级和 8 级及以上大风日数(表 6.2)，具体分析白鹤滩水电站 2016—2020 年 6 级及以上大风日数的变化。白鹤滩水电站在 2016—2020 年各年 6 级及以上大风日数均超过 110 d，2017 年相比 2016 年大风日数有所减少，2018—2019 年持续增多，2019 年达到最多，2019 年 6 级大风日数为 133 d，7 级为 49 d，8 级及以上为 10 d，总大风日数为 192 d，占全年的 52.6%。2020 年大风日数则有所减少，为 152 d。各年 6 级大风日数最多，在总大风日数中占比为 69.3%～80.3%，但 8 级及以上大风日数较少，均不超过 10 d。大风日主要出现在 1—5 月、11 月和 12 月，8 月和 9 月较少，即春、冬季更易出现大风。将持续 2 h 及以上的 6 级及以上大风定义为持续性大风，统计白鹤滩水电站 2016—2020 年各月出现持续性大风的日数(表 6.3)，可见持续性大风日数在 2019 年最多，为 116 d。持续性大风日数与总大风日数变化相似，也表现出春冬多、夏秋少的特点。各年持续性大风日数在总大风日数中占比为57.3%～63.8%，即在超过一半的大风日中会出现持续性大风。

表6.2　白鹤滩水电站2016—2020年各月6级及以上大风日数　单位：d

年份	风力等级	1月	2月	3月	4月	5月	6月	7月	8月	9月	10月	11月	12月	合计
2016年	6级	16	9	18	16	13	6	2	1	1	9	8	9	108
	7级	3	4	6	7	3	2	0	0	0	3	1	0	29
	8级及以上	0	1	0	3	1	0	0	0	0	1	1	0	7
	合计	19	14	24	26	17	8	2	1	1	13	10	9	144
2017年	6级	21	13	20	11	5	1	1	2	0	1	5	10	90
	7级	4	2	9	5	2	0	0	0	0	0	0	0	22
	8级及以上	0	1	1	1	0	1	0	0	0	0	1	0	5
	合计	25	16	30	17	7	2	1	2	0	1	6	10	117
2018年	6级	21	20	17	16	14	2	1	0	0	2	20	24	137
	7级	6	8	4	5	6	0	0	0	0	0	1	6	36
	8级及以上	0	0	1	0	1	0	0	0	0	0	0	0	2
	合计	27	28	22	21	21	2	1	0	0	2	21	30	175
2019年	6级	26	27	20	10	12	7	0	0	0	6	16	9	133
	7级	15	18	7	2	1	3	0	0	0	1	1	1	49
	8级及以上	0	2	6	0	0	0	0	0	0	0	0	2	10
	合计	41	47	33	12	13	10	0	0	0	7	17	12	192
2020年	6级	20	17	4	15	10	4	8	1	0	8	14	21	122
	7级	7	2	2	2	5	0	0	1	0	0	4	2	25
	8级及以上	1	0	0	0	1	0	0	0	0	0	3	0	5
	合计	28	19	6	17	16	4	8	2	0	8	21	23	152

表6.3　白鹤滩水电站2016—2020年各月持续性大风日数　单位：d

月份	2016年	2017年	2018年	2019年	2020年	合计
1月	12	18	18	24	17	89
2月	9	8	16	27	12	72
3月	15	18	12	18	3	66
4月	12	9	13	9	13	56
5月	11	3	12	10	9	45
6月	4	1	0	6	3	14
7月	1	0	0	0	5	6
8月	0	0	0	0	1	1
9月	0	0	0	0	0	0
10月	6	0	2	4	6	18
11月	5	4	15	10	12	46
12月	8	6	22	8	16	60
合计	83	67	110	116	97	473
在总大风日数中占比	57.6%	57.3%	62.9%	60.4%	63.8%	—

6.2.2　白鹤滩水电站大风过程地面观测风场特征

跑马新田站位于坝址上方，海拔高度为 996 m。白鹤滩站海拔高度为 992 m。白鹤滩风廓线雷达站位于坝区较平坦位置，海拔高度 837 m，其中堤坝高约 289 m。站点地形分布如图 6.9 所示。图 6.9 中红色三角表示气象观测区域自动气象站跑马新田和白鹤滩两站，白鹤滩风廓线雷达为 2020 年 7 月中旬前后开始安装的风廓线雷达站，图 6.9b 中加入了几个自建站点（绿色圆点）。从图中可以看到，白鹤滩站距离白鹤滩风廓线站更近，跑马新田站距离修筑堤坝更近，但总的来说这两个区域自动气象站皆在水电站规划范围内。

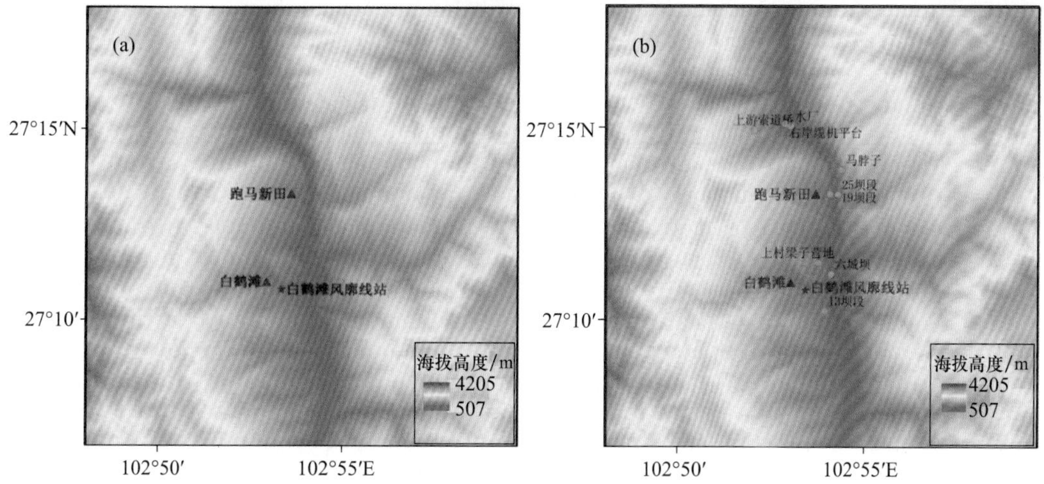

图 6.9　白鹤滩水电站的气象站点地形分布

(a)无自建站；(b)有自建站

本研究使用的逐小时极大风速资料是指 1 h 内出现的最大瞬时风速，即最大 3 s 平均风速，比如 01 时的极大风速是指在 00—01 时这个时段内出现的最大瞬时风。两个自动站（白鹤滩站（S8760）和跑马新田站（S8761））的资料时间段为 2020 年 11 月 1 日—2021 年 7 月 20 日，每日 24 个时次，其中 2021 年 7 月 20 日只到 04 时，共计 5729 个时次，其中 S8760 站缺测 44 个时次，S8761 站缺测 262 个时次。此外，还用到了 S8761 的逐 2 min 资料，资料包含诸如气温、最高气温及其出现时间、最低气温及其出现时间、瞬时风、最大风、分钟内极大风、湿度、气压等物理量，其中风场资料用于挑选个例。

采用两站逐小时极大风速资料，通过风力分级对两站达到大风及以上级别的天气过程进行初步判别，得到了多个个例，然后再根据跑马新田站逐分钟风场资料对个例进行分类，分为连续过程和瞬时过程，最后结合资料缺测情况及个例概况挑选了 2021 年 5 月 28—29 日的一次大风过程进行分析研究。

6.2.2.1　不同等级风的风速频次分布

统计分析了两站不同风力等级频次分布，如表 6.4 所示。表中频次代表不同等级风在研究时间段内逐小时资料出现的累计次数。从表中可以看到，跑马新田站在资料时间段内出现 7 级以上风的总频次为 2239 次，白鹤滩站出现了 1329 次，差不多相当于跑马新田站的一半；两站皆只出现了 1 次 11 级风，12 级风没有出现，白鹤滩站的 8～10 级风分别约为跑马新田站对应风力等级的一半；7 级风也是跑马新田站更多，为 1303 次，而白鹤滩站大概相当于跑马新田站该等级风的2/3左右。对于白鹤滩站，10级、9级、8级、7级占总频次的比例分别约为0.98%、8.20%、28.59%、62.15%；跑马新田站，0级、9级、8级、7级占总频次的比例分别约为1.25%、9.07%、31.44%、58.20%。从两站不同等级风占比可以看出，跑马新田站比起白鹤滩站更容易出现风力等级更高的风。结合站区地形分布来看，这可能跟两站所处位置有一定关系，白鹤滩站位于相对开阔一些的地区，而跑马新田站更靠近河流且该河流区域地势更狭窄，这可能由于一定的风管效应导致，即风经过该河段之后，由于该区域狭管效应使得风速进一步增大。

表6.4　两站不同风力等级频次

	7级	8级	9级	10级	11级	12级
风速/(m/s)	13.9	17.2	20.8	24.5	28.5	32.7
白鹤滩站	826	380	109	13	1	0
跑马新田站	1303	704	203	28	1	0

6.2.2.2　不同等级风的风向频次分布

对两站逐小时7级以上的大风进行了不同风向(方位)的频次统计分析，将风向分为16个方位，规定：北风(N)为348.76°～11.25°，北东北风(NNE)为11.26°～33.75°，东北风(NE)为33.76°～56.25°，东东北风(ENE)为56.26°～78.75°，东风(E)为78.76°～101.25°，东东南风(ESE)为101.26°～123.75°，东南风(SE)为123.76°～146.25°，南东南风(SSE)为146.26°～168.75°，南风(S)为168.76°～191.25°，南西南风(SSW)为191.26°～213.75°，西南风(SW)为213.76°～236.25°，西西南风(WSW)为236.26°～258.75°，西风(W)为258.76°～281.25°，西西北风(WNW)为281.26°～303.75°，西北风(NW)为303.76°～326.25°，北西北风(NNW)为326.26°～348.75°。用不同方位频次除以总方位频次得到了不同方位频次占比，如图6.10中红色和绿色实线所示。

从图6.10中可以看到，自动气象站白鹤滩站(S8760)和跑马新田站(S8761)出现7级以上大风的风向主要为偏北和偏南，而偏北风占绝对优势，偏南风出现较少。白鹤滩站主要为西北象限的风，占比约76.29%，其中西北占比最多约42.21%，其次为北北西约15.65%，而北和西西北占比分别为9.33%和9.10%，偏南风中东南南占比最多为10.99%，其次为东南和南分别占比7.60%和2.71%，其余方位占比皆在1.10%以下，其中有3个方位占比0%分别为东北东、东、西南。跑马新田站主要为东北象限的风总占比约78.29%，其中东北北占比最大约为56.28%，其次为北占比17.51%，东北占比相对较小约为4.47%，还有一部分西北北和西北分别占比为7.68%和1.52%；偏南风中占比最大的为西南南约9.38%，其次为南为1.83%，其余方位的风占比皆在0.50%以下，其中有三个方位占比0%分别为东南、东、东南东。

结合两站所在位置可知，风向可能跟两站所在河谷山脉走向有一定关系，跑马新田站为准南北向，白鹤滩站为准西北—东南向，但其中白鹤滩站所处地势更开阔，所以可能白鹤滩站的偏北风占比没有跑马新田站偏北风那么集中。此外，两站的方位风的风向皆表现了反向规律，这可能表示这两地区有一定的山谷风环流。

6.2.2.3　不同等级风风速的频次日变化

为了了解两站大风是否具有一定的日变化情况，所以对两站逐小时极大风出现不同时刻的总频次以及不同等级分别出现频次进行了统计分析，如表6.5和表6.6所示。从表6.5中可以看到，跑马新田站总频次超过 100 的为北京时 19 时至次日 04 时，且这段时间中每个时刻频次占总频次的比均接近在 5%左右，为 4.51%～5.63%；7 级、8 级和 9 级风的频次分布规律大致与总频次分布规律相似，只有极个别时刻频次偏大；10 级风主要出现在 16 时至次日 04 时，其余时次皆没有出现；11 级风出现在 2021 年 11 月 3 日的 00 时 24 分，风速为 30 m/s，东北偏北风。这可能说明大等级的风更倾向于出现在傍晚到凌晨 04 时左右，而等级相对小的风各个时次都可能出现，只是出现在下午到夜晚这段时间的概率更大。

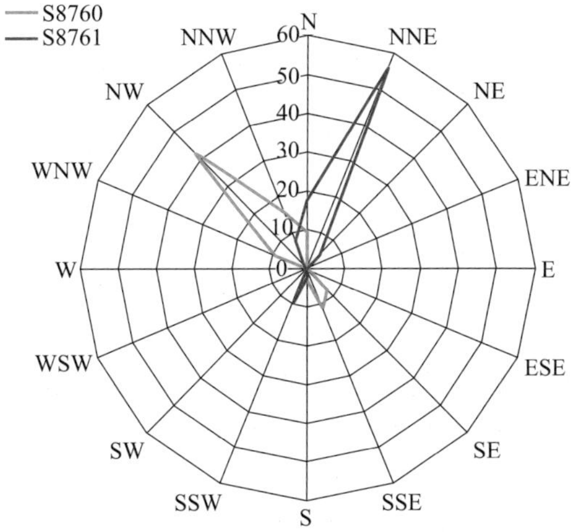

图 6.10　两站不同方位风频次占比(%)

从表 6.6 中可以看到，白鹤滩站小时极大风总频次超过 50 出现在 14 时至次日 03 时，占总频次的 76.52%，每个时刻频次占总频次百分比处于 6.32%～44%，其中占比超过 6.00%的为北京时 20 时至次日 00 时；7 级、8 级和 9 级风的频次分布规律也与总频次分布大致相似，也只有极个别时刻出现频次偏大；10 级风主要出现在 13 时至次日 00 时，期间偶有一两个时刻没有出现该级别的风，白鹤滩站 10 级风出现的时刻比跑马新田站稍早；11 级风出现在 2020 年 3 月 20 日的 20 时 31 分，风速为 28.6 m/s，西北偏北风。

从以上分析可知，两站 7 级、8 级和 9 级大风任何时刻皆可能出现，但在中午前后到凌晨 04 时前后出现的频次更大，其中白鹤滩站出现高频次风的时间早于跑马新田站，这可能是因为白鹤滩站所处山谷更开阔，接受到太阳辐射更早，而跑马新田站由于相对所处地势狭窄，接受到太阳辐射更晚，这两站所处地区接受太阳辐射与周边山脉山顶接受太阳辐射所形成的局地山谷风环流有一定时间差，从而造成了白鹤滩站可能比跑马新田站更早形成相同流向的局地环流(山谷风环流)。

表 6.5　白鹤滩站小时极大风速不同时刻不同级数风力频次及总频次分布

北京时	总频次	7 级	8 级	9 级	10 级	11 级
00	125	57	46	20	2	0
01	126	67	43	14	1	1
02	122	70	40	11	1	0
03	117	72	32	13	0	0
04	108	72	28	7	1	0
05	96	65	26	5	0	0

续表

北京时	总频次	7 级	8 级	9 级	10 级	11 级
06	93	67	22	4	0	0
07	78	56	19	3	0	0
08	66	46	19	1	0	0
09	70	52	17	1	0	0
10	75	49	25	1	0	0
11	77	52	22	3	0	0
12	77	48	24	5	0	0
13	73	48	21	4	0	0
14	67	37	27	3	0	0
15	71	38	27	6	0	0
16	74	39	27	7	1	0
17	77	37	26	13	1	0
18	98	53	29	15	1	0
19	101	58	29	11	3	0
20	101	53	29	14	5	0
21	108	50	43	12	3	0
22	116	59	41	12	4	0
23	123	58	42	18	5	0

表 6.6　跑马新田站小时极大风速不同时刻不同级数风力频次和总频次分布

北京时	总频次	7 级	8 级	9 级	10 级	11 级
00	80	41	28	10	1	0
01	76	47	21	8	0	0
02	63	43	16	4	0	0
03	59	47	10	2	0	0
04	46	35	7	4	0	0
05	35	27	8	0	0	0
06	31	28	2	1	0	0
07	24	20	2	2	0	0
08	16	14	2	0	0	0
09	16	15	1	0	0	0
10	23	21	2	0	0	0
11	32	22	10	0	0	0
12	41	31	9	1	0	0
13	48	32	15	0	1	0
14	61	37	18	5	1	0
15	62	39	17	6	0	0

续表

北京时	总频次	7 级	8 级	9 级	10 级	11 级
16	71	39	24	7	1	0
17	71	34	32	4	1	0
18	74	40	24	10	0	0
19	70	41	20	7	2	0
20	81	48	22	10	1	0
21	83	46	28	7	1	1
22	82	38	34	8	2	0
23	84	41	28	13	2	0

6.3 白鹤滩水电站边界层风场特征

6.3.1 开展白鹤滩水电站风廓线外场观测试验

开展此次外场试验的雷达为中国气象局成都高原气象研究所的 TWP3-M 移动边界层风廓线雷达(图 6.11)。TWP3 型风廓线雷达由天线系统、发射接收系统、信号处理系统和监控标定系统等几部分组成。天线系统采用无源收/发加权的微带阵列天线,可以降低旁瓣提高天线性能,通过室内波束控制单元调整各阵列单元发射的相位,达到发射波束转向的目的。其系统技术指标设计依据中国气象局颁布的《风廓线雷达功能规格需求书》,同时参照美国国家海洋和大气管理局的风廓线雷达示范网(NPN)中风廓线雷达技术指标和技术特点。该型号雷达融合了现代成熟微波技术,是具有低故障率、无人值守、自动连续测量等特点的新型气象探测装备。

观测目的是为探测金沙江下游陡峭地形区和复杂下垫面区边界层温、湿度和风场垂直廓线,全天候 24 h、白鹤滩水电站边界层大气廓线,要素包括温度、湿度、风向、风速等。以期外场观测试验数据可为灾害性天气数值模拟试验提供高分辨率观测资料,以及改进模式物理参数化方案的观测数据,从而提高水电站施工期及蓄水关键期的大风预报、预警精度和预见期。

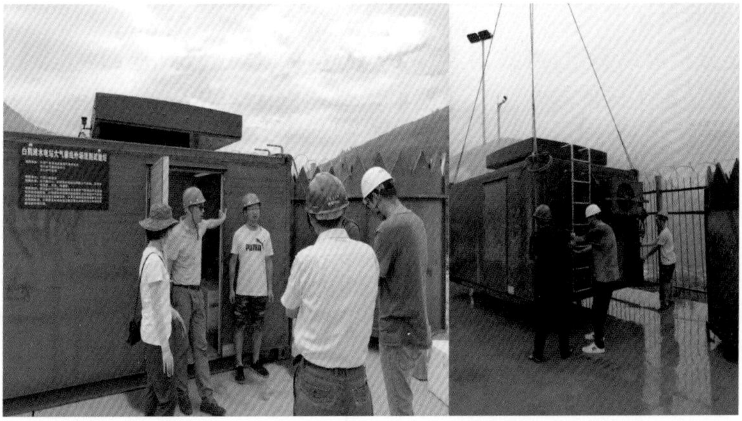

图 6.11　移动边界层风廓线雷达安装现场

6.3.2 边界层风场气候特征

采用的风廓线雷达资料时段为2020年11月14日—2021年7月11日，期间由于停电施工等缺测较多，在非缺测时段内的数据在近地面低层次缺测也较多。风廓线资料的第一层是距离地面100 m，之后每隔60 m会有一组数据，到了距离地面880 m后变为每隔120 m一层数据，数据有效高度最高为5430 m，为了统一数据使用将原始风场数据垂直高度插值为60 m分辨率。

为了了解白鹤滩水电站的边界层水平风场随高度的变化情况，对现有资料进行了分析，然后对这一段时间数据进行平均，得到了水平风场的日变化。

从图6.12中可以看到，在22时至次日11时（北京时）的这段时间，在海拔高度1800 m附近（距离地面1000 m左右）风场方向有明显的分界，在该层次以下水平风场以西北或者偏北风为主，在22时至次日01时左右西北风最大，风速为3～4 m/s，但在11时前后开始直到19时前后这一时段内为西南风或者偏南风，说明可能由于该区域在这段时间由于太阳辐射的加热引起了局地环流，从而呈现出风速、风向的转变。在海拔高度1800 m之上风向以西南及偏西为主；在11时前后开始直到19时前后的这段时间从海拔高度1800 m左右至3000 m左右，风速较大，主要为3～5 m/s，风向从西南转为准南，以准南风为主，在海拔高度3000 m以上又转为西南风，这也是与前面所说局地加热有关，局地加热导致的局地环流叠加于大尺度季风之上所以出现了这样的现象；在19—20时海拔高度1800 m以下的西南风有一个风场的脉动，发生西北风、准西风和西南风的转换，且风速都较之前西南风小，20—21时又转变为一致西南风且风速有所增大，这可能是由于这个时期该地区从加热状态向冷却状态转变，所以风场呈现出风向、风速不一致特征；在20—21时海拔高度1800～3000 m西南风的风速变大，为3～6 m/s，但之后3 m/s以上西南风逐渐从海拔高度1800 m以上收缩至3000 m左右，这可能与局地加热冷却有一定关系。在22时至次日01时，海拔高度1200～1800 m西北风风速有所加大，之后风速逐渐减小，这应该与局地加热冷却及夜间摩擦力减小共同造成。海拔高度1200 m左右及以下层次（距离地面约400 m以内）风速很小且风向相对较乱，这可能与风廓线雷达本身在近地层对风场监测质量不高有关，也可能是该地区近地层干扰因素较多造成测风不准确，还有可能是该地区湍流及摩擦等因素使得风向较乱、风速较小。在07—11时以及17—19时的风场自低层到高层皆比其他时段的相应层次风速要小。这可能是因为早上太阳升起和傍晚太阳降落，加热冷却引起风速改变。

从以上风场分析可以看出，海拔高度1200 m左右以下（距离地面约400 m以内）风场较乱，风速较小可能是由于风廓线雷达本身测风质量不高或者近地面干扰因素过多造成测风不准，还有一种可能是由于低层缺测数据较多所以导致低层风场气候态特征不明显，呈现出风场较乱的特征。11—18时，海拔高度1200 m风场开始逐渐从较弱的西北风转变为西南风并随着时间推移风速进一步扩大，同时在海拔高度1800 m的西南风也得到进一步加强，这可能是由于该地区局地加热作用从而引起局地环流改变，所以近地面层风向和风速发生了改变，而该局地环流进一步叠加在大尺度季风环流之上，所以造成了西南风的风速增大，之后由于热力作用的减弱，西南风又迅速减小。在22时至次日01时，海拔高度1200～1800 m西北风风速有所增大，之后风速逐渐减小，这应该是局地加热冷却及夜间摩擦力减小共同造成的。

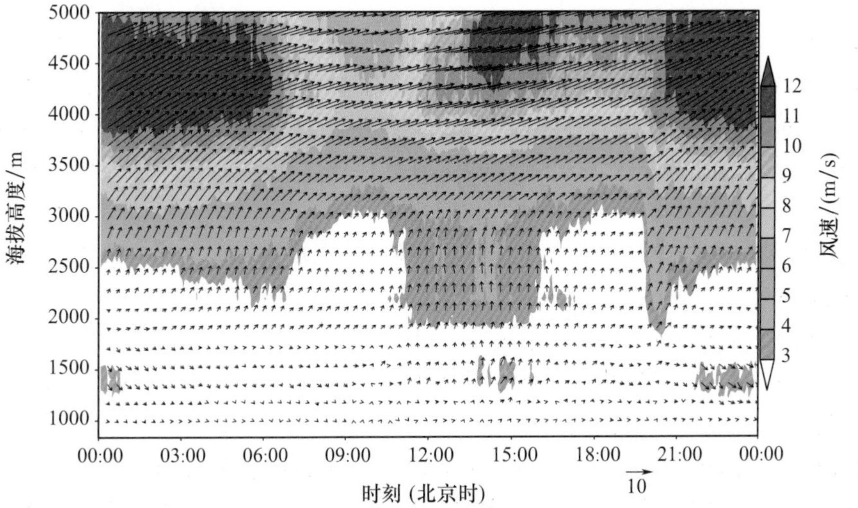

图 6.12　风场平均日变化

（阴影表示水平全风速值，单位：m/s；矢量箭头表示水平风场，单位：m/s）

6.3.3　大风过程边界层风场特征

挑选的大风过程主要开始于 28 日 20 时（北京时），结束于 29 日 06 时左右。从图 6.13 中可以看到，在 28 日 20 时之前的 8 h 左右近地面到海拔高度 4000 m 左右，风速值在大部分时间里多数层次皆在 5 m/s 以下，风廓线在海拔高度 1000～1500 m 厚度层存在较多缺测，其中在 14 时前后约 1 h 范围内以及 18—19 时有较强的偏北风，前者时段风速能达到 15 m/s 左右，后者能超过 20 m/s ，两者风向转变大且不同高度风速变化大，这表明有一定湍流和切变。20 时一开始距离地面 200 m 左右至之上 600 m 的厚度层水平风较大，风速从一开始的 12～15 m/s 突增到 20～25 m/s，风向从西北突转到东北偏北，说明有一定湍流。在接近 21 时前后，海拔高度 1800 m 之上风场从风向较乱及较小变为风向一致、风速较大的水平风，在海拔高度 2700 m 附近风场相对较小，在这之上为 5～30 m/s 的偏南风或者少部分东风，在这之下为偏北风。这种规律的风的分界线（上下层风向完全反向）会上下摆动，大风风速有所增减，大风风速厚度层也有所增减，风向会有所转变，前后时间风向的突变或者同一时间不同高度场上风向的突变以及风速的突变，说明在此过程中有湍流夹卷过程以及切变线发生，这样的过程一直持续到 29 日 02 时前后。在 29 日 02 时前后，分界线以上的偏南风逐渐转变为西南风且最大风速也逐渐减小为 12～15 m/s，而分界线以下偏北风最大风速从 20～25 m/s 减小为 12～17 m/s。随着时间推移，分界线上及下的风速都迅速减小且厚度层迅速减小，到了 06 时前后，海拔高度 3000 m 以下风速几乎在 5 m/s 以下且风向较乱，海拔高度 1200～1800 m 风较多缺测。在 08 时前后，海拔高度 1200～1800 m 有偏北风，风速为 5～20 m/s，也有湍流和切变，在 11 时之后风速减小为 5 m/s 以下，风场也较乱。

通过个例分析可以看到，在地面观测站有大风天气过程时，近地面层及以上层次风场也会有所表现，通过风廓线可以看到湍流和切变的存在，并能获得其结构特征及演变过程，通过高分辨率的风廓线资料可对大风天气进行预判。通过地面观测站风场的统计及风廓线风场产品分析可知，当地面有瞬时大风出现时，风廓线不一定会有所呈现，这可能跟该地区地形、山脉走向、山坡高度及陡峭程度等有关，比如狭管效应，小风速的风通过狭管效应可能增长转变为大风；还跟这种瞬时大风可能是更小更局地的湍流或者切变有关，因为这种更小更局地的瞬时大风可能并不在风廓线监测范围，所以风廓线上不会有所呈现，但如果这种相当局地的瞬时大风在风廓线监测范围之内，就可能会在风廓线上有所体现。当然，风廓线雷达本身质量及周围是否有电磁设备等干扰因素，这都会影响产品的质量，是否能得到较好的应用，对瞬时大风进行监测，这都是需要考虑的因素。从前面分析可知，该部雷达有可能受周围施工、电磁设备、空气干洁度等因素的干扰，或者雷达本身质量问题，又或者切变太大等，使得近地面层 500 m 左右范围内缺测较多或少有监测到较大速度的风，如果大风为一次较大天气过程，那么风廓线可能会有所体现。通过平均日变化也可以看到局地系统叠加于大尺度系统上的结构特征表现。

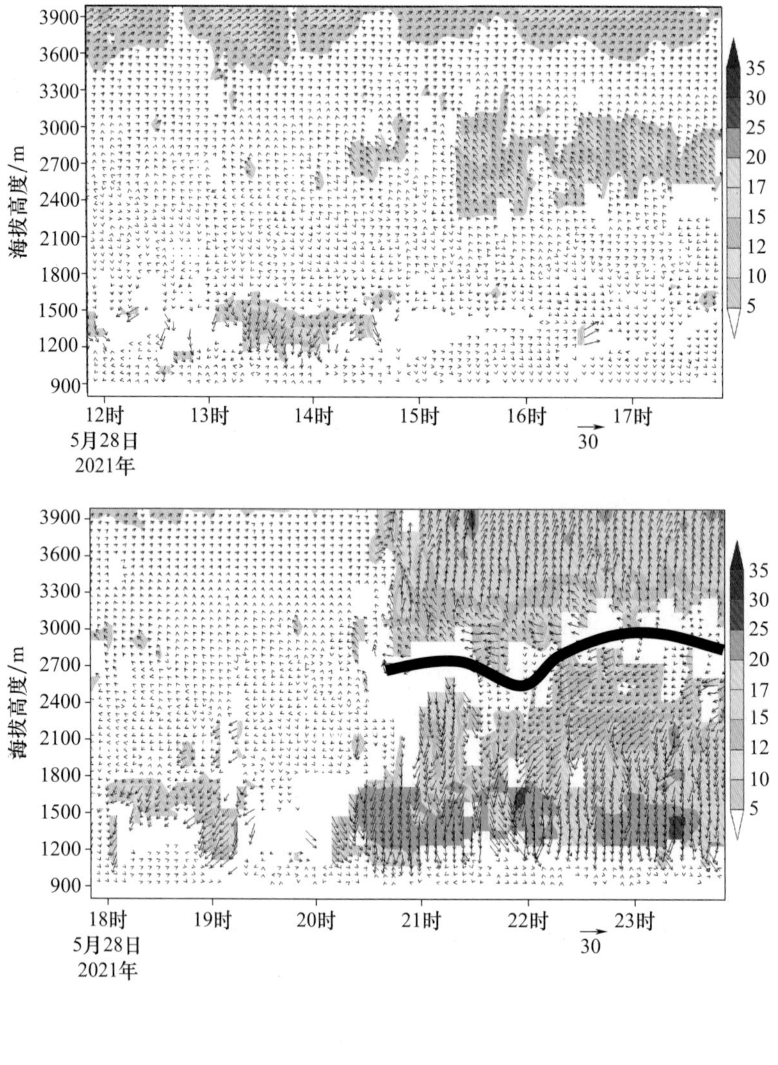

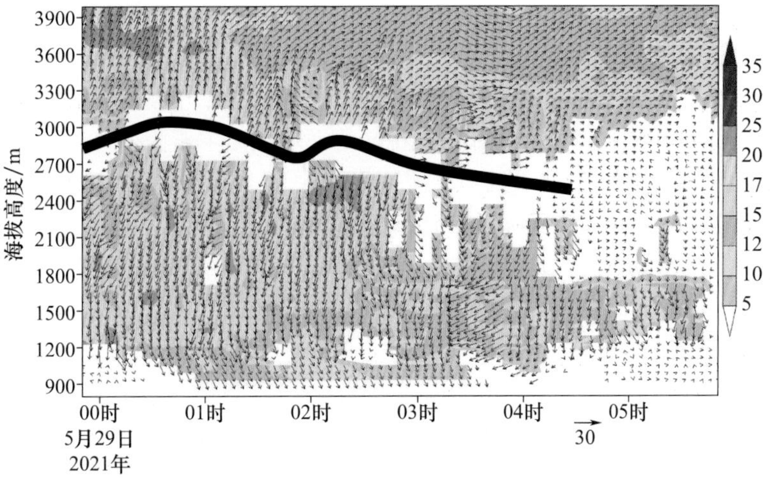

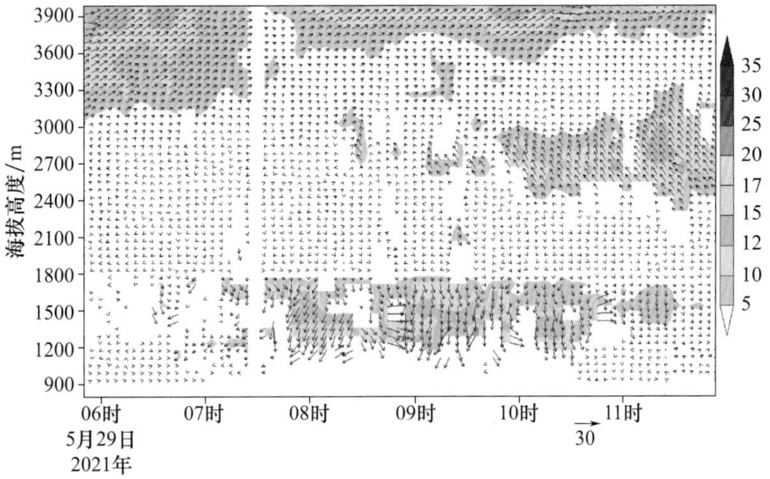

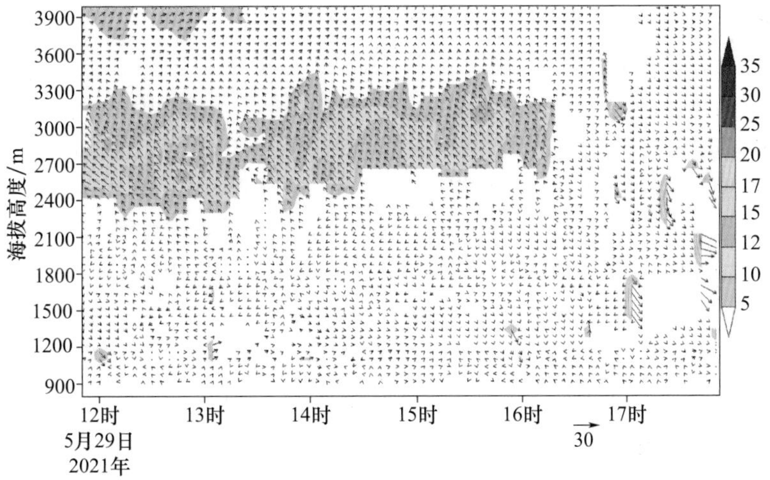

图6.13　2021年5月28—29日水平风场廓线

（横轴为北京时；矢量箭头为水平风，单位：m/s；

色阶为全风速，单位：m/s；黑色粗实线为分界线）

6.4 小结

(1)金沙江下游2016—2020年不同海拔高度的平均风力主要为0～3级，随着海拔高度的升高，4级及以上风的比例增大，4级及以上风主要出现在1000 m及以上海拔高度上。不同海拔高度的平均风向存在差异，500 m海拔高度以下偏北风占比较高，500～1000 m海拔高度的平均风在各方向分布较为均匀。1000～2500 m海拔高度西南风所占比增大。2500 m及以上海拔高度的平均风主要为偏西风，且4级及以上风的主导风向为偏西。

(2)不同海拔高度平均风速的月变化表明，1000 m海拔高度以下的平均风速月变化较小，1000 m及以上海拔高度的平均风速由春季到冬季呈现出先减小、后增大的"V"形趋势，在3月达到最大，其次为2月，9月最小。不同海拔高度的平均风速在春、冬季相差较大，夏、秋季较小，则在春、冬季存在较大的风速垂直切变。在春季和冬季，盛行西南风。不同海拔高度平均风速在3月最大，且在2019—2020年有增大趋势，不同海拔高度平均风速的日变化表现为白天大、夜间小。平均风速的日夜差在1000 m及以上海拔高度更为明显。相比于白天，夜间各方向的风向频率变小。

(3)对4座水电站极大风速、风向统计：向家坝水电站的极大风风向十分集中，西南占比高；乌东德水电站的西风和南风占比都较高且相近，但西风风速更大；白鹤滩的主导风为西北风，且6级及以上大风主要为西北风；溪洛渡的主导风为偏东风。在金沙江下游的4座水电站中，白鹤滩水电站的极大风速最大，大风日主要出现在1—5月和12月，7月和9月较少，即相比于夏、秋季，春、冬季更易出现大风。

(4)4座水电站极大风速、风向的日变化：向家坝、溪洛渡和乌东德水电站极大风速的日变化均表现为白天大于夜间，其中乌东德水电站极大风速的日夜差值最大。向家坝和溪洛渡水电站极大风速的日变化较为一致，白天和夜间的极大风速都较小。白鹤滩水电站的极大风速呈日、夜对称分布且最大。4座水电站极大风风向的日变化较小。

(5)从风廓线雷达不同等级风的风速频次分布可以看出，跑马新田站比起白鹤滩站更容易出现风力等级更高的风。这可能是由于白鹤滩站位于相对开阔一些的地势区域而跑马新田站更靠近河流且该河流区域地势更狭窄，狭管效应使得风速进一步增强。

(6)风廓线雷达不同等级风的风向频次分布，白鹤滩站和跑马新田站出现7级以上大风的风向主要为偏北风和偏南风，而偏北风占绝对优势，偏南风出现较少。风向可能跟两站所在河谷山脉走向有一定关系，白鹤滩站所处地势更开阔，可能偏北风占比没有跑马新田站偏北风那么集中。此外，两站的方位风的风向皆表现了反向规律，这可能表示两地区均有一定的山谷风环流。

(7)从不同等级风的风速的频次日变化分析得出大等级的风更倾向于出现在午后傍晚到凌晨04时前后，而等级相对小的风各个时次都可能出现，只是出现在下午到夜晚这段时间的概率更大。两站7级、8级和9级大风任何时刻皆可能出现，但在中午前后到凌晨04时前后出现的频次更大，其中白鹤滩站出现高频次的风早于跑马新田站，这可能是因为白鹤滩站所处山谷更开阔，接收到太阳辐射更早，而跑马新田站由于所处地势相对狭窄，接收到太阳辐射更晚，这两站所处地区接收太阳辐射与周边山脉山顶接收太阳辐射所形成的局地山谷风环流有一定时间差，从而造成了白鹤滩站可能比跑马新田站更早形成相同流向的局地环流(山谷风环流）。

(8)风廓线雷达观测风场气候特征，海拔高度 1200 m 左右以下(距离地面约 400 m 以内)风场较乱，风速较小可能是由于风廓线雷达本身测风质量不高或者近地面干扰因素造成测风不准，还有一种可能是由于低层缺测数据较多所以导致低层风场气候态特征不明显，呈现出风场较乱的特征。在 11—18 时，海拔高度 1200 m 风场开始逐渐从较弱的西北风转变为西南风并随着时间推移风速进一步扩大，同时在海拔高度 1800 m 的西南风也得到进一步加强，这可能是由于该地区局地加热作用从而引起局地环流改变，所以近地面层风向和风速发生了改变，而该局地环流进一步叠加在大尺度季风环流之上所以造成了西南风的风速增大，之后由于热力作用的减弱，西南风又迅速减小。

(9)从 2021 年 5 月 28—29 日一次大风过程个例的风廓线雷达观测风场特征分析来看，在地面观测站有大风天气过程时，近地面层及以上层次风场也会有所呈现，通过风廓线可以看到湍流和切变的存在，并能获得其结构特征及演变过程，通过高分辨率的风廓线资料可对大风天气进行预判。

第7章

白鹤滩水电站大风过程精细化数值模拟

由于白鹤滩水电站坝区所处地形复杂，观测站点稀疏且资料质量参差不齐，仅靠观测资料无法刻画风场的详细分布特征，这时就需要借助中尺度气象模式进行模拟。目前关于白鹤滩水电站坝区大风的研究局限于统计及个例诊断分析，开展大风天气的模拟研究有助于深化对该区域大风的分布特征及形成机理的认识。WRF是目前风能评估中应用最广泛的中小尺度天气数值模式之一，但许多研究显示，WRF对于近地面风场的模拟存在较大误差，有学者指出，这是因为WRF在模拟大气运动时，对地形进行了平滑处理，忽略了次网格地形的拖曳作用，使得模式往往高估风速。Jiménez等(2013)的研究结果则表明WRF高估平原、山谷风速而低估丘陵、高山风速。为了弥补次网格地形产生的影响，他们提出了一种次网格地形方案——Jiménez方案，该方案通过调整动量方程中与植被有关的地表拖曳力，减小平原、山谷的风速而增大丘陵、高山的风速，特别是能有效增大山顶的风速。Mass等(2010)随后提出了UW方案，该方案通过建立摩擦速度与次网格地形方差的正相关关系，使得摩擦速度随着地表粗糙度的增大而增大，从而减小模式模拟出的地表风速。这两种次网格地形方案已加入WRF V3.4.1以上版本的YSU边界层参数化方案中，但目前国内对该方案的应用还较少。郑亦佳等(2016)对北京地区的研究显示，采用次网格地形方案后，模式对地面风速的模拟有明显改进，次网格地形方案主要影响的是2000 m高度以下的低层风速，UW方案在北京地区更为适用。马晨晨等(2016)的研究表明，次网格地形方案对黄土高原风速的模拟有明显改进，认同指数、准确率和相关度等都有明显提高，模拟误差明显减小。Ma等(2021)的研究表明次网格地形方案能改进中国西北地区复杂地形下近地面风速的模拟。同时次网格地形方案也能基本适用于中国低纬高原的高山风电场选址、风能资源评估。这些都证明了次网格地形方案能改进复杂地形风场的模拟效果，但以上研究都是针对长时间连续平均风场的模拟，次网格地形方案对大风的模拟效果还不清楚。本章采用次网格地形方案对2019年3月19—20日白鹤滩水电站坝区的一次大风过程进行模拟分析，探讨次网格地形方案对白鹤滩水电站坝区大风模拟的适用性，并结合坝区地形对其易产生大风的原因进行了分析，以期为白鹤滩水电站大风的预报、预警工作提供一定参考。

本章基于中尺度气象模式采用次网格地形方案对2019年3月19—20日四川、云南交界处的白鹤滩水电站的一次大风过程进行数值模拟，对模拟的10 m风速、风向和2 m气温的空间分布及日变化进行检验评估，并结合地形对坝区易产生大风的原因进行分析。另外，为更好地评估当地风场，基于前期站点气象数据分析的结果选取典型年份和典型月份，采用区域尺度数值模式结合微尺度数值模式进行多尺度数值模拟的方式，对白鹤滩水电站周边区域从区域尺度到微尺度的风热环境分布特征展开分析。

7.1 2019 年 3 月 19 日典型大风过程数值模拟

2019 年 3 月 19 日，白鹤滩水电站坝区出现了一次大风天气过程，图 7.1 为位于白鹤滩坝区的地面自动气象站新田站和白鹤滩站风速、风向的时间变化。此次大风过程开始于 19 日 10 时，2 个气象站风速开始超过 10 m/s 并持续增大，风力维持在 6 级以上，至 14 时风速达到最大，新田站为 19.3 m/s，白鹤滩站为 18.1 m/s，风力均超过 8 级且都为偏南风。14 时后风速有所减小，随时间多变，其中 16 时和 19 时的风速较大。20 时后风速减小，此次大风过程趋于结束。

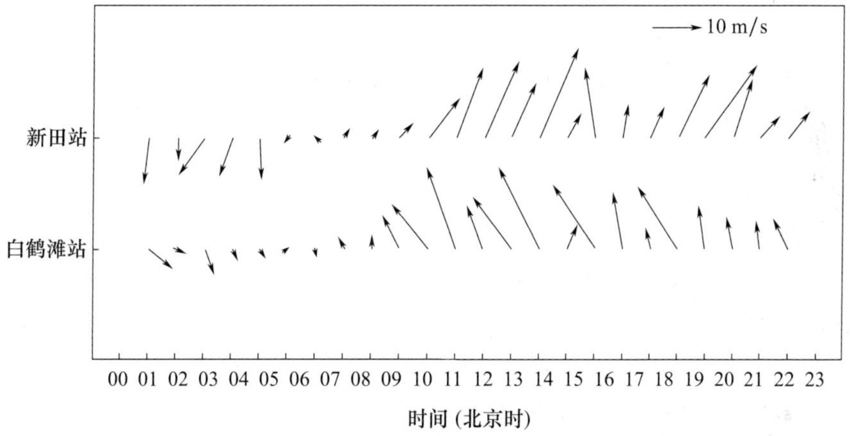

图 7.1 2019 年 3 月 19 日白鹤滩坝区新田站和白鹤滩站风速、风向的时间变化

7.1.1 模式、资料及试验方案

利用 WRF V4.0 中尺度数值模式对此次大风过程进行数值模拟。初始和边界条件采用 NECP FNL 资料，时间分辨率为 6 h，水平分辨率 0.25°×0.25°。模式采用双向反馈的三重嵌套方案，投影方式为兰勃特投影，模拟区域中心经纬度为(102.9°E，27.2°N)，每层嵌套的水平格距分别设为 27 km、9 km 和 3 km，对应网格数分别为 100×105、100×97 和 112×106，模式垂直层数为 32 层。图 7.2 为模拟区域，模式采用的参数化方案如表 7.1 所示。为了检验白鹤滩坝区两岸河谷地形海拔高度对坝区及周边风场的影响，在只改变两岸河谷海拔高度，其他条件不变的情况下，设计了 3 组数值试验，包括 1 组对照试验(CTRL)和 2 组敏感性试验(TEST1 和 TEST2)，具体设置见表 7.2 和图 7.3。

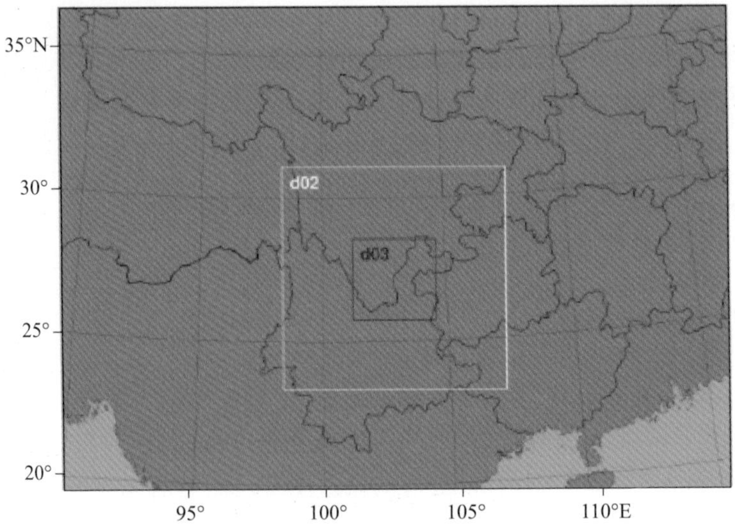

图 7.2　模拟区域

表 7.1　参数化方案

方案	d01	d02	d03
微物理方案	Ferrier(new Eta)	Ferrier(new Eta)	Ferrier(new Eta)
长波辐射方案	RRTM	RRTM	RRTM
短波辐射方案	Dudhia	Dudhia	Dudhia
近地面层方案	Monin-Obukhov	Monin-Obukhov	Monin-Obukhov
陆面过程方案	Noah	Noah	Noah
边界层方案	YSU	YSU	YSU
积云参数化方案	Kain-Fritsch(new Eta)	Kain-Fritsch(new Eta)	无

表 7.2　地形高度敏感性试验

项目	试验内容	试验目的
CTRL	保留真实地形	保持原有地形不变，再现天气过程
TEST1	将区域(102.6°—103.2°E，27.0°—27.4°N)中高于1000 m的地形高度降为1000 m	检验白鹤滩坝区两岸河谷高度降低对风场的影响
TEST1	将区域(102.6°—103.2°E，27.0°—27.4°N)中高于1000 m的地形高度升高1/2	检验白鹤滩坝区两岸河谷高度升高对风场的影响

7.1.2　模式性能检验

图 7.4 为新田站和白鹤滩站 2019 年 3 月 19 日实况和模拟风速的时间变化，白鹤滩水电站坝区实际风速变化较大，有明显的峰值和谷值，在 05—06 时风速最小，14 时达到最大。而模拟的风速变化幅度小，对较大风速的模拟结果偏小，较小风速的模拟结果偏大，且出现时间更晚，这主要是由于复杂的下垫面地形影响造成的。WRF 虽不能较好地模拟出风速但模拟的风速的时间变化趋势与实况较为一致。图 7.5 为 14 时白鹤滩坝区及周边风场分布实况与模拟结果对比，由于白鹤滩坝区及周边观测站点的风场缺测数据较多，实况图(图 7.5a)上的站点较少，但可看出 14 时白鹤滩坝区及周边主导风为西南风。模拟结果(图 7.5b)模拟出了此次大风过程的主导西南风风向，但新田站和白鹤滩站模拟的风速偏小。

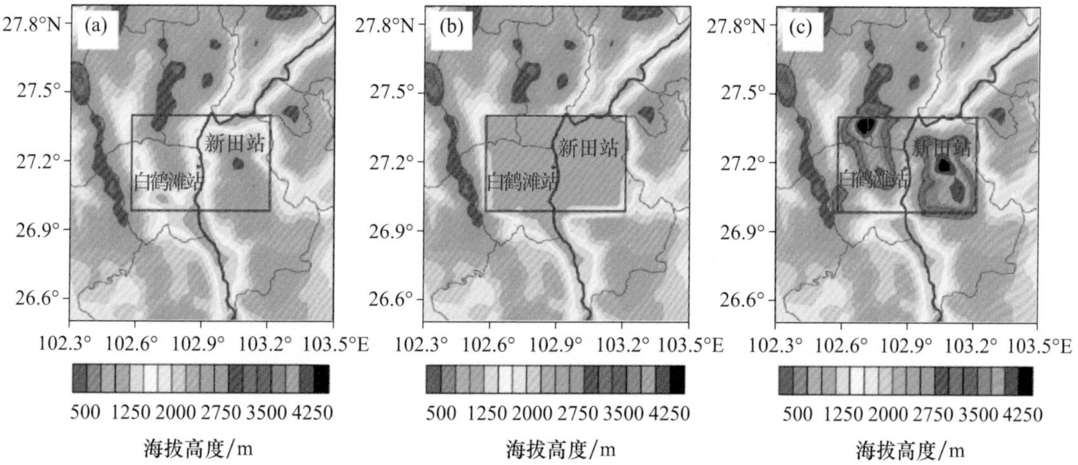

图 7.3　模拟区域的地形高度

(a)CTRL；(b)TEST1；(c)TEST2；红框区域为改变地形高度区域；

蓝色实线为金沙江下游河段，下同

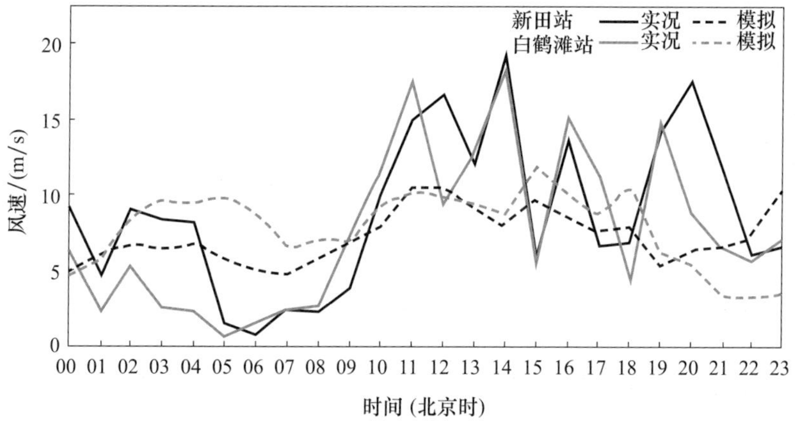

图 7.4　2019 年 3 月 19 日新田站和白鹤滩站的实况和模拟风速的时间变化

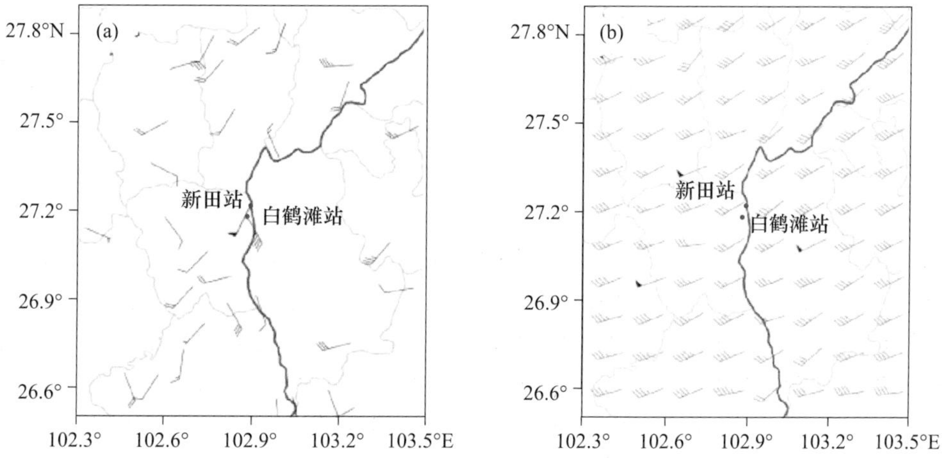

图 7.5　2019 年 3 月 19 日 14 时白鹤滩坝区及周边风场实况(a)与模拟(b)对比

7.1.3 地形敏感性试验

7.1.3.1 地形高度对水平风场的影响

图 7.6～图 7.8 为 3 组试验对 10 m、850 hPa 和 500 hPa 高度风场的模拟结果。由 10 m 风场(图 7.6)的模拟对比来看,当白鹤滩坝区两岸河谷高度降至与坝区基本相同时,距地面 10 m 高度风速减小了 8～10 m/s,且由西南风转为偏西风。当白鹤滩坝区两岸高于 1000 m 的地形高度升高 1/2 时,风速变化不大且转为偏南风。这说明白鹤滩坝区两岸河谷高度对坝区上空各高度层风速、风向均有影响。当坝区与两岸河谷高度相同,不存在高度差时,狭管效应消失,气流不再加速流过坝区,风速明显减小。而当坝区两岸高度升高时,河谷地形的阻挡作用增强,气流更加难以翻越,使得气流只能沿南北走向的狭窄河谷口通过,从而转为偏南风。三组试验模拟的 850 hPa 高度风场(图 7.7)的区别明显,河谷高度降低时 850 hPa 风场增强,风向无明显变化。而当高度升高至 850 hPa 以上时,气流无法到达坝区上空。500 hPa 的风场(图 7.8)变化则较小,说明地形高度的改变主要影响低层风场。同时,从不同地形高度下各高度层风场模拟结果来看,各高度层水平风场的变化主要局限于改变地形高度的区域,未改变地形高度区域内水平风场变化较小。

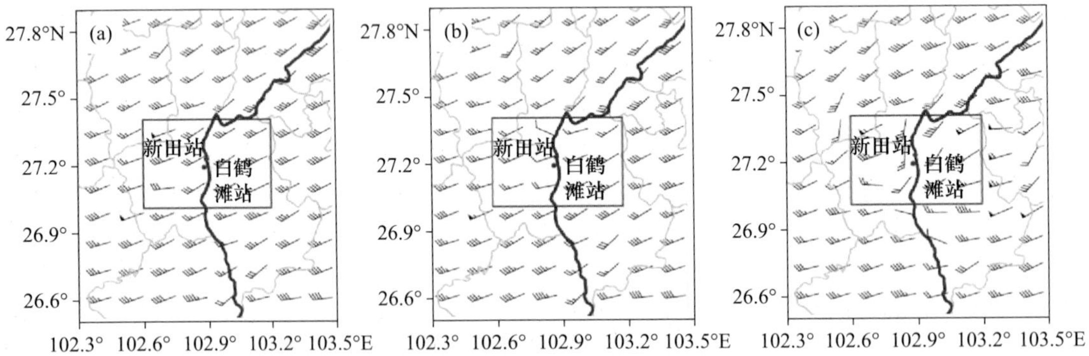

图 7.6 模拟 14 时的距地面 10 m 风场

(a)CTRL;(b)TEST1;(c)TEST2

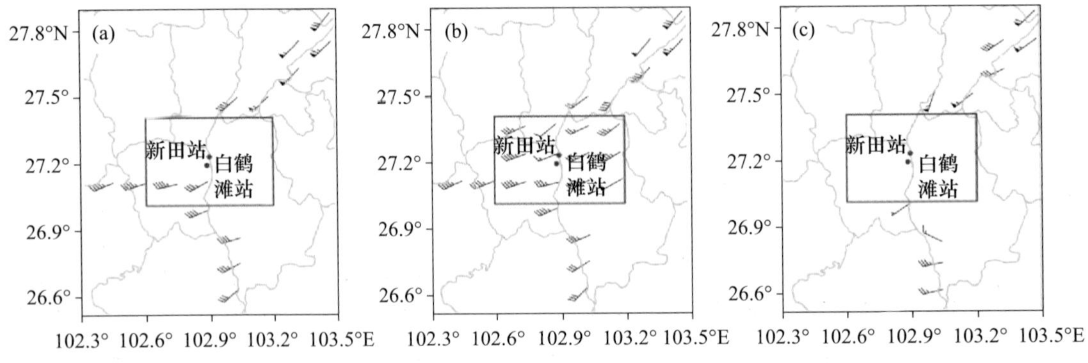

图 7.7 模拟 14 时的 850 hPa 风场

(a)CTRL;(b)TEST1;(c)TEST2

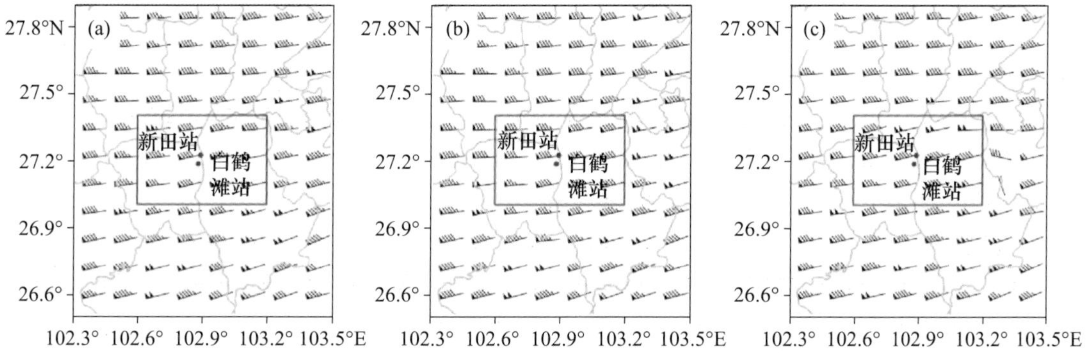

图 7.8 模拟 14 时的 500 hPa 风场

(a)CTRL;(b)TEST1;(c)TEST2

7.1.3.2 地形高度对垂直风场的影响

图 7.9 为沿 27.2°N 的垂直速度的垂直剖面图,可看到白鹤滩坝区(102.9°E)上空的垂直上升运动区可延伸至 300 hPa 高度,其中 550 hPa 高度以下存在正涡度区域(图 7.10),对应散度为负(图 7.11),说明上升运动主要在 550 hPa 高度以下,这可从图 7.10 中看出。当改变地形高度后,坝区上空的垂直上升运动和散度变化较小,正涡度强度略有增强,而其东岸河谷以东垂直方向上的各物理量变化明显。高度降低后,河谷东侧的上升运动减弱,低层的正、负涡度均较弱,辐散增强,下沉运动增强。高度升高后,其东侧高层和低层的上升运动均显著增强,垂直上升速度可达 7.3 m/s。低层出现强正涡度中心,且低层辐合、高层辐散均增强。这说明改变地形高度后,将显著影响白鹤滩坝区东侧河谷以东的垂直风场。白鹤滩坝区东岸河谷高度较西岸更高、更陡峭,对其东侧的垂直环流具有重要影响。当其高度降低时,其东侧气流受到的地形强迫抬升作用减弱,导致垂直上升运动减弱。而当其高度升高后,对向西气流的强迫抬升作用增强,气流受到地形阻挡,沿山坡不断上升,无法继续向西运动,从而导致东侧的垂直上升运动显著增强。以上模拟结果表明,改变白鹤滩坝区两岸河谷高度对坝区上空的垂直风场影响较小,而对其东侧高海拔河谷以东地区的垂直风场影响较大。

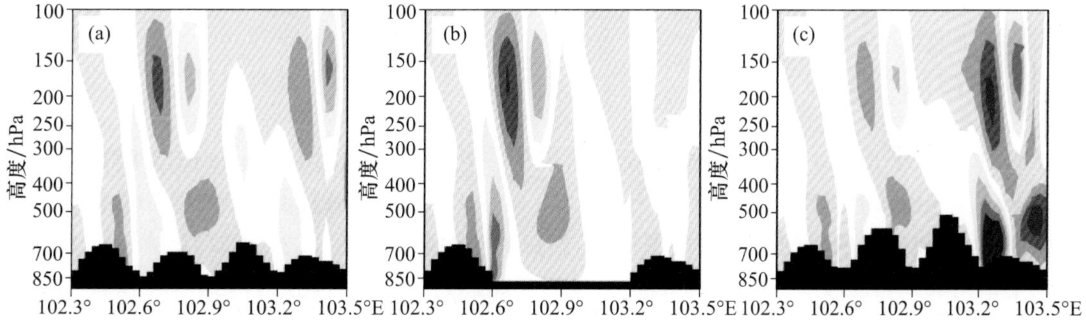

图 7.9 模拟的 14 时沿 27.2°N 的垂直速度垂直剖面

(a)CTRL;(b)TEST1;(c)TEST2

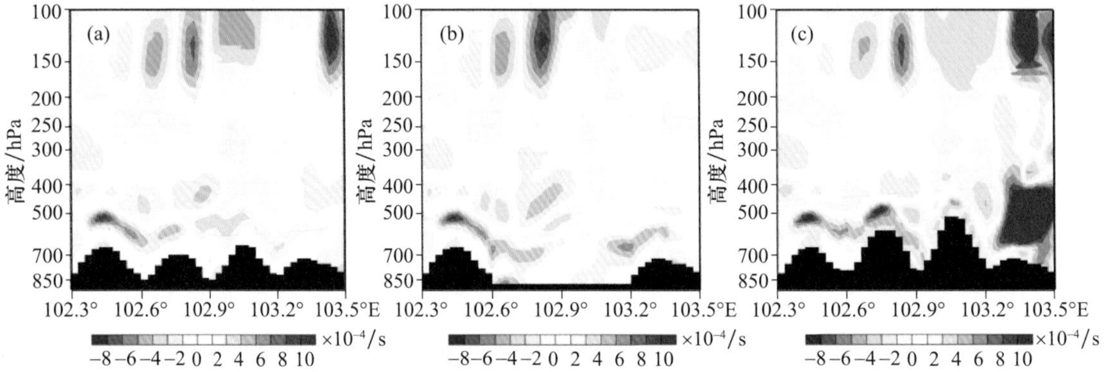

图 7.10 模拟的 14 时沿 27.2°N 的涡度垂直剖面

(a)CTRL;(b)TEST1;(c)TEST2

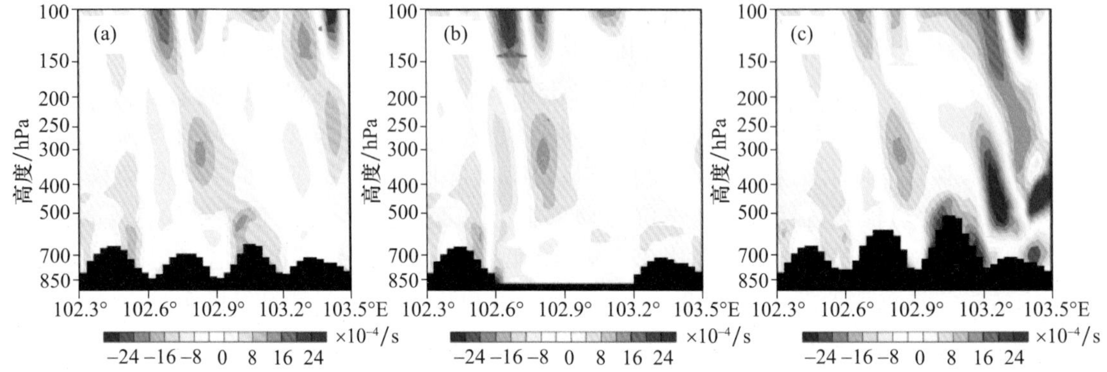

图 7.11 模拟的 14 时沿 27.2°N 的散度垂直剖面

(a)CTRL;(b)TEST1;(c)TEST2

7.2 2021 年 5 月 14 日大风过程数值模拟

7.2.1 大风实况

2021 年 5 月 14 日,白鹤滩水电站坝区出现了一次大风天气过程,图 7.12 为距离坝区约 1154 m 的新田站(海拔高度为 996 m)和约 4223 m 的白鹤滩站(海拔高度为 1256 m)两个气象站风速、风向和气温的时间变化。由图可知,新田站和白鹤滩站在 2021 年 5 月 14—15 日都观测到了偏南大风,在 14 日 09 时,两站点风速都开始超过 10 m/s,此后,两站点风速都逐渐增大,温度也呈上升趋势。白鹤滩站的风速首先达到峰值,13 时风速达到 15.1 m/s,为 7 级大风,新田站则在 15 时出现了 8 级大风,风速为 19.7 m/s,且新田站在 17 时风力再次超过 8 级,为 18.2 m/s,两站点的风速都在午后达到峰值,14—20 时为风速大值时段。20 时后(即夜间)两站点的风速都逐渐减小。在整个大风过程中风向始终为偏南风,风速表现为白天高、夜间低且多波动变化的特征。

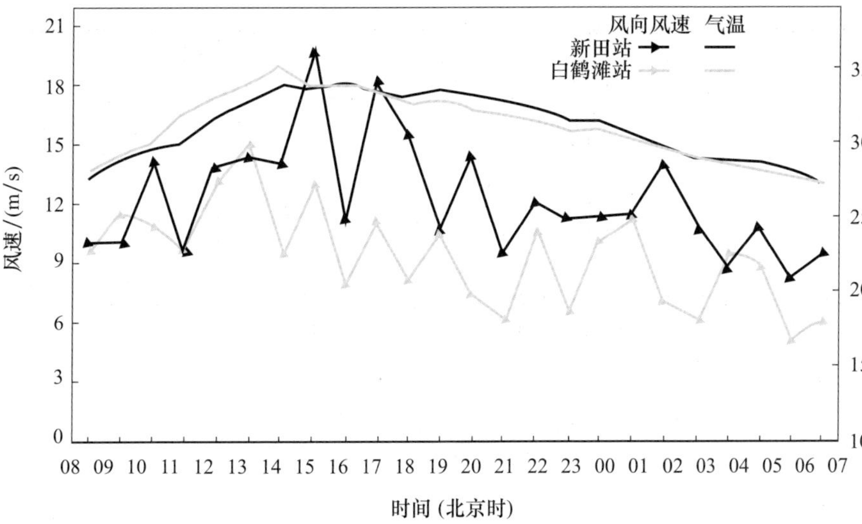

图 7.12　新田站和白鹤滩站 2021 年 5 月 14—15 日风向风速和气温的时间变化

7.2.2　天气形势分析

7.2.2.1　高空天气形势

2021 年 5 月 14 日 08 时，白鹤滩坝区上空位于 200 hPa 西风急流出口处，急流强度为 35.7 m/s；500 hPa 上，亚欧中高纬度呈现为两槽一脊的环流形势，乌拉尔山以西地区存在一高压脊，横槽位于巴尔喀什湖—贝加尔湖一带，东亚大槽位于蒙古中东部地区，坝区上空处于横槽前西南气流中；700 hPa 上位于低压底前部，为一致的西南气流。15 时，坝区上空仍处于 200 hPa 急流出口处，但强度增强，急流区风速为 42.0 m/s；500 hPa 上的横槽南压，坝区上空仍受槽前偏西气流控制；700 hPa 上的低压强度增强，形成闭合环流，与暖中心配合。02 时，200 hPa 高空急流强度减弱为 31.7 m/s；由于横槽后部的高压脊减弱，槽前偏西气流减弱；700 hPa 上的低压东移，坝区转为低压底后部，西南风减弱。可以看到，200 hPa 急流在大风最强时刻(15 时)达到最强，至夜间减弱，说明高空急流对此次大风过程的发生起到了重要作用。

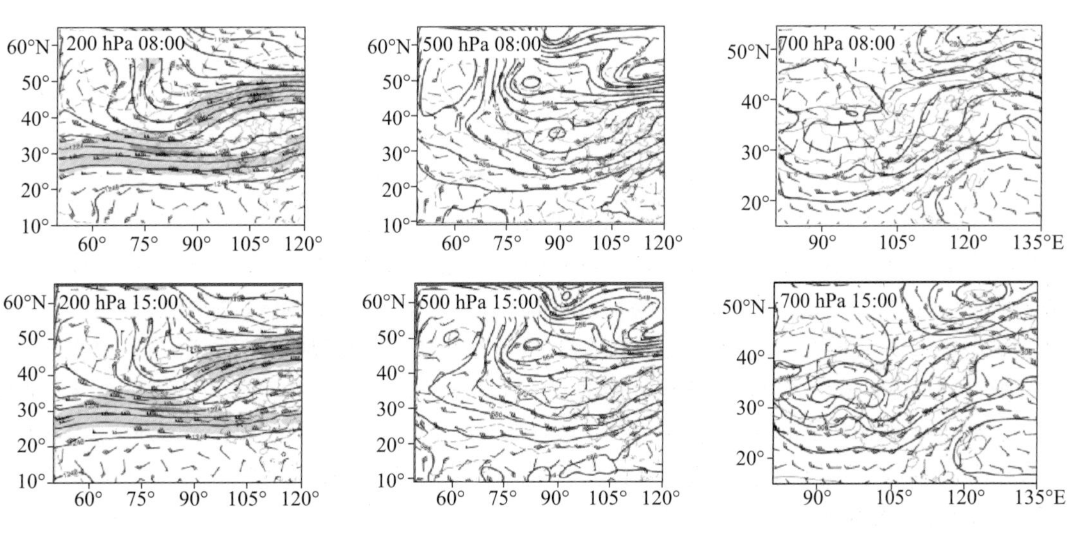

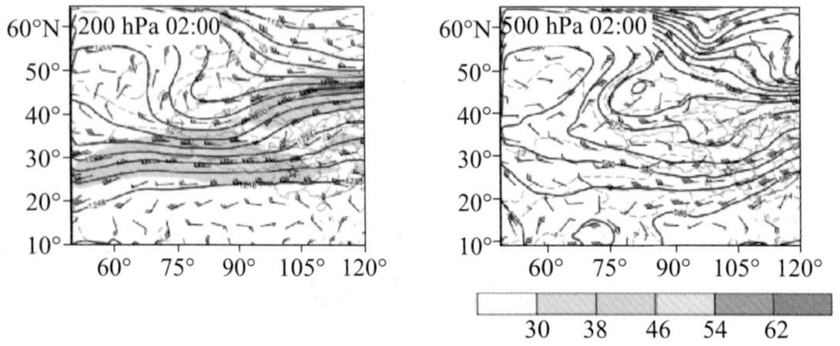

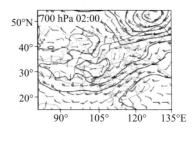

图 7.13　2021 年 5 月 14 日 08 时(上)、15 时(中)和 15 日 02 时(下)
在 200 hPa(左)、500 hPa(中)和 700 hPa(右)的天气形势
(红色五角星为白鹤滩水电站坝区;色阶为风速,单位:m/s)

7.2.2.2　地面天气形势

2021 年 5 月 14 日 08 时的地面天气图上,蒙古高原存在一中心强度为 1022.5 hPa 的高压中心,我国中西部基本为低压控制,形成了有利于偏南大风产生的"东高西低"的典型地面环流形势。15 时,控制坝区的热低压强度增强,达到 997.5 hPa,同时坝区升温明显(图 7.14),坝区处于低压底部等压线密集处,气压梯度大,地面风速相应增大;20 时,低压东移南下,冷高压南压带来冷空气,受冷空气入侵影响,热低压强度减弱;02 时低压继续东移,逐渐远离坝区,坝区受低压的影响减弱,风速逐渐减小。因此,此次大风过程中,坝区受高空槽前西南气流影响,并引导地面系统东移,使得入夜后大风减弱。

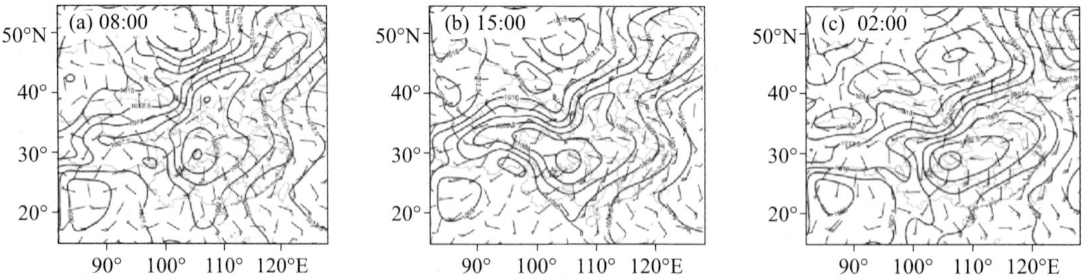

图 7.14　2021 年 5 月 14 日 08 时(a)、15 时(b)和 15 日 02 时(c)的地面天气形势
(红色五角星为白鹤滩水电站坝区)

7.2.3　模式及试验设计

7.2.3.1　次网格地形参数化方案

复杂地形区域风场模拟的准确性一直是预报的难点和重点,虽然 WRF 是目前风能评估中应用最广泛的中小尺度天气数值模式之一,但许多研究指出,WRF 对于复杂崎岖地形的近地面风场模拟存在较大误差。这是因为 WRF 在模拟大气运动时,对地形进行了平滑处理,忽略了次网格地形作用,模式对地形的模拟仅能精确到 1 km,小于此尺度的地形均无法识别,但次网格地形的精度为 90 m,考虑次网格地形则更能准确描述复杂地区的地形特征。目前国内对于次网格地形参数化方案的研究和应用较少,以下将介绍 2 种已提出的次网格地形参数化方案。

(1)Jiménez 方案

Jiménez 次网格地形参数化方案的主要特点是将平原/山谷地区与高山/丘陵区别开来,

能有效减小山谷、平原风速，也能部分提高山顶风速，该方案首先用地形拉普拉斯算子 $\Delta^2 h_{i,j}$ 判断地形，计算方法如下：

$$\Delta^2 h_{i,j}=0.25(h_{i+1,j}+h_{i,j+1}+h_{i-1,j}+h_{i,j-1}-4h_{i,j}) \tag{7.1}$$

式中，$h_{i,j}$代表 i 行 j 列格点的海拔高度。若 $\Delta^2 h_{i,j}$ 为正则表示格点(i,j)处于山谷，若 $\Delta^2 h_{i,j}$ 为负则表示格点(i,j)处于高山或丘陵，若接近 0 则表示为平原。$\Delta^2 h_{i,j}$ 值与模式水平分辨率有关，在模式中，取－20 m 为判断格点为山谷/平原或丘陵/高山的临界值。同时，该方案引入地形特征参数 c_t代表地形校正，可解释为对假设均匀地形计算的摩擦速度产生的修改。c_t是 $\Delta^2 h$ 和次网格地形标准差(σ_{sso})的函数：

$$c_t=\begin{cases} 1 & \Delta^2 h>-20 \text{ 且 } \sigma_{sso}<e \\ \ln\sigma_{sso} & \Delta^2 h>-10 \text{ 且 } \sigma_{sso}>e \\ \alpha\ln\sigma_{sso}+(1-\alpha) & -20<\Delta^2 h<-10 \text{ 且 } \sigma_{sso}>e \\ (\Delta^2 h+30)/10 & -30<\Delta^2 h<-20 \\ 0 & \Delta^2 h<-30 \end{cases} \tag{7.2}$$

式中，$\alpha=(\Delta^2 h+20)/10$，e 为自然对数底 2.718。

(2)UW 方案

Mass 等(2010)在 Jiménez 的基础上提出了一个更为简单的与地形变化相关的订正方法——UW 方法。该方法通过建立摩擦速度(u^*)与次网格地形方差的正相关关系，增强了摩擦速度，从而减小了模式模拟的地表风速。

7.2.3.2　模拟方案设计

利用 WRF V4.0 中尺度数值模式对此次大风过程进行数值模拟，模拟时段为 2021 年 5 月 13 日 08 时至 15 日 08 时(北京时间，下同)，共 48 h，其中前 24 h 视为模式的自适应时间。初始和边界条件采用欧洲中期天气预报中心(ECMWF)提供的时间分辨率为 1 h，水平分辨率为 0.25°×0.25°的 ERA5 数据。模式采用双向反馈的三重嵌套方案，投影方式为兰勃特投影，模拟区域中心点为(102.9°E，27.2°N)，每层嵌套的水平格距分别设为 25 km、5 km 和 1 km，并引入 SRTM 90 m 地形数据到最内层模拟区域，该地形数据由美国航空航天局(NASA)和国防部国家测绘局(NIMA)联合测量。三重嵌套对应的网格数分别为 65×62、111×106 和 176×171，模式垂直层数为 38 层。模式采用的参数化方案如表 7.3 所示。为了分析次网格地形参数化方案对风场模拟结果的影响，设计了三组试验，分别为不采用次网格地形参数化方案、采用 Jiménez 方案和采用 UW 方案，在其他条件相同的情况下，分别进行模拟。

表 7.3　参数化方案

	d01	d02	d03
微物理方案	(Eta)Ferrier	(Eta)Ferrier	(Eta)Ferrier
长波辐射方案	RRTM	RRTM	RRTM
短波辐射方案	Dudhia	Dudhia	Dudhia
近地面层方案	Monin-Obukhov	Monin-Obukhov	Monin-Obukhov
陆面过程方案	Noah	Noah	Noah
边界层方案	YSU	YSU	YSU
积云参数化方案	Kain-Fritsch	Kain-Fritsch	无

7.2.4 模式性能检验

图 7.15 为 3 种不同次网格地形参数化方案下新田站距地面 10 m 风速风向和 2 m 温度的观测值和模拟值对比，可以看到不论是风速或是温度，各方案的模拟值都小于观测值，这说明 WRF 对于复杂地形区域的模拟结果是偏小的。但相比于不采用次网格地形参数化方案，采用次网格方案后，风速峰值的模拟结果得到了显著提高且风速模拟趋势与观测值更为接近，说明次网格地形参数化方案能改善风场的模拟效果。两种次网格地形参数化方案相比，Jiménez 方案要优于 UW 方案，其中 Jiménez 方案模拟的 5 月 14 日 15 时和 17 时的风速结果均超过了 10 m/s，同时 Jiménez 方案更好地模拟出了风速的变化趋势，与观测值基本一致。对于风向来说，不同方案的模拟结果相近，南北方向上的风向模拟较为准确，但在东西方向上存在一定误差。对于温度来说，不同方案的模拟结果也较为接近，对温度高值点的模拟效果好于低值点，各方案均很好地模拟出了温度的变化趋势。综合来看，Jiménez 方案的模拟效果最好，以下将对该方案的模拟结果进行进一步的分析。

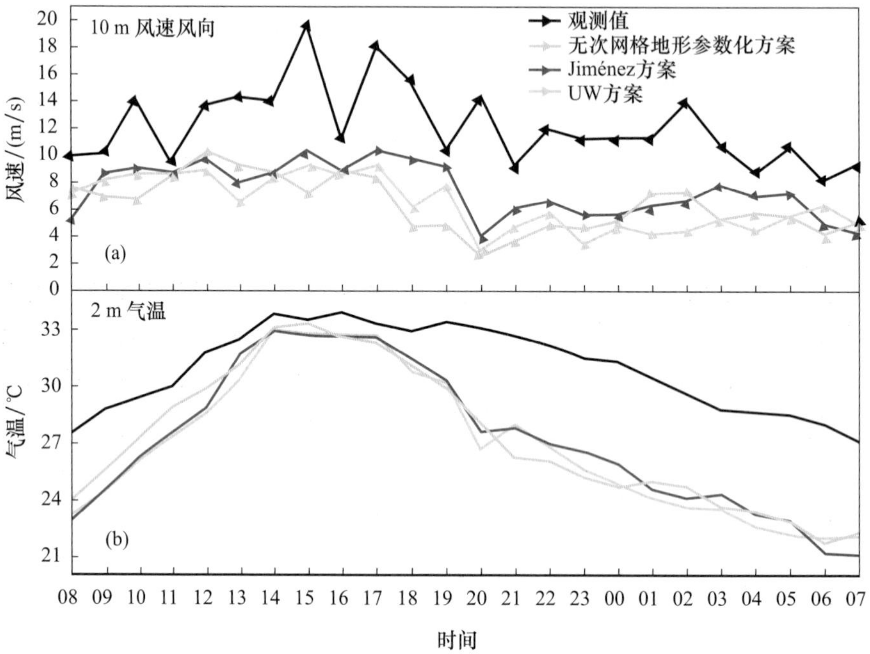

图 7.15　3 种次网格地形参数化方案下新田站距地面 10 m 风速风向(a)和 2 m 气温(b)的观测值和模拟值对比

7.2.5 大风过程诊断分析

7.2.5.1 垂直速度

图 7.16 为此次大风过程中白鹤滩坝区上空垂直速度的时间-高度剖面，从图中可以看到 08—14 时，坝区上空主要为弱的上升运动，14 时开始，坝区上空高层出现下沉运动，出现在 200～600 hPa 高度，但下沉运动较弱，一直到 17 时都基本维持不变。18 时后高层下沉运动明显增强，下沉运动大值区主要位于 200～300 hPa，至 19—20 时，下沉运动达到最强，出现在

250 hPa 高度处，强度达 8 m/s。20 时后下沉运动减弱，下沉运动区集中在 200～400 hPa 高度，同时低层的上升运动加强。23 时后高层的下沉运动进一步减弱，低层上升运动区向高层扩展，但上升和下沉运动均较弱。在 18—20 时，高层的下沉运动较强，有利于将中高层急流区的动量下传至地面，形成大风。

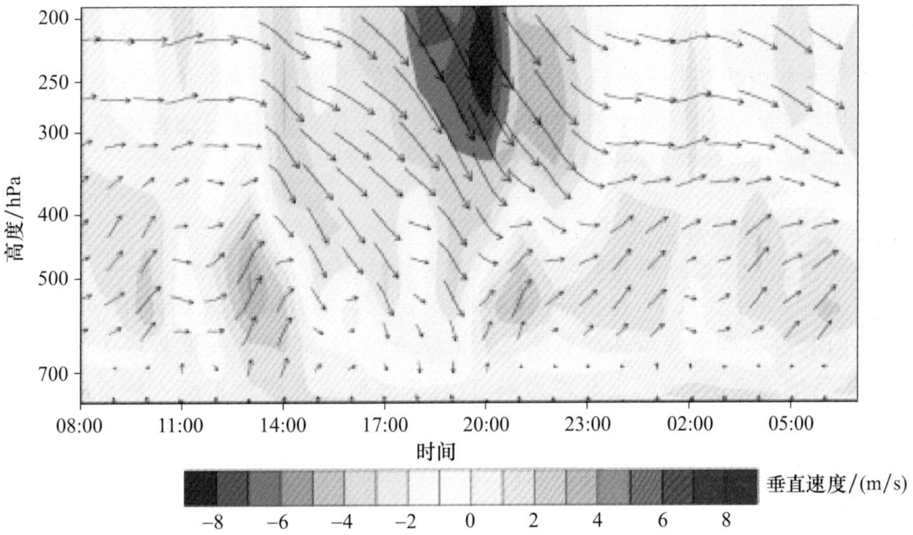

图 7.16　坝区(102.9°E,27.2°N)上空垂直速度的时间-高度剖面

7.2.5.2　温度平流

温度平流的变化(图 7.17)与垂直速度较为一致，08—14 时，坝区上空整层基本为弱的暖平流；14 时后高层转为冷平流，主要在 200～500 hPa 高度，冷平流所伴随的下沉运动有助于动量下传，且冷平流强度不断增强；至 20 时，300 hPa 处出现强冷平流中心，强度达 32×

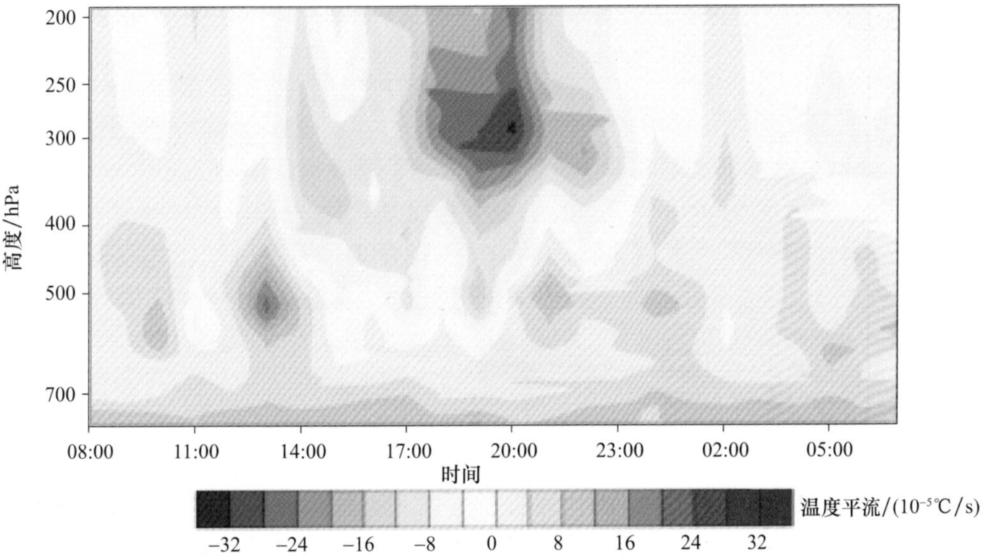

图 7.17　坝区(102.9°E,27.2°N)上空温度平流的时间-高度剖面

10^{-5}℃/s，此时对应的垂直下沉运动也达到最强，高空动量下传最强；20 时后，冷平流明显减弱，低层的暖平流开始发展起来。

7.2.5.3 散度

由图 7.18 散度的变化可知，08—12 时，坝区上空的辐散区较弱；13 时后低层辐散区增强，高层转为主要是辐合，低层辐散、高层辐合，对应有下沉运动；此后低层正散度区逐渐增强，至 18 时，出现强度为 $4\times10^{-5}s^{-1}$ 的正辐散中心，辐散达到最强；20 时后低层的正辐散区域高度降低，主要在 700 hPa 以下；23 时后高低层的散度进一步减小。通过比较散度与垂直速度和温度平流的变化来看，散度的变化要提前约 1 h，18 时低层辐散、高层辐合达到最强，但垂直下沉运动和冷平流在 19—20 时达到最强。

7.2.6 地形的狭管效应

图 7.19 为 2021 年 5 月 14 日 15 时白鹤滩坝区及其周边 10 m 风场分布，可看到模拟区域的大风来自西南方向，西南气流由峡谷南端（约 27.0°N 以南）地势较低处进入峡谷，然后受到南北狭长的峡谷地形影响，风向逐渐转为偏南，且当气流由开阔地带流入峡谷时，由于狭管效应，气流将加速通过，经过白鹤滩坝区时的风速明显增大。为了进一步了解大风在通过峡谷时的变化情况，沿图 7.19 中的红色线段，做坝区所在经度（102.9°E）上不同纬度处的风向、风速图（图 7.20），可看到当气流还未到达峡谷南部入口时，风向都为西南，风速偏小，当气流到达入口处但未进入时，风速显著降低，这是因为当气流由海拔高度较高处流入较低处时，发生汇聚沉积，处于静风状态，但随着气流进入峡谷，风速逐渐增大，与此同时风都转为一致的南风，通过坝区时，相比于最初的西南风风速增大了 2 倍左右，此后风速将继续增大，且随着峡谷走向的改变，风向也发生变化。这说明除了受大气环流形势的影响外，峡谷地形对白鹤滩坝区大风形成也具有重要作用，地形的狭管效应不仅改变了大风方向，还增大了风速，造成坝区易出现南北向的大风天气。

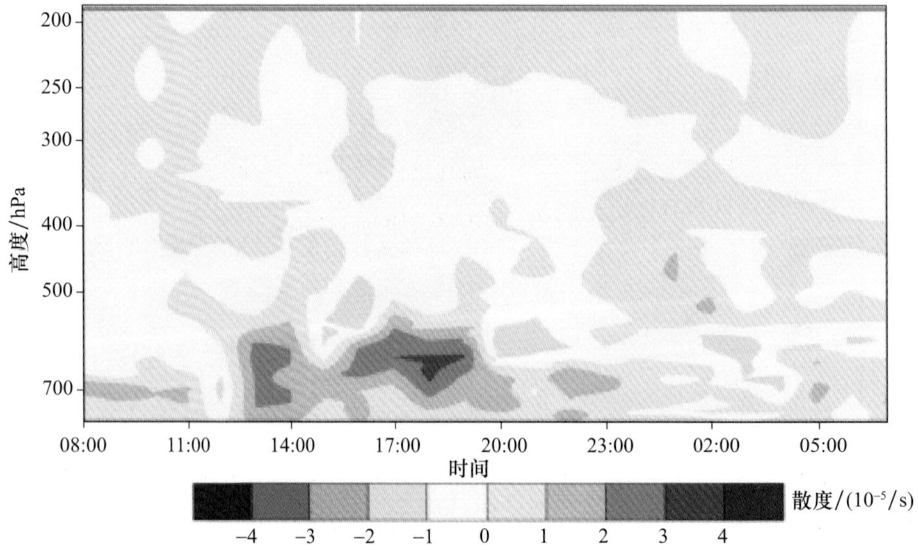

图 7.18 坝区（102.9°E，27.2°N）上空散度的时间-高度剖面

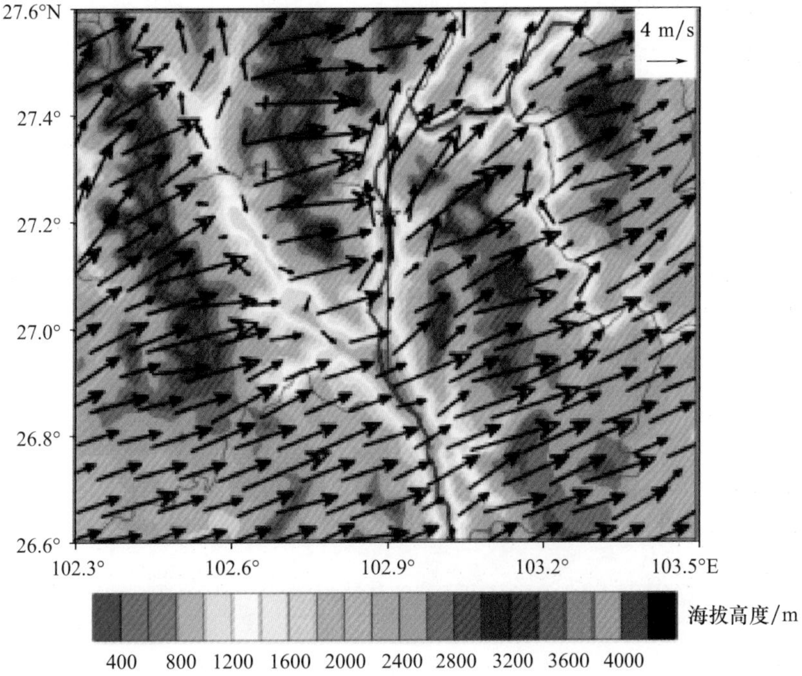

图 7.19　2021 年 5 月 14 日 15 时白鹤滩坝区及其周边 10 m 风场分布
（蓝色实线为金沙江下游河段；红色五角星为白鹤滩水电站坝区）

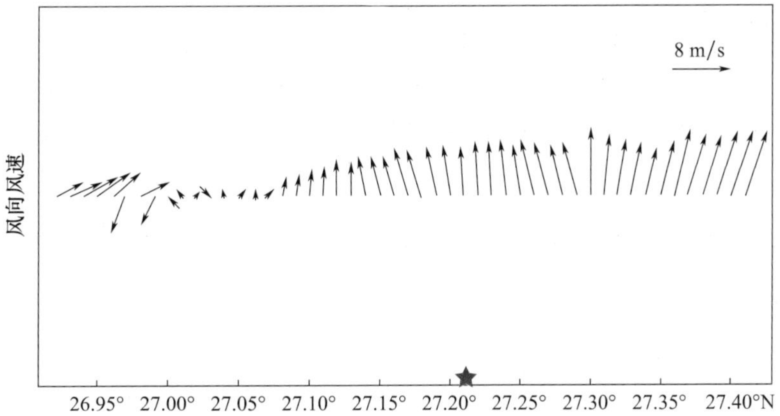

图 7.20　沿图 7.19 中红色线段不同纬度处风向、风速
（红色五角星为白鹤滩水电站坝区）

7.3　风热环境精细化数值模拟

白鹤滩水电站位于四川、云南交界处。图 7.21、图 7.22 分别给出了水电站周边地区的地形和土地利用分布。从图可见，水电站周边下垫面复杂，土地利用以森林、草地为主，但又包含了水体、城镇、农田等多种属性的用地；当地地形崎岖，高低海拔高度落差达到 3000 多米。由于水电站占地面积相对较小，结合周边复杂的地理条件，使得其气候特征具有极强的局地性。

为更好地评估当地风场，项目组计划基于前期站点气象数据分析的结果选取典型年份和典型月份，采用区域尺度数值模式结合微尺度数值模式进行多尺度数值模拟的方式对白鹤滩水电站周边区域从区域尺度到微尺度的风热环境分布特征展开分析。

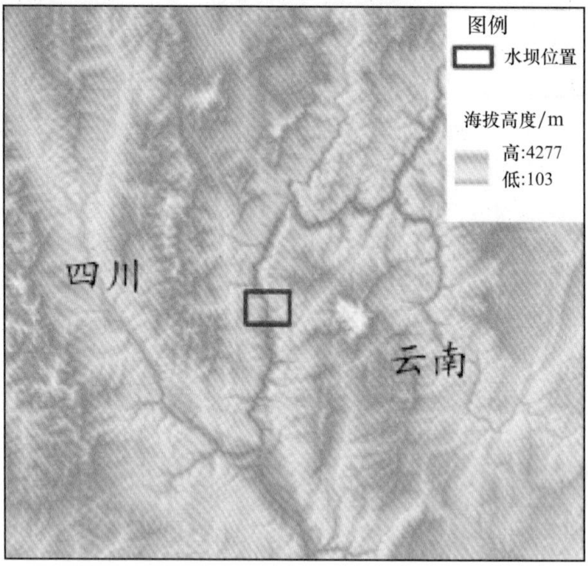

图 7.21　白鹤滩水电站周边地形分布

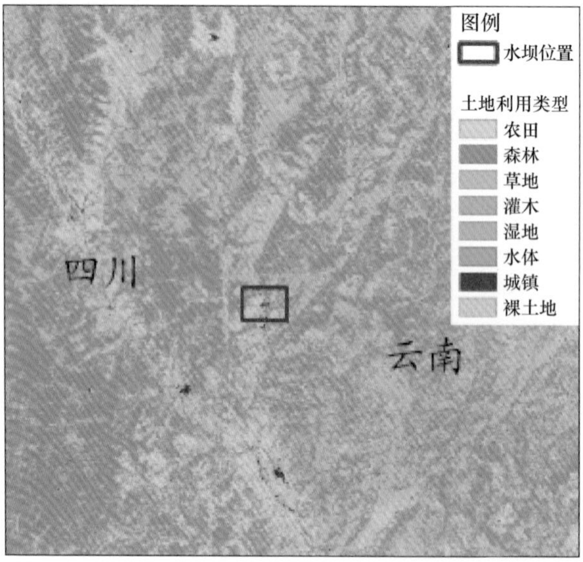

图 7.22　白鹤滩水电站周边土地利用类型分布

7.3.1　区域尺度数值模拟

7.3.1.1　模式简介

开展多尺度风热环境分析，首先需要利用中尺度数值模式模拟得到区域尺度气象背景场，以此对水电站周边区域的气候特征开展分析；同时，中尺度模式模拟结果也可以用于驱动微尺度模式，从而开展微尺度数值模拟。

本项目采用 WRF 模式作为中尺度数值模式。WRF 模式，是由美国国家大气研究中心（NCAR）、美国国家环境预报中心（NCEP）、美国国家海洋和大气管理局（NOAA）以及天气预报研究院（FSL）联合开发的新一代中尺度天气模式，由于其精度高、模拟效果好、代码开源等特点，不管是在业务部门或是科研机构，该数值模式都得到了广泛应用；其在区域气候数值模拟研究中的适用性也得到大量论证。本次评估中使用的是 WRF V4.2 版。

WRF 模式包含三个主要结构层：驱动层、中间层和模式层。其中，驱动层负责模式初始化、输入输出、时间积分、计算区域嵌套以及并行计算等；中间层则负责提供驱动层与模式层之间的交互和接口；模式层则主要包括动力学框架、物理过程等。除此之外，WRF 模式还提供了多种理想试验方案、多种模式初始化方案、多个滤波方案以及大量的物理过程参数化方案等，以更好地应用于不同情境。WRF 水平方向采用 Arakawa-C 网格，垂直方向采用气压、地形跟随混合坐标系，时间积分采用三阶 Runge-Kutta 方案。图 7.23 与图 7.24 分别为 WRF 垂直坐标系示意及水平和垂直网格分布。关于 WRF 模式的更多介绍可在其官网（http://www2.mmm.ucar.edu/wrf/users/）获得。

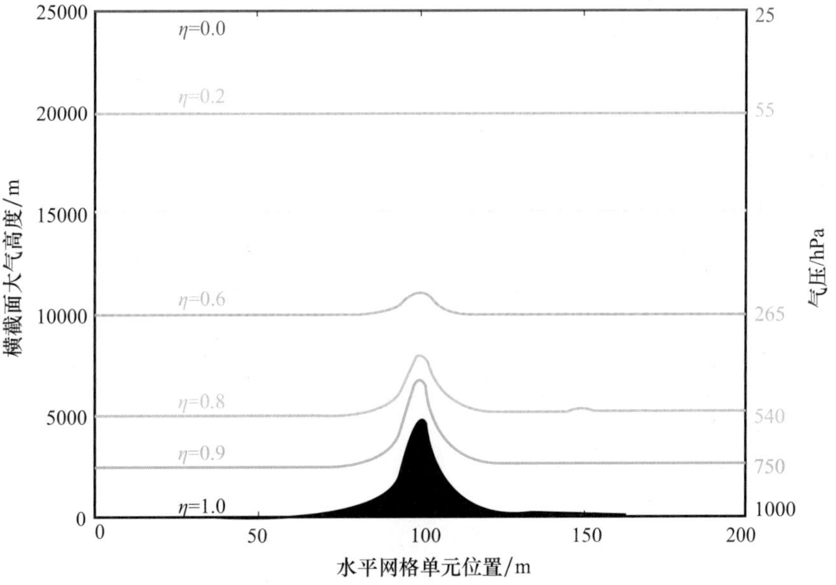

图 7.23　WRF 模式垂直坐标系

7.3.1.2　模拟设置及数据订正

（1）模式设置

WRF 模式采用了四层嵌套，采用兰勃特投影，最外层网格中心为（31°N，100°E）。由外至内各层网格分辨率分别为 27 km、9 km、3 km 和 1 km（图略）。模式垂直方向分为 46 层，顶层气压 50 hPa。模式采用的主要物理参数化方案包括：KF 积云对流方案，WSM6 微物理方案，Goddard 短波辐射方案，RRTM 长波辐射方案，Noah 陆面模式，MYJ 边界层参数化方案，同时在第四网格中开启城市冠层参数化方案。

根据前期站点气象风速分析，可知白鹤滩水电站一带大风通常出现在 1—4 月，因此本次评估时选择 2019 年作为典型年，并对 2019 年 1—4 月和 7 月、10 月开展连续模拟，最终得到白鹤滩水电站周边大风高频月份（1—4 月）和不同季节典型月（1 月、4 月、7 月和 10 月）的逐小时格点化气象场。

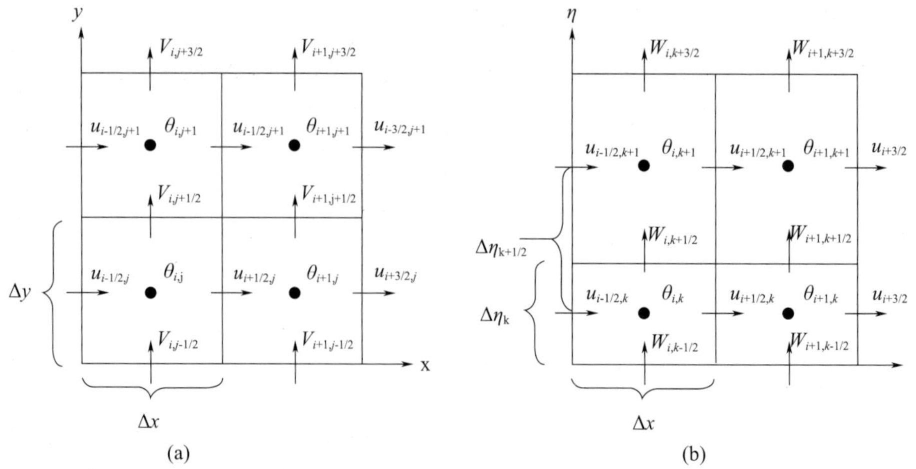

图 7.24　WRF 水平(a)及垂直(b)方向交错网格示意

(2)模式订正

① 地形和土地利用类型订正

WRF 模式自带的地形资料为 GMTED2010 地形数据,空间分辨率为 30″。为提高模拟精度,将地形数据替换为 NASA 公开的 ALOS 高程资料,数据原始空间分辨率为 12.5 m。图 7.25 所示为替换前后的模式第四层网格地形以及二者差值。可见 ALOS 主要对当地山体分布较多的区域做了订正,最大订正值超过了 200 m。

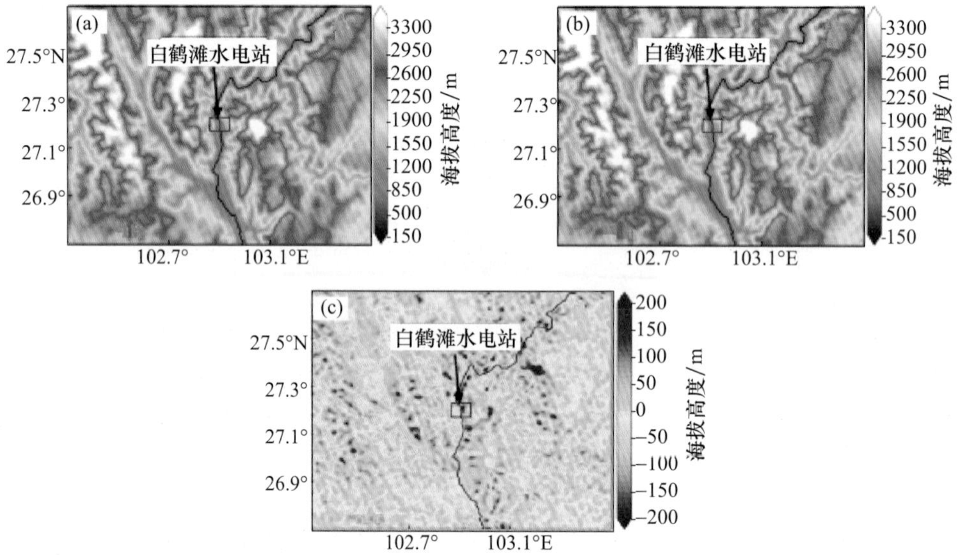

图 7.25　WRF 模式第四层网络地形

(a)模式原始地形;(b)订正后地形;(c)订正前后差值

同样,WRF 模式土地利用数据为 MODIS 卫星反演的 2010 年 15″土地覆盖数据,不仅分辨率低,年代也较为久远。在此使用清华大学制作的 2017 年 30 m 分辨率土地覆盖资料进行替换。数据来源网站为 http://data.ess.tsinghua.edu.cn/。图 7.26 所示为订正前后水电站周边的土地利用分布。可见新的土地利用数据主要将原始数据中大量的农业和其他用地修订为植被,同时也修正了部分缺失的水体;另外,水电站所在位置的土地利用类型也由农田订正为人工用地。

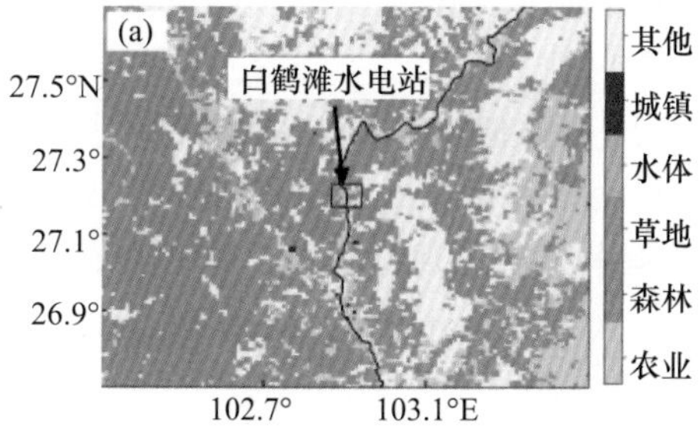

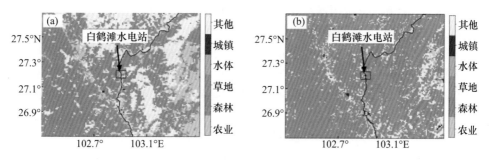

图 7.26　模式原始土地利用(a)与订正后土地利用(b)类型分布

② 模式误差订正

数值模式相比实际大气会存在一定误差，为减少误差，获得更准确的模拟结果，通常会采用资料同化的方式进行误差订正。本次评估中采用的资料同化算法为逐小时滚动四维资料同化技术(Four Dimensional Data Assimilation，FDDA)，同化的观测资料包括温度、气压、相对湿度、风向及风速。FDDA 同化算法是在模式积分项后添加增量倾向项，并结合时间算子和空间算子，最终实现将模式场向观测值逐步调整。其最大优势是平滑较为连续和缓和，不会破坏模式变量间的平衡。FDDA 的同化方程如下式所示：

$$\frac{\partial X}{\partial t} = F(X, x, y, \sigma, t) + G_\alpha \frac{\sum_{i=1}^{N} W_{xy,i}^2 W_{t,i}^2 W_{qc,i}^2 (y_t^{obs} - HX)}{\sum_{i=1}^{N} W_{xy,i} W_{t,i} W_{qc,i}} \tag{7.3}$$

同化前，首先采集模拟区域 2019 年 1—4 月的地面气象站逐小时观测资料，并进行质量控制。根据有关参考文献，本次评估主要对数据进行了极值检验、时间连续性检验、空间连续性检验。三种检验的简介细节如下。

a. 极值检验

首先直接剔除数据库系统中已标识为缺测的数据，然后通过判断要素数据是否位于特定阈值范围内，从而进一步对可疑数据做筛除。根据重庆本地的气候状况，逐小时气温的阈值设置为−20～40 ℃，逐小时相对湿度的阈值设为 30%～100%，逐小时风速的阈值设为 0～30 m/s，逐小时风向的阈值设为 0°～360°。超过阈值的数据便判断为缺省。

b. 时间连续性检验

气温的变化与时间存在较为显著的相关性，邻近时间的要素值应当是连续均匀变化的，时间一致性检查便是将出现过度变化或变化过小的气象要素值判断为可疑数据做剔除处理。研究中以气温连续 6 h 的平均变率为基础，若某一站点 6 h 的平均变率超过 10 ℃或小于 0.2 ℃，则设置为缺省值。

c. 空间连续性检验

同一区域范围内的站点观测数据可表现出相似的空间分布特征，若某个测站的要素值与邻近站差异较大，则可判断此站点的要素为可疑数据。具体实现为将距离质控站点周围一定范围内的所有站点作为样本，根据 Barnes 客观分析法插值到质控站点位置，然后判断站点原数据与插值数据间的残差，若超过特定阈值则该要素值判断为缺测。相关计算方程为：

$$x' = x_j - \frac{\sum_{i=1}^{N} \omega_i x_i}{\sum_{i=1}^{N} \omega_i} \tag{7.4}$$

$$\omega_i = e^{\left(\frac{-r}{R}\right)^2} \tag{7.5}$$

式中，x'为残差值，x_j和x_i分别为质控站点原始值和周围站点值，ω_i为周围站点权重，r为周围站点到质控站点的距离，R为影响半径。

但由于进行空间连续性检查需要使用周边站点进行插值，若某个还未进行质控的可疑站点也参与到插值中，势必会对结果造成影响。因此研究中采用了二次迭代的方案，即首先对所有站点进行一次空间连续性检验，然后在第二次检验中只使用通过了第一次检验的站点进行插值。若某个站点在第二次空间连续性检验中依然被判断为可疑值，便剔除；反之，则保留。进行质控时，影响半径设为 20 km，气温的最大残差为 5 ℃。

将质量控制后的观测资料代入式(7.3)并与模式积分相融合，即可对模式误差进行订正。本次模拟时使用了四川、重庆、云南和贵州等多省的国家基本气象站和区域气象站观测作为同化的观测数据。

7.3.2 逐月风热环境特征

7.3.2.1 1月风热环境特征

图 7.27a～c 分别为 WRF 模拟得到的白鹤滩水电站周边区域 1 月白天、夜间和全天平均气温空间分布。从图中可见水电站由于地处河谷低洼地带，气温相对周边地区明显要高。模拟区域内最低日平均气温可低于−3 ℃，而河谷中最高日平均气温则可高于 16 ℃。水库所在位置日平均气温约 13.2 ℃，白天平均气温约 15.5 ℃，夜间约 11.0 ℃，昼夜温差不大，可能是水体对局地气候调节作用的影响。

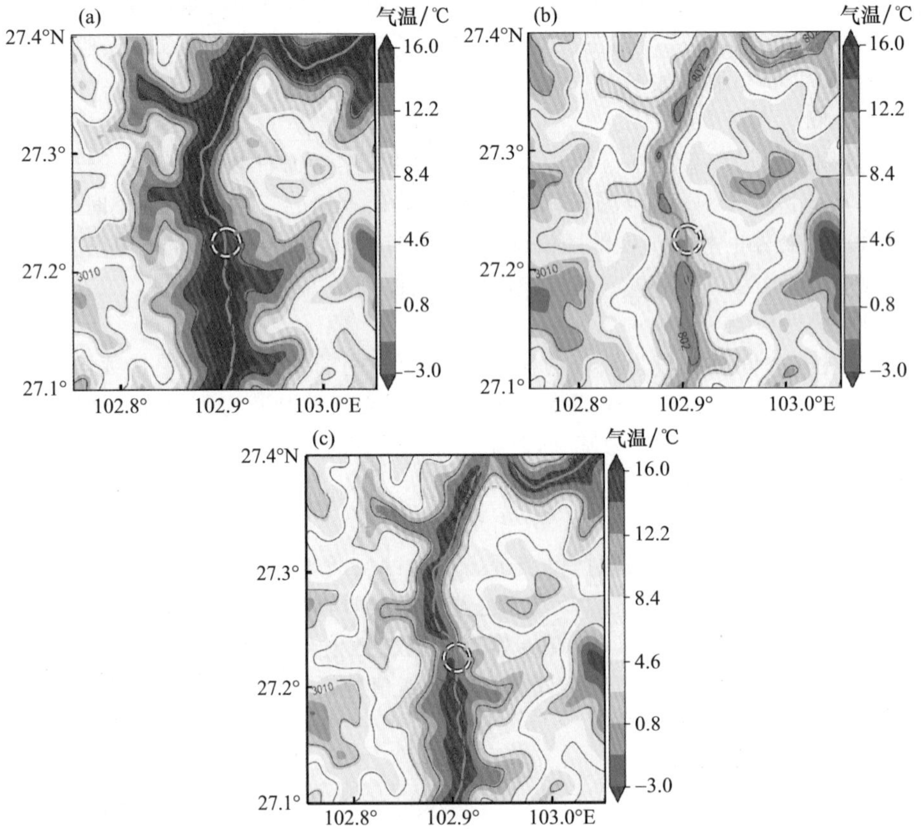

图 7.27 WRF 模拟的水电站周边 1 月白天(a)、夜间(b)和全天平均(c)2 m 气温

(等值线为地形高度)

图 7.28a～c 给出了 WRF 模拟得到白鹤滩水电站周边区域 1 月白天、夜间和全天平均距地面 10 m 风速和最大频率 10 m 风向空间分布。从图中首先能看出模拟区域内风速与海拔高度关系密切:海拔高度较高区域风速较大,最大日平均风速可超过 7 m/s。水电站所在位置日平均风速约 2.4 m/s,白天平均风速约 2.4 m/s,夜间也约为 2.4 m/s,但风速整体较白天小;另外,无论昼夜,水电站北部风速较南部大、西部风速较东部大。尽管昼夜平均风速差别不大,但根据图 7.28a 和 b,可知水电站一带昼夜风向存在一定差异。整体而言,白鹤滩水电站一带偏南风与偏北风同时存在,且电站东侧以偏北风为主,西侧则以偏南风为主;区分昼夜后,可知水电站白天以偏南风为主,夜间则以偏东北风为主。

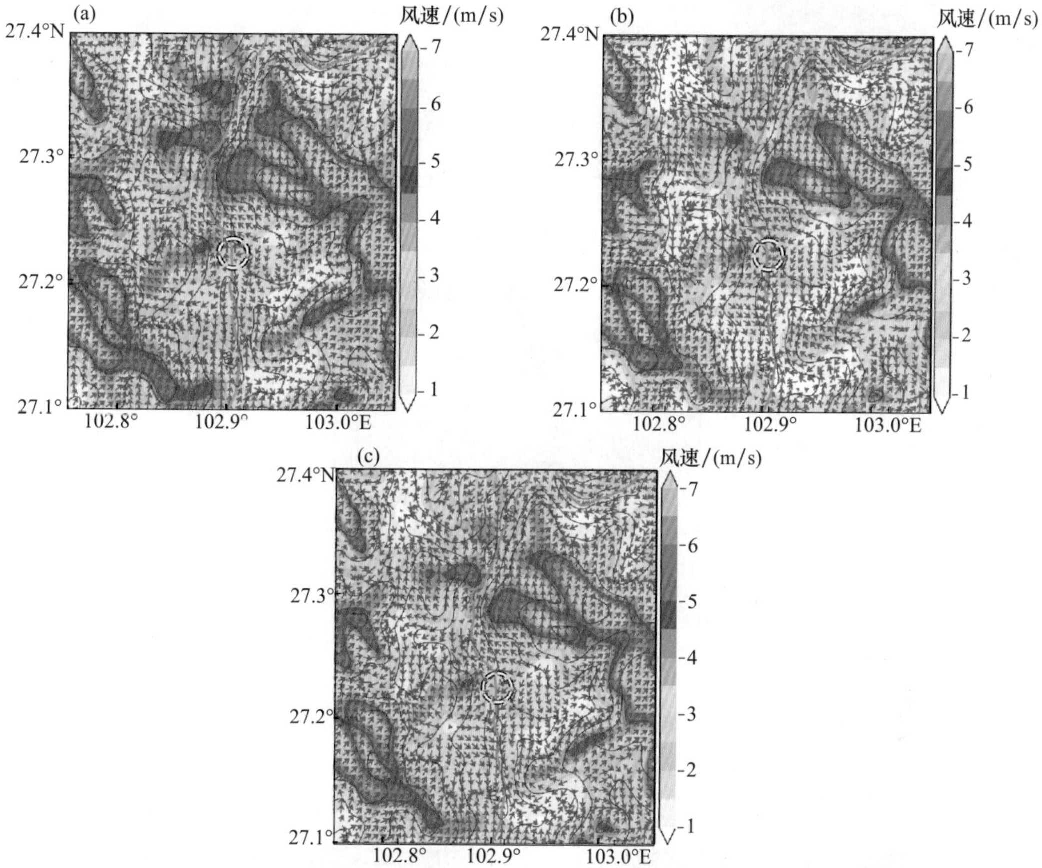

图 7.28　色阶分别为 WRF 模拟的水电站周边 1 月白天(a)、夜间(b)和全天平均(c)距地面 10 m 风速（箭头为最大频率 10 m 风向）

7.3.2.2　2 月风热环境特征

图 7.29a～c 分别为 WRF 模拟得到白鹤滩水电站周边区域 2 月白天、夜间和全天平均气温空间分布。可见模拟区域内 2 月气温相比 1 月有所升高,模拟区域内最低日平均气温低于 −1 ℃,而河谷中最高日平均气温则可高于 19 ℃。水库所在位置日平均气温约 16.8 ℃,白天平均气温约 19.2 ℃,夜间约 14.4 ℃,昼夜温差较 1 月有所增大。

图 7.30a～c 给出了 WRF 模拟得到白鹤滩水电站周边区域 2 月白天、夜间和全天平均距地面 10 m 风速和最大频率 10 m 风向空间分布。此时风速空间分布特征与 1 月类似,风速较大区域主要集中在高海拔区;而水电站所在位置依然以北部风速较南部更大、西部风速较东部

更大。水电站日平均风速约 2.7 m/s，白天平均风速约 2.6 m/s，夜间平均风速约 2.8 m/s；不过根据图像可知，当地整体风速依然表现为白天较夜间大。水电站昼夜风向差异虽不明显，但依然存在：白天水电站主要盛行南风，夜间则以偏东风更多。

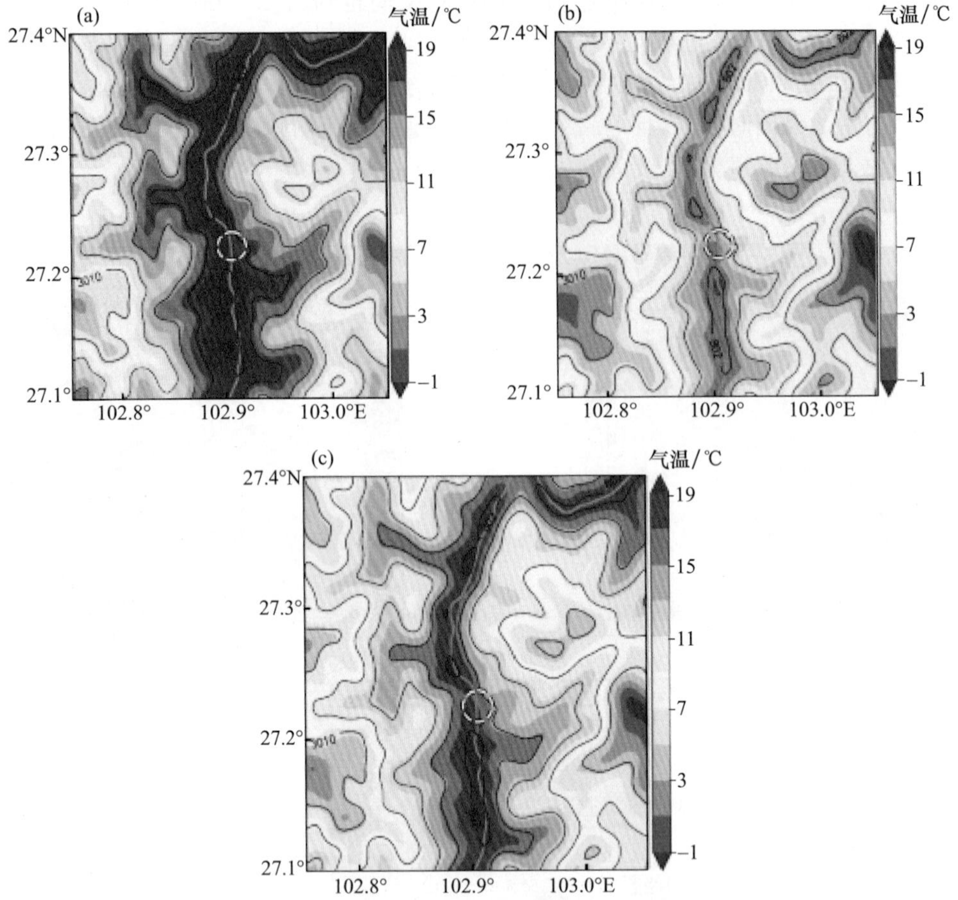

图 7.29　WRF 模拟的水电站周边 2 月白天(a)、夜间(b)和全天平均(c)距地面 2 m 气温
(等值线为地形高度)

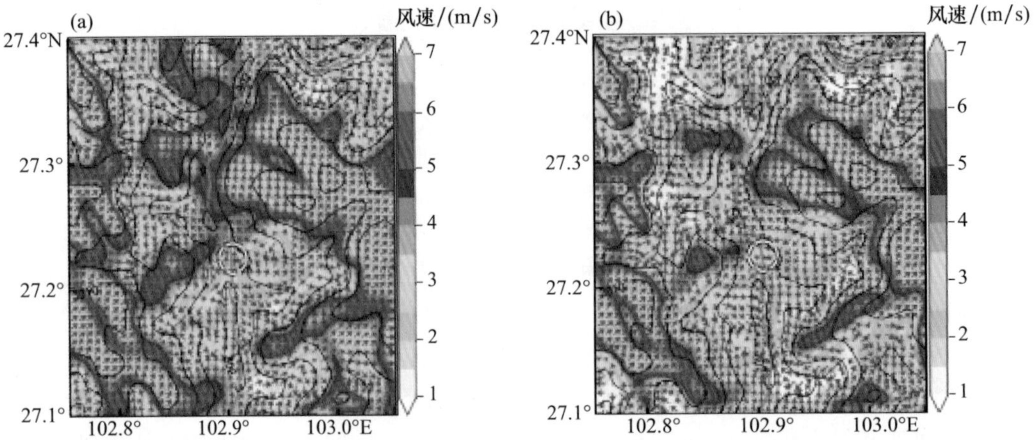

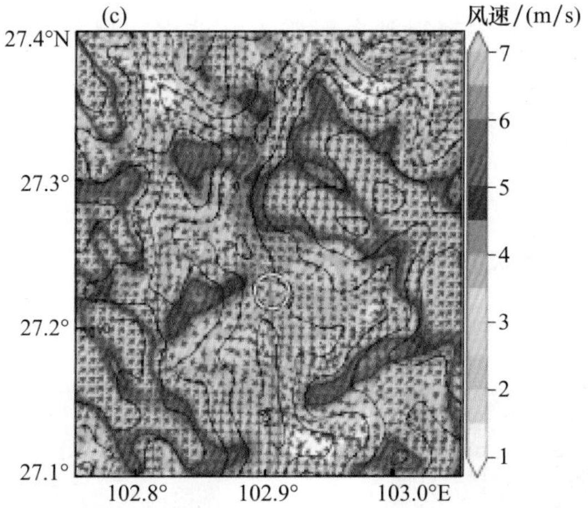

图 7.30　WRF 模拟的水电站周边 2 月白天(a)、夜间(b)和全天平均(c)距地面 10 m 风速

（箭头为最大频率 10 m 风向）

7.3.2.3　3 月风热环境特征

图 7.31a～c 分别为 WRF 模拟得到白鹤滩水电站周边区域 3 月白天、夜间和全天平均气温空间分布。根据模拟结果，3 月模拟区域内大部分地区气温已高于 0 ℃；水电站一带日平均气温约 17.7 ℃，白天平均气温约 20.1 ℃，夜间则约 15.3 ℃，昼夜温差进一步增大。

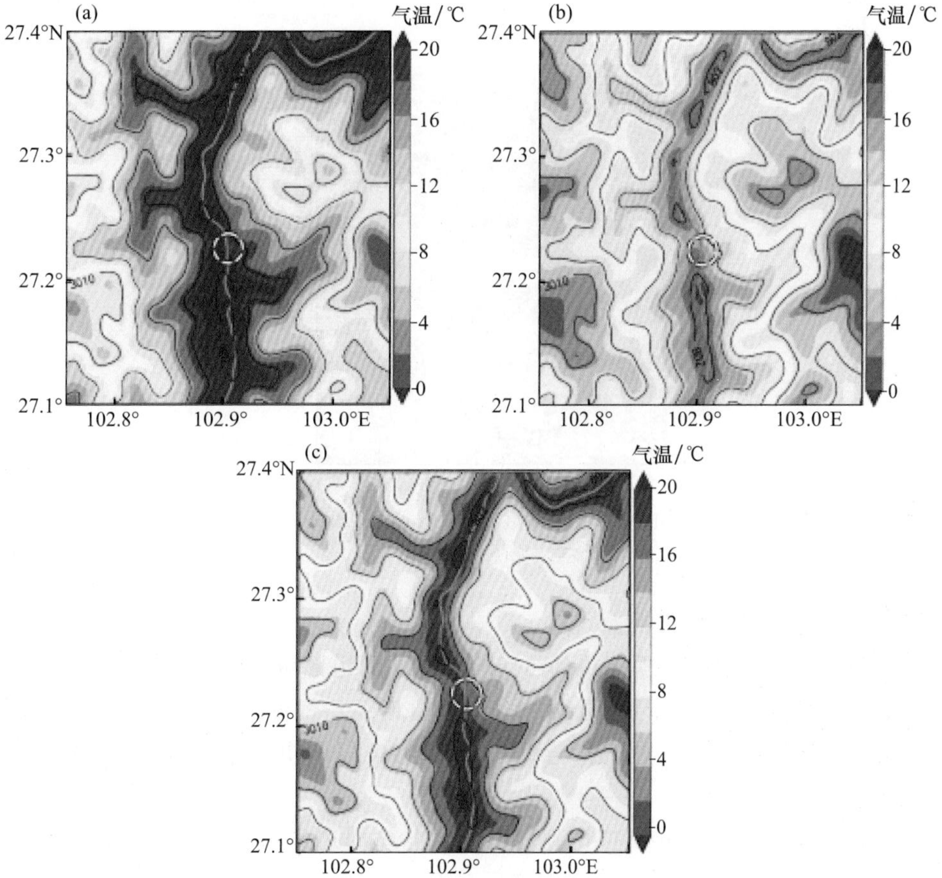

图 7.31　WRF 模拟的水电站周边 3 月白天(a)、夜间(b)和全天平均(c)距地面 2 m 气温

（等值线为地形高度）

图 7.32a～c 给出了 WRF 模拟得到白鹤滩水电站周边区域 3 月白天、夜间和全天平均距地面 10 m 风速和最大频率 10 m 风向空间分布。首先能看出风速的空间分布与 1 月、2 月相似，水电站一带依然表现为从南到北、从东到西风速增大的特征。水电站日平均风速约3.0 m/s，白天平均风速约 3.1 m/s，夜间则约为 2.9 m/s，白天风速大于夜间，同时此时风速也明显大于 1 月和 2 月。另外，3 月水电站一带偏西北风出现相对频率更高；不过依然存在一定程度的昼夜风向差异，即夜间北风更明显，白天水电站西侧则存在一定偏南风。

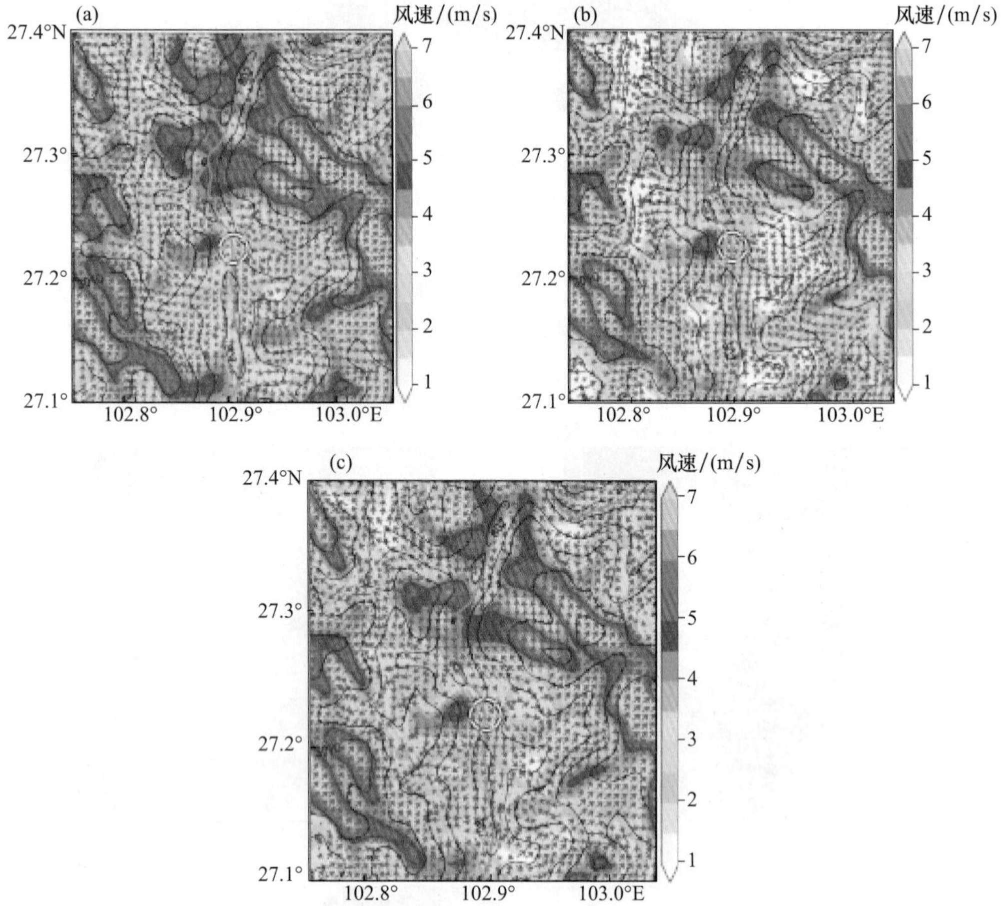

图 7.32 WRF 模拟的水电站周边 3 月白天(a)、夜间(b)和全天平均(c)距地面 10 m 风速
(箭头为最大频率 10 m 风向)

7.3.2.4 4 月风热环境特征

图 7.33a～c 分别为 WRF 模拟得到白鹤滩水电站周边区域 4 月白天、夜间和全天平均气温空间分布。此时水电站日平均气温约 23.2 ℃，白天平均气温约 25.7 ℃，夜间平均气温约 20.8 ℃，昼夜温差进一步增大。同时，与 1—3 月相比，4 月水电站气温有明显上升，其中相比 3 月升高了 5 ℃左右。

图 7.34a～c 给出了 WRF 模拟得到白鹤滩水电站周边区域 4 月白天、夜间和全天平均距地面 10 m 风速和最大频率 10 m 风向空间分布。从风速来看，水电站一带风速空间分布依然符合西高东低、北高南低的特征；日平均风速约 2.7 m/s，白天平均风速和夜间平均风

速分别约为 3.0 m/s 和 2.4 m/s。相比 1—3 月，4 月当地昼夜风向差异更加明显，可以明显看出水电站白天南风为盛行风，夜间以西北风为主要。这说明昼夜风向差异的成因与热力作用关系密切。

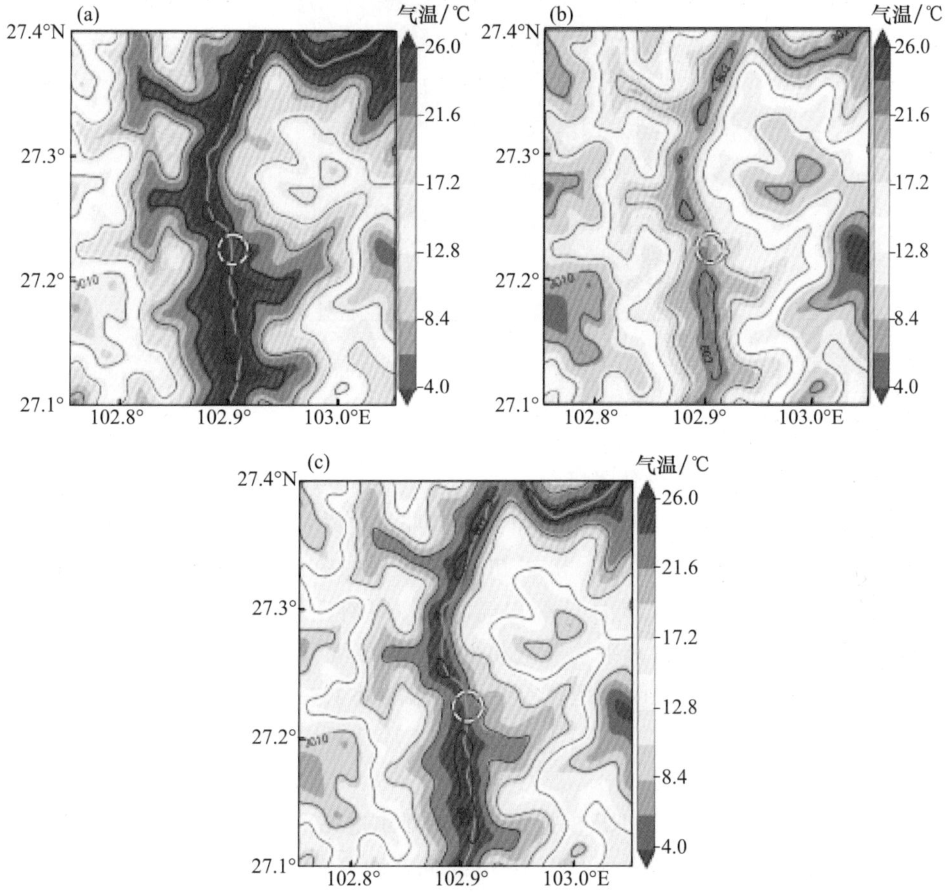

图 7.33　WRF 模拟的水电站周边 4 月白天(a)、夜间(b)和全天平均(c)距地面 2 m 气温（等值线为地形高度）

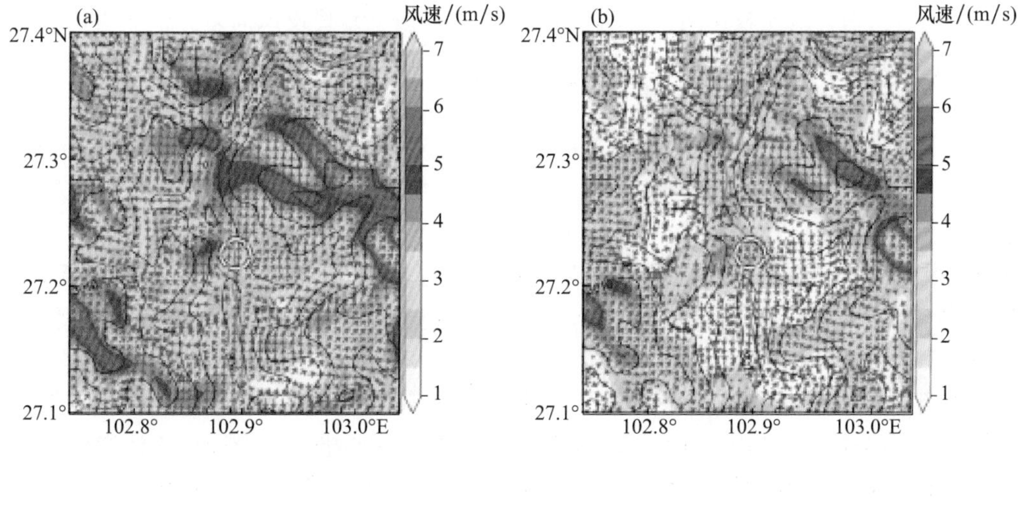

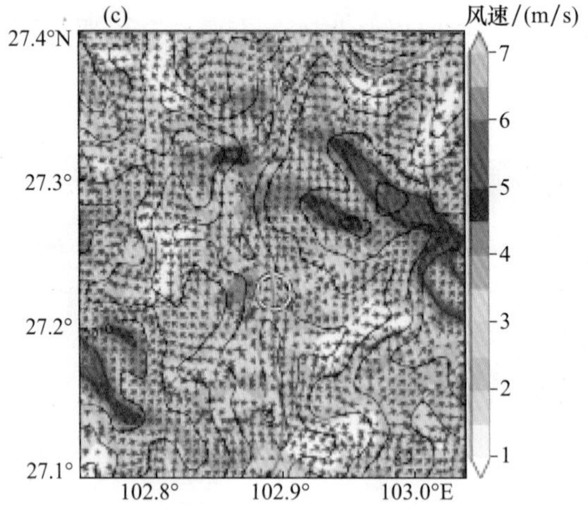

图 7.34　WRF 模拟的水电站周边 4 月白天(a)、夜间(b)和全天平均(c)距地面 10 m 风速
（箭头为最大频率 10 m 风向）

7.3.2.5　7 月和 10 月风热环境特征

图 7.35 和图 7.36 分别为 WRF 模拟得到白鹤滩水电站周边区域 7 月以及 10 月白天、夜间和全天平均气温空间分布。从图 7.35 可知，模拟区域内 7 月日平均最高气温已超过 28 ℃，高温基本集中在低洼河谷地带；10 月日平均气温较 7 月有所下降，且低于 4 月，但较 1—3 月高。水电站 7 月日平均气温、白天平均气温和夜间平均气温分别为 25.3 ℃、26.6 ℃和 24 ℃，昼夜温差相对其他月份缩小，说明当地夏季全天气温均处于一个较高的水平；原因可能与风速整体偏小(见后)导致热量难以扩散有关。水电站 10 月日平均、白天平均和夜间平均气温分别为 20.9 ℃、22.3 ℃和 19.4 ℃。

图 7.37 和图 7.38 给出了 WRF 模拟得到白鹤滩水电站周边区域 7 月和 10 月白天、夜间和全天平均距地面 10 m 风速和最大频率 10 m 风向空间分布。从图中可见，当地 7 月和 10 月风速较 1—4 月显著下降，模拟区域内很多地方甚至存在风速小于 1 m/s 的情况。不过就水电站所在位置而言，风速整体西高东低的特征没有明显变化。7 月水电站日平均、白天平均和夜间平均风速分别为 2.0 m/s、2.1 m/s 和 1.9 m/s；10 月则分别为 2.3 m/s、2.5 m/s 和 2.1 m/s，两个月份依然为白天风速较夜间大。从风向来看，水电站 7 月昼夜风向差异依然明显，白天以南风为主，夜间以偏北风为主，不过就全天而言以偏北风出现频率更高；10 月水电站昼夜风向差异不大，均以偏西北风为主导风。

利用 WRF 模式结合区域站资料同化，以 2019 年为典型年，对白鹤滩水电站所在区域 1、2、3、4、7、10 月开展了数值模拟，分析了逐月日平均、白天平均和夜间平均气温及风向、风速。

根据气温的模拟结果，可知水电站地处低洼河谷地带，气温相比周边地区高；且受地形影响，西侧气温高于东侧。水电站四季分明，不同季节气温存在明显差异；平均气温以夏季最高(7 月平均气温约 25.3 ℃)，春季次之(4 月平均气温约 23.2 ℃)，秋季再次(10 月平均气温约 20.9 ℃)，冬季气温最低(1 月平均气温约 13.2 ℃)。其中，夏季日平均气温可达 25.3 ℃，冬季则约 13.2 ℃；而模拟区域内河谷地带夏季最高日平均气温可超过 28 ℃，应当注意防暑降温；冬季高海拔地区最低日平均气温可低于－3 ℃，应当注意御寒保暖。水电站存在一定昼夜温差，以春季最大(4 月白天平均气温较夜间高 5 ℃左右)，冬季次之；夏季和秋季昼夜温差较小，可能是因为夏季和秋季风速整体偏小，导致无论昼夜热量均难以扩散，因此夜间气温也偏高。

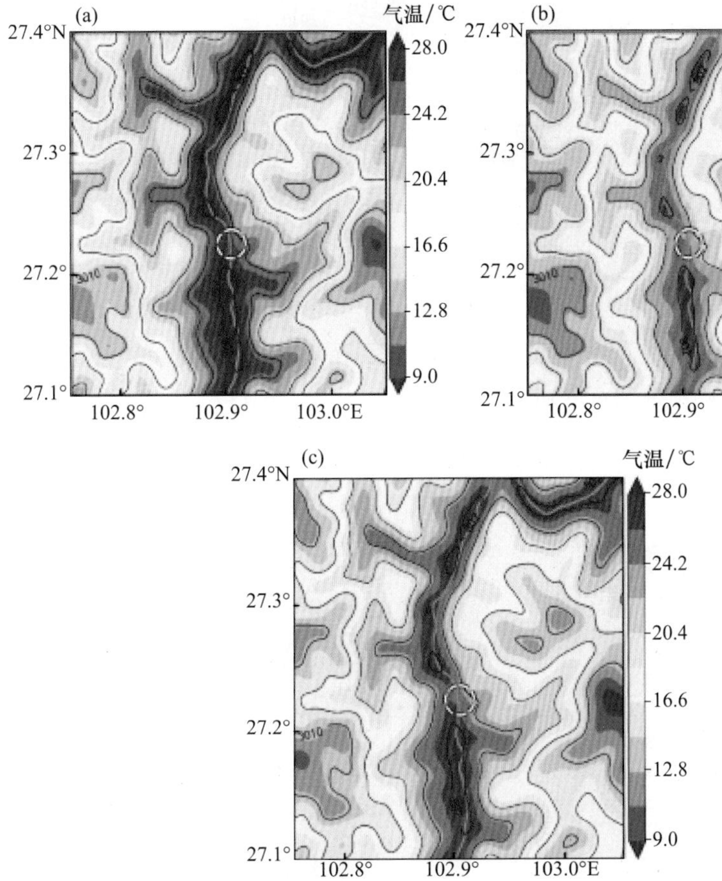

图 7.35　WRF 模拟的水电站周边 7 月白天(a)、夜间(b)和全天平均(c)距地面 2 m 气温
(等值线为地形高度)

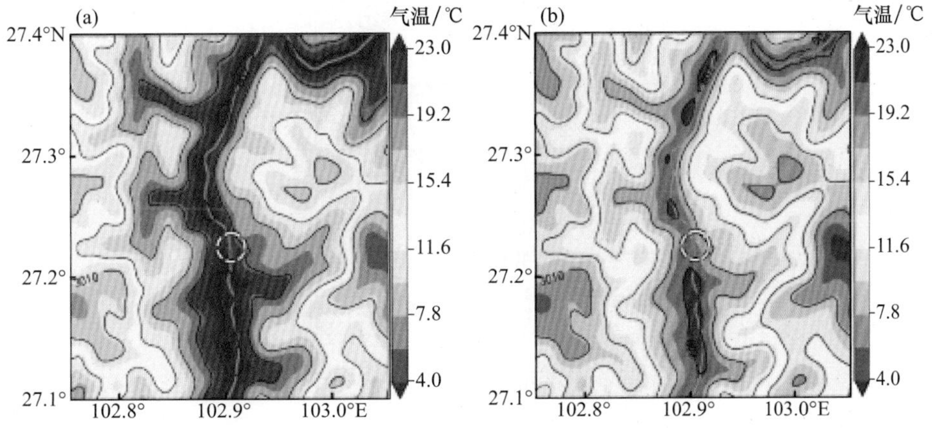

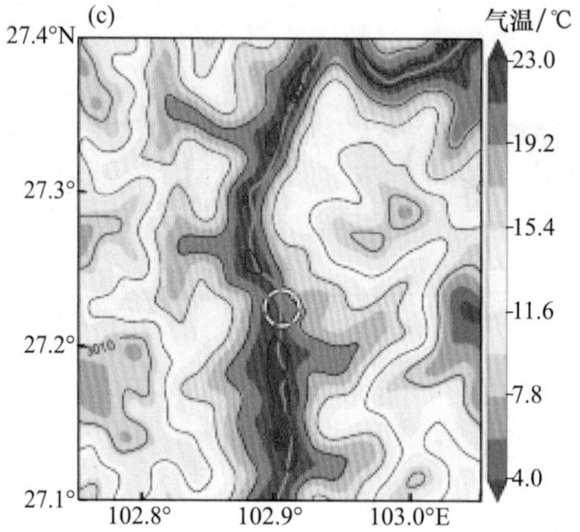

图 7.36　WRF 模拟的水电站周边 10 月白天(a)、夜间(b)和全天平均(c)距地面 2 m 气温
(等值线为地形高度)

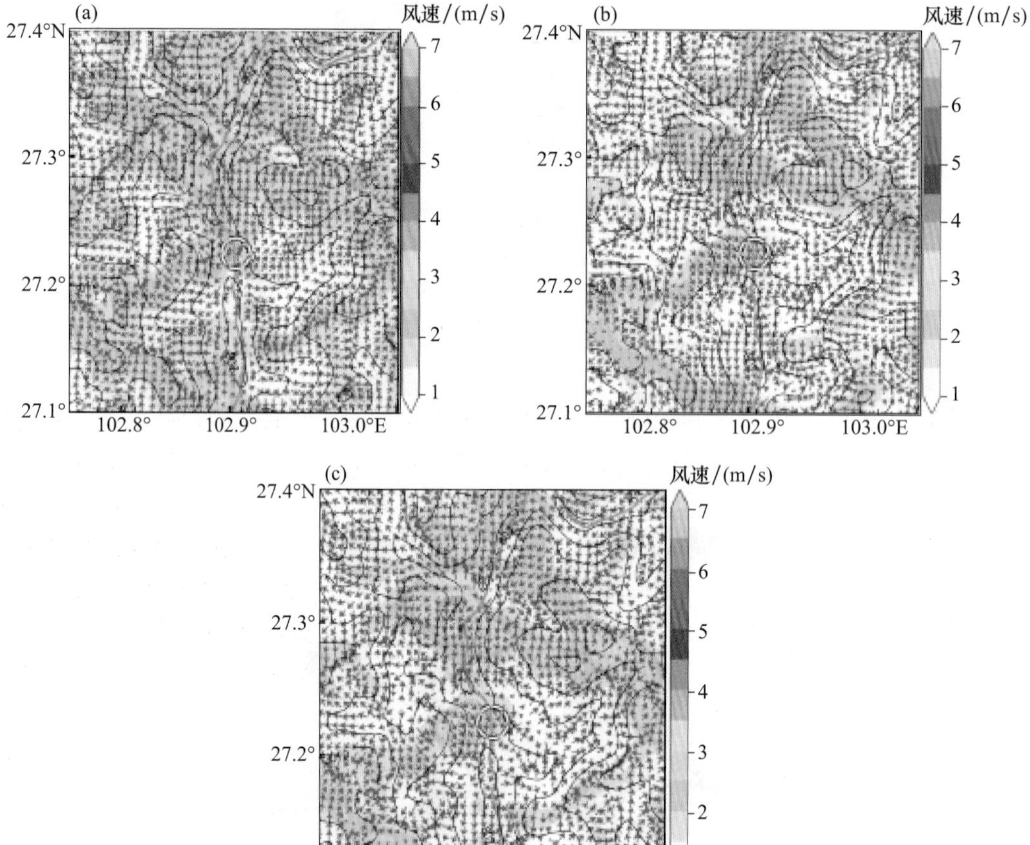

图 7.37　WRF 模拟的水电站周边 7 月白天(a)、夜间(b)和全天平均(c)距地面 10 m 风速
(箭头为最大频率 10 m 风向)

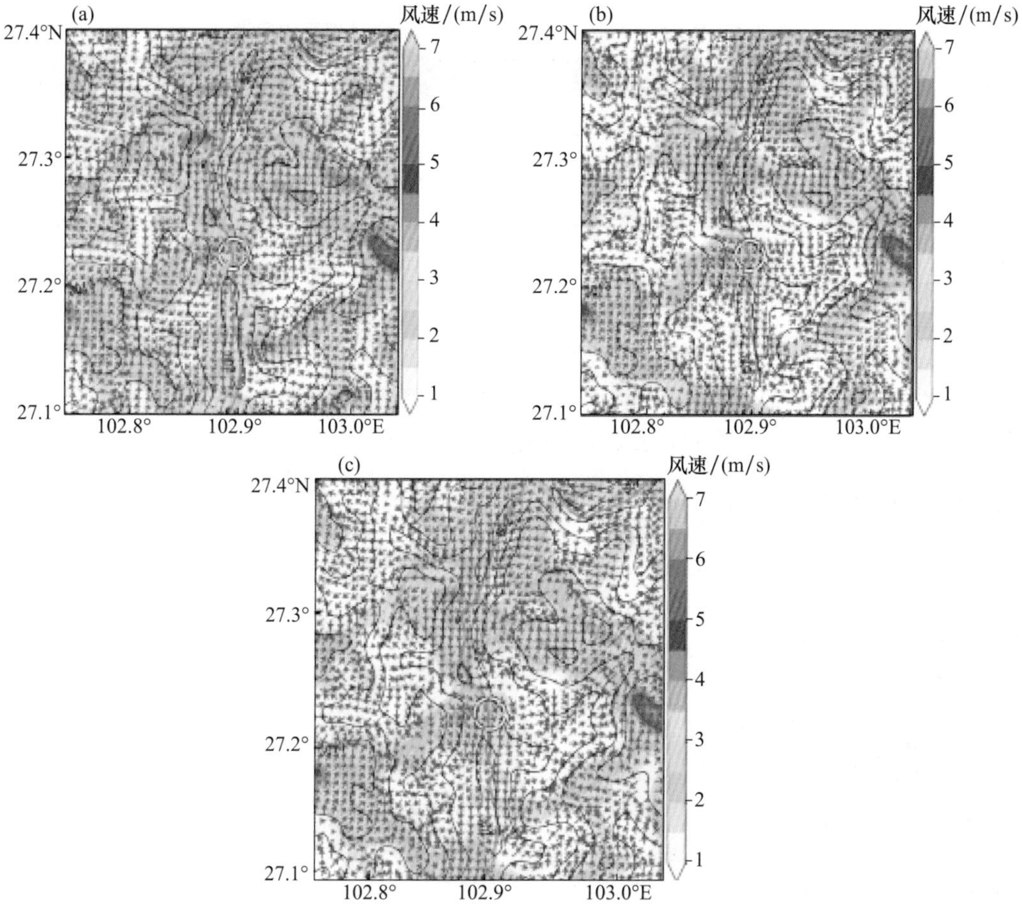

图 7.38　WRF 模拟的水电站周边 10 月白天(a)、夜间(b)和全天平均(c)距地面 10 m 风速
(箭头为最大频率 10 m 风向)

根据风场的模拟结果,可知水电站由于处于低洼河谷地带,风速相对周边高海拔区域属低值区。水电站全年风速空间分布呈北高南低、西高东低的特征;就四个季节而言,水电站春季风速最大(4 月日平均风速约 2.7 m/s,3 月日平均风速 3.0 m/s)、冬季次之(1 月日平均风速 2.4 m/s)、秋季再次(10 月日平均风速 2.3 m/s)、夏季风速相对最小(7 月日平均风速 2.0 m/s)。另外,全年大部分时间呈白天风速大于夜间的特征。就风向而言,水电站所在地全年大部分时间有较为明显的昼夜风向差异:白天多盛行偏南风,夜间多盛行偏北风或偏东风(其中冬半年多偏东北风,夏半年多偏西北风);昼夜风向差异的现象以春、夏季最为明显,冬季次之,秋季昼夜风向差异相对较小。

表 7.4 和表 7.5 分别给出了模拟所得白鹤滩水电站 2019 年 1、2、3、4、7、10 月的平均气温和风速。

表 7.4　WRF 模拟所得白鹤滩水电站不同月份平均气温　　单位:℃

时间段	1 月	2 月	3 月	4 月	7 月	10 月
白天平均	15.5	19.2	20.1	25.7	26.6	22.3
夜间平均	11.0	14.4	15.3	20.8	24.0	19.4
日平均	13.2	16.8	17.7	23.2	25.3	20.9

表 7.5 WRF 模拟所得白鹤滩水电站不同月份平均风速 单位:m/s

时间段	1月	2月	3月	4月	7月	10月
白天平均	2.4	2.6	3.1	3	2.1	2.5
夜间平均	2.4	2.8	2.9	2.4	1.9	2.1
日平均	2.4	2.7	3.0	2.7	2.0	2.3

7.3.3 微尺度数值模拟

7.3.3.1 模式简介

由于水电站建设区面积相对较小,要获得其建设位置及周边更精细的大气要素空间特征,使用中尺度 WRF 模式已不能满足需求。因此需使用 WRF 模拟结果驱动微尺度模式做降尺度模拟。本次评价中所用的微尺度模式为一基于质量守恒约束的诊断模式,模式采用 klemp 地形跟随坐标系,舍弃了气象中常用的准静力近似,主要动力方程由连续方程、动量方程、状态方程和热力方程组成。同时,模式采用 k-ε 闭合方案,即在上述 4 个方程外加入湍能和湍流耗散率传输方程。未考虑地形跟随坐标系的方程如下所示。

$$\frac{\partial u}{\partial t}+u\frac{\partial u}{\partial x}+v\frac{\partial u}{\partial z}+w\frac{\partial u}{\partial z}=-\theta\frac{\partial\pi'}{\partial x}+\frac{2}{3}\frac{\partial k}{\partial x}+\nu_t\nabla\left[\left(\frac{\partial u}{\partial x}+\frac{\partial u}{\partial x}\right)+\left(\frac{\partial u}{\partial y}+\frac{\partial v}{\partial x}\right)+\left(\frac{\partial u}{\partial z}+\frac{\partial w}{\partial x}\right)\right]$$

$$\frac{\partial v}{\partial t}+u\frac{\partial v}{\partial x}+v\frac{\partial v}{\partial z}+w\frac{\partial v}{\partial z}=-\theta\frac{\partial\pi'}{\partial y}+\frac{2}{3}\frac{\partial k}{\partial y}+\nu_t\nabla\left[\left(\frac{\partial v}{\partial x}+\frac{\partial u}{\partial y}\right)+\left(\frac{\partial v}{\partial y}+\frac{\partial v}{\partial y}\right)+\left(\frac{\partial v}{\partial z}+\frac{\partial w}{\partial y}\right)\right]$$

$$\frac{\partial w}{\partial t}+u\frac{\partial w}{\partial x}+v\frac{\partial w}{\partial z}+w\frac{\partial w}{\partial z}=g\frac{\theta'}{\theta}-\theta\frac{\partial\pi'}{\partial z}+\frac{2}{3}\frac{\partial k}{\partial z}+\nu_t\nabla\left[\left(\frac{\partial w}{\partial x}+\frac{\partial u}{\partial z}\right)+\left(\frac{\partial w}{\partial y}+\frac{\partial v}{\partial z}\right)+\left(\frac{\partial w}{\partial z}+\frac{\partial w}{\partial z}\right)\right]$$

$$\frac{\partial u}{\partial x}+\frac{\partial v}{\partial y}+\frac{\partial w}{\partial z}=0$$

$$\frac{\partial\theta}{\partial t}+u\frac{\partial\theta}{\partial x}+v\frac{\partial\theta}{\partial z}+w\frac{\partial\theta}{\partial z}=\frac{\nu_t}{P_{rt}}(\Delta\cdot\theta)$$

$$\frac{\partial k}{\partial t}+u\frac{\partial k}{\partial x}+v\frac{\partial k}{\partial z}+w\frac{\partial k}{\partial z}=\frac{\nu_t}{\sigma_k}(\Delta\cdot k)+\nu_t\left(\frac{\partial V_i}{\partial x_j}+\frac{\partial V_j}{\partial x_i}\right)\frac{\partial V_i}{\partial x_j}-g\frac{\nu_t}{\theta\sigma_k}\frac{\partial\theta}{\partial z}-\varepsilon$$

$$\frac{\partial\varepsilon}{\partial t}+u\frac{\partial\varepsilon}{\partial x}+v\frac{\partial\varepsilon}{\partial z}+w\frac{\partial\varepsilon}{\partial z}=\frac{\nu_t}{\sigma_k}(\Delta\cdot\varepsilon)+\frac{\varepsilon}{k}\left[C_1\nu_t\left(\frac{\partial V_i}{\partial x_j}+\frac{\partial V_j}{\partial x_i}\right)\frac{\partial V_i}{\partial x_j}-C_3 g\frac{\nu_t}{\theta\sigma_k}\frac{\partial\theta}{\partial z}\right]-C_2\frac{\varepsilon^2}{k} \tag{7.6}$$

模式使用强迫-恢复法(force-restore)计算地表及土壤温度,并根据网格中不同下垫面类型比率计算最终温度。采用的地表温度模型方程如下式所示:

$$C_g\frac{\partial T_g}{\partial t}=R_n-H_e-H_s-H_m+Q_a \tag{7.7}$$

$$\frac{\partial T_2}{\partial t}=\frac{1}{\tau}(T_g-T_2) \tag{7.8}$$

式中,T_g 和 T_2 分别代表地表温度和深层土壤温度,R_n、H_e、H_s、H_m、Q_a 分别代表地表净辐射、地面潜热通量、地面感热通量、深层土壤热通量、人为热通量。

微尺度模式求解时,首先计算未包含扰动气压的模式方程得到虚拟速度,然后代入连续方程,利用超松弛迭代求解泊松方程得到扰动气压,再对虚拟速度进行调整得到真实速度。计算得到大气动力场后,再计算各物理参数化方案。模式在特定边界条件下,积分一段时间后将达到“稳态”,该稳态即可作为当前初边条件及模式参数设置下的“大气平均状态”。

7.3.3.2　模式设置

开展微尺度模拟时，模式水平分辨率为 35 m，垂直方向 26 层；模式顶海拔高度为 6500 m。为了更好地进行模拟，在利用 ALOS 高程数据和清华大学土地利用数据对模式原有地形及土地利用进行订正之后，还进一步对照遥感图像对土地利用数据中识别错误、存在空间漂移的区域进行了人工修正。图 7.39 为最终利用微尺度模式开展对照试验模拟时所使用的地形和土地利用分布，以评估水电站建成前当地的微尺度风热环境。从图 7.39a 可以看出，白鹤滩水电站地处两山之间的河谷地带，河谷中最低海拔高度约 570 m，而区域内最高海拔高度约3100 m，水电站两侧地形非常陡峭，山体坡度很大；水电站所在位置上、下游均存在“喇叭口”地形，这类地形容易因狭管效应形成局地大风。另外，根据图 7.39b，可见在微尺度模式中，金沙江的河道得到了较为清晰的还原。

微尺度模式积分时采用自适应积分步长，入流边界采用 Davies 边界条件，出流边界采用无梯度边界条件。模拟中当检测到模式变量不再发生明显变化，便视为积分达到收敛，从而得到微尺度风场稳态。另外，由于微尺度模式积分时间较长，为节省计算量，这里选择 2019 年 1 月、2 月、3 月和 4 月作为典型月，并根据逐日平均风速、气温等要素与对应月平均场的相关系数，挑选当月典型日作为代表开展分析。经过挑选，最终决定以 2019 年 1 月 26 日、2 月 27 日、3 月 18 日和 4 月 22 日分别作为各典型月的典型日，开展逐小时微尺度模拟。

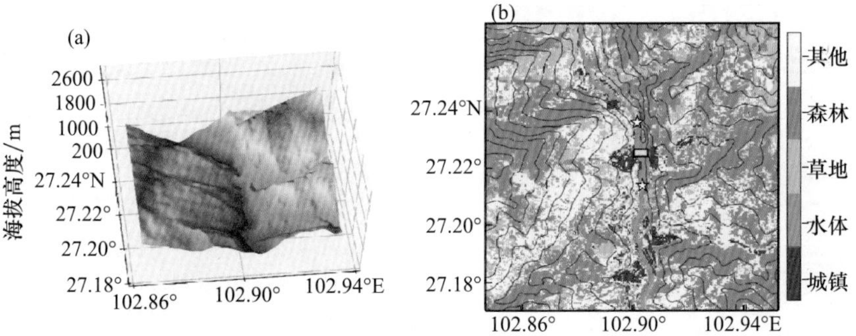

图 7.39　微尺度模式地形(a)和土地利用(b)

((b)中长方形标记了水电站位置；☆标注了上下游的地形喇叭口；深蓝色等值线为地形)

7.3.3.3　模拟结果分析

(1)1 月风热环境特征

图 7.40 为微尺度模式得到的 2019 年 1 月典型日白天平均稳态气温和夜间平均稳态气温分布。从图中可看出，水电站一带 1 月昼夜温差在 5～6 ℃，高海拔地区或植被覆盖率较高的区域气温较低(夜间最低气温可低于 3 ℃)，而城镇、河谷区域气温则相对较高。尤其是在 1 月夜间(图 7.40b)，可较为明显地看到金沙江河道由于水体比热容高，因此相对周边呈现高温；水电站所在位置受其影响，也相对周边气温偏高。

图 7.41 为微尺度模式得到的 2019 年 1 月典型日白天平均稳态风场和夜间平均稳态风场分布。根据微尺度模拟结果，能更清晰地看出水电站一带风速西高东低、北高南低的特征：金沙江西侧高海拔地区典型日白天平均风速最大值可高于 4 m/s，而东侧最低平均风速则可低于 0.5 m/s。同时，能看出水电站上游金沙江河道存在相对明显的狭管效应。从图 7.41 可知，水电站位置上游河道风速相对周边地区风速偏大，尤其是水库上游地形喇叭口位置附近，存在较为明显的大风区。这一大风区在夜间相对更明显，局地平均夜间风速超过了 2.5 m/s。

从风向来看，1月水电站当地白天平均风以东风、东南风为主，夜间则以偏东北风为主。当盛行不同风向时，地形狭管效应造成的大风区位置也有所不同：风向偏南时，大风区位置偏北；风向偏北时，大风区位置偏南，甚至覆盖了整个水库所在区域及水库部分下游区域。

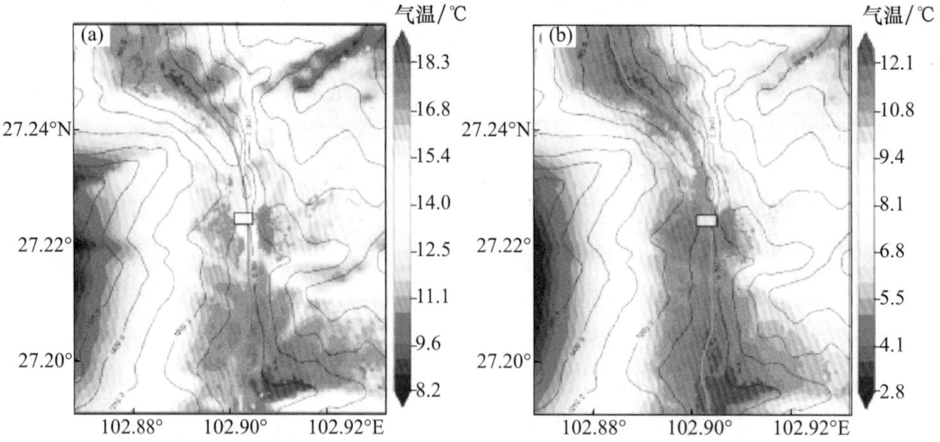

图7.40　微尺度模式模拟的1月典型日白天(a)平均稳态气温和夜间(b)平均稳态气温

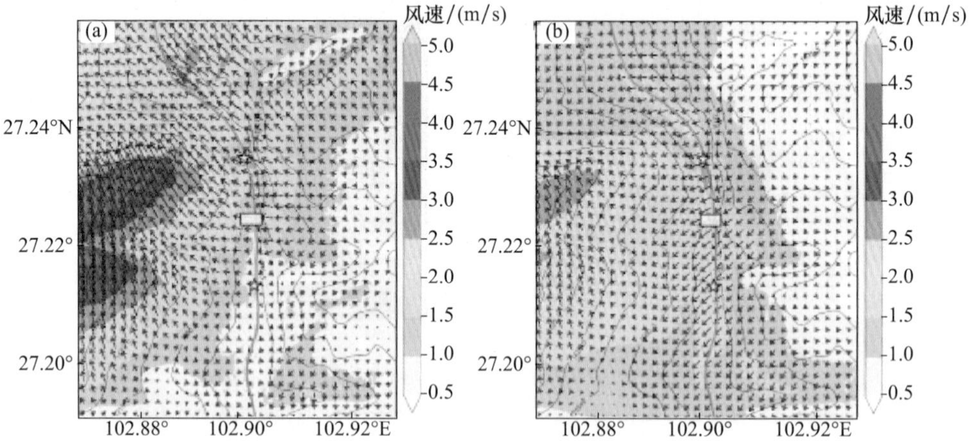

图7.41　微尺度模式模拟的1月典型日白天(a)平均稳态风速和夜间(b)平均稳态风速

(等值线为地形高度，箭头为平均风向)

(2)2月风热环境特征

图7.42为微尺度模式得到的2019年2月典型日白天平均稳态气温和夜间平均稳态气温分布。能看出2月气温分布与1月相似，但气温较1月升高了4～5 ℃。不过河道上方在夜间的局地相对高温依然明显，水体的调节作用再加上河谷本身对温度的聚集，使得夜间河谷地区平均气温可超过17 ℃；夜间水电站相对周边区域气温偏高。

图7.43为微尺度模式得到的2019年2月典型日白天平均稳态风场和夜间平均稳态风场分布。从风速来看，2月典型日的白天和夜间平均风速较1月有所增大，但大风区的分布与1月类似。可以看到水库上游金沙江河道区域的地形狭管效应大风区较1月更加明显，并以水电站水库所在位置为起点，向北沿河道延伸；大风区以水库北部地形喇叭口所在位置往北一段风速最大，夜间平均风速局地最大可超过5 m/s。从风向来看，2月昼夜风向相似，但仍有一定差异：白天水库一带主要以南风为主，夜间风向则更偏东。

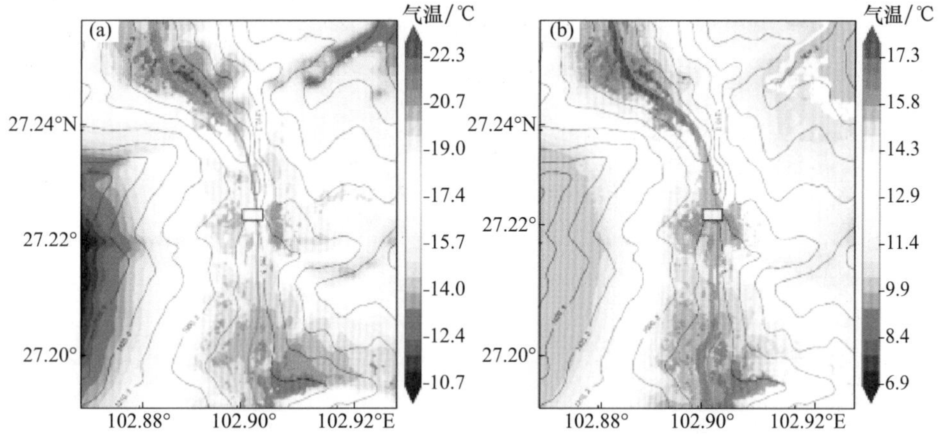

图 7.42　微尺度模式模拟的 2 月典型日白天(a)平均稳态气温和夜间(b)平均稳态气温

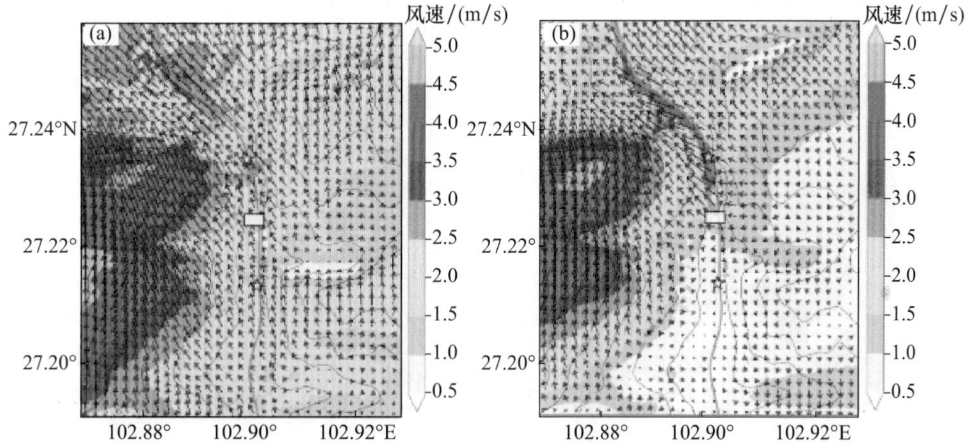

图 7.43　微尺度模式模拟的 2 月典型日白天(a)平均稳态风速和夜间(b)平均稳态风速
（等值线为地形高度，箭头为平均风向）

(3)3 月风热环境特征

图 7.44 为微尺度模式得到的 2019 年 3 月典型日白天平均稳态气温和夜间平均稳态气温分布。3 月气温相比 2 月并没有明显升高，尤其是夜间气温与 2 月几乎一致。但由于太阳高度、大尺度风热环境变化等原因，能看出金沙江河道在 1 月和 2 月的相对高温，到了 3 月白天(图 7.44a)已变为相对低温；无论昼夜，水电站气温相对周边都是偏低的。

图 7.45 为微尺度模式得到的 2019 年 3 月典型日白天平均稳态风场和夜间平均稳态风场分布。能看出 3 月整体风速较 1 月和 2 月有所下降，但风速空间分布特征没有太大变化。从风向来看，3 月昼夜风向差异较 1 月和 2 月均更加明显：白天水电站一带以南风、东南风为主(图 7.45a)，夜间则以东北风为主(图 7.45b)。由于风向出现变化，水电站一带由于地形狭管效应造成的局地大风区位置也发生了变化：白天盛行偏南风，大风区位于水电站位置开始以北的金沙江河道上，并以水库北部地形喇叭口开始向北一段最明显；夜间盛行偏北风，大风区相对白天向南移了，从水电站北部地形喇叭口开始，到水电站所在位置结束，夜间局地最大平均风速可超过 3 m/s。

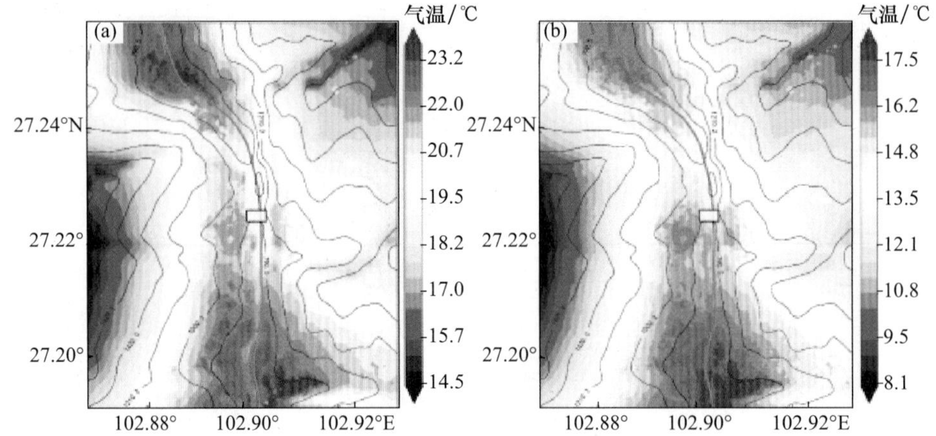

图 7.44　微尺度模式模拟的 3 月典型日白天(a)平均稳态气温和夜间(b)平均稳态气温

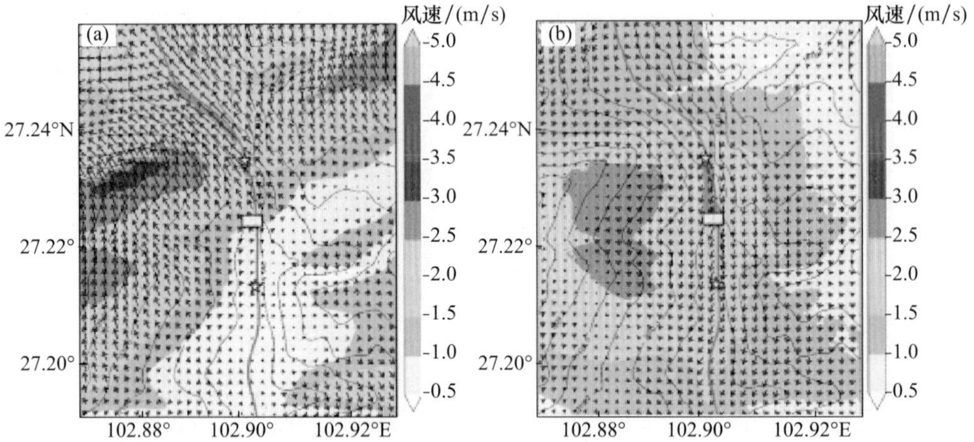

图 7.45　微尺度模式模拟的 3 月典型日白天(a)平均稳态风速和夜间(b)平均稳态风速

(等值线为地形高度,箭头为平均风向)

(4)4 月风热环境特征

图 7.46 为微尺度模式得到的 2019 年 4 月典型日白天平均稳态气温和夜间平均稳态气温分布。与 3 月相比,4 月水电站一带温度明显上升,白天和夜间平均气温较 3 月均有 4～5 ℃ 的升高;白天河谷及城镇下垫面附近平均气温最高可超过 27 ℃。另外,此时金沙江河道相对周边表现为相对低温,并以白天更为明显。

图 7.47 所示为微尺度模式得到的 2019 年 4 月典型日白天平均稳态风场和夜间平均稳态风场分布,能看出以水电站为中心,风速北高南低、西高东低的特征依然明显。从风向来看,4 月昼夜风向反转现象与 3 月一样非常明显:白天水电站一带以南风为主要盛行风,夜间则以北风为主要盛行风。

另外,4 月水电站一带由于地形狭管效应形成的大风区与 3 月有类似的特征。从白天平均风速(图 7.47a)来看,水电站上游地形喇叭口向北最大平均风速可超过 3 m/s,与水电站下游河道的平均 1.5 m/s 以下风速形成鲜明对比;夜间平均风场(图 7.47b)也有类似特征,大风区集中在水电站上游地形喇叭口至下游狭窄河道喇叭口之间,最大夜间平均风速接近 2 m/s。

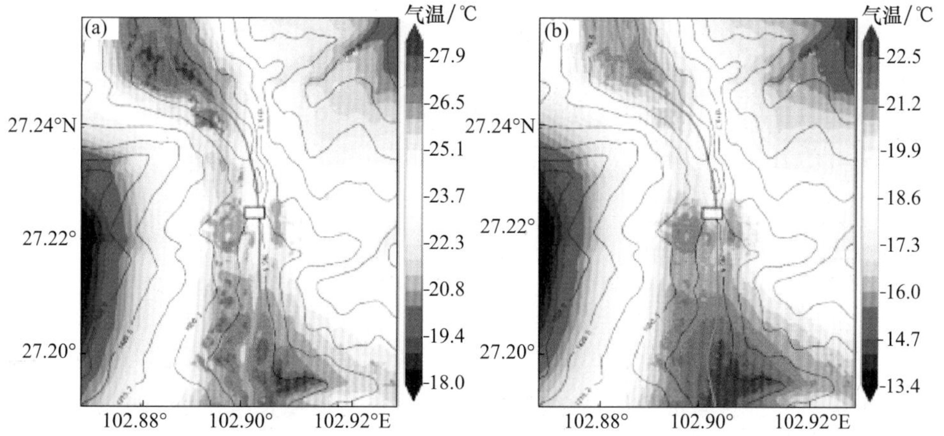

图 7.46　微尺度模式模拟的 4 月典型日白天(a)平均稳态气温和夜间(b)平均稳态气温

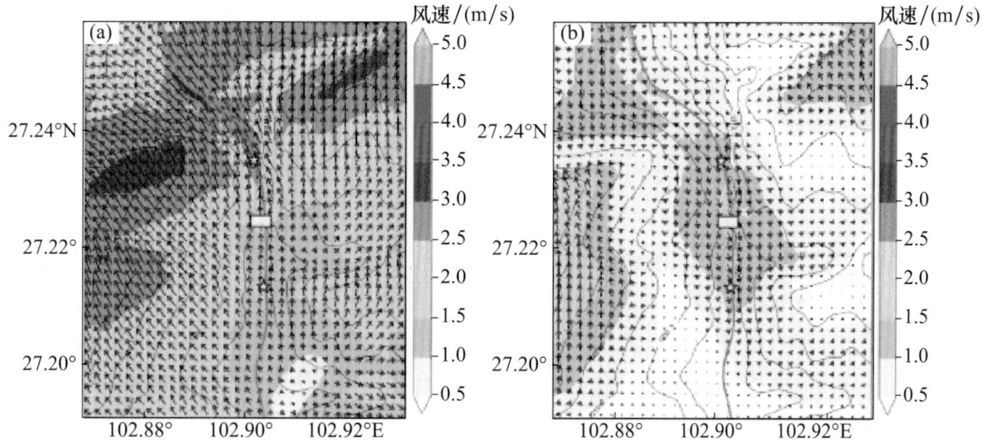

图 7.47　微尺度模式模拟的 4 月典型日白天(a)平均稳态风速和夜间平均(b)稳态风速

（等值线为地形高度，箭头为平均风向）

利用微尺度模式，选取风速较大的 2019 年 1—4 月作为典型月，并挑选每月典型日，基于 WRF 模式输出结果，对白鹤滩水电站一带开展了微尺度模拟，并基于结果分析了昼夜风热环境的平均稳态特征。

从热环境来看，水电站一带高温区主要集中在低洼河谷及城镇下垫面附近；低温区则集中在高海拔山区、森林等区域；另外，受地形坡度影响，水电站西侧气温较高区域比东侧面积更大。当地季节分明，4 月平均气温较 1 月高约 10 ℃；昼夜温差 5～6 ℃。冬季(1 月和 2 月)水电站所在区域受水体影响，在夜间较周边区域会表现为相对高温；春季(3 月和 4 月)水电站所在位置则主要表现为相对低温，并以白天更明显。

从风环境来看，受地形影响，水电站所在位置风速呈北高南低、西高东低的特征。从风向来看，当地 4 个典型月均有昼夜风向差异的现象，并以 3 月和 4 月最明显：1 月白天水电站一带为偏东南风，夜间为偏东北风；2 月全天都以偏南风为主，昼夜风向差别不大，但夜间风向较白天更偏东；3 月和 4 月则白天盛行偏南风，夜间盛行偏北风。

受地形影响，白鹤滩水电站所在位置及其上游区域存在因狭管效应形成的局地大风区。

大风区主要位于水电站水库上游河谷喇叭口向上的一段金沙江河道，至水库下游地形喇叭口一带，2月典型日夜间该河段局地最大平均风速甚至超过5 m/s。大风区的位置受盛行风向的影响较为明显：当以偏南风为主时，大风区主要集中在水电站以北的金沙江上游河道上，并以地形喇叭口开始向北一段最明显；当以偏北风为主时，大风区位置将向下游移动，主要集中在以水电站为中心的上游河谷喇叭口至下游河谷喇叭口一带。

7.4 小结

本章采用次网格地形方案对2019年3月19—20日和2021年5月14日发生在白鹤滩水电站坝区的大风过程进行模拟分析。并且采用区域尺度数值模式结合微尺度数值模式进行多尺度数值模拟的方式，对白鹤滩水电站周边区域从区域尺度到微尺度的风热环境分布特征展开分析。主要得到以下结论。

(1)次网格地形方案能显著改进风场的模拟，其中Jiménez方案更适用于坝区大风的模拟，但次网格地形方案对温度的模拟没有改善作用。白鹤滩水电站坝区的大风受所处地形的影响极大，当环境风为西南风时，气流由坝区上游地势较低且开阔处沿着金沙江河段走向由东南方向流入河谷，南北狭长的河谷地形使得大风转为经向，且狭管效应使得气流增速显著，坝区主体高度(距地100～200 m)处河谷风的放大系数超过3.0，导致坝区极易受到灾害性大风天气的影响。

(2)白鹤滩水电站地处低洼河谷地带，气温相比周边地区较高；且受地形影响，西侧气温整体高于东侧。水电站水库昼夜存在一定昼夜温差，温差以春季最大(4月白天平均气温较夜间平均气温高5 ℃左右)；冬季次之；夏季和秋季昼夜温差较小。另外，水库一带受水体的气候调节作用影响，在冬季、秋季夜间较周边区域会表现为相对高温；春季、夏季则主要表现为相对低温，并以白天更明显。

(3)以水电站水库为中心的区域，全年风速空间分布呈北高南低、西高东低的特征。就四个季节而言，水电站春季风速最大、冬季次之、秋季再次、夏季风速相对最小。水电站所在地全年大部分时间有较为明显的昼夜风向差异：白天多盛行偏南风，夜间多盛行偏北风(其中冬半年多偏东北风，夏半年多偏西北风)；昼夜风向差异的现象以春、夏季最为明显，冬季和秋季昼夜风向差异相对较小。

(4)受地形影响，白鹤滩水电站所在位置及其上游区域存在因狭管效应形成的局地大风区。大风区主要出现在自水库北部地形喇叭口向北的一段金沙江河道起，至水库下游地形喇叭口之间。大风区的位置会因主导风向的变化出现位移：当主导风以偏南风为主时，大风区主要集中在水电站以北的金沙江上游河道，并以地形喇叭口开始向北一段最明显；当主导风以偏北风为主时，大风区位置将向下游移动，主要集中在以水电站为中心的上游河谷喇叭口至下游河谷喇叭口一带。

下篇
应用实践

第 8 章

金沙江下游面雨量分布与多模式集成预报

面雨量是洪水预防与水库调度的重要参数，是各级政府组织防汛抗洪和水库调度等决策的重要依据，也是气象部门拓展服务领域的新举措。由于准确可靠的水文预报可以为防洪、抗旱、减灾、水资源合理利用以及水库的有效运行管理等提供科学的决策依据，而面雨量作为水文模型最重要的输入，在水文模拟中占有重要地位，它的不确定性直接影响径流预报的精度。但由于不同模式的初始场、参数化方案、模式框架等各不相同，其预报效果也具有明显的差异。为了减小单模式预报的随机误差及系统性偏差，需要将多模式预报结果进行综合集成，从而得到更优的预报结果。目前常用的集成方法有评分权重集成、多元回归集成、神经网络、卡尔曼滤波等。许多研究表明多模式集成技术可有效融合不同模式的各种信息，有效提高数值预报的准确率。

本章分析了金沙江下游面雨量时空分布以及强降水特征，对多种模式在金沙江下游的预报效果进行了检验，并探讨了不同集成方法在面雨量预报中的效果，以期更好地为流域防灾、预警和水库调度等提供支撑。

8.1 金沙江下游面雨量分布特征

本节重点对金沙江下游 1981—2020 年的面雨量时空分布特征进行分析，所运用的数据是国家气象观测站逐日降水资料。选取的地面观测资料满足：时间序列较长，资料较为完整，缺测值较少，站点在所选年份之前没有变动。对于缺测值的处理方法是统一改为无降水。根据以上标准，选取了金沙江下游范围内的 35 个站（图 8.1 和表 8.1），并根据三峡梯级调度通信中心的流域划分方法，将金沙江下游分为五个子流域，分别为 A、B、C、D、E 区域。

气象中常用的降水量是指一个观测点上测得的代表观测点周围一个小区域的平均降水量。对于江河湖泊来说，单个站的降水量不能反映该地域的降水特征。因此，应用整个区域内单位面积上的平均降水量来客观反映整个区域的降水情况。面雨量是指某一特定区域或流域的平均降水情况，最常用的计算方法有网格插值法、格点法、等雨量线法、算术平均法、泰森多边形法等。金沙江下游气象站分布较为均匀，因此，本节的面雨量计算方法采用算术平均法。通过计算得到的面雨量分析五个子流域的年际变化、月际变化、季节变化和日变化。

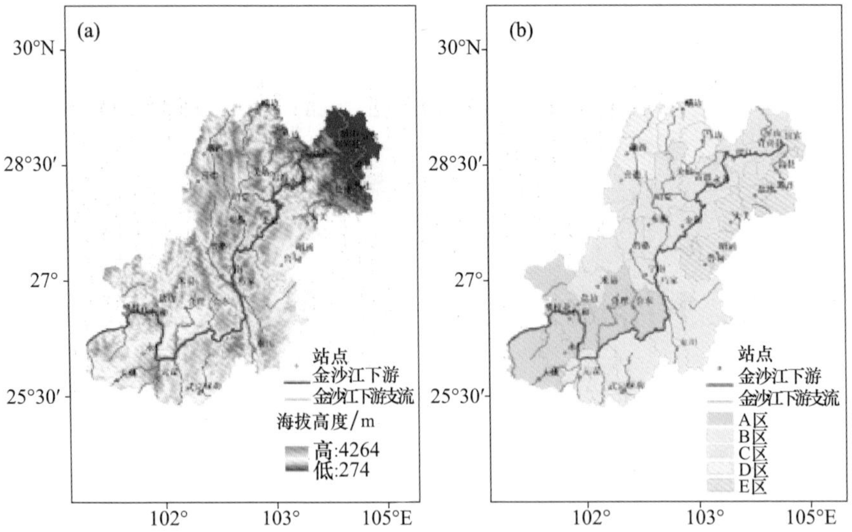

图 8.1　金沙江下游气象站分布

(a)金沙江下游及支流海拔高度;(b)金沙江下游站点分区

表 8.1　金沙江下游子流域包含的气象观测站

子流域名称	气象站名称
A	仁和　攀枝花　盐边　会理　会东　永仁　大姚
B	元谋　东川　武定　禄劝　巧家
C	喜德　美姑　昭觉　布拖　金阳　普格　米易　宁南　雷波　永善　屏山　绥江
D	越西　峨边　马边
E	盐津　大关　昭通　鲁甸　筠连　高县　宜宾市　宜宾县

8.1.1　面雨量年变化特征

图 8.2 为 1981—2020 年金沙江下游逐年面雨量分布。从图中可以得出,40 a 面雨量为 626.03～109.50 mm,平均为 915.65 mm,1983—1986 年、1998—2001 年和 2013—2018 年高于平均面雨量,1992—1995 年、2002—2005 年和 2009—2012 年低于平均面雨量。面雨量最大的是 2016 年,为 1098.50 mm,其次是 1990 年,为 1035.77 mm。年面雨量最小的是 2011 年,为 626.03 mm,其次是 2009 年,为 784.85 mm。

图 8.3 为 1981—2020 年金沙江下游五个子流域的年面雨量分布及其线性拟合趋势。从图中可得,C 区、D 区和 E 区的年平均面雨量均呈上升趋势,气候倾向率分别为 15.37 mm/10a、22.97 mm/10a 和 17.32 mm/10a。A 区和 B 区的年平均面雨量均呈下降趋势,气候倾向率分别为－34.79 mm/10a 和－11.81 mm/10a。

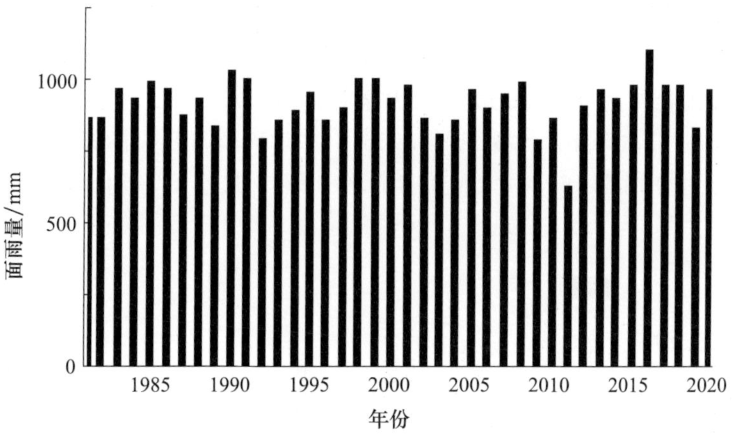

图 8.2　1981—2020 年金沙江下游逐年面雨量

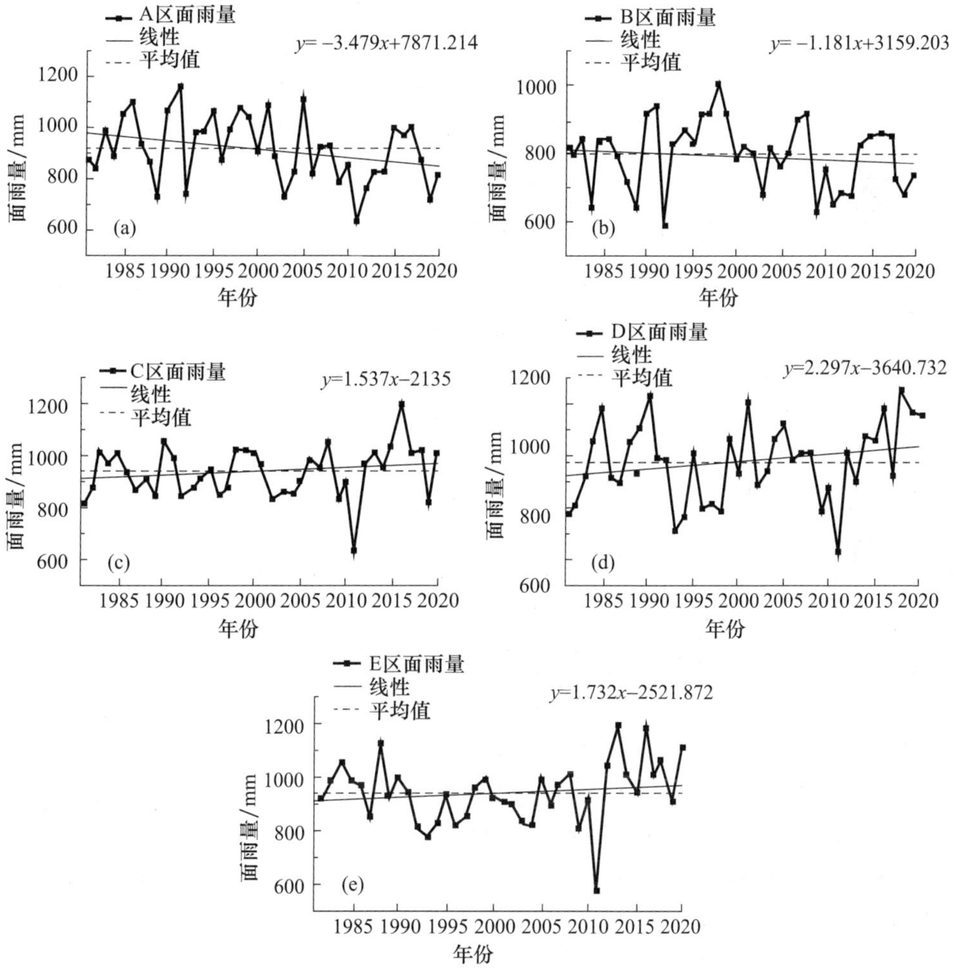

图 8.3　1981—2020 年金沙江下游 A 区(a)、B 区(b)、C 区(c)、D 区(d)、E 区(e)年面雨量分布及其变化趋势

8.1.2 面雨量月变化特征

图 8.4 为 1981—2020 年金沙江下游逐月平均面雨量分布。从图中可以看出，5—10 月的面雨量较大，总面雨量约为 775.58 mm，约占全年的 88.05%，11 月至次年 4 月较小，总面雨量约为 105.22 mm，约占全年降水量的 11.95%。平均面雨量最大的是 7 月，为 189.59 mm；其次为 6 月和 8 月，分别为 160.04 mm 和 159.98 mm。最小的平均面雨量出现在 12 月，为 7.83 mm，其次为 2 月，为 9.97 mm。

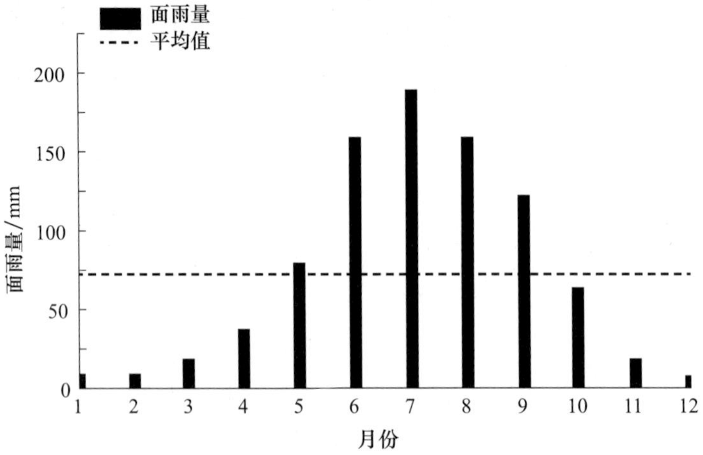

图 8.4 1981—2020 年金沙江下游逐月面雨量及其平均值

图 8.5 为 1981—2020 年金沙江下游四季平均面雨量。从图中分析可得，平均面雨量最大的为夏季，约为 509.61 mm，约占全年平均面雨量的 57.86%；其次为秋季，平均面雨量约为 204.35 mm，约占全年平均面雨量的 23.20%。最少的是冬季，平均面雨量约为 28.59 mm，占全年平均面雨量的 3.25%。

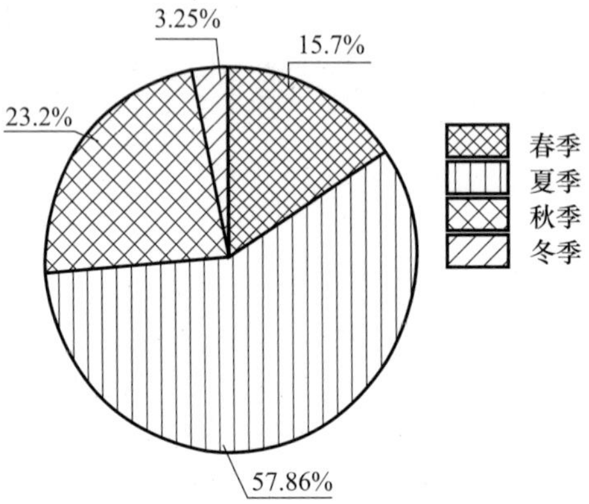

图 8.5 1981—2020 年金沙江下游平均面雨量季节分布

8.1.3 金沙江下游面雨量距平百分率分析

降水距平百分率反映的是某时段内的降水量相较常年偏多或偏少的程度，即某时段内的降水同平均状态的偏离程度。降水量距平百分率 P_a 的计算公式为：

$$P_{ai}=\frac{P_i-\overline{P}}{\overline{P}}\times 100\% \tag{8.1}$$

$$\overline{P}=\frac{1}{n}\sum_{i=1}^{n}P_i \tag{8.2}$$

式中，P_i 为 i 年某时段的降水量，$\overline{P}$ 为计算某时段同期气候平均降水量，n 为研究的年数，$i=1,2,3,\cdots,n$。

图 8.6 为 1981—2020 年金沙江下游年尺度的面雨量距平百分率分布。从图中可得，40 a 中有 18 a 的距平百分率为负，出现在 1981—1982 年、1987 年、1989 年、1992—1994 年、1996—1997 年、2002—2004 年、2006 年、2009—2012 年和 2019 年，表明以上年份面雨量比平均面雨量偏少。其中，负值最大出现在 2011 年，降水距平百分率为−31.63%。

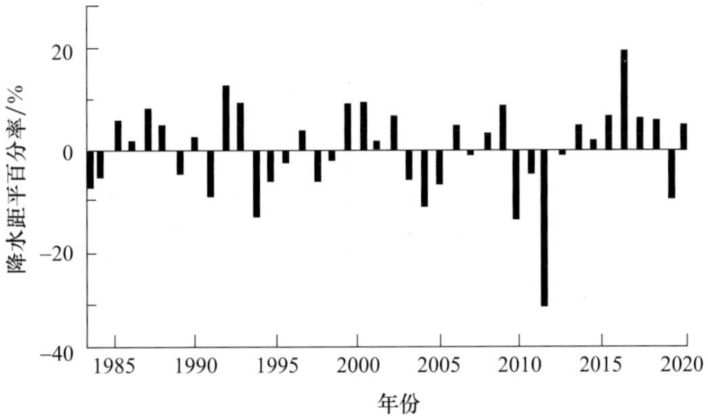

图 8.6 1981—2020 年金沙江下游年尺度降水距平百分率

图 8.7 为 1981—2020 年金沙江下游五个子流域年尺度距平百分率分布。从图中可得，40 a 中，A 区的面雨量偏少的年份有 21 a，分别出现在 1981—1982 年、1984 年、1988—1989 年、1992 年、1996 年、2000 年、2002—2004 年、2006 年、2009—2014 年和 2018—2020 年，出现概率为 52.5%。其中，负值最大的年份为 2011 年，降水距平百分率为−31.72%。B 区的降水距平百分率为负的年份有 17 a，分别出现在 1981 年、1984 年、1987—1989 年、1992 年、2000 年、2003 年、2005 年、2009—2013 年和 2018—2020 年，出现概率为 42.5%。其中，负值最大的年份出现在 1992 年，降水距平百分率为−25.93%。C 区的降水距平百分率为负的年份有 18 a，分别出现在 1981—1982 年、1987—1989 年、1992—1994 年、1996—1997 年、2002—2005 年、2009—2011 年和 2019 年，出现概率为 45%。其中，负值最大的年份出现在 2011 年，降水距平百分率为−32.39%。D 区的降水距平百分率为负的年份有 20 a，分别出现在 1981—1983 年、1986—1987 年、1992—1994 年、1996—1998 年、2000 年、2002—2003 年、2006 年、2009—2011 年、2013 年和 2017 年，出现概率为 50%。其中，负值最大的年份出现在 2011 年，降水距平百分率为−29.06%。E 区的降水距平百分率为负的年份有 20 a，分别出现在 1981—1982 年、1987 年、1989 年、1992—1994 年、1996—1997 年、2000—2004 年、2006 年、2009—2011 年、2015 年和 2019 年，出现概率为 50%。其中，负值最大的年份出现在 2011 年，降水距平百分率为−40.37%。

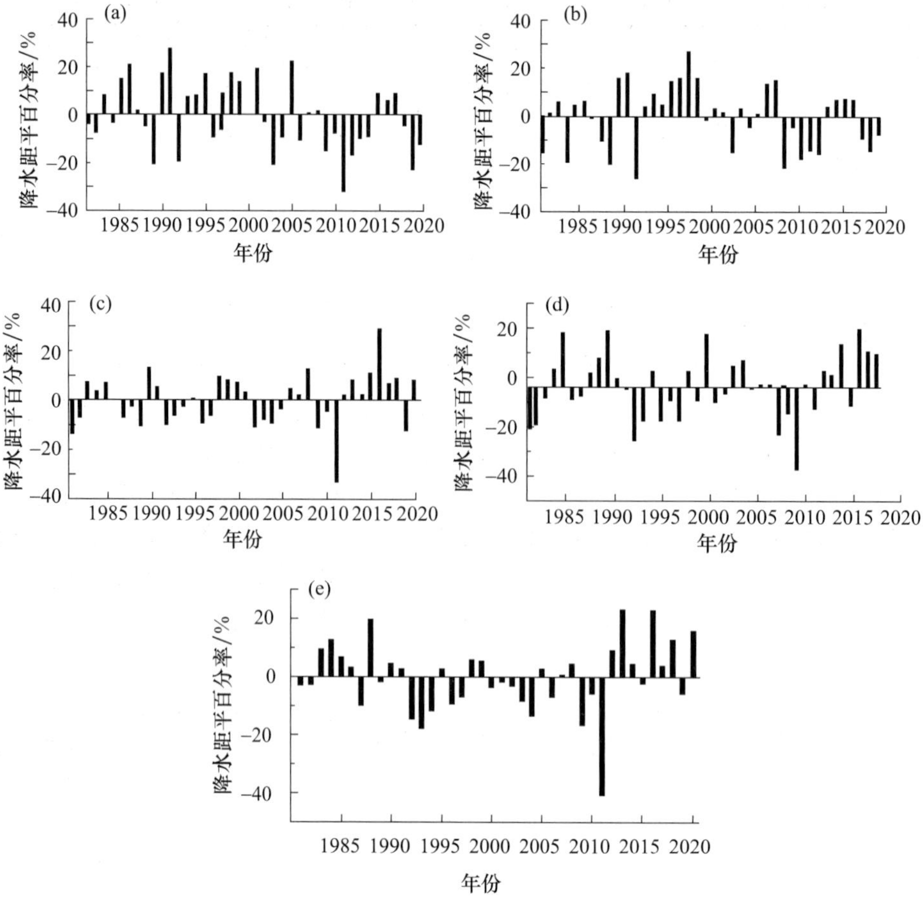

图 8.7　1981—2020 年金沙江下游 A 区(a)、B 区(b)、C 区(c)、D 区(d)、E 区(e)年尺度降水距平百分率

8.2　金沙江下游强降水面雨量分布特征

8.2.1　强降水面雨量频次分布特征

定义日面雨量≥20 mm 为强降水面雨量。表 8.2 为 1981—2020 年金沙江下游及各子流域 5—10 月强降水发生频次与频率分布。由表中可知，金沙江下游 7 月发生强降水的次数最多，共 507 次，约占总次数的 29.95%。其次是 8 月，共 422 次，约占总次数的 24.93%。最少的月份是 10 月，共 73 次，约占总次数的 4.31%。金沙江下游五个子流域之中，A 区发生强降水的次数最多，共 419 次，约占总数的 24.75%。其次为 D 区，共 377 次，约占总次数的 22.27%。发生强降水次数最少的子流域是 B 区，共 254 次，约占总次数的 15.00%。综合来看，40 a 内 D 区 8 月的强降水次数最多，共 129 次，其次是 A 区 7 月，强降水次数共123 次。

表 8.2　1981—2020 年金沙江下游各子流域 5—10 月强降水频次与频率分布

	5 月	6 月	7 月	8 月	9 月	10 月	频率/%	合计
A 区	12	94	123	86	78	26	24.7	419
B 区	20	70	62	39	43	20	15.00	254
C 区	19	74	92	72	38	11	18.07	306
D 区	29	64	117	129	31	7	22.27	377
E 区	21	61	113	96	37	9	19.91	337
频率/%	5.97	21.44	29.95	24.93	13.41	4.31	—	100
合计	101	363	507	422	227	73	100	1693

表 8.3 为 1981—2020 年金沙江下游各子流域 11 月至次年 4 月强降水发生次数与频率分布。从表中数据分析可得，40 a 强降水共发生了 39 次，说明强降水并不是只发生在雨季，枯水期也有发生强降水的可能性。4 月发生强降水的次数最多，共 21 次，约占总次数的 53.85%。其次为 11 月，强降水共发生 10 次，约占总次数的 25.64%。发生强降水次数最少的是 2 月，仅发生 1 次。五个子流域发生强降水次数最多的是 D 区，共发生 13 次，约占总次数的 33.33%。其次是 B 区，共发生强降水 11 次，约占总数的 28.21%。最少的是 A 区和 C 区，均发生强降水 4 次。

表 8.3　1981—2020 年金沙江下游各子流域 11 月至次年 4 月强降水频次与频率分布

	11 月	12 月	1 月	2 月	3 月	4 月	频率/%	合计
A 区	2	1	0	0	0	1	10.26	4
B 区	6	1	2	1	0	1	28.21	11
C 区	1	0	0	0	1	2	10.26	4
D 区	1	0	0	0	2	10	33.33	13
E 区	0	0	0	0	0	7	17.95	7
频率/%	25.64	5.13	5.13	2.56	7.69	53.85	—	100
合计	10	2	2	1	3	21	100	39

进一步将强降水面雨量细分为 4 个等级，分别为 20～29.9 mm、30～49.9 mm、50～69.9 mm 以及≥70 mm。由金沙江下游各级强降水频次分布（表 8.4）可以看出，超过 66% 的强降水面雨量均小于 30 mm，约有 30% 的强降水面雨量在 30 mm 与 50 mm 之间，50 mm 以上的面雨量占所有强降水面雨量的 4%不到。其中 B 区和 C 区最大面雨量为 50～69.9 mm，E 区面雨量超过 70 mm 的次数有 5 次。

表 8.4　1981—2020 年金沙江下游各子流域各级强降水频次分布

等级	A 区	B 区	C 区	D 区	E 区	占比/%	合计
20～29.9 mm	265	186	245	239	207	66.13	1142
30～49.9 mm	145	71	63	123	116	29.99	518
50～69.9 mm	11	8	1	26	14	3.47	60
≥70 mm	1	0	0	1	5	0.41	7
合计	422	265	309	389	342	100	1727

8.2.2 日面雨量极值分布特征

图 8.8 和表 8.5 是 1981—2020 年金沙江下游各子流域雨季各月日面雨量极值的分布情况。从图和表中可以清楚地得出,A 区雨季内各月面雨量极大值呈单峰型分布,最大值出现在 2006 年 10 月 1 日,当日面雨量为 72.40 mm。B 区雨季内各月面雨量极大值也呈单峰型分布,最大值出现在 2008 年 6 月 15 日,当日面雨量为 65.04 mm。C 区雨季内各月面雨量极大值呈双峰型分布,7 月和 9 月为两个极大值,最大值出现在 2006 年 7 月 6 日,当日面雨量为 50.13 mm。D 区雨季内各月面雨量极大值呈单峰型分布,最大值出现在 1991 年 7 月 28 日,当日面雨量为 72.20 mm。E 区雨季内各月面雨量极大值呈单峰型分布,最大值出现在 1988 年 6 月 25 日,当日面雨量为 82.04 mm。

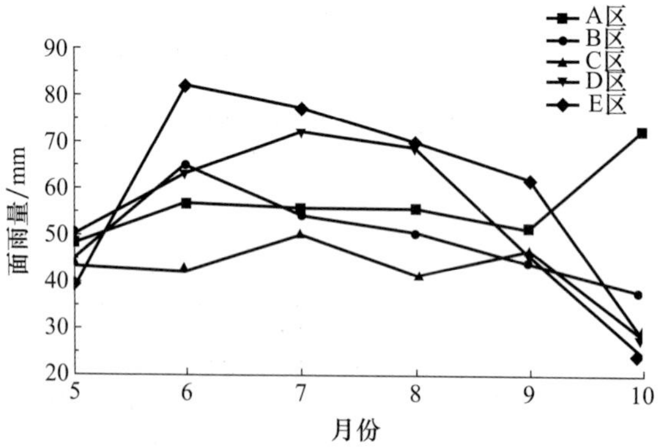

图 8.8 1981—2020 年金沙江下游各子流域雨季各月日面雨量极大值

表 8.5 1981—2020 年金沙江下游各子流域 5—10 月日面雨量极大值分布 单位:mm

	5 月	6 月	7 月	8 月	9 月	10 月
A 区	48.06	57.00	55.51	55.52	51.25	72.40
B 区	45.54	65.04	54.44	50.60	44.32	37.88
C 区	43.49	42.25	50.13	41.24	46.54	29.29
D 区	50.17	63.00	72.20	68.83	45.63	25.00
E 区	39.17	82.04	77.30	69.70	61.78	27.54

表 8.6 是 1981—2020 年金沙江下游各子流域 11 月至次年 4 月各月日面雨量分布。从表中可知,五个子流域面雨量的最大值出现在 B 区的 11 月,面雨量为 57.92 mm。E 区只有 4 月出现过超过 20 mm 的强降水。而 B 区只有 3 月的最大面雨量没有达到强降水的标准。

表 8.6 1981—2020 年金沙江下游各子流域 11 月至次年 4 月日面雨量极大值分布 单位:mm

	11 月	12 月	1 月	2 月	3 月	4 月
A 区	28.73	27.12	19.77	13.80	19.07	22.19
B 区	57.92	33.02	27.60	20.48	19.48	25.76
C 区	27.56	10.74	10.53	10.94	27.30	24.33
D 区	23.10	6.50	9.03	11.73	26.57	32.13
E 区	13.68	7.15	8.47	10.00	15.10	24.80

8.2.3 各流域强降水面雨量的关联度

表 8.7 为 1981—2020 年金沙江下游各子流域强降水频数与频率分布，表 8.8 为 1981—2020 年金沙江下游各子流域之间强降水关联度的分布。从两个表中分析可得，A 区 40 a 中发生的强降水次数最多，共 423 次，其次为 D 区，强降水发生 390 次，B 区发生强降水的次数最少，共 265 次。五个子流域中，两个子流域之间强降水关联最明显的有以下三组子流域：D 区和 E 区之间的强降水的关联度最大，约为 50.29%，即 D 区发生强降水的同时，E 区有超过 1/2 的时间也发生强降水；其次为 A 区和 B 区强降水之间的关联度，为 49.06%，即 A 区发生强降水的同时，B 区有将近 1/2 的时间也发生强降水；E 区和 D 区关联度约为 44.36%，即 E 区发生强降水的同时，D 区有近一半的时间也发生强降水。五个子流域中，A 区和 C 区以及 B 区和 A 区两组的强降水关联也较为明显，A 区有强降水发生的同时，C 区有 1/3 左右的时间也产生强降水，B 区有强降水发生的同时，A 区有 1/3 左右的时间也产生强降水。

表 8.7 1981—2020 年金沙江下游各子流域强降水频数与频率分布

	A 区	B 区	C 区	D 区	E 区	总数
频数	423	265	310	390	344	1732
频率/%	24.42	15.30	17.90	22.52	19.86	100

表 8.8 1981—2020 年金沙江下游各子流域强降水关联度

	A 区	B 区	C 区	D 区	E 区
A 区/%	—	49.06	31.61	21.54	24.71
B 区/%	30.73	—	12.26	11.79	19.19
C 区/%	23.17	14.34	—	18.97	17.44
D 区/%	19.86	17.36	23.87	—	50.29
E 区/%	20.09	24.91	19.35	44.36	—

8.3 多模式面雨量集成预报

8.3.1 面雨量预报检验方法

参考我国江河面雨量等级划分标准，将 24 h 面雨量划分为小雨（0.1～5.9 mm）、中雨（6.0～14.9 mm）、大雨（15.0～29.9 mm）、暴雨（≥30.0 mm）四个等级。采用平均绝对误差、模糊评分、正确率、TS 评分等统计评价指标，对金沙江下游面雨量预报产品进行检验。各统计评价指标计算如下。

（1）平均绝对误差指预报和实况的平均绝对误差，其计算式为：

$$E_a = \frac{1}{n}\sum_{i=1}^{n}|R_{f_i} - R_{0_i}| \tag{8.3}$$

式中，n 为有雨预报正确的天数，R_f 为有雨且预报正确时的面雨量预报值，R_0 为有雨且预报正确时的面雨量实况值。本节仅统计实况有雨且预报也有雨时的误差。

(2)正确率

检验面雨量有无的预报正确率,其计算式为:

$$P_c = \frac{N_A + N_D}{N_A + N_B + N_C + N_D} \tag{8.4}$$

式中,N_A 为降水预报正确的流域子单元数,N_B 为空报的流域子单元数,N_C 为漏报的流域子单元数,N_D 为无降水预报正确的流域子单元数。

(3)模糊评分法

按照中国气象局在《全国七大江河流域面雨量监测和预报业务规定》中提供的模糊评分检验方法进行检验。降水预报的模糊评分 $M_p(i)$ 的计算式为:

$$M_p(i) = 60 + 40 \times \left(1 - \frac{|F_i - O_i|}{\max(F_i, O_i)}\right) \tag{8.5}$$

式中,i 取 1,2,…,5,分别表示 5 种集成预报方法;第一项为预报基础分,规定为 60 分;第二项为强度(量级)预报的加权分,其中 F_i 和 O_i 分别表示面雨量预报值和实况值,$\max(F_i, O_i)$ 为面雨量预报值和实况值中的最大项。

(4)TS 评分、空报率和漏报率

根据 2005 年中国气象局《中短期天气预报质量检验办法(试行)》中的方法对面雨量预报效果进行检验。各指标计算公式如下:

$$\text{TS 评分}: T_{S_k} = \frac{N_{A_k}}{N_{A_k} + N_{B_k} + N_{C_k}} \times 100\% \tag{8.6}$$

$$\text{漏报率}: P_{Ok} = \frac{N_{C_k}}{N_{A_k} + N_{C_k}} \times 100\% \tag{8.7}$$

$$\text{空报率}: F_{AR_k} = \frac{N_{B_k}}{N_{A_k} + N_{B_k}} \times 100\% \tag{8.8}$$

式(8.6)~(8.8)中,k 取 1,2,3,4,分别表示 4 个降水量级;N_{A_k} 代表模式预报面雨量正确的天数,即观测与预报均出现某量级面雨量;N_{B_k} 为空报天数,即观测无某量级面雨量而预报有;N_{C_k} 为漏报天数,即观测有某量级面雨量而预报无。

8.3.2 面雨量集成方法及对比分析

8.3.2.1 采用的集成预报方法

(1)评分权重集成法

该方法把各家数值预报对于不同天气系统的预报 TS 评分作为对某一天气事件命中的概率 p_i,把 p_i 与所有参加集成成员 p_i 之和的比作为集成的权重,即 $c_i = \frac{p_i}{\sum p_i}$,预报方程为:

$$Y_c = c_1 x_1 + c_2 x_2 + c_3 x_3 + c_4 x_4 \tag{8.9}$$

式中,x_i 为各个数值预报产品的预报值,Y_c 为集成预报值,当 Y_c 达到某量级范围时,则预报某种量级的降水出现。

(2)多元回归集成法

先计算各数值预报产品与格点实况的相关系数,在相关系数均大于或等于 0.6 的情况下,把各数值预报产品作为预报因子,格点实况作为预报量,建立多元回归方程,通过回代确定量级做出预报。

(3)加权集成预报法

加权集成预报的系数可以用如下的计算公式确定：

$$w_1=\frac{v_2+v_3+v_4}{3(v_1+v_2+v_3+v_4)} \tag{8.10}$$

$$w_2=\frac{v_1+v_3+v_4}{3(v_1+v_2+v_3+v_4)} \tag{8.11}$$

$$w_3=\frac{v_1+v_2+v_4}{3(v_1+v_2+v_3+v_4)} \tag{8.12}$$

$$w_4=\frac{v_1+v_2+v_3}{3(v_1+v_2+v_3+v_4)} \tag{8.13}$$

$$Y_c=w_1x_1+w_2x_2+w_3x_3+w_4x_4 \tag{8.14}$$

式中，v_i为各个数值预报产品与格点实况资料的平均相对误差，w_i为各家加权集成预报的权重系数，x_i 和 Y_c 的含义与式(8.9)相同。用式(8.10)～(8.13)确定加权集成预报的权重系数，它表示了某个数值预报对实测值的误差越小，则在预报集成时其权重系数越大，反之权重系数越小。

(4)BP神经网络法

BP神经网络是一种多层的前馈神经网络，由输入层、隐藏层和输出层组成，BP神经网络的输入误差产生是由输出层到隐藏层的权值决定，通过调整输出层到隐藏层的权值和隐藏层到输入层的权值，让误差不断缩小。

本次训练过程选取Sigmoid函数：

$$f(x)=\frac{1}{1+e^{-x}} \tag{8.15}$$

Sigmoid函数是神经网络的阈值函数，x 为输入层的输入矢量，将变量 x 映射到[0,1]，在输入层得到刺激后，传递给隐藏层，隐藏层则根据神经元相互联系的权重并根据规则把这个刺激传给输出层，$f(x)$为输出层的输出矢量，输出层对比结果，如果不对，则返回进行调整神经元相互联系的权值，如此反复训练，最终学会。

8.3.2.2　集成预报方法的对比分析

本节选取2019年4—10月金沙江下游的逐日面雨量模式预报资料和格点实况资料，其中包括智能网格模式、西南区域模式、ECMWF模式、GRAPES模式，作为集成预报的实验组，再选取2020年4—10月金沙江下游的四种模式预报资料和对应的格点实况资料，通过采用多元回归法、BP神经网络法、评分权重法、加权集成预报法和算术平均法，进行集成预报方法的对比分析。

首先采用评分权重法对实验组进行试报，预报结果与实况均采用0、1两种可能，则得到以下四个预报方程，其中Y_{ci}依次表示面雨量有无、小雨、中雨和大雨集成预报值：

有无预报：$Y_{c1}=0.248\,x_1+0.252\,x_2+0.252\,x_3+0.248\,x_4$　(8.16)

小雨预报：$Y_{c2}=0.242\,x_1+0.251\,x_2+0.254\,x_3+0.254\,x_4$　(8.17)

中雨预报：$Y_{c3}=0.135\,x_1+0.199\,x_2+0.270\,x_3+0.397\,x_4$　(8.18)

大雨预报：$Y_{c4}=0.250\,x_1+0.208\,x_2+0.542\,x_3$　(8.19)

式中，x_1为智能网格未来24 h降水预报；x_2为西南区域未来24 h降水预报；x_3为ECMWF未来24 h降水预报；x_4为GRAPES未来24 h降水预报；Y为24 h实况降水量。

采用多元回归法预报是把各家数值预报降水产品作为预报因子，实况降水量作为预报量。

为了消除预报因子与预报量等级接近对回归效果的影响，在分级时把实况降水量的等级比预报因子的等级大一个量级来处理(表 8.9)，从而得到通过 F 检验的回归方程。

表 8.9 预报量与预报因子取值表

降水量级	无降水	有小雨	有中雨	有大雨	有暴雨
预报量(Y_c)	0	1	2	3	4
预报因子(x_i)	0	10	20	30	40

$Y_c = 0.783 + 0.716\ x_1 + 2.054\ x_2 + 2.720\ x_3 + 2.074\ x_4$，已通过 $\alpha = 0.05$，自由度为(4，179)的 F 检验，通过把回归值与历史实测值拟合，从而得出多种数值预报产品综合后的一个较客观的预报结果。

采用 BP 神经网络法，将四种数值预报降水产品作为输入层，实况降水量作为输出层，建立“4-9-1”网络结构，样本数据的划分方式为随机划分，训练采用的算法是 Levenberg-Marquardt 算法，用均方根误差衡量网络性能，网络性能为 0.985，梯度算子为 5.02，算法的误差精度为 0.001，通过多次运行，得到平均水平下的训练结果(图 8.9)。

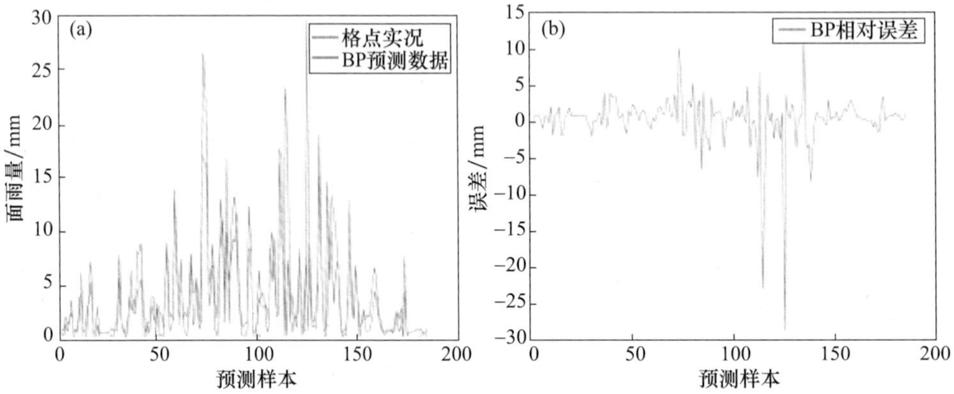

图 8.9 BP 神经网络训练结果

(a)预测数据与实况对比；(b)预测与实况的相对误差

所以，以智能网格、西南模式、ECMWF、GRAPES 四个模式的降水预报为基础，采用以上几种集成预报方法，分别进行平均绝对误差、面雨量有无正确率、模糊评分法、TS 评分和漏报率、空报率等计算，与相同时段单模式最好对比得到以下结论。

8.3.3 多模式面雨量集成预报检验评估

8.3.3.1 平均绝对误差检验

图 8.10 为 2020 年 4—10 月多元回归集成法、BP 神经网络法、评分权重集成法、加权集成预报法、算术平均法与单模式最好的面雨量平均绝对误差。由图可知，金沙江下游的几种集成预报中，BP 神经网络法的预报误差最小，达到 1.87 mm，其次是多元回归法，评分权重法和算术平均法的预报误差最大，均为 3.52 mm。单模式预报平均绝对误差(图略)为 2.70～5.16 mm，仅 BP 神经网络优于单模式最好，其余几种集成预报方法平均绝对误差均大于单模式最好。从平均绝对误差检验结果看，BP 神经网络集成法在金沙江流域面雨量预报中具有较大的参考意义。

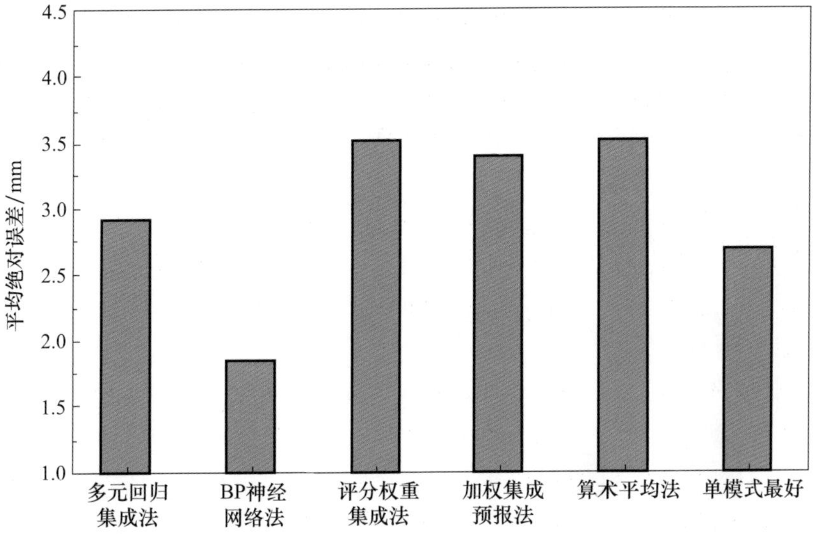

图 8.10　2020 年 4—10 月几种集成方法的平均绝对误差比较

8.3.3.2　正确率检验

图 8.11 为 2020 年 4—10 月多元回归集成法、BP 神经网络法、评分权重集成法、加权集成预报法、算术平均法与单模式最好的面雨量有无正确率。可以看出，多元回归集成法的面雨量有无正确率最高，达到 93.51%，其次是评分权重法，为 92.97%，两种集成法面雨量有无正确率相比于单模式最好有显著提升，单模式预报面雨量有无（图略）正确率为 91.35%～92.43%，运用算术平均法预报面雨量有无正确率为 92.43%，与单模式最好相同。加权集成预报法和 BP 神经网络法低于单模式最好，且仅较西南区域模式略有提升。由此可知，对于面雨量的有无集成预报，多元回归集成法最具有参考价值。

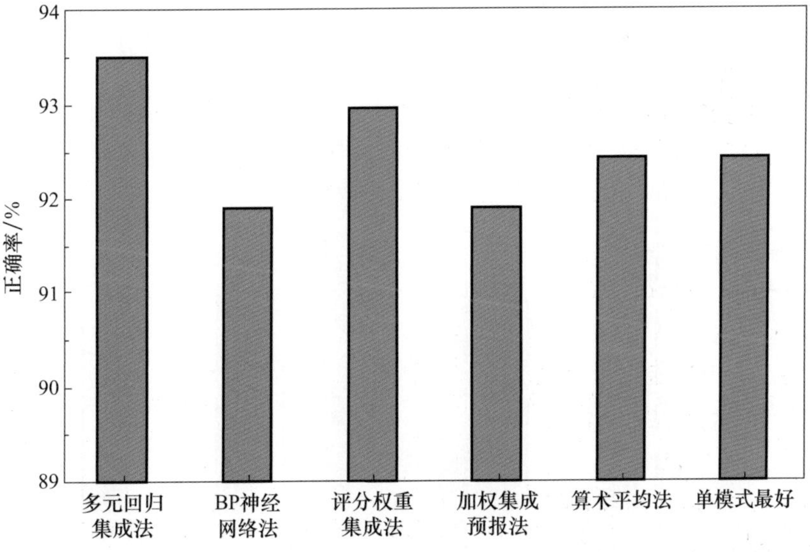

图 8.11　2020 年 4—10 月几种集成方法的面雨量有无正确率比较

8.3.3.3 模糊评分检验

图8.12为2020年4—10月多元回归集成法、BP神经网络法、评分权重集成法、加权集成预报法、算术平均法与单模式最好的面雨量模糊评分。由图可知，金沙江下游三种集成预报中，多元回归法预报评分最高，达到88分，其次是BP神经网络法，两种方法均高于单模式最好，评分权重法与算术平均法最低，均为76分。从模糊评分检验结果上看，多元回归集成法在金沙江下游具有较好的参考意义。

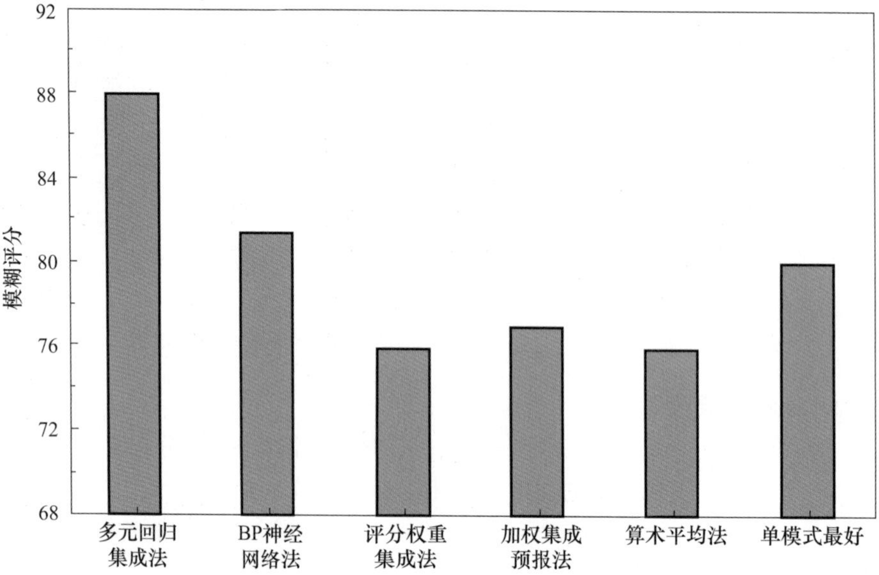

图8.12　2020年4—10月几种集成方法的面雨量模糊评分比较

8.3.3.4 TS评分、空报率和漏报率检验

图8.13为2020年4—10月通过多元回归集成法、BP神经网络法、评分权重集成法、加权集成预报法、算术平均法与单模式最好的面雨量TS评分。由于金沙江下游在2020年4—10月未出现暴雨量级降水，因此仅对金沙江下游小雨、中雨和大雨三个降水量级进行检验。

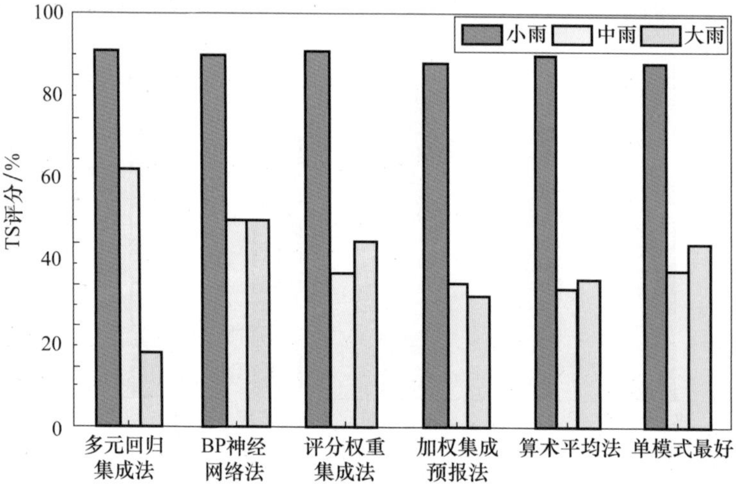

图8.13　2020年4—10月几种集成方法的面雨量预报TS评分比较

可以看到，在对小雨预报TS评分中，单模式小雨预报TS评分（图略）为85%～88%，几种集成方法均高于单模式最好，普遍提升了2%～6%，多元回归集成法最好，为91.3%，其次为评分权重集成法，为90.7分，算术平均法最低，为88.6%。

在对中雨预报TS评分中，单模式中雨TS评分（图略）为17%～38%，单模式最好为38.1%，与单模式最好相比，多元回归集成法远大于单模式最好和其他几种集成方法，达到61.9%，其次是BP神经网络法，为51.2%，评分权重法、加权集成预报法和算术平均法均低于单模式最好。

在对大雨预报TS评分中，单模式大雨TS评分（图略）为15%～45%，算术平均法为36%，与单模式最好相比，BP神经网络法评分最高，达到50%，其次是评分权重法，与单模式最好TS评分相同，加权集成预报法较低，为32%，评分权重法、加权集成预报法和算术平均法均低于单模式最好，其中，多元回归集成法最低，为18%。

综上所述，集成预报效果在总体上优于单个模式预报。在面雨量有无、小雨和中雨预报中，多元回归法集成效果优于其他两种；在大雨量级预报中，BP神经网络法集成效果较好。

图8.14为2020年4—10月通过多元回归集成法、BP神经网络法、评分权重集成法、加权集成预报法、算术平均法对金沙江下游小雨、中雨、大雨预报的漏报率和空报率。

可以看到，在小雨天气里（图8.14a），单模式小雨预报漏报率为0%～8%，几种集成方法较单模式普遍降低了0～8%，BP神经网络法漏报率最低且与单模式最好相同，均为0，其次是加权预报集成法与算术平均法。单模式小雨预报空报率为7%～13%，几种集成方法较单模式普遍降低了0～6%，其中，多元回归法空报率最低，为7%，与单模式最好相同，算术平均法最差，为11%。

在中雨天气里（图8.14b），单模式中雨预报漏报率为0%～30%，几种集成方法较单模式普遍降低了0～30%，BP神经网络法漏报率最高，为28%，评分权重、加权预报、算术平均与单模式最好相同，均为0。单模式中雨预报空报率为35%～67%，几种集成方法较单模式普遍降低了0～48%，其中，多元回归空报率最低，为35%，优于单模式最好，算术平均法最差，为67%。

在大雨天气里（图8.14c），单模式大雨预报漏报率为0%～75%，几种集成方法较单模式普遍降低了0～65%，漏报率均高于单模式最好，其中多元回归法漏报率最高，为80%，算术平均法与单模式最好相同，均为0。单模式大雨预报空报率为53%～77%，几种集成方法较单模式普遍降低了0～77%，其中，BP神经网络法空报率最低，为0，其次为多元回归法，二者均优于单模式最好，加权预报法最差，为67%。

金沙江下游在2020年4—10月未出现暴雨量级降水，在计算单模式漏报率和空报率过程中发现，ECMWF模式对于未出现的暴雨过程既无漏报，也无空报。在计算集成方法的漏报率和空报率过程中发现，多元回归集成法和BP神经网络法对于未出现的暴雨过程既无漏报，也无空报。

从三种量级的漏报率和空报率来看，在小雨和中雨量级的检验中，多元回归法和BP神经网络法空报率明显高于漏报率，相反，在大雨量级的检验中，多元回归法和BP神经网络法漏报率明显高于空报率。其余几种集成方法在三种量级中均为空报率大于漏报率，评分权重和加权预报的漏报和空报降低效果较为一致。综合以上分析可知，集成预报漏报和空报在总体上少于单个模式预报，在小雨和中雨量级的检验中，多元回归法空报和漏报较少，集成效果较好；在大雨量级的检验中，BP神经网络法空报和漏报较少，集成效果较好。

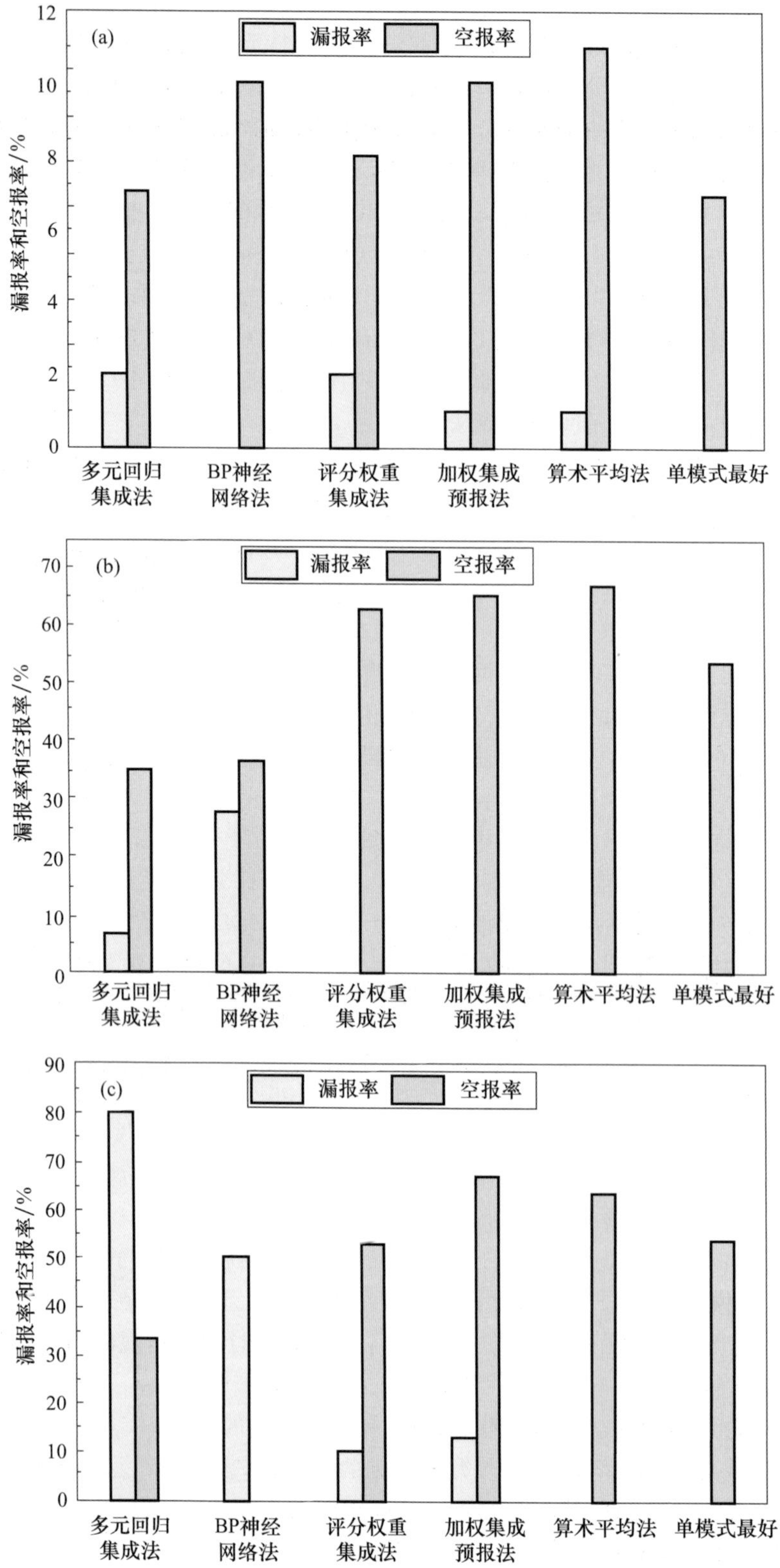

图 8.14　2020 年 4—10 月几种集成方法的面雨量预报漏报率和空报率比较

(a)小雨；(b)中雨；(c)大雨

8.3.3.5　预报偏差检验

计算了多元回归集成法、BP 神经网络法、评分权重集成法、加权集成预报法和算术平均法 2020 年 4—10 月的金沙江下游面雨量预报偏差，并统计了预报偏小和偏大的次数。图 8.15 为几种集成方法与单模式最好对金沙江下游面雨量预报偏小和偏大次数占总预报次数的百分比比较。单模式最好的偏小百分比取自智能网格模式，为 1%，对应偏大百分比为 52%；偏大百分比取自 GRAPES 模式，为 19%，对应偏小百分比为 10%。

由图 8.15 可知，几种集成方法的偏大百分比为 13%～34%，评分权重法和算术平均法最大，多元回归法最小；偏小百分比为 1%～6%，多元回归法最大，评分权重法、加权预报法和算术平均法最小，均为 1%。几种集成方法在下游面雨量预报偏小次数远小于偏大的次数，因此，综合各集成方法的预报偏差情况，在考虑流域面雨量的预报量级时，集成后下游可以考虑预报量级较小的集成方法。与单模式最好相比，多元回归法和 BP 神经网络法的偏差百分比均有降低，其中多元回归法的偏大、偏小百分比优于 BP 神经网络法，说明多元回归集成法和 BP 神经网络法对预报量级较大的模式有矫正作用，多元回归法矫正效果更明显。

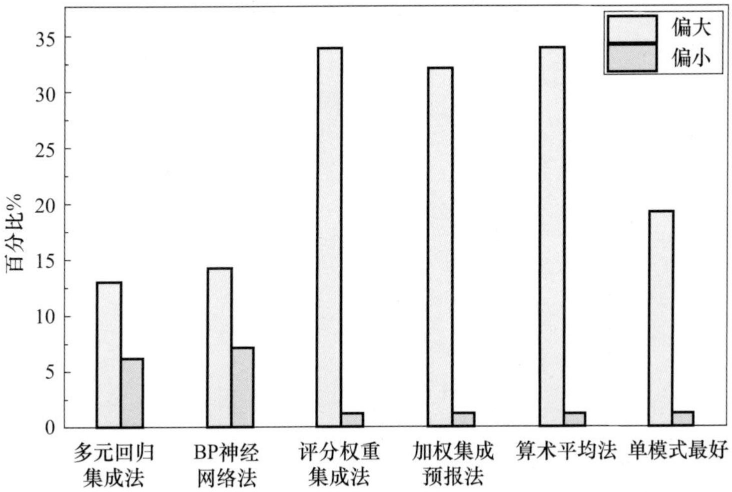

图 8.15　2020 年 4—10 月几种集成方法的面雨量预报偏小和偏大次数占总预报次数的百分比比较

8.4　小结

(1)金沙江下游年平均面雨量为 915.65 mm，40 a 中有 18 a 的面雨量低于平均值。C 区、D 区和 E 区的年平均面雨量呈上升趋势，A 区和 B 区的年平均面雨量呈下降趋势。月平均面雨量的分布为单峰型，最大平均月面雨量出现在 7 月。五个子流域中 A 区、B 区、C 区和 E 区的最大累计月面雨量出现在 7 月，D 区最大累计月面雨量出现在 8 月。

(2)A 区发生强降水的次数最多，其次为 D 区。7 月发生强降水的次数最多。D 区和 E 区以及 A 区和 B 区两组之间有 1/2 左右的时间会同时发生强降水。

(3)集成预报效果在总体上优于单个模式预报，再对比三种集成方法得出，多元回归集成法和 BP 神经网络法的预报效果总体上优于其他集成方法。

(4)随着降水等级的增大，集成预报 TS 评分逐渐降低，空报率和漏报率均逐渐增大，模式的预报效果逐渐降低。在面雨量有无、小雨和中雨预报检验中,多元回归法集成效果优于其他几种,在大雨量级预报检验中,BP神经网络法集成效果较好。集成预报漏报和空报在总体上少于单个模式预报,评分权重和加权预报对漏报和空报降低效果较为一致。

(5)综合各模式以及几种集成方法的预报偏差情况分析,在考虑流域面雨量的预报量级时,下游可以考虑预报量级较小的模式和集成方法。集成后偏大或偏小百分比均有降低,且多元回归集成法和BP神经网络法对预报量级较大的模式有矫正作用。

第 9 章

金沙江下游气温定量预报

近百年来,地球气候正经历一场以变暖为主要特征的显著变化,而且变暖的趋势将在短期内难以逆转。全球变暖使得天气和气候极端事件的出现频率发生变化,极端高温作为极端天气事件之一,不仅给人民的生产、生活带来诸多不便,对人类社会公共财产等也会带来一定的危害。目前气温预测大致分为物理驱动和数据驱动两大类(Schultz,2021)。物理驱动方法(数值天气预报,NWP)依赖复杂的气象和物理数据,计算量大导致实时性不高,特别是在超短期预测尺度上精度不够高。数据驱动的空气温度预测模型实质上是以历史数据为基础,采用统计或学习方法,为获得未来时段的气温隐藏模式或变化趋势而建立的一种数学映射。近年来,随着气象大数据时代的到来,气温等气象数据呈明显的时空特征,建立数据驱动模型并利用海量的气象数据来提高预测精度已成为当今气温预测研究的热点,涌现出一系列优秀的统计模型和机器学习方法,如求和自回归移动平均(ARIMA)(Lai et al.,2020)、支持向量回归(SVR)(Aghelpour et al.,2019)和 K 近邻(KNN)回归(Wang et al.,2021)等。然而气温本身具有随机性,而且其和其他气象因素(如湿度、风速、太阳辐射等)呈非线性关系,传统的 ARIMA 等线性预测方法存在较大的局限。而深度学习能够拟合非线性关系,再加上泛化能力和容错能力都很强,逐渐成为主流的数据驱动类方法。随着深度神经网络的发展,越来越多的深度学习模型被开发出来执行时间序列任务。回顾了最近 15 年来使用人工神经网络进行气温预测的研究进展,分析表明神经网络方法比较适合短期气温预测,此外为应对中-长期预测的挑战,引入深度神经网络(如 CNN、LSTM)和使用辅助数据是有益的。此外,有学者全面综述了基于深度学习的时间序列预测进展,从预测精度和预测速度对 MLP、ERNN、LSTM、GRU、ESN、CNN 和 TCN 七个模型展开对比,实证了 CNN 和 LSTM 的有效性。CNN-LSTM/GRU 是当前比较热门的组合深度学习模型,其中 CNN 用于从训练集中提取深度空间特征,GRU 对其提取出时序特征的长短依赖性进行训练。

本章气温预测主要以白鹤滩水电站为研究对象,开展白鹤滩水电站坝区的气温定量预测技术研究,因地制宜,构建拟合效果较好的气温定量预测模型,提高金沙江下游梯级水电站坝区气温预测、预警的精度和预见期,对于保证大坝混凝土施工质量、保障电力系统安全运行等方面具有参考意义。

9.1 基于融合深度学习模型的超短期气温预测模型

由于白鹤滩气象观测设备修建较迟，气象数据缺失较多，难以保证统计数据的及时性和准确性。同时，经过数据清洗后可应用于机器学习模型的训练数据更加稀少，数据稀少会造成数据驱动模型预测效果严重降低，达不到水电站坝区的气温预测、预警需求。为了解决以上问题，本小节以全连接神经网络和门控循环单元神经网络为基础，提出了一种融合时空深度学习模型(Spatial-Temporal Gated Recurrent Unit，ST-GRU)，该模型仅需少量数据即可实现高精度短期预测。首先，利用GRU神经网络提取输入数据时间轴上的前后关联信息特征；然后利用全连接神经网络提取研究站周边的空间特征，提高预测精度。利用白鹤滩水电站坝区观测数据为样本进行实例验证，与传统的单一模型(如CNN、LSTM、GRU)预测结果进行对比。

9.1.1 气温预测模型构建

9.1.1.1 ST-GRU模型设计

将GRU作为预测模型的核心，与全连接神经网络进行组合，构建超短期气温预测融合模型，与单一的机器学习模型相比，融合模型的泛化性能更好。融合之后的ST-GRU模型包含输入层、由GRU网络构成的长序列时间特征提取层、由全连接神经网络构成的站点间地理空间融合层、输出层。

ST-GRU模型分为两个阶段：

(1)首先，利用GRU网络提取数据的时序特征。将4个动态气象变量和气温历史时间序列值输入一个初始GRU层，GRU层为原始输入层生成一个新的编码信息(即GRU层输出的天气数据不仅储存初始数据信息，还存储先前的数据信息)，利用GRU网络预测其第 T 小时的状态。

(2)然后，利用ST网络提取周边区域地理空间特征。将GRU层的输出结果输入到ST层，在ST的隐藏层生成最终的深层特征，将其输入激活函数优化后，将多维数据转换为一维结构，最终，输出第 $T+1$ 小时的气温预测结果。

从预测结果的完备性和模型训练的有效性两个方面进行考虑，经试验调整参数优化后，设定为双GRU层和双TS层，即隐藏层都为2层。各隐藏层的维数都设为100，即100个神经元。选择Sigmoid函数来激活全连接层，最后连接输出层。

将数据集划分为两部分，选取80%组成训练集，剩下的20%组成测试集。在实际运行条件下进行分段训练，以避免数据量太大导致训练速度过慢。先将训练集数据输入到ST-GRU融合预测模型中进行学习，通过比对预测误差，调整参数，构建出最优融合预测模型。再将测试集的气象数据、时间数据输入到受过训练的ST-GRU融合预测模型中，最终得到未来12 h逐小时气温预测结果，并利用各项评价指标对预测效果进行验证。

时序信息提取层训练与预测：利用前 T 小时各气象要素(即风速、风向、气压、空气湿度)、站点记录的实际气温时间序列、训练数据对GRU网络进行参数训练，经过多层GRU单元结构，预测出第 $T+1$ 小时气温值。

空间信息融合层训练与预测：由GRU网络训练得到的第 $T+1$ 小时预测气温，结合第 $T+1$

小时的 4 个影响因子值(观测值)和气温时间序列,构成的向量作为 TS 网络的输入向量,第 $T+1$ 小时的观测气温作为真值,以此形成的训练数据对 TS 网络进行训练。通过重新预测,优化第 $T+1$ 小时的气温。

9.1.1.2 算法模型简单介绍

(1)卷积神经网络与循环神经网络

卷积神经网络(Convolutional Neural Networks,CNN)是一种使用数学卷积运算替代矩阵乘法运算的特殊人工神经网络。一个标准的 CNN 模块由卷积层(Convolution)、激活层(Activation)和池化(Pooling)按照线性顺序连接得到。单个神经元只感知局部的输入,同时与同层神经元共享权值。顺序叠加 CNN 的多层 CNN 可对输入提取不同抽象级别的特征。在空间或时间数据处理中,由于其局部感知和权值共享的特点,CNN 大幅度减少了模型参数,加快了模型训练速度,同时提高了模型精度。目前 CNN 被广泛用于图像特征的自动提取中,对于时间序列数据,CNN 亦可将其在时间轴上展成网格后再处理。

循环神经网络(recurrent neural network,RNN)是一种专门用于处理序列数据的人工神经网络。从模型结构来看,RNN 带有一个指向自身的箭头,输入层、隐层、输出层之间的神经元是全连接的。也就是说,它可以将上一时刻处理的信息进行记忆并应用于下一个时刻的计算。因此,相比于传统的神经网络,RNN 具有类似于动物的长、短期记忆能力,能有效保存和利用历史时刻的信息,可以更好地处理和预测序列数据。但是,在实际应用中,RNN 模型前序信息很难向后传递足够远,在处理较长的时间序列问题时,容易出现梯度消失或梯度爆炸问题。

(2)长短期记忆神经网络与门控循环单元神经网络

为了解决长期依赖的问题,有学者提出了长短期记忆(Long Short Term Memory,LSTM)神经网络。LSTM 是一种特殊的 RNN,在时间序列预测中应用广泛。LSTM 将 RNN 中隐含层的神经元替换成了记忆体,每个记忆体中包含 3 种被称为门限(Gates)的非线性单元,包括输入门、输出门和遗忘门,分别提供了对记忆细胞的写、读和重置操作。由于遗忘门可以控制相应信息的舍弃或继续保留,从而提高了神经网络潜在的表达能力以及对外界环境响应的准确度和灵活性。因此,通过门控机制,LSTM 提升了网络性能,可以对历史信息进行过滤,改善了长期依赖问题,具备较好的记忆能力和长期学习能力。但是,LSTM 参数数量较多、内部连接结构相对复杂,增加了训练时间、训练难度以及内存和计算机资源。

为了获得更好的性能和更简单的结构,有学者在 LSTM 的基础上提出了门控循环单元(Gated Recurrent Unit,GRU)神经网络模型。GRU 模型作为 LSTM 的变种,结构相对简单,只包含两个门结构:更新门(功能类似于遗忘门)和重置门(功能类似于输入门)。更新门控制当前状态中保留前一时刻的状态信息的程度,而重置门确定当前状态是否与前一信息相结合。因此,相比于 LSTM,GRU 不仅训练参数少、结构简洁、降低了学习时间要求,而且输出幅度相对稳定,当 GRU 和 LSTM 参数规模相同时,大多数时候 GRU 要比 LSTM 预测效果略胜一筹。

(3)全连接神经网络

全连接神经网络(Fully Connected,FC)是深度神经网络中常见的一种网络层结构,在全连接层中的每个神经元将会与前一层的所有神经元进行全连接。全连接层可以将其前面网络输出中具有区分性的局部信息进行归总。整个过程中,输入数据进入输入层后通过隐藏层将特征进行融合,最后通过误差由反向传播算法对整个网络参数进行调整,将前期所提取的所有局部特征变成全局特征。因此，全连接神经网络可以作为组合特征使用的有效方式，有效获取相邻站点之间的强相关性，为解决站点空间特征组合提供了可能。

9.1.2 数据预处理

以白鹤滩水电站坝区为研究区域，白鹤滩水电站为金沙江下游四个水电梯级——乌东德、白鹤滩、溪洛渡、向家坝中的第二个梯级（图 9.1），坝址位于四川省宁南县和云南省巧家县境内，上游距巧家县城约 41 km，距乌东德坝址约 182 km；下游距离溪洛渡水电站约 195 km，距离宜宾市河道里程约 380 km。坝址控制流域面积 43.03 万 km^2，占金沙江以上流域面积的 91%。该区域共分布有 10 个气象监测站，以小时为单位采集区域内的气象数据，主要研究对象为该区域的平均气温，结合邻近辅助站点气温数据特征对白鹤滩坝区单站点气温进行建模预测，随机选取气象观测站的数据作为试验数据进行建模分析及预测。

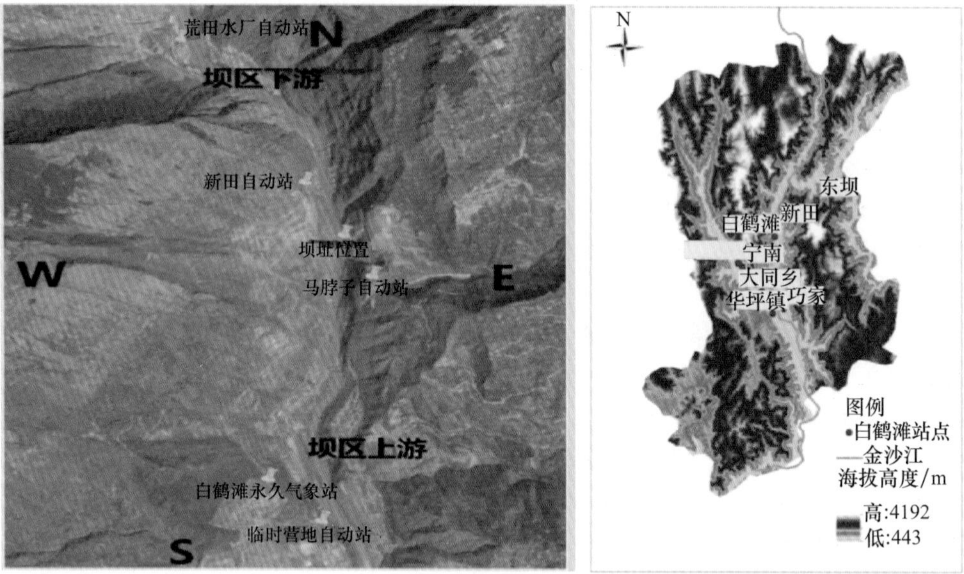

图 9.1　白鹤滩水电站气象站分布

本小节使用的数据为 2019 年 3 个月连续 92 d 的自动气象观测站数据，数据记录间隔为 1 h。将原始数据集中的重复值、缺测值等异常数据进行数据清洗和填充。模型的输入为前 24 h 的数据，是包含 11 维特征的历史时间序列，包括平均气温、风向、风速、相对湿度。可以分为 3 个方面：①本地温度属性（平均气温）；②本地气象属性（平均风向、平均风速、2 min 风向、2 min 风速、10 min 风向、10 min 风速、相对湿度）；③时间属性（月份、周中天数、小时时刻）。模型的输出数据是一维标量，即未来 1 h、5 h、10 h 的逐小时当前站点气温预测值。

本次试验收集的输入指标包含 4 个动态气象变量和气温历史时间序列值 2 种数据。由于不同气象要素变量间的量纲和量纲单位存在差异，为了更加全面公平地考量各个因素变量的影响，首先将各个变量时间序列用 Min-Max 方法进行归一化处理，使得各个样本数据具有可比性。具体公式如下：

$$x_n=\frac{x-x_{\min}}{x_{\max}-x_{\min}} \tag{9.1}$$

式中，$x_{\min}$ 和 $x_{\max}$ 分别为样本数据中各个变量的极小值和极大值。通过样本数据的极限值归一化处理后，各气象要素值归至[−1,1]，处于同一数量级，既能加快模型训练速度，又能减小输出误差。在得到预测数据后，再进行反归一化处理，使最终的气温预测结果具有物理上的意义。

将前 2 个月的数据作为训练集，后 1 个月的数据作为测试集。训练集、测试集分别选择对应宽度的滑动窗口逐步向后滚动，分批重构原始数据，将时间序列数据转换为有监督学习数据。本节中输出 $t+1$、$t+5$、$t+10$ 时间步的气温值，具体实现就是将整体的时间序列数据向后滑动 1 格、5 格、10 格，和原始观测数据拼接。

研究的气温预测属于回归问题，可以从预测值与实际值的偏差以及二者的一致性程度来评价预测效果。因此，使用的误差评价指标包括均方根误差（Root Mean Square Error, RMSE）、平均绝对误差（Mean Absolute Percentage Error，MAE）。

$$\mathrm{RMSE}=\sqrt{\frac{1}{n}\sum_{i=1}^{n}(\tilde{y}_i-y_i)^2} \tag{9.2}$$

$$\mathrm{MAE}=\frac{1}{n}\sum_{i-1}^{n}|\tilde{y}_i-y_i| \tag{9.3}$$

式中，y_i 为地面气象观测站某时刻实测气温值；$\tilde{y}_i$ 为某时刻模型预测气温值；n 为数据集的个数。RMSE 可以判断模型预测的精确度，MAE 反映的是预测值误差的实际情况。当这两项指标的值越小时，说明该预测模型的性能越好，同样也表明预测的气温值与实际的气温观测值的误差越小。

9.1.3　预测结果分析

通过试验，我们分别对训练好的模型进行了 1 h、5 h、10 h 的预测测试。由于数据量大，为更加直观展示不同模型间的预测效果与差异，在测试集中的数据随机选取连续 480 个（20 d）时间点，对 4 种模型的气温预测值与实测值进行了差异对比。

图 9.2 直观展示了 CNN、LSTM、GRU、ST-GRU 这 4 种模型测试集未来 1 h 的预测气温值与真实气温的对比结果。可以看出，各模型得到的预测气温趋势与实际气温趋势基本一致，说明 4 种模型均适用于预测气温。但是，CNN、LSTM、GRU 在气温波动较大的地方没有很好的拟合结果。例如在第 370～470 个数据点，CNN 模型预测的气温与实际气温偏离较大，误差最大时，预测气温比实际气温低 3.4 ℃。LSTM、GRU 模型明显降低了误差，预测效果比较稳定，能够更好地预测异常值。本节提出的 ST-GRU 模型比其他 3 种模型更精准，在波峰和波谷处的预测气温与真实气温吻合度最高，误差最大时，预测气温仅比实际气温低 1.7 ℃。

综上表明，相对于单一的 LSTM、GRU 这两种模型，ST-GRU 融合预测模型预测的气温与实际气温的拟合程度明显有所提升，基本完全拟合到了实际值的趋势。在气温起伏较大的时刻，ST-GRU 模型的预测与实际相差较小，拟合度比较稳定，且维持在较高水平。

对比 4 种模型测试集未来 5 h 和未来 10 h 的预测效果，ST-GRU 的 RMSE、MAE 值均小于 GRU，R^2 值均大于 GRU，即模型的预测误差更低，预测精度更高。可以发现，CNN 拟合效果最差，这是因为其无法获取到气温历史信息中的时序特征；GRU 模型比 LSTM 模型有微小的提升，这是因为其更简单的内部结构，可能更好地在训练过程中拟合数据，相较 LSTM 而言，更适合对气温建模。ST-GRU 在时间更长的预测中展示出更好的结果，在预测异常值上的表现，ST-GRU 一直是优于 LSTM 和 GRU 的，整体预测精度优于其他 3 个单一模型。

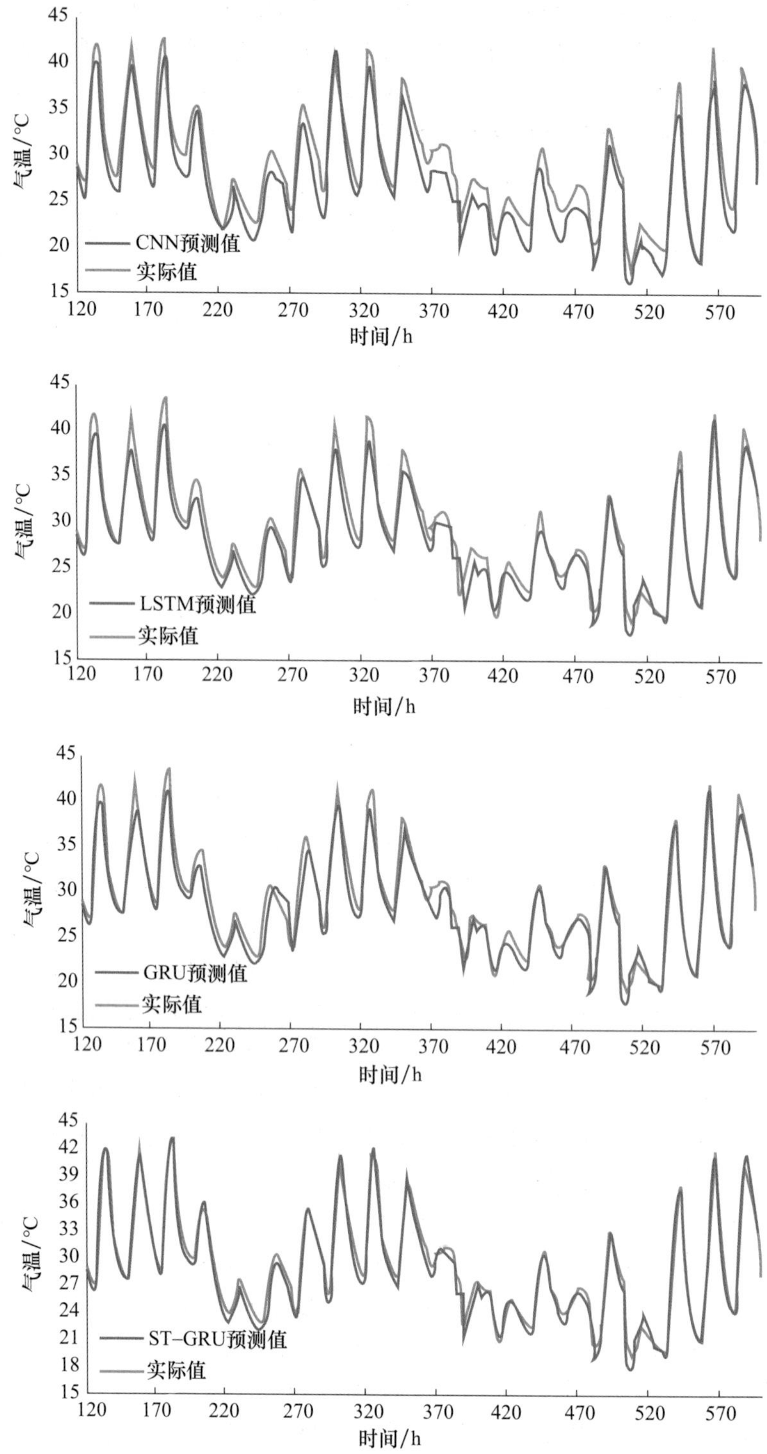

图 9.2 预测未来 1 h 4 种气温预测模型预测结果对比

综上表明，本节提出的 ST-GRU 模型预测效果最好，误差最小，因为其不仅获取到了气温的长时间序列特征，还能进一步得到站点之间的空间特征。对于时间较长的预测，ST-GRU 误差也最小，能有效预测到气温的未来趋势。

为了进一步客观评价四种模型的预测精度，对预测结果进行了测算，表 9.1 给出了测试过程中 ST-GRU 与其他气温预测模型的 RMSE、MAE、R^2。对比各个模型的性能评估指标可以看出：ST-GRU 模型和 GRU 模型相较于 LSTM 模型和 CNN 模型，预测效果有明显提升，ST-GRU 模型的预测效果在所有模型中表现最好。

表 9.1　不同步长 4 种气温预测模型的预测误差结果

时间步长	模型	RMSE	MAE	R^2
$t+1$	CNN	2.407	2.264	0.799
	LSTM	2.306	1.678	0.816
	GRU	2.066	1.493	0.852
	ST-GRU	0.985	0.77	0.966
$t+5$	CNN	3.497	2.789	0.578
	LSTM	2.899	2.357	0.71
	GRU	2.739	2.161	0.741
	ST-GRU	2.349	1.786	0.809
$t+10$	CNN	4.158	3.202	0.405
	LSTM	3.701	2.796	0.528
	GRU	3.603	2.727	0.552
	ST-GRU	3.206	2.498	0.646

对 $t+1$ 预测结果进行模型性能提升分析，将 CNN 模型的预测性能结果作为基本参考，由表 9.1 中数据计算出三个模型在 RMSE、MAE 指标上误差降低率，其结果如图 9.3 所示。GRU 模型、LSTM 模型相较于 CNN 模型，RMSE 分别降低了 4.2%、14.17%；MAE 分别降低了 25.88%、34.05%。说明前两者比后者更适合对气温进行预测，这是因为气温数据是时间序列数据，GRU 模型和 LSTM 模型在对长时间依赖问题上性能比 CNN 模型更好。ST-GRU 模型比 CNN 模型 RMSE 降低 59.08%、MAE 降低 65.99%，达到了很好的拟合效果。说明新构建的融合模型 ST-GRU 比单模型 GRU、LSTM 预测性能都要好，这是因为 ST-GRU 模型在处理时间序列长期依赖的基础上又额外提取到了空间特征，能够有效提升气温预测准确率，在气温预测上具有一定有效性和应用价值。

图 9.4 分别展示了 $t+5$、$t+10$ 三种模型（ST-GRU、GRU、LSTM）相较于 CNN 模型的 RMSE 与 MAE 误差降低率对比情况。可以看出，所有模型随着时间步长的推移，误差均呈上升趋势。相比较而言，这三种模型中，效果最好的是 ST-GRU，ST-GRU 的误差降低率始终高于 GRU 和 LSTM 模型，这与预期的效果一样。可见，ST-GRU 模型确实擅长对序列的学习，其生成的预测结果在不同时间步长时均展现出最好的效果。

综上表明，ST-GRU 模型融合了基于传统全连接层和基于 GRU 的深度神经网络，利用全连接层对数据的空间特征进行提取，然后利用 GRU 网络对时间序列进行学习预测，实现了对数据特征的深度挖掘。相较于近年来广泛用于时间序列预测的 LSTM 深度学习方法，ST-GRU 模型基于 GRU，在保证模型精度的基础上进一步减少了模型训练所需时间。相较于单一的 GRU 模型以及传统的 LSTM、CNN 模型，该融合模型避免了单一预测模型难以获得最优结果的问题，预测效果有显著提高，为提高短期气温预测精度提供了新思路和方法。ST-

GRU 模型能够更好地描述气温的动态和非线性变化，能够有效地预测气温。ST-GRU 模型预测的气温与实际气温的误差更小，相关性更高，拟合精度更高，预测性能最优。

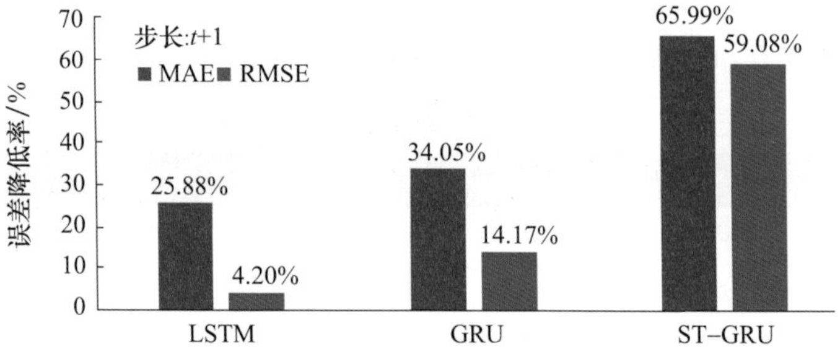

图 9.3　预测未来 1 h 4 种气温预测模型误差对比

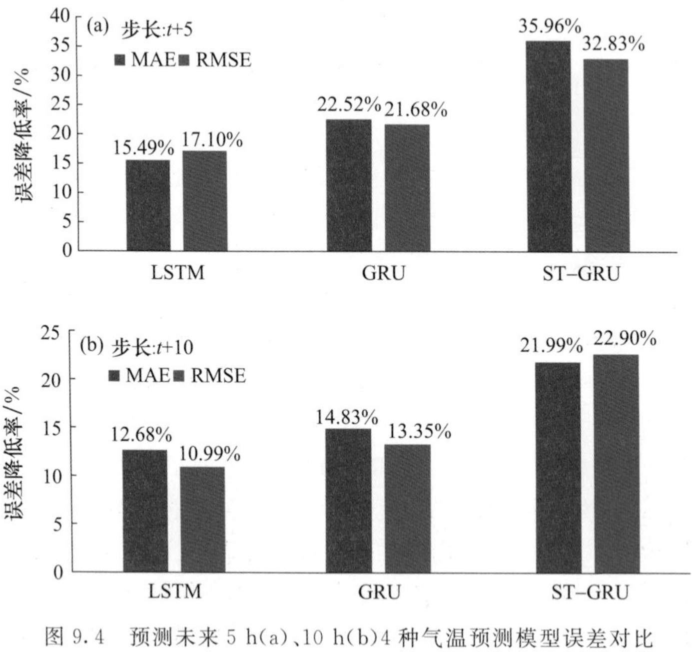

图 9.4　预测未来 5 h(a)、10 h(b)4 种气温预测模型误差对比

9.2　基于深度时空网络的短期区域气温预测模型(ST-Net)

9.2.1　区域气温模型与数据处理

气温数据集来自白鹤滩 10 个气象监测站提供的 2018 年 2 月 6 日至 2020 年 8 月 20 日共计 30 个月的小时气温观测数据，包括最低气温、最高气温、平均气温、位置(经度和纬度)和时间戳，共计 220429 条。图 9.5 是研究期间整个研究区域平均气温的变化情况，最低出现在冬季(2018 年 12 月 29 日 19 时)，而最高水平出现在夏季(2018 年 7 月 18 日 18 时)。小时气温最低(0 ℃)出现在 N0012 号站点，位于 13 坝段，最高气温(43.9 ℃)在 S8773 号监测站获得，位于左岸缆机平台。

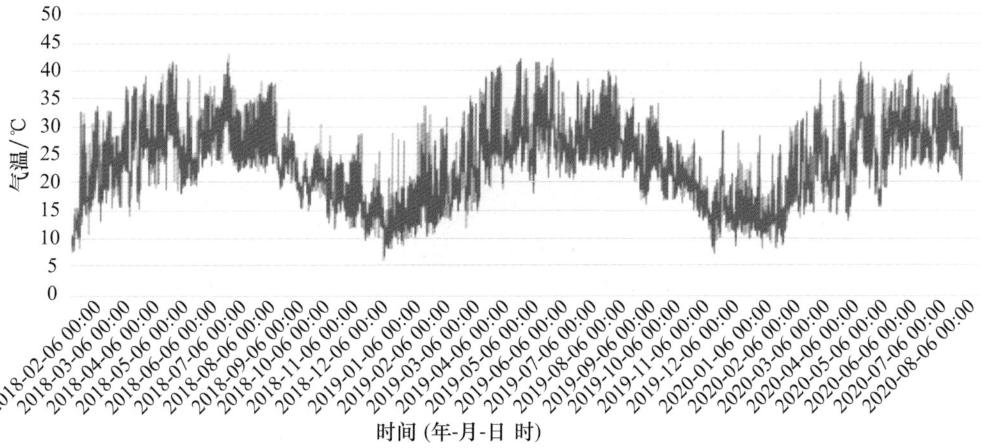

图 9.5　2018 年 2 月 6 日至 2020 年 8 月 20 日区域平均气温变化

9.2.1.1　时空信息处理模块

气温预测的目的在于使用过去时段的气温变化数据来预报未来时段的气温变化。区域内的气温监测站呈散点分布，单个站的监测数据代表了站点所在位置的气温情况。以往的研究主要集中在单一位置的预测，为了同时预测整个区域的气温变化，本节将监测站的点分布转换为时空图序列，从而单张图代表了给定时间点上整个区域的气温分布，图序列包含了时段内整个区域气温的时空变化信息。因此，本节将区域尺度的气温预测定义为以过去的图序列为输入，以未来的图序列为目标的一种时空预测问题。首先，介绍时空信息处理组件。

(1)区域网格化

传统上，气温预测方法为面向单一位置的预测，这类方法难以解决区域的气温预测需求。现实中，气象监测站分布在区域中的各个地点，本节首先使用 GIS 技术对区域进行矢量化获得区域矢量图，基于地理坐标将所有气象监测站投影至区域矢量图中对应位置，然后对整个区域进行网格化，将所有站点的信息分配至对应网格，通过定义时空图来将所有站的监测数据映射至统一的时空特征空间，最后将面向单一位置的预测转换为面向区域的时空序列预测。

区域中的各个气象监测站的分布呈点分布，需要将这种点分布转换为图形式，以此来表示气温在空间上的全局分布。首先对城市地图进行地理配准(本节中采用的是 WGS2000 地理坐标系)，将其与地理坐标系相对应，然后提取出区域的矢量图，根据矢量图的大小以及所有气象监测站的分布密度，研究区域被划分为 $M \times N$ 个网格(本节中划分为 11×11 个网格，每个网格大小为 500 m×500 m)。根据气象监测站的经纬度坐标将其投射至对应地理位置的网格，同时站点的气温监测数据也被分配其对应的网格。理论上，同一个网格可能会被分配多个站点数据，对于这类网格，我们取网格内所有站的气温监测值的平均值分配至该网格。

(2)时空图构建

对于划分后的 $M \times N$ 个网格，每个网格代表了区域内对应地点的气温情况，从而将图形式定义为一个 $M \times N$ 的二维矩阵。形式上，对于 $M \times N$ 大小的二维矩阵所代表的空间区域上的动态系统，随着时间的推移，每个网格中都有不同的气温监测值，将时间序列 T 上的图组合，便得到了$(M\times N)\times T$大小的时空图集合$\mathbf{R}$。因此，任何时刻t区域内的气温监测都可以用一个二维矩阵$\mathbf{X}_t\in\mathbf{R}$来表示。时空图的构建总体过程如图9.6所示。

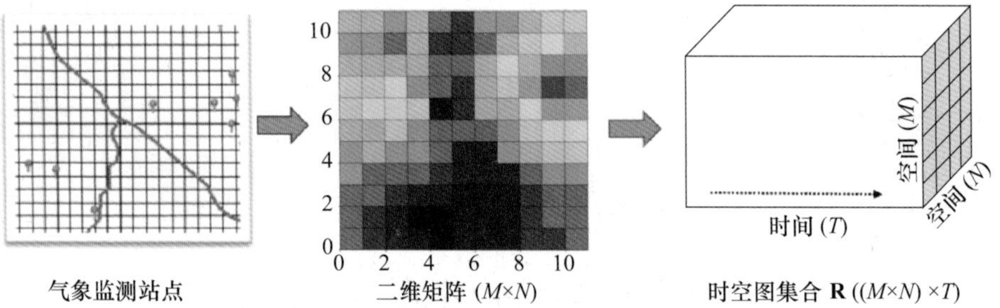

图9.6　时空图构建过程

(3)空间数据插值

对于图中不存在气温监测值的空白网格，需要利用已有数据对其进行数据填充，以表示空间中的气温的在此区域的近似分布，这对于后续利用深度时空网络来捕获完整的气温的空间变化过程是必要的。在这里，我们采用空间插值模型来将站点已有的气温监测值转换为这些网格近似的实际观测值(对于区域范围之外的空白网格，不做插值处理，以0补全)，对此我们的核心假设是，对于任意一个给定网格，其气温在空间上与它的相邻区域密切相关。

根据用于估算的参考点数目的不一样，现有的空间数据插值方法可分为全局和局部拟合法，前者是利用现有的所有参考点的值来估算插值点的值，而后者则是用邻近样本点的部分值来估算插值点的值。此外，现有的空间数据插值方法还可分为精确和非精确插值法，对于已知值的插值点，精确插值法在该点的插值与该点实际值相同，非精确插值法则不能保证相同。根据插值算法本身是否提供误差检验模型，空间插值方法还可以分成确定性和随机性两种。根据上述理论，本节将现有的插值算法进行了分类汇总，如表9.2所示。

表9.2　空间数据插值方法分类

全局拟合法		局部拟合法	
确定性	随机性	确定性	随机性
趋势面(非精确)	回归(非精确)	反距离权重(精确) 泰森多边形(精确) 样条插值(精确)	克里金(精确)

在这里以反距离权重插值法为例，阐述空间数据插值的过程。反距离权重插值，即IDW(Inverse Distance Weight)，也可以称为距离倒数乘方法，距离倒数乘方格网化方法是一个加权平均插值法，可以确切的或者圆滑的方式插值。方次参数控制着权系数如何随着离开一个格网结点距离的增加而下降。对于一个较大的方次，较近的数据点被给定一个较高的权重份额，对于一个较小的方次，权重比较均匀地分配给各数据点。

IDW插值可以明确地验证这样一种假设：彼此距离较近的事物要比彼此距离较远的事物更相似。当为任何未测量的位置预测值时，反距离权重法会采用预测位置周围的测量值。与距离预测位置较远的测量值相比，距离预测位置最近的测量值对预测值的影响大。反距离权重法假定每个测量点都有一种局部影响，而这种影响会随着距离的增大而减小。由于这种方法为距离预测位置最近的点分配的权重较大，而权重却作为距离的函数而减小，因此称之为反距离权重。IDW 遵循地理第一定律，任何事物都是与其他事物相关的，但近的事物比远的事物更相关，并且由于采用了权重，其对于区域范围进行插值时，不会出现难以理解或不能解释的插值结果。

$$Z=\frac{\sum_{i=1}^{m}\frac{Z_i}{d_i^n}}{\sum_{i=1}^{m}\frac{1}{d_i^n}} \tag{9.4}$$

式中，Z 为目标网格的插值结果，m 为样本点的个数，Z_i 为第 $i(i=1,2,\cdots,m)$ 个样本点的实际值，n 为距离的权重，d_i 为第 i 个样本点到目标网格的距离，其计算方法如下：

$$d_i=\sqrt{(x_i+x_A)^2+(y_i-y_A)^2} \tag{9.5}$$

式中，(x_i,y_i)为第 i 个样本点的空间坐标，(x_A,y_A)为目标网格的空间坐标。

由于彼此距离较近的事物比彼此距离较远的事物更加相似，因此，随着位置之间的距离增大，测量值与预测位置的值的关系将变得越来越不密切。为缩短计算时间，可以将几乎不会对预测产生影响的较远的数据点排除在外。因此，通过指定搜索邻域来限制测量值的数量是一种常用方法。邻域的形状限制了要在预测中使用的测量值的搜索距离和搜索位置。其他邻域参数限制了将在该形状中使用的位置。如图 9.7 所示，在为没有测量值的位置（黄色点）预测值时，将使用五个测量点（相邻点）。

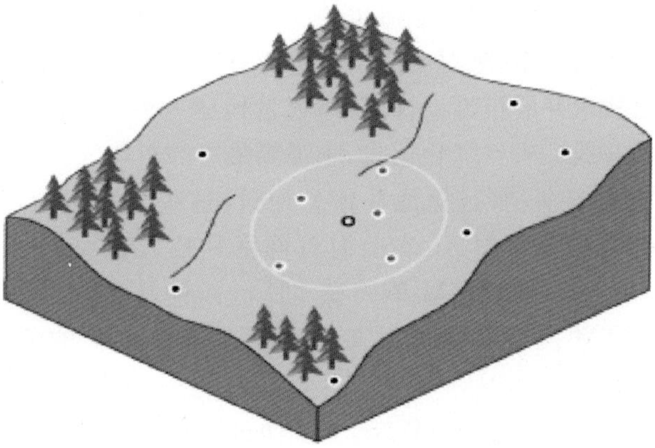

图 9.7　IDW 搜索领域示意图

假设在插值点 A 固定搜索半径内有若干个样本点，对于插值点与样本点，其自身在格矩阵上对应着(X,Y)矩阵坐标，如图 9.8 所示。

基于 IDW 算法原理，本节中的 IDW 网格插值的执行步骤如下。

① 输入所有样本点的值及所在的网格矩阵坐标(X,Y)。

② 确定插值点 A 的网格矩阵坐标。

③ 确定最大搜索半径，最大样本点个数。

④ 在搜索半径内搜索出样本点 P_i，同时按照式(9.5)依次求出第 i 个样本点 P_i 与插值点 A 的距离 d_i。

⑤ 根据式(9.4)计算出插值点 A 的估计值 Z。

⑥ 重复②③④⑤各个步骤，求出所有插值点的值。

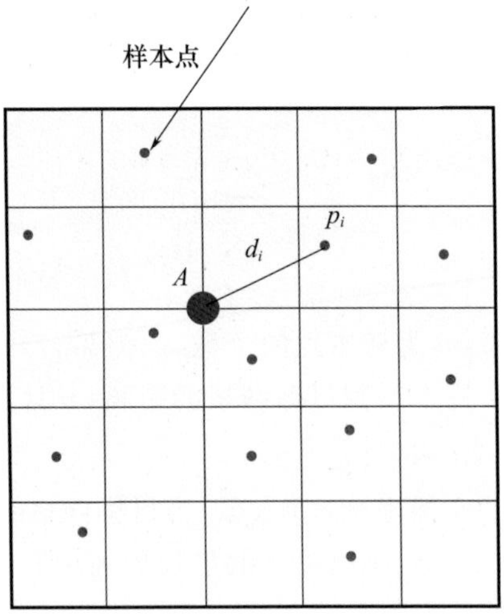

图 9.8 IDW 插值示意图

9.2.1.2 深度时空预测模块

区域气温预测的目的是利用历史的气温图像序列 $X_k(k=0,1,\cdots,t-1)$ 作为输入来预测未来时间的气温图像序列，X_t 代表了区域尺度的气温预测结果。同时，现实中人们不仅关心未来最近单个时间点的气温变化如何，同时也关注未来多个时间点的气温状况，这需要构建一个具有多步时空预测能力的模型，来对时空信息进行有效提取，并产生未来连续时长的预测结果。本节基于深度学习技术开展模型设计研究，通过构建一种深度时空网络预测模型来捕捉气温图像序列中复杂的非线性时空变化信息，来得到最终的短期气温多步预测结果。

LSTM 引入了"门"的概率，有选择地让信息通过，这些"门"包括遗忘门、输入门和输出门。LSTM 单元在 t 时刻有 3 个输入：当前时刻网络的输入值 x_t，上一时刻单元的输出值 h_{t-1}，上一时刻的单元状态 c_{t-1}。LSTM 单元在 t 时刻有两个输出：当前时刻的输出值 h_t，当前时刻单元状态 c_t。LSTM 网络对输入 x_t 处理最后生成输出 h_t 的前向传播过程可分如下六步：

$$f_t=\sigma(\boldsymbol{W}_{if}x_t+\boldsymbol{W}_{fh}h_{t-1}+b_f) \tag{9.6}$$

$$i_t=\sigma(\boldsymbol{W}_{ii}x_t+\boldsymbol{W}_{ih}h_{t-1}+b_i) \tag{9.7}$$

$$c_t=\sigma(\boldsymbol{W}_{ic}x_t+\boldsymbol{W}_{ch}h_{t-1}+b_c) \tag{9.8}$$

$$\bar{c}_t=f_tc_{t-1}+i_t\bar{c}_t \tag{9.9}$$

$$o_t=\sigma(\boldsymbol{W}_{io}x_t+\boldsymbol{W}_{oh}h_{t-1}+b_o) \tag{9.10}$$

$$h_t=o_t\cdot\tanh(c_t) \tag{9.11}$$

式(9.6)～(9.11)分步计算遗忘门 f_t、输入门 i_t、写入单元的新信息 c_t、输出门 o_t、单元短时输出向量 h_t。其中，$\boldsymbol{W}_{if}$、$\boldsymbol{W}_{ii}$、$\boldsymbol{W}_{ic}$、$\boldsymbol{W}_{io}$ 分别是当前输入与遗忘门、输入门、写入单元的新信息输出门相乘的权重矩阵，$\boldsymbol{W}_{fh}$、$\boldsymbol{W}_{ih}$、$\boldsymbol{W}_{ch}$、$\boldsymbol{W}_{ho}$ 分别是上一时刻输出与遗忘门、输入门、写入单元的新信息、输出门相乘的权重矩阵，b_f、b_i、b_c、b_o 分别是对应的偏置项，$\sigma()$ 为 Sigmoid 函数。

LSTM 处理时空数据的主要缺点是在处理之前必须将输入的一维向量展开，从而在处理过程中丢失了所有的空间信息，因此，传统的 LSTM 网络难以解决区域气温的时空预测问题。

卷积长短期记忆网络(Convolutional Long Short Term Memory，ConvLSTM)是对目前流行的长短期记忆网络的扩展，其目标是克服 LSTM 处理时空数据时的缺点。具体来说，在

ConvLSTM 网络中，LSTM 模块的全连接门被卷积门取代，从而实现对时空特征的编码。按照传统的表示方法，让 X_t、H_t、C_t和 Y_t分别表示 ConvLSTM 网络在 t 时刻的输入、隐藏状态、单元状态和输出。描述 ConvLSTM 的方程如下：

$$Z_t^i=\sigma(W_{xi} \cdot X_t+W_{hi} \cdot H_{t-1}+W_{cf} \cdot C_{t-1}+B_i) \tag{9.12}$$

$$Z_t^f=\sigma(W_{xf} \cdot X_t+W_{hf} \cdot H_{t-1}+W_{cf} \cdot C_{t-1}+B_f) \tag{9.13}$$

$$C_t=Z_t^f \cdot C_{t-1}+Z_t^i \cdot \pm\tanh(W_{hc} \cdot H_{t-1}+B_c) \tag{9.14}$$

$$Y_t=\sigma(W_{xy} \cdot X_t+W_{hy} \cdot H_{t-1}+W_{cy} \cdot C_t+B_y) \tag{9.15}$$

$$H_t=Y_t \cdot \tanh(C_t) \tag{9.16}$$

式中，W 和 b 是可训练的参数，其大小与相应的张量相匹配。ConvLSTM 中的所有门激活和隐藏状态都是三维张量，它可以同时处理时间与空间两个方面的信息，而传统 LSTM 中的向量丢失了自然的空间信息，仅能处理时间维度的信息。因此，基于 ConvLSTM 来构建区域气温的预测模型。

（1）ConvLSTM 模型

ConvLSTM 是 LSTM 的一个变体，它将传统的 FC-LSTM 中的全连接层用卷积操作来代替，利用 CNN 在多维数据中进行卷积操作来捕获空间特征，从而这种结构可以同时处理时间与空间维度的特征。本节基于 ConvLSTM 结构设计了一种针对区域气温预测的深度时空网络模型 ST-Net，同时加入注意力机制模块 CBAM（Convolutional Block Attention Module）来提高模型对于极端温度的预测能力。ST-Net 的模型结构如图 9.9 所示。

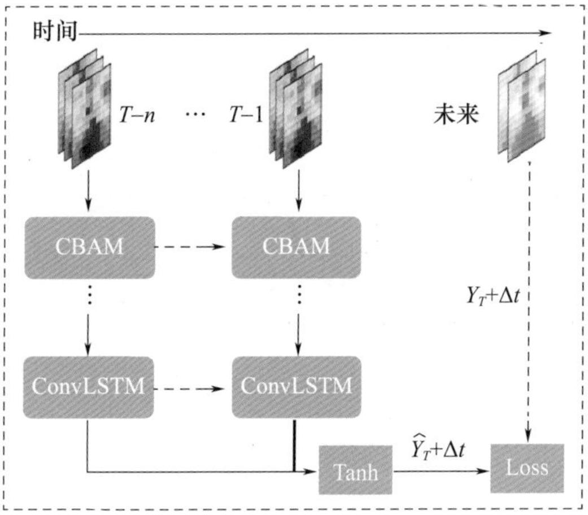

图 9.9　ST-Net 模型结构

（2）注意力模块 CBAM

人类视觉系统的一个重要特性是，人们不会试图同时处理看到的整个场景。取而代之的是为了更好地捕捉视觉结构，人类利用一系列的局部瞥见，有选择性地聚集于显著部分。近年来，有人尝试将注意力机制引入卷积神经网络中，用来关注图像中显著的部分，以提高其在计算机视觉任务中的性能。图 9.10 为使用 Grad-CAM 对注意力机制作用机理的可视化图像。

对应到区域气温的时空预测任务中，注意力机制可以用来更好地捕获区域气温的极端变化情况，例如低温或者高温，特别是对于极端高温的情况，这对于指导现实中的生产活动十分重要。本节将注意力机制引入预测模型中，以更有效地对极端气温进行预测。

CBAM 是一种结合了通道注意力和空间注意力的轻量级模块，它和 SE-Net 一样，几乎可

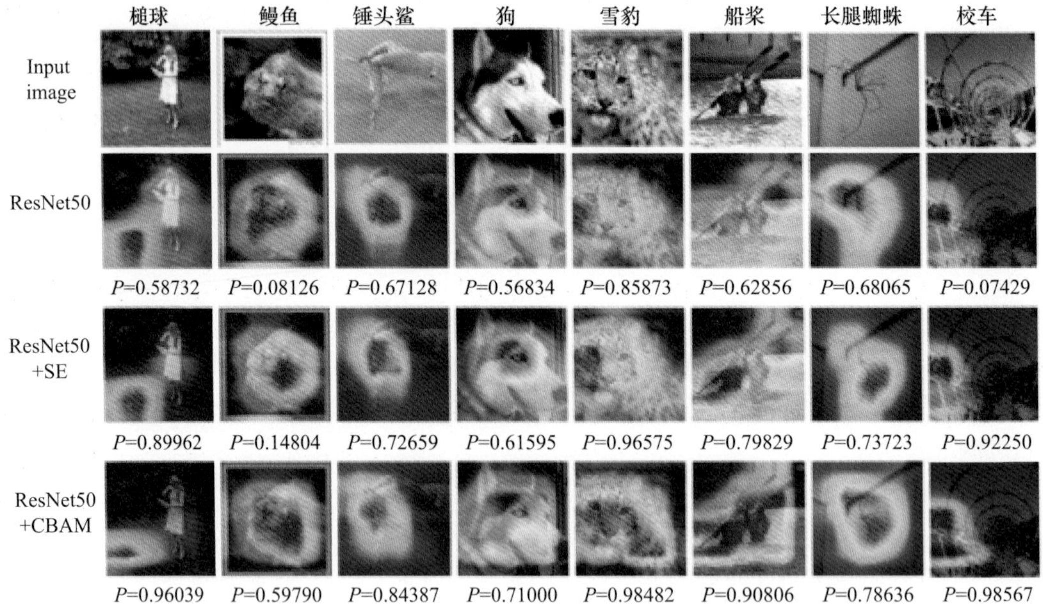

图 9.10　注意力机制作用机理的可视化示意图

以嵌入任何 CNN 网络中，在带来小幅计算量和参数量的情况下，大幅度提升模型性能。CBAM 模块的整体结构如图 9.11 所示。

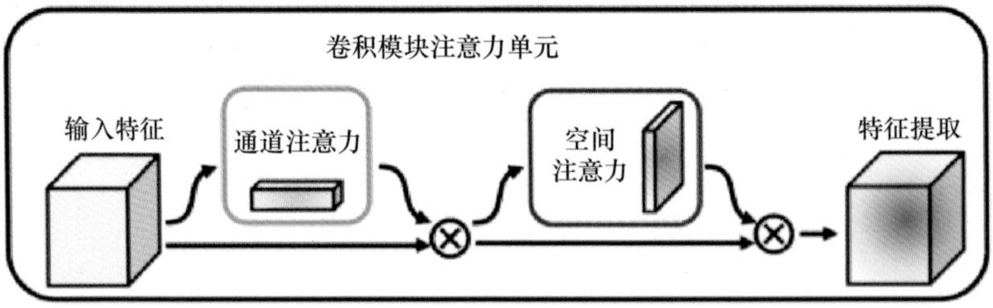

图 9.11　CBAM 模块结构

通道注意力聚焦在“什么”是有意义的输入图像，其原理结构如图 9.12 所示。为了有效计算通道注意力，需要对输入特征图的空间维度进行压缩，对于空间信息的聚合，常用的方法是平均池化。但有研究认为，最大池化收集了另一个重要线索，关于独特的物体特征，可以推断更细的通道上的注意力。因此，平均池化和最大池化的特征是同时使用的。

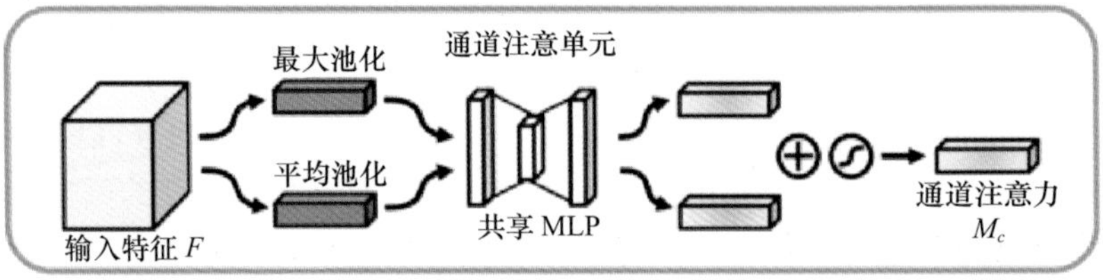

图 9.12　通道注意力结构

$$
\begin{aligned}
M_c(F) &= \sigma(\mathrm{MLP}(\mathrm{AvgPool}(F)) + \mathrm{MLP}(\mathrm{MaxPool}(F))) \\
&= \sigma(W_1(W_0(F^c_{avg})) + W_1(W_0(F^c_{max})))
\end{aligned} \tag{9.17}
$$

式中，F^c_{avg} 和 F^c_{max} 分别表示平均池化特征和最大池化特征。然后，这两个描述符被转发到一个共享网络，以产生我们的通道注意力图 M_c。共享网络由一个多层感知器(MLP)组成，其中有一个隐含层。为减少参数开销，隐藏层的激活大小设为 $R/C=r\times1\times1$，其中 R 为下降率。将共享网络应用到每个描述符后，输出的特征向量使用 element-wise 求和进行合并。$\sigma()$ 表示 Sigmoid 函数，$M_c(F)$ 与 F 进行元素相乘得到 F'。

最大池化可以收集到难区分物体之间更重要的线索，来获得更详细的通道注意力。因此，CBAM 同时使用平均池化和最大池化后的特征，然后将它们依次输入一个权重共享的多层感知机中(MLP)，最后将各自的输出特征在对应位置相加。

空间注意力聚焦在“哪里”是最具信息量的部分，这是对通道注意力的补充，其原理结构如图 9.13 所示。为了计算空间注意力，沿着通道轴应用平均池化和最大池操作，然后将它们连接起来生成一个有效的特征描述符。然后应用卷积层生成大小为 $R\times H\times W$ 的空间注意力图 $M_s(F)$，该空间注意图编码了需要关注或忽略的位置。

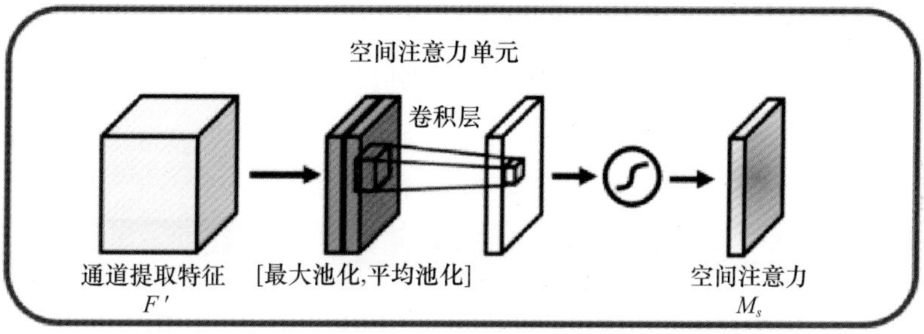

图 9.13　空间注意力结构

$$
\begin{aligned}
M_s(F) &= \sigma(f^{7\times7}([\mathrm{AvgPool}(F);\mathrm{MaxPool}(F)])) \\
&= \sigma(f^{7\times7}([F^s_{avg};F^s_{max}]))
\end{aligned} \tag{9.18}
$$

具体来说，使用两个池化(pooling)操作聚合成一个特征图(Feature map)的通道信息，生成两个二维图：F^s_{avg} 大小为 $1\times H\times W$，F^s_{max} 大小为 $1\times H\times W$。其中，$\sigma()$ 表示 Sigmoid 函数，$f^{7\times7}$ 表示一个滤波器大小为 7×7 的卷积运算。

加入空间注意力模块在一定程度上弥补了只用通道注意力的不足，因为空间注意力主要聚焦于输入图像的哪部分的有效信息较丰富。值得注意的是，这里的池化操作是沿着通道轴进行的，每次池化时对比不同通道之间的数值，而非同一个通道不同区域的数值。通过最大池化和平均池化各获得一张特征图，而后将它们拼接成 1 张二维特征图，再输入标准的 7×7 卷积进行参数学习，最终得到 1 张一维的权重特征图。

9.2.2　实验结果与可视化

首先，使用时空信息处理组件将 13 个月的空气质量观测数据转换为 22240 张图，其中前 90%的数据作为训练集，后 10%作为测试集。然后，使用 12 h 宽的滑动窗口分别对训练集和测试集进行切片。因此，总共生成了 22218 个序列，每个序列由 12 张图组成(6 个用于输入，6 个用于预测)。最后得到 20005 个图序列用于训练，2213 个图序列用于测试。

使用 2 种方法来评价气温预测的性能，以整张图像为单位，给定任意真实图 X 与预测图 Y。

均方根误差(RMSE)用来评价预测图 Y 与真实图 X 之间的误差以及稳定性，公式定义如下：

$$\mathrm{RMSE}=\sqrt{\frac{1}{mn}\sum_{i=0}^{m-1}\sum_{j=0}^{n-1}\left[X(i,j)-Y(i,j)\right]^2} \tag{9.19}$$

预测准确性(Acc)公式定义如下：

$$\mathrm{Acc}=1-\frac{\sum_{i=0}^{m-1}\sum_{j=0}^{n-1}\left|Y(i,j)-X(i,j)\right|}{\sum_{i=0}^{m-1}\sum_{j=0}^{n-1}X(i,j)} \tag{9.20}$$

(1)单步时长预测

本节为单步时长预测性能比较，即利用历史气温监测数据对未来 1 h 的气温变化进行预测。表 9.3 展示了模型在测试集上的预测性能表现，并与现有的时空预测模型 ConvLSTM、Memory in Memory(MIM)进行比较。本节提出的 ST-Net 与 MIM 拥有相似的性能。值得注意的是，ST-Net 是轻量化的，它拥有最低的模型参数量，约为 ConvLSTM 的 63%，MIM 的 29%，这意味着对设备内存的需求更低，适用于缺乏足够计算能力的场景。此外，ST-Net 拥有最快的模型收敛速度，耗时仅为 MIM 的 40%，预测时间消耗也仅为 MIM 的 47%，这些优点将十分有利于现实中模型的部署。

表 9.3　单步时长预测性能

模型	RMSE/图	Acc/图	训练/批次	测试/批次	参数量
ConvLSTM	0.70	0.97	171	0.032	1.11 M
MIM	0.75	0.97	420	0.074	2.39 M
Proposed	0.62	0.98	168	0.035	0.70 M

(2)多步时长预测

接下来比较这些模型在连续 6 h 内的预测性能，即利用历史观测对第($t,t+1,\cdots,t+5$)时刻的区域气温变化进行预测。可以看到所有模型的预测性能随着时间延长都逐渐降低，但是本节提出的模型始终表现出最好的性能。ConvLSTM 模型在前 2 h 的预测性能高于 MIM，说明 MIM 模型相较于 ConvLSTM 模型虽然提高了对于长期数据的预测能力，却降低了对于最近时间点的预测性能。值得注意的是，在持续 6 h 的时间跨度中，ST-Net 的预测性能始终优于 ConvLSTM 和 MIM，这证明 ST-Net 模型能够更好地捕捉到气温的时空变化，从而拥有更好的多时间步长的预测能力(图 9.14)。

(3)单个站点的预测

除了对区域气温预测性能进行评估外，还测试了 ST-Net 对于单一位置的预测能力，并与其他模型进行比较。在这里，以某个气象监测站为例针对未来 1 h 的预测能力做进一步的分析，该站位于(102.880°E，27.252°N)，预测结果如图 9.15 所示，其中 ConvLSTM 取得了 RMSE＝0.83 ℃的预测性能，MIM 取得了 RMSE＝0.99 ℃的预测性能，ST-Net 取得了 RMSE＝0.75 ℃的预测性能。从对单站的预测结果来看，ST-Net 仍然能够表现出最好的预测能力，同时 MIM 对于最近 1 h 气温的预测能力仍然弱于 ConvLSTM，这与之前的区域气温预测结果一致。

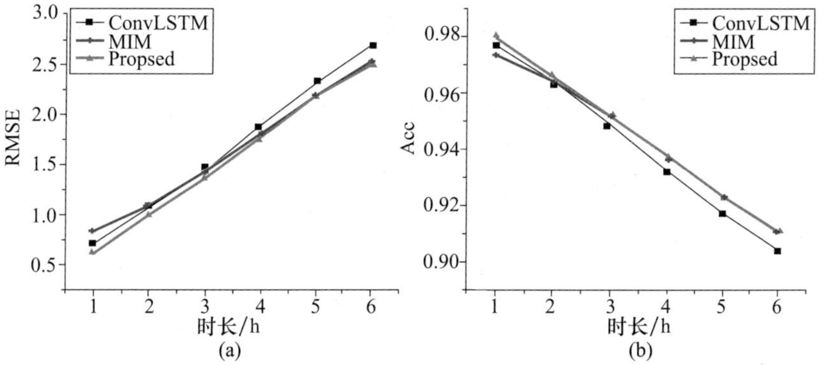

图 9.14　多步时长预测性能比较

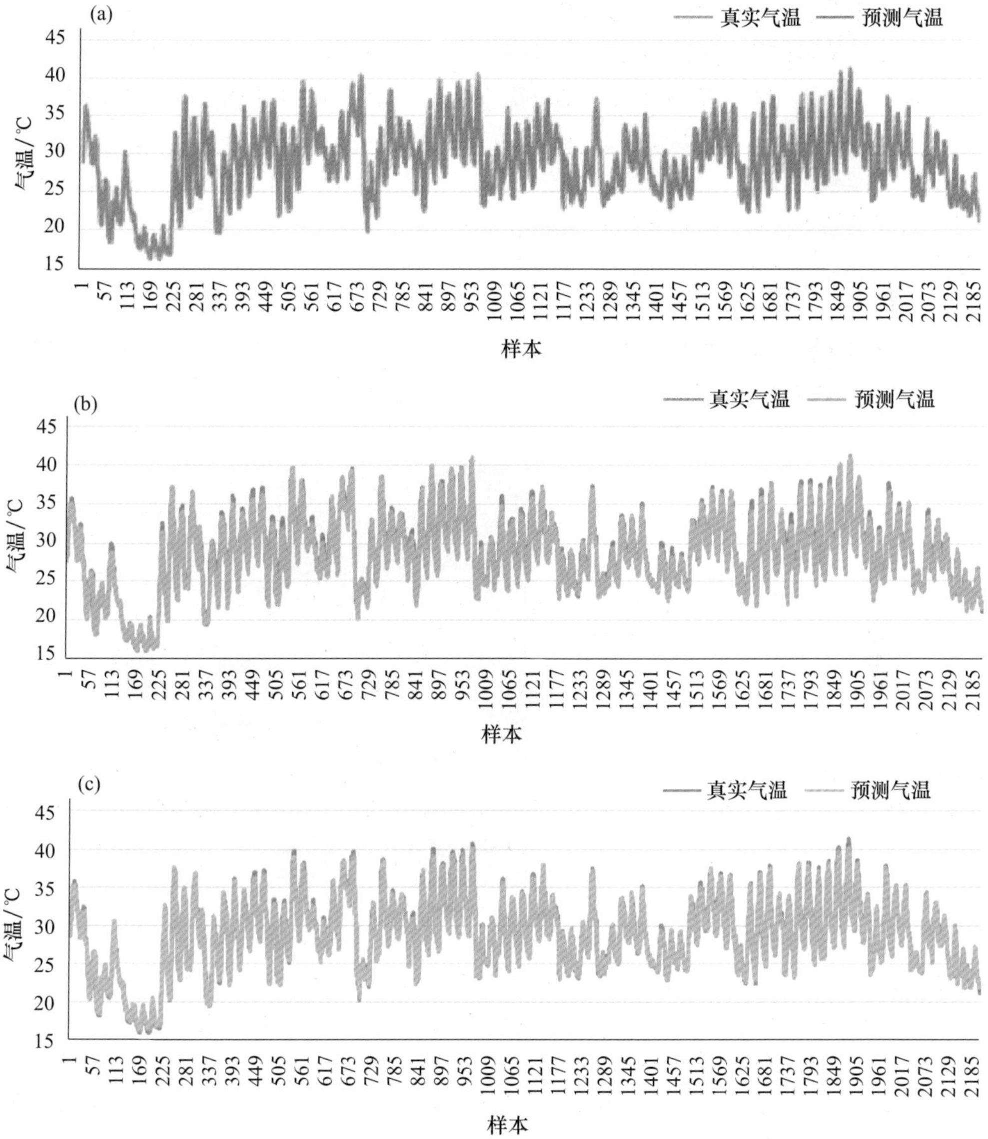

图 9.15　针对单站的预测性能比较

(a)ConvLSTM;(b)MIM;(c)ST Net

(4)预测结果可视化

区域气温预测的目的在于给出区域中任何地点的未来气温状况以及变化趋势,这可以为现实中的工程施工及人员安全、工程质量安全、风险管理和成本控制提供重要的决策支持。图9.16给出了由各个方法给出的一个连续6 h的区域气温预测图序列,并与真实气温图序列进行比较。可以看出,ST-Net模型可以很好地预测出未来第1 h研究区域西部的高温,以及接下来5 h温度逐渐降低的趋势。ConvLSTM对于未来1 h的区域气温具有一定的预测能力,而MIM相对而言对于未来1 h的预测能力最弱,但是MIM对于多步时长的区域气温的预测能力要强于ConvLSTM。

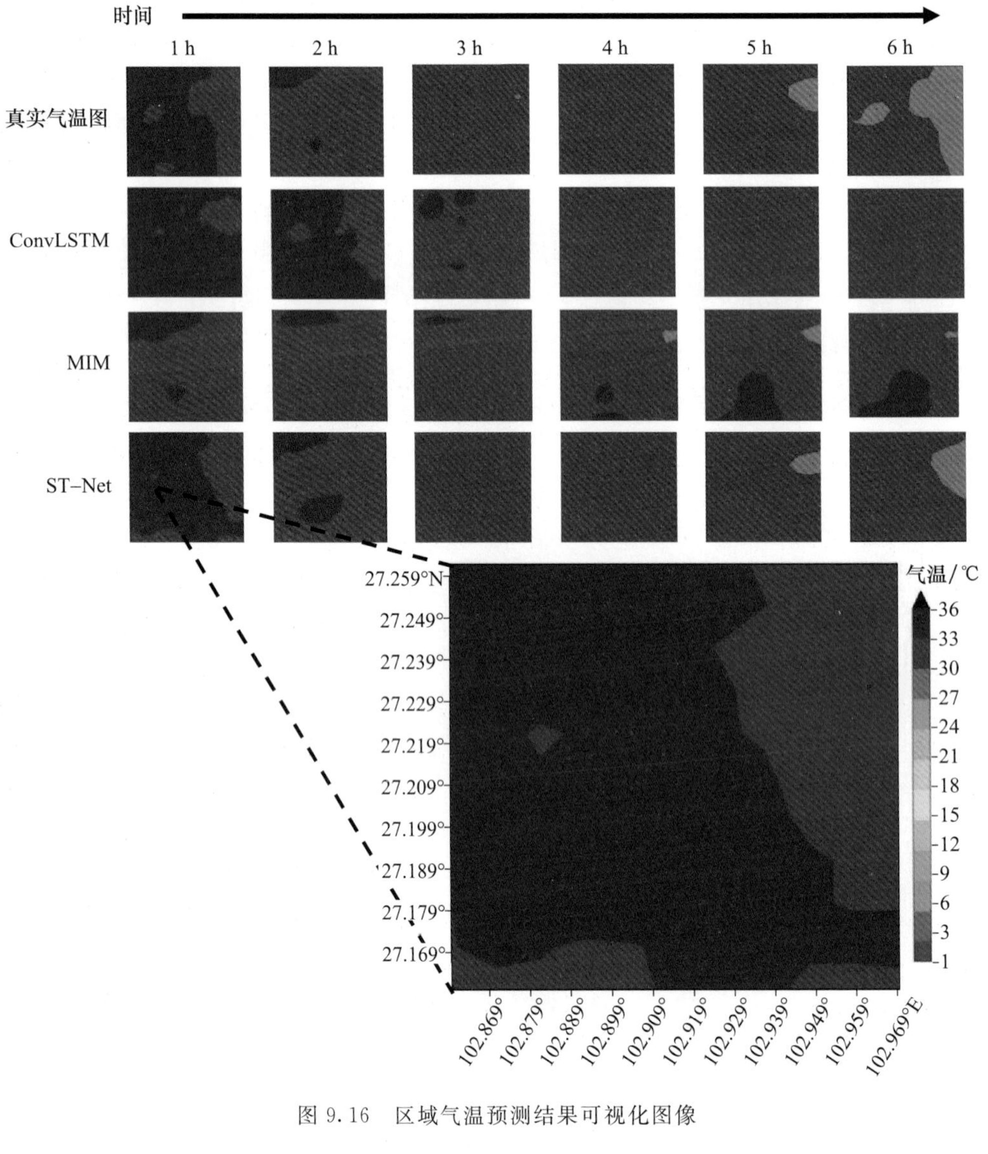

图9.16 区域气温预测结果可视化图像

ST-Net模型通过时空信息处理组件来将点分布的气温监测数据转换为时空图序列,然后利用深度学习模型来学习图序列中复杂的非线性时空变化,最终得到区域尺度的短期气温预测结果。基于白鹤滩水电站10个气象监测站的气温采集数据来实施短期气温预测,该方法在未来第1 h取得了RMSE=0.62 ℃的预测性能,在未来第6 h取得了RMSE=2.51 ℃的预测性能。我们提出的方法可以对区域尺度的气温变化进行预测，从而为现实中的工程管理提供重要的决策支持。

9.3 基于多任务学习的深度时空气温预测模型

多任务学习(MTL)作为一种联合机器学习范式，通过在若干个相关但不完全相同的任务间共享信息，辅助所有任务提升各自的准确度及泛化能力(Zhang et al.,2021)。通过上述定义，有两个非常关键的限定：多个任务之间必须具有相关以及拥有可以共享的特征表示。目前多任务学习共享机制大致可以分为两类，一是不同任务之间共享相同的参数(Common parameter)，二是挖掘不同任务之间隐藏的共有数据特征(Latent feature)。近年来，研究人员针对单任务学习方法在处理时间序列时存在信息挖掘不充分、预测精度低等问题，尝试引入多任务学习范式。当前针对MTL的研究重心主要集中在共享机制的设计(Chen et al.,2020)和如何挑选出更相关的任务(Standley et al.,2020)。深度神经网络的引入使得MTL的实现更加灵活，即使用不同形式的共享表示，如共享底层特征、共享中间层的隐藏单元，甚至共享模型某一层的结果，而共享表示之外各自独立的部分，也可根据各自任务的特点来灵活设计，可以用类似的特征组合和模型方法，也可以是多个任务使用完全不同的特征组合和模型方法。

Liu等(2021)在对出行需求预测中将不同的区域、社群视为不同的任务，分别使用CNN和GRU联合进行时-空和社区相关性建模，并通过对任务聚类和分组，同时提升了组内各任务的性能。Jawed等(2019)在对时间序列多步预测时将多个相关任务建模为辅助任务，并提出一个加权损失函数来平衡主任务和辅助任务的权重，实证表明适当降低辅助任务的权重对于整体预测目标的达成是有益的。Chen等(2020)引入主流的带多头注意力机制的Transformer模型，来同时捕获输入时间序列的全局特征，通过在多个任务间共享注意力进行联合训练。Deng等(2021)提出一个新型的时间序列预测框架，将输入的时间序列数据划分为三类视图，即原始、时间和空间视图，并以多任务方式分而治之，即让每个任务对应一个变量或时间戳。通过以上方法无缝地对多变量输入问题进行建模，实现多变量预测。Nguyen等(2019)提出一种基于经验模态分解(EEMD)的增强方法将原始输入序列划分为紧密相关和松散相关两类，并分别输入多任务和多视角模型进行训练，有效提高了对时间序列的预测性能。Cheng等(2020)引入解释水平理论，并结合CNN和LSTM各自在时间和空间特征提取上的优势进行预测，具体实施过程为先使用卷积提取抽象特征，然后输入共享的LSTM网络进行特征融合，其间充分考虑了未来不同尺度的数据的影响。总体而言，多任务学习的不同任务在共享层里的局部极小值位置是不同的，通过多任务之间不相关部分的相互作用，有助于逃离局部极小值点；而多任务之前相关的部分则有利于共享层对通用特征表示的学习，因此通常多任务能够取得比单任务模型更好的效果。

9.3.1 气温预测模型与方法

由于室外气温数值不是独立变量，其与自然环境下的日照、湿度、气压和风速等各类气象条件均有关，且这些影响因素与气温在时间和空间上存在普遍关联，在时间序列的变化过程中具有高度的因果关系。总体上，气温数据具有时空相关性、时间序列性和空间异质性等三个典型特性。假设包含S个气象要素的时间序列$\{x_1^{(s)},x_2^{(s)},\cdots,x_m^{(s)}\}$为建模数据，对于某一需要进行超前 1、3、5 步预测的气温预测模型，在模型训练时，气温时间序列的输入维度为 $d(d<m)$，输出维度为 3，在用训练好的模型进行预测时，气温时间序列的输入维度同样为 $d(d<m)$，输出维度为 3。在预测时，当输入向量为 $\{x_{n+1}^{(s)}, x_{n+2}^{(s)}, \cdots, x_{n+d}^{(s)}\}$ 时，其超前 1 步、3 步、5 步的预测过程如下式所示：

$$x_{n+1}^{(s)}, x_{n+2}^{(s)}, \cdots, x_{n+d}^{(s)} \rightarrow \hat{y}_{n+d+1}, \hat{y}_{n+d+3}, \hat{y}_{n+d+5} \tag{9.21}$$

将天气时间序列的相邻时间点中蕴含的多种信息看成多任务学习中的不同任务同时进行学习，即为目标预测任务构建多个邻近预测步长的辅助任务进行协同预测，提升目标预测任务的泛化能力。所提模型的总体结构如图 9.17 所示。

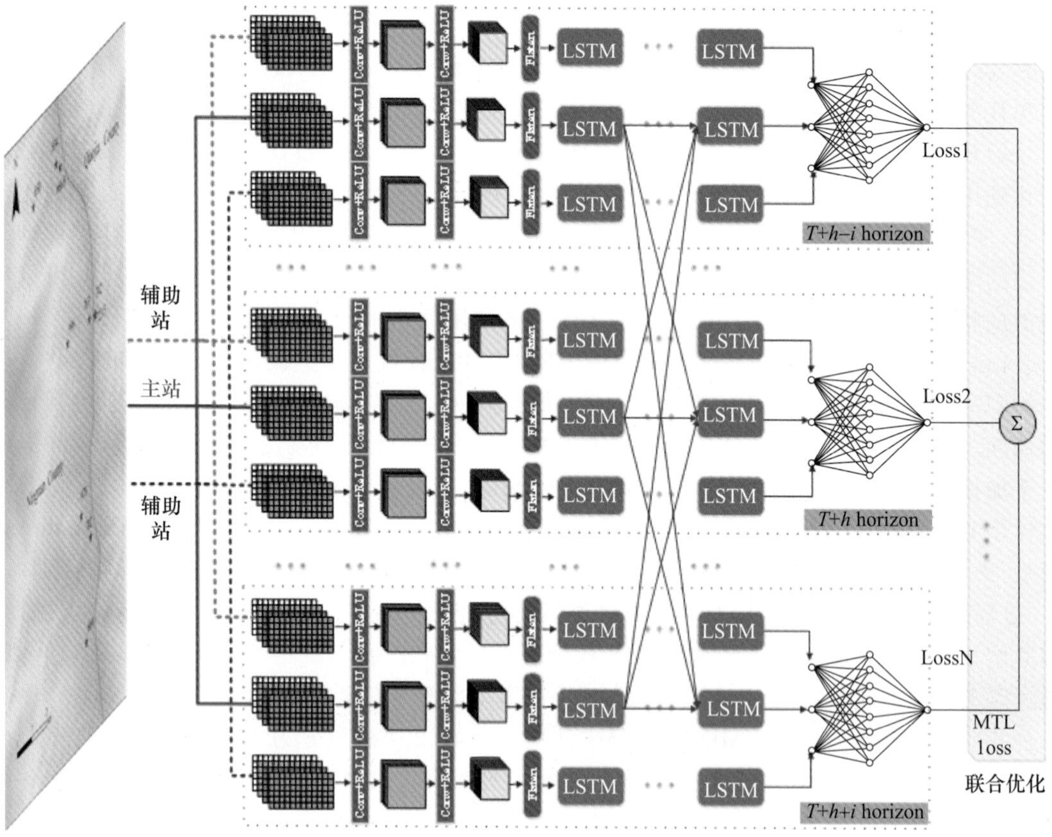

图 9.17　MTL-Deep-SPF 总体框架

9.3.1.1　局部空间特征提取

卷积神经网络（CNN）作为一种主流的深度学习模型，具有强大的自动提取特征能力。卷积层和池化层是 CNN 实现特征提取的关键模块。卷积层中将卷积核（滤波器或特征检测器）与时间序列特征矩阵进行点乘运算，即利用卷积核与对应的特征感受野进行滑窗式运算（图 9.18）。

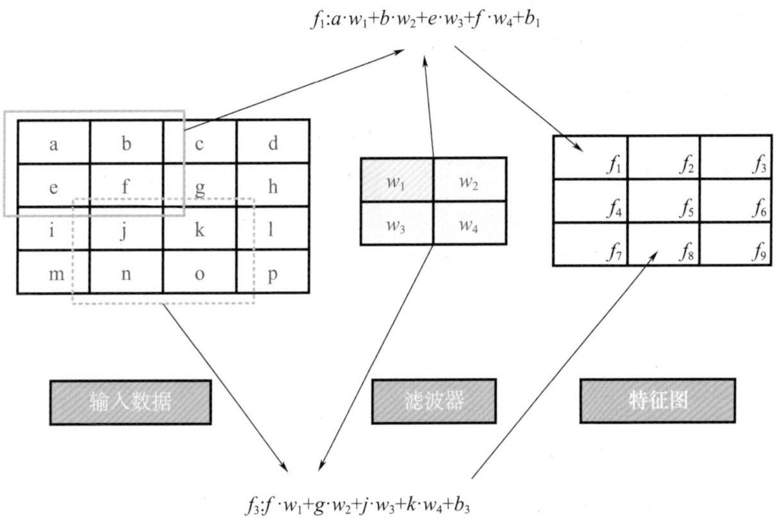

图 9.18　卷积操作过程示意

卷积层中的每个神经元都与前一层位置接近的区域的多个神经元相连，区域大小取决于卷积核的大小，即感受野。卷积核在工作时会有规律地扫过输入特征，并在感受野内对输入特征做矩阵元素乘法求和并叠加偏置，二维卷积的公式如下：

$$\begin{aligned}\boldsymbol{X}^{l+1}(i,j) &= [\boldsymbol{X}^l \otimes \boldsymbol{w}^{l+1}](i,j)+b^{l+1} \\ &= \sum_{k=1}^{K_l}\sum_{x=1}^{f}\sum_{y=1}^{f}[\boldsymbol{X}_K^l(s_0 i+x, s_0 j+y)\boldsymbol{w}_K^{l+1}(x,y)]+b^{l+1}\end{aligned} \tag{9.22}$$

$$(i,j)\in\{0,1,\cdots,L_{l+1}\},L_{l+1}=\frac{L_l+2p-f}{s_0}+1$$

式中，求和部分等价于求解一次交叉相关；b^{l+1}为偏置量；X^l 和 X^{l+1}分别表示第 $l+1$ 层的卷积输入和输出，又称其为特征图；L_{l+1}为 X^{l+1}的尺寸，$X(i,j)$为对应特征图的像素，K_l 为特征图的通道数；f、s_0和 p 是卷积层参数，分别为卷积核大小、步长和填充层数。卷积层采用激活函数来增加神经网络的非线性，进而协助表达复杂特征，提高模型的拟合能力。我们采用改进的带泄露线性整流函数（Leaky ReLU，简写为 L-ReLU），定义如下：

$$\begin{aligned}\text{L-ReLU}(x) &= \max(0,x)+\alpha\min(0,x) \\ &= \begin{cases}\alpha x & x<0 \\ x & x\geqslant 0\end{cases}\end{aligned} \tag{9.23}$$

式中，x 表示来自上一层神经网络的输入，L-ReLU(x)则对应该层神经网络输出，$\alpha\in(0,1)$设置为一个很小的正数（典型的如 0.01），使得该激活函数具有一定的斜率，有效避免了传统 ReLU在输入 $x<0$ 时“杀死”梯度的缺陷。池化层通常紧跟在卷积层之后，通过降低特征图的分辨率，以抽取特征图中最为明显、最为突出的特征。考虑到在下采样过程中可能会丢失大量有用信息，我们的模型不使用池化操作。

9.3.1.2　长期依赖时序提取-GRU

GRU 在 LSTM 的基础上进行改进，鉴于 LSTM 模型中的输入门和遗忘门是互补关系，且存在一定的冗余，GRU 抛弃了输入门，而将遗忘门和输入门组合成“更新门”，统一协调输入和遗忘之间的平衡;同时又将“细胞状态”和隐藏状态进行混合。图 9.19 给出 GRU 的循环单元结构。

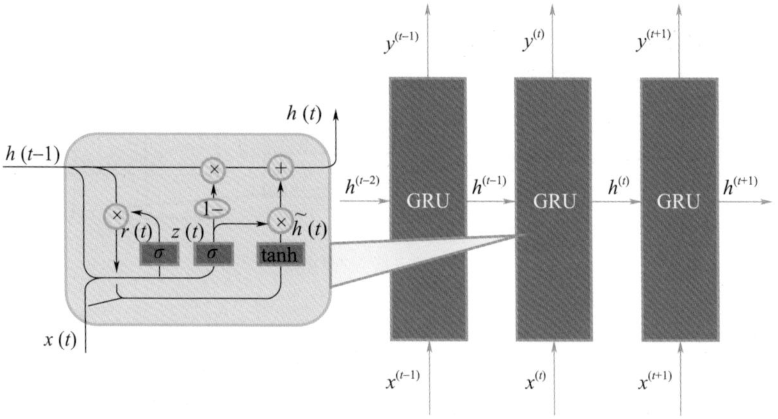

图 9.19 GRU 网络的循环单元结构

式(9.24)中很明显只有两个门,也没有记忆状态的输入。第一个门是更新门 $z_t\in[0,1]^D$,用来对输入 x_t 和上一层隐藏状态 h_{t-1} 进行控制,如式(9.24)所示;第二个门为 $r_t\in[0,1]^D$,其本身同样由 x_t 和 h_{t-1} 控制,数学表达式如式(9.25)所示;使用 r_t 来控制候选状态 $\tilde{h}_t$ 的计算是否依赖上一时刻的状态 h_{t-1},$\tilde{h}_t$ 的定义如式(9.26)所示;用 1 减去 z_t 门的输出,再与 h_{t-1} 相乘,并与 z_t 门的输出和 $\tilde{h}_t$ 的乘积相加,就得到了更新后的隐藏状态 h_t,如式(9.27)所示。

$$z_t=\sigma(W_{xz}x_t+W_{hz}h_{t-1}+b_z) \tag{9.24}$$

$$r_t=\sigma(W_{xr}x_t+W_{hr}h_{t-1}+b_r) \tag{9.25}$$

$$\tilde{h}_t=\sigma(W_{xh}x_t+W_{hh}(\boldsymbol{r}_t\odot\boldsymbol{h}_{t-1})+b_h) \tag{9.26}$$

$$h_t=\boldsymbol{z}_t\odot\tilde{\boldsymbol{h}}_t+(1-\boldsymbol{z}_t)\odot\boldsymbol{h}_{t-1} \tag{9.27}$$

式(9.26)和式(9.27)中的⊙表示向量元素乘积。综合式(9.22)~(9.25),GRU 有 9 个待学习的参数,相应地,标准的 LSTM 有 15 个参数,原因在于 GRU 相比后者内部减少了一个门控。试验表明二者性能相当,但 GRU 实现起来要更加简易,考虑硬件的计算能力和时间成本,选用 GRU 来构建我们的 MTL-Deep-STF 模型。

9.3.1.3 全局空间特征融合

本小节引入更加擅长建立全局特征关联的多层感知机(MLP)来进一步融合不同站点间的气温空间特性,作为所提模型的解码器。作为感知器推广的 MLP(又称 Dense 层或全连接层)是一种前向结构的深度神经网络(DNN),实现一组输入向量到一组输出向量的映射。MLP 可以被看作是一个有向图,由多个节点层组成,每一层全连接到下一层。除了输入节点,每个节点都是一个带有非线性激活函数的神经元。根据 Kolmogorov 定理,只要给定足够数量的隐藏层节点、适当的非线性函数以及权重,任何输入-输出间的非线性映射均可用一个仅含两层隐藏层的 MLP 实现。图 9.20 给出一个三层 MLP 的网络结构图,可以直观看出其中信息只单向流动——从输入层开始前向流动,然后通过隐藏层,再到输出层,在网络中不存在循环或回路。与前文介绍的 CNN-GRU 一样,我们使用统一的 BP 反向传播算法的监督学习方法来训练 MLP。

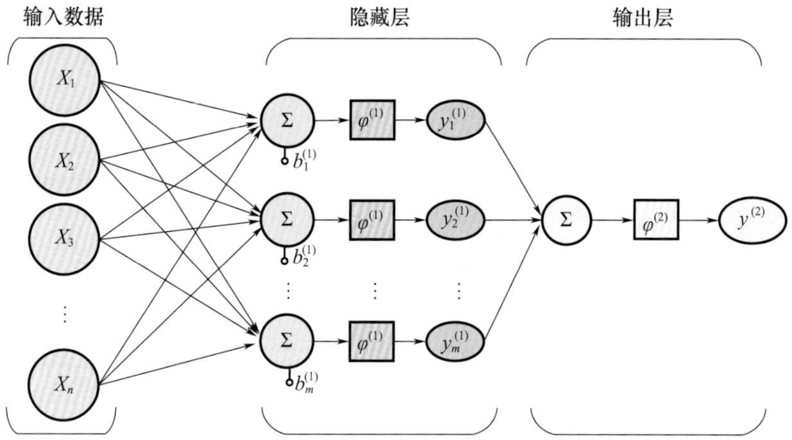

图 9.20　含有 1 个隐藏层的最简 MLP 前向神经网络

如图 9.20 所示，输入神经元个数由邻近的气象站点确定，假设 $X_i(1\leqslant i\leqslant n)$为第 i 个气象站的特征输入，m 个隐藏节点，$W_{ij}^{(1)}$ 表示第 i 个输入神经元与第 j 个隐藏层节点间的权重，$b_j^{(1)}(1\leqslant j\leqslant m)$为隐藏层节点的权重，$W_j^{(2)}$ 和 $b^{(2)}$ 分别表示隐藏层与输出层间的权重和偏置，输出 y 为多站点融合后的预测气温：

$$y=\sum_{j=1}^{m}W_j^{(2)}\varphi\left(\sum_{i=1}^{n}W_{ij}^{(1)}x_i+b_j^{(1)}\right)+b^{(2)} \tag{9.28}$$

9.3.1.4　多任务协同训练方法

使用皮尔逊相关系数来度量当前站和候选气象站的气温曲线的相关程度，其定义为：

$$R_{x,p}=\frac{\sum_{i=1}^{n}(x_i-\overline{x})(p_i-\overline{p})}{\sqrt{\sum_{i=1}^{n}(x_i-\overline{x})^2}\sqrt{(p_i-\overline{p})^2}} \tag{9.29}$$

式中，$\{x_i\}$和$\{p_i\}$分别为周围气象监测站点和目标监测站点的气温序列。$R_{x,p}$数值大小表示两个序列的相关强弱，此处我们挑选 $R_{x,p}\geqslant 0.4$ 对应的站点的序列数据参与模型的训练和预测。

对于每个预测步长为 $T+h$ 的任务，我们使用均方误差作为损失函数：

$$\mathcal{L}^{(i)}=\frac{1}{M^{(i)}}\sum_{t}(\hat{y}_t^{(i)}-y_t^{(i)})^2 \tag{9.30}$$

式中，$M^{(i)}$表示第 i 个任务的训练样本总数，$\hat{y}_t^{(i)}=f^{(i)}(x_t^{(i)},\Theta)$为第 i 个任务的气温预测值，$\Theta=\{\theta^{sh},\theta^1,\cdots,\theta^T\}$为包含共享和特定任务的模型参数。$N$ 个任务共同训练，总的损失函数为：

$$\mathcal{L}_{\mathrm{MTL}}=\sum_{n=1}^{N}\lambda_n(t)\mathcal{L}_n \tag{9.31}$$

式中，$\lambda_n(t)$为各任务对应的权重，在手动将各个任务的损失调整为相近量级（Magnitude）的基础上，我们引入文献中的动态加权平均机制，通过减小 loss 下降较快任务的权重，让多个任务以相近的速度进行训练。对于每个任务 n，将其权重 $\lambda_n(t)$定义如下：

$$\lambda_n(t)=\frac{N\mathrm{e}^{[r_n(t-1)/T]}}{\sum_{i=1}^{N}\mathrm{e}^{[r_i(t-1)/T]}},r_i(t-1)=\frac{\mathcal{L}_i(t-1)}{\mathcal{L}_i(t-2)} \tag{9.32}$$

式中，$\mathcal{L}_i(t-1)$、$r_i(t-1)$分别表示 $i-th$ 任务在 $t-1$ 轮时的损失值和训练速度，T 为预设的常数，缺省为 4。

需要注意的是，单步预测时，即 $T+1$ horizon 预测时，我们选用 $T+2$ 和 $T+3$ 作为辅助任务。

算法　模型的联合训练过程

输入：选择出的 M 个站点的面气象数据集 D_m，
　　提前预测时刻 $T+h$，扩展步长宽度 s，
　　设置最大迭代次数 $epoch_{\max}$，
　　学习率 γ

输出：N：$2s+1$ 个模型

过程：
随机初始化参数 $\Theta^{(0)}$
$N=2s+1$ 个任务构造：$\{T+h-s,\cdots,T+h-1,T+h,T+h+1,\cdots,T+h+s\}$
for n in 1,2,…,N do
　M 个面气象数据预处理
　准备第 n 个任务的数据
end
for $epoch$ in 1,2,…,$epoch_{\max}$ **do**
for n in 1,2,…,N **do**　//N 个任务
　for m in 1,2,…,M **do**　//M 个站点
　　$S_{loc}{}^m=CNN^m_{(specific)}(CNN^m_{(specific)}(D_n))$　//提取局部空间特征
　　$T^m=GRU^m_{(share)}(GRU^m_{(share)}(S\,loc^m))$　//GRU 提取时序特征
　end
　$\hat{y}^n_{epoch}=MLP\{Concat\{T^1,T^2,\cdots,T^m\}\}$　//MLP 全局空间特征融合
　计算各自损失函数
　计算各自动态权重
　进行 N 个不同时间步预测任务联合优化
　更新参数：$\Theta^{(epoch)}\leftarrow\Theta^{(epoch-1)}-\gamma\nabla_\Theta\mathcal{L}_\Theta$
end
end

9.3.2　试验及结果分析

9.3.2.1　数据集

气象时间序列数据采集自白鹤滩，该区域地形复杂、气候多变，多年来平均气温 21.9 ℃，极端最高气温 42.7 ℃，极端最低气温 0.8 ℃，全年有 8 个月月平均气温超过 20 ℃，高温季节时间长，且温度骤降幅度大、昼夜温差大。采集的数据包含了 11 个站的小时数据，简化后的气象因素涉及小时降水、空气温度、10 min 平均风向、10 min 平均风速、湿度、气压、星期和小时等 8 个变量，如表 9.4 所示。模型多任务协同训练（预测）流程如图 9.21 所示。

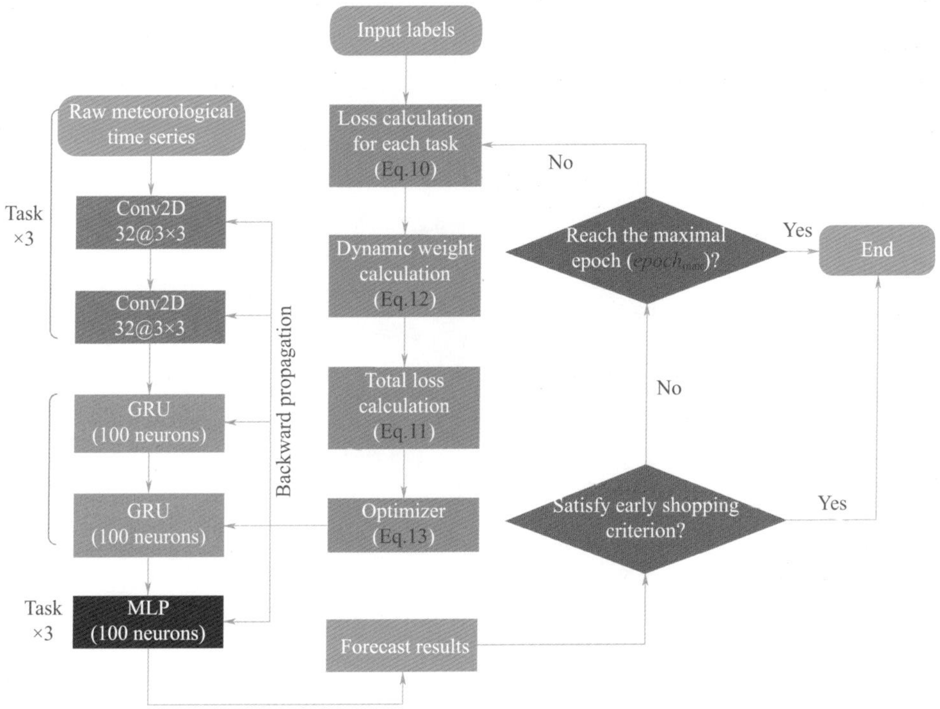

图 9.21　多任务协同训练(预测)流程图

表 9.4　气象因素样本示例

ID	气温/℃	风向/°	风速/(m/s)	湿度/%	大气压/hPa	星期	时间
0	27.9	30	2.9	50	889.7	2	20:00
0	27.5	7	3.9	52	890.0	2	21:00
0	28.1	104	1.0	48	890.3	2	22:00
…	…	…	…	…	…	…	…

研究区域如图 9.22 所示，该研究区域 12 个气象观测站分布于金沙江两侧(红色五角星表示)，图中的数字表示气象观测站点的高程。

9.3.2.2　数据预处理

首先对各气象站提取的气象数据的缺失值和异常值使用线性插值方法进行填充；然后按滑动窗口方式对数据进行时间切片；不同的气象要素在气温预测中代表了不同的特征，其量纲也不尽相同，直接输入模型会导致学习得到的权重有较大的偏差，容易导致预测结果不稳定，参数优化收敛速度也相应地变慢。为避免上述问题，我们采用最大-最小标准化方法对各气象因子的输入数值进行线性变换，将其归一化为[0,1]区间的无量纲数据，假设对序列 $x_1, x_2, \cdots, x_n$ 进行归一化，计算公式为：

$$x_i^* = \frac{x_i - \min\limits_{1\leqslant j\leqslant n}\{x_j\}}{\max\limits_{1\leqslant j\leqslant n}\{x_j\} - \min\limits_{1\leqslant j\leqslant n}\{x_j\}} \tag{9.33}$$

式中，$x_1^*, x_2^*, \cdots, x_n^* \in [0,1]$，max{}和 min{}则分别表示某一气象因子样本数据的最大值和最小值。在预测完成后，再将预测结果反归一转化回正常气温。

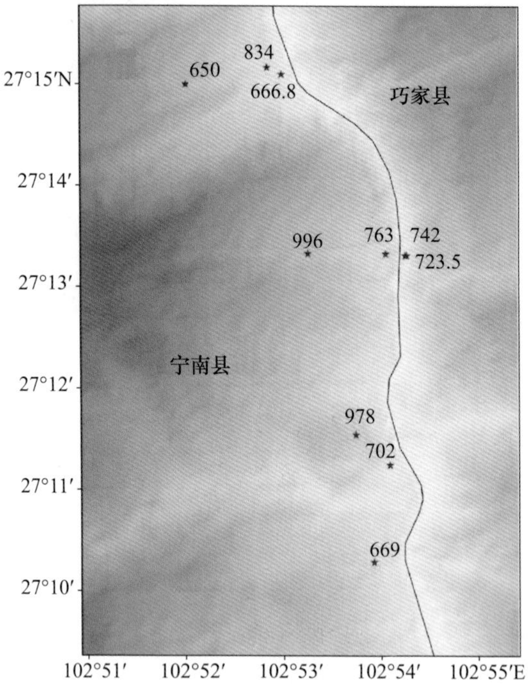

图 9.22 研究区域 12 个气象观测站位置分布

(红色五角星表示各气象观测站;图中数字表示气象观测站的高程,单位:m)

9.3.2.3 试验配置

训练过程超参数的选取对模型的预测精度有着较大的影响,综合考虑训练时间成本和预测精度,使用网格搜索算法进行多次试验测试后,我们选择每批次样本数量为 64,采用学习率衰减的 Adam 方法作为训练优化器,更多选定的超参数参见表 9.5。在网络训练过程中学习率随训练次数的增多而逐渐减小,学习率初始值设定为 0.01,衰减系数 DECAY 为 0.5。为了防止过拟合,我们使用验证数据集进行了早期停止。

在模型训练和测试阶段,采用滑动窗口式的训练方法,即选择连续(24+1/3/5) h 的气象要素数据为一组,其中前 24 h 作为输入值,随后的第 1/3/5 h 作为预测值的真值,将数据分为 70%的训练集、20%的验证集和 10%的测试集(图 9.23)。

表 9.5 模型超参数设置

超参数		最优值	搜索范围
基础	学习率	5×10^{-3}	$\{1\times10^{-2},5\times10^{-3},5\times10^{-4},1\times10^{-4}\}$
	优化器	Adam	{Adam,SGD}
	Batch size	64	{16,32,64,128}
CNN	网络层数	2	{1,2,3,4}
	池化层	No	{Yes,No}
	通道数	16	{8,16,32,64}
	卷积核大小	3×3	{3×3,5×5}
GRU	网络层数	2	{1,2,3,4}
	神经元个数	100	{50,100,200}

续表

超参数		最优值	搜索范围
MLP	神经元丢弃比率	0.25	(0.2,0.25,0.4,0.5)
	隐含层数	2	{1,2,3,4}
	神经元个数	100	{50,100,200}

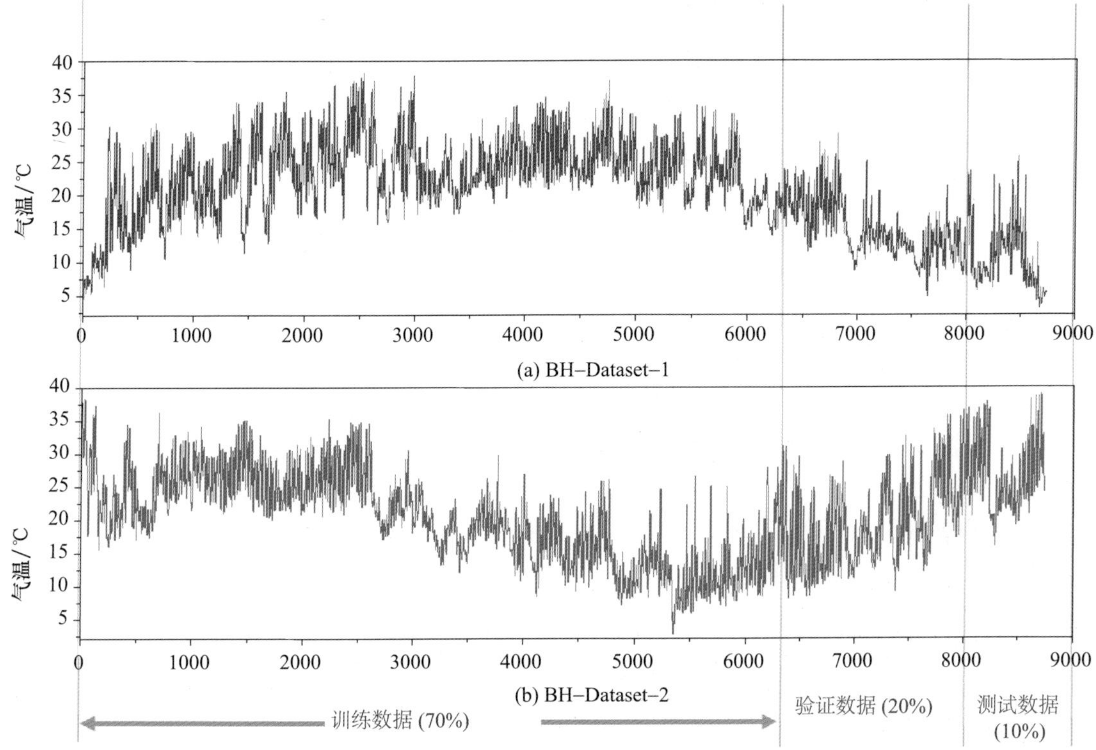

图 9.23　数据集划分方法示意

本研究选用 4 个评价指标定量分析所提模型和基线模型的预测精度和性能，式中的 y_i、$\hat{y}_i$ 和 $\bar{y}_i$ 分别表示在 $T+h(h\geqslant1)$ 预测未来 i 时刻气温序列的真实值和预测值，N 表示测试集中标签的个数。

（1）平均绝对误差（MAE）

$$\mathrm{MAE}=\frac{1}{N}\sum_{i=1}^{N}\left|\hat{y}_{t+h,i}-y_{t+h,i}\right| \tag{9.34}$$

（2）均方根误差（RMSE）

$$\mathrm{RMSE}=\sqrt{\frac{1}{N}\sum_{i=1}^{N}(\hat{y}_{t+h,i}-y_{t+h,i})^2} \tag{9.35}$$

（3）确定系数（R^2）

$$R^2=1-\sum_{i=1}^{N}(\hat{y}_{t+h,i}-y_{t+h,i})^2/\sum_{i=1}^{N}(\bar{y}_{t+h,i}-y_{t+h,i})^2 \tag{9.36}$$

（4）Acc≤2 ℃

如式(9.37)所示，Acc≤2 ℃将误差范围设定为 2 ℃(Wang et al.，2021)，即误差超过此范围定义为预测失效，通过该指标可以直观看出模型在不同时刻的准确率，准确率越高则意味着相应时刻预测值的可信任度越高。

$$2\ ℃ = \frac{1}{N}\sum_{i=1}^{N} T_{t+h,i}, T_{t+h,i} = \begin{cases} 1 & |\hat{y}_{t+h,i} - y_{t+h,i}| \leqslant 2 \\ 0 & \text{otherwise} \end{cases} \tag{9.37}$$

9.3.2.4 结果分析

在试验中，选择 CNN、LSTM、CNN-LSTM 和本节所提方法的单任务 CNN-GRU-FC 主流神经网络模型作为对比方案。下面分别以最具代表性的夏季和冬季为例，分析模型的单步（$T+1$）和多步（$T+3$、$T+5$）预测性能。

为验证模型精度与任务个数的关系，我们分别在 BH_Dataset-1（冬季）和 BH_Dataset-2（夏季）数据集上，针对提前一步预测展开试验。对比试验结果如图 9.24 所示，在图9.24a中随着任务个数的增加，MAE 由单任务时的 0.698 ℃降为 2 个任务时的 0.499 ℃，在 3 个任务协同进行预测时降至最低 0.428 ℃，而当继续增加至 4 个任务时，MAE 又上升至 0.548 ℃，其中 R^2 数值依次为 0.961、0.974、0.976 和 0.971，可以很直观看出绿色的 RMSE 折线也呈相同的规律变化。图 9.24b 表明在夏天的测试集上也呈相同的趋势变化。可见随着邻近预测步长任务的加入，模型的性能逐步提高，但当任务个数超过 3 个时又开始降低，这主要由于随着任务数的增加，和当前预测时刻较远的任务也被引入，增加了噪声，使得预测性能反而下降。综合各项指标，可确定 3 个任务为参与多任务协同预测的最佳组合，后续试验均采用 3 个任务展开。

单步预测试验我们同样在冬天和夏天的测试集上开展，所提方法与 4 个基准模型的对比结果如表 9.6 所示。在 BH_Dataset-1 数据集（测试集为低温）上，所提单任务模型 CNN-GRU-FC 在 MAE、R^2、RMSE 和 Acc≤2 ℃ 4 个指标上相比前 3 个模型均有显著的提升，相比基准模型 LSTM 分别提升了 61.4%、20.3%、56.2%和 73.92%。主要原因在于引入 FC 来进一步融合多站的空间数据，而前三种模型未能考虑地理上位置邻近站点间的空间关系。进一步分析可以发现，CNN 模型的性能最差，其 MAE 和 RMSE 两个指标均有较大偏差，这表明 CNN 近乎无法处理有较大突变的时间序列数据。但其与 LSTM 结合后，使得 CNN-LSTM 模型相比单独的 LSTM 性能有了较大的提升，MAE、R^2、RMSE 和 Acc≤2 ℃ 分别提升了 31.22%、9.65%、21.40%和 41.12%，Deep-STF 模型正是在其基础上构建的，4 个指标提升率有了大幅度的上升，依次为 61.84%、20.43%、56.02%和 73.97%。我们的 MTL-Deep-STF 在 Deep-STF 上增加对预测范围相关任务的并行处理，取得了最优的预测性能，上述 4 个指标提升比率最高，依次为 0.428 ℃、0.976、0.705 ℃和 97.832%。

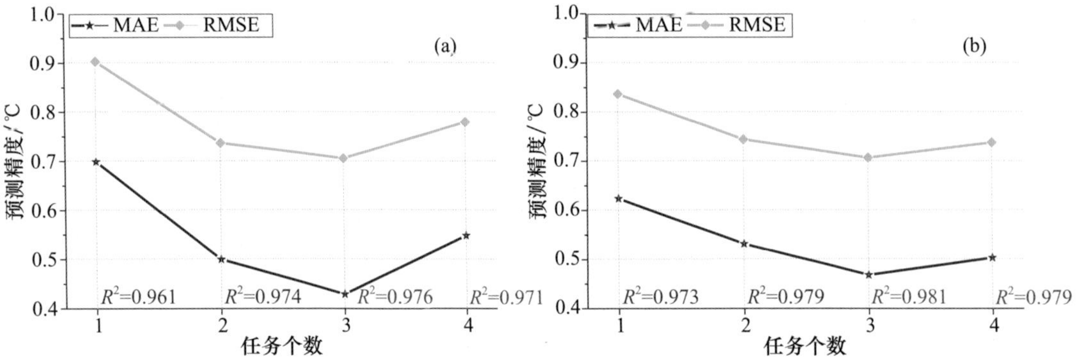

图 9.24 预测精度与任务个数的关系

(a)BH-Dataset-1(Winter)数据集；(b)BH-Dataset-2(Summer)数据集

表 9.6 超前 1 步预测的结果

数据集	模型	评价指标				提升比例/%			
		MAE /℃	R^2	RMSE /℃	Acc≤2 ℃/%	MAE	R^2	RMSE	Acc≤2 ℃
BH_Dataset-1	CNN	2.493	0.529	3.134	—	−36.30	−33.71	−52.80	—
	LSTM	1.829	0.798	2.051	55.691	—	—	—	—
	CNN-LSTM	1.258	0.875	1.612	78.590	31.22	9.65	21.40	41.12
	Deep-STF	0.698	0.961	0.902	96.883	61.84	20.43	56.02	73.97
	MTL-Deep-STF	0.428	0.976	0.705	97.832	76.60	22.31	65.63	75.67
BH_Dataset-2	CNN	1.492	0.827	2.115	—	−43.60	−10.59	−51.83	—
	LSTM	1.039	0.925	1.393	55.691	—	—	—	—
	CNN-LSTM	0.828	0.958	1.044	84.733	20.31	3.57	25.05	52.15
	Deep-STF	0.623	0.973	0.836	96.639	40.04	5.19	39.99	73.53
	MTL-Deep-STF	0.467	0.981	0.706	97.899	55.05	6.05	49.32	75.79

类似地，该方法在 BH_Dataset-2 数据集上同样取得最优的性能，值得一提的是，在该测试集上的 Acc≤2 ℃达到了 97.89%。相比而言，单独的 CNN 和 LSTM 模型预测性能比在冬季测试集上有了较大改善。这主要由于研究区域所在的冬季河谷地带狭管效应显著，受北方冷空气的南下、山谷风活动等因素的影响，气温波动幅度较大，显著增加了预测的难度。故总体上，各模型在夏季测试数据集上的表现均好于冬季测试数据集。图 9.25 给出冬季测试数据集上的可视化结果的展示。

总体而言，受到大风和降温影响，冬天气温波动很大，单站模型很难预测。从图 9.25a 可以直观看出单 LSTM 模型在气温剧烈波动时（第 100～200 样本点、第 600～700 样本点）的预测结果发生了较大偏差，即过拟合现象严重。如图 9.25b 所示，引入 CNN 后的 CNN-LSTM 模型减少了在上述两个时段的过拟合情况，预测结果更加贴近测试集中的气温波动趋势，这主要受益于 CNN 对原始气温时间序列局部深度特征的提取。图 9.25c 展示的 Deep-STF 模型利用到了多站的空间相关，进一步捕捉到了波动变化的细节信息，但在少部分样本点的波峰和波谷处仍存在明显错位情况。如图 9.25d 所示，所提出的 MTL-Deep-STF 在变化趋势跟随和突变点预测上均表现优秀。

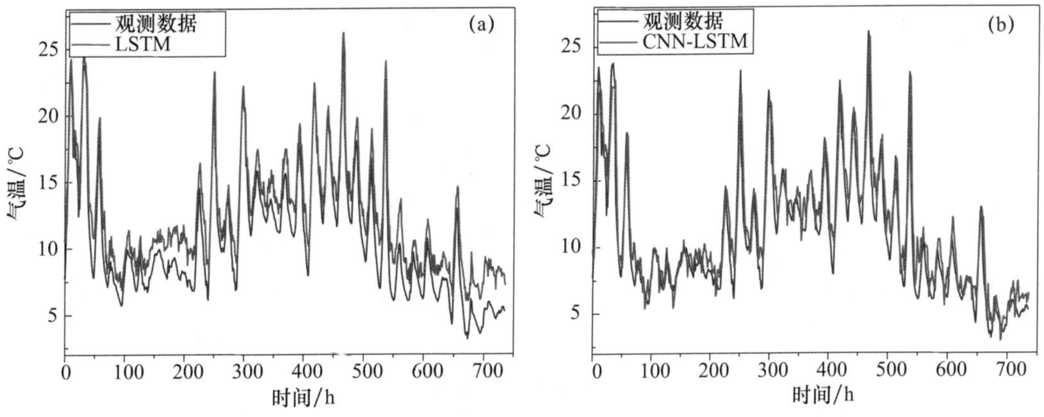

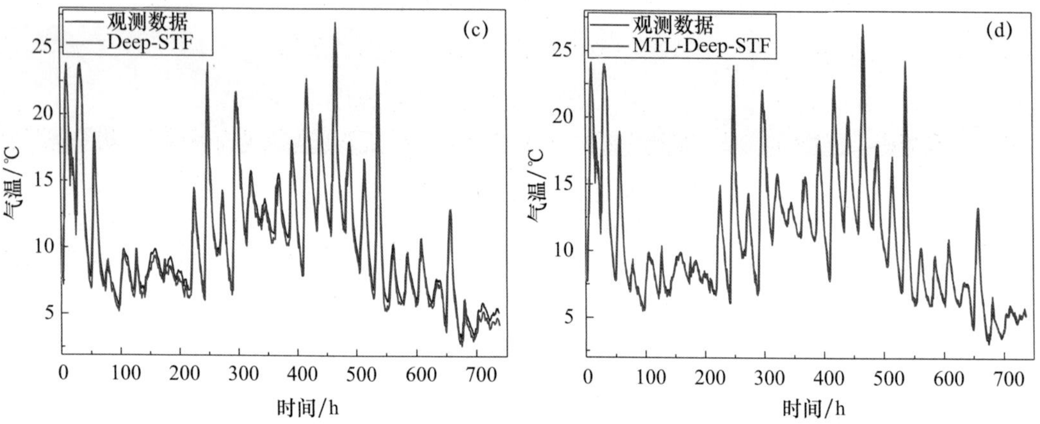

图 9.25　冬季数据集上四个模型提前一步的结果对比

(a)LSTM;(b)CNN-LSTM;(c)Deep-STF;(d)MTL-Deep-STF

如图 9.26 所示,在 BH_Dataset-2(夏季)数据集上虽然也有突变情况,但较冬天稳定,所以从纵向上比较,单独 LSTM 模型的效果比冬天的要好,但参考表 9.7,由于 CNN 不能很好地捕捉到时序特征,所以在夏季测试集上单独 CNN 模型还是很差,MAE、R^2 和 RMSE 分别比基准 LSTM 低了 36.30%、33.71%和 52.80%。

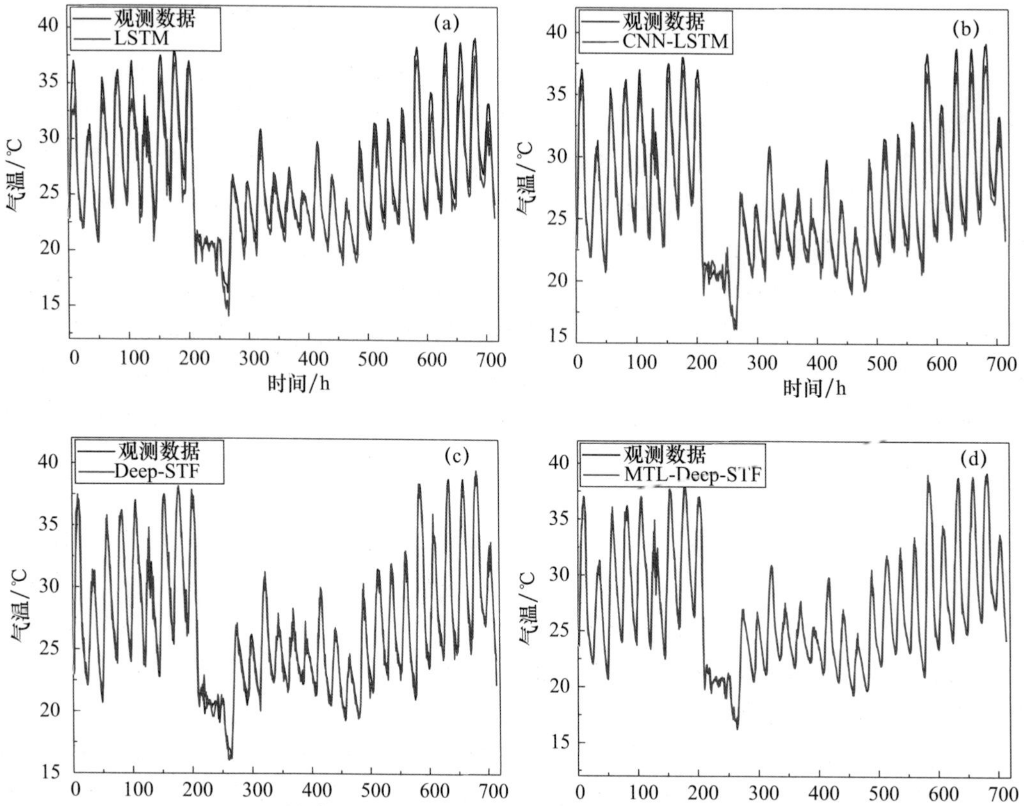

图 9.26　夏季数据集上四个模型提前一步的结果对比

(a)LSTM;(b)CNN-LSTM;(c)Deep-STF;(d)MTL-Deep-STF

以下为分别在冬季和夏季测试集上评估模型的多步预测效果，并依次与 CNN、LSTM、CNN-LSTM 和 Deep-STF(Ours)展开对比实验，结果如表 9.7 所示。

表 9.7　超前多步预测的对比结果

预测步长	模型	BH_Dataset-1			BH_Dataset-2			
		MAE /℃	R^2	RMSE /℃	MAE /℃	R^2	RMSE /℃	Acc≤ 2 ℃/%
未来 3 步	CNN	2.710	0.445	3.300	2.138	0.679	2.882	—
	LSTM	2.217	0.576	2.884	1.778	0.763	2.478	—
	CNN-LSTM	1.910	0.668	2.637	1.507	0.825	2.125	—
	Deep-STF	1.305	0.810	1.996	1.320	0.873	1.811	—
	MTL-Deep-STF	1.051	0.867	1.668	1.148	0.893	1.662	82.023
未来 5 步	CNN	2.806	0.308	3.553	2.562	0.576	3.291	—
	LSTM	2.274	0.553	3.063	2.336	0.644	3.028	—
	CNN-LSTM	2.025	0.640	2.739	2.217	0.671	2.914	—
	Deep-STF	1.777	0.702	2.499	1.984	0.728	2.653	—
	MTL-Deep-STF	1.510	0.755	2.267	1.756	0.779	2.392	66.056

对比表 9.6 和表 9.7，可以直观看出随着预测范围的增大，无论是在 BH_Dataset-1(冬季)或是在 BH_Dataset-2(夏季)数据集上，五种模型的预测精度都出现不同程度的下降。如在 BH_Dataset-1(冬季)数据集上，使用 CNN-LSTM 模型进行超前 1、3、5 步预测时 MAE 分别为 1.258 ℃、1.910 ℃、2.025 ℃，RMSE 分别 1.612 ℃、2.637 ℃、2.739 ℃呈上升趋势，对应的 R^2 则依次为 0.875、0.668、0.640，呈下降趋势，在其他模型中也可以观察到类似的现象。从数据结果来看，总体上 $T+1$ 提升最大，随着步长变大，性能提升效果也逐渐变小。但新提出模型的预测性能始终遥遥领先于其他三个模型，在 $T+3$ 和 $T+5$ 预测范围上，MTL-Deep-STF 的 MAE 依次为 1.051 ℃和 1.510 ℃，分别比排名第二的 Deep-STF 提高了 19.46%和 15.03%；RMSE 依次为 1.668 ℃和 2.267 ℃，分别比排名第二的 Deep-STF 提高了 16.43%和 9.28%；与此同时 R^2 指标依次为 0.867 和 0.755，进一步表明所提模型对超前预测步数的增加具有较强的适应性。

在 BH_Dataset-2(夏季)数据集上，MTL-Deep-STF 同样表现出较为优异的提前多步预测性能。图 9.27 给出新模型在 BH_Dataset-2(夏季)数据集上的 $T+1$、$T+3$ 和 $T+5$ 预测范围的预测结果，可以直观看出随着预测范围的增大，预测性能在逐步变差，这表现在波峰和波谷处的拟合能力在逐步减弱，但无论是 $T+3$ 或是 $T+5$，即提前 3 h 或是 5 h 的预测都依然具有对气温变化趋势的敏感捕捉能力。

下面进一步分析 MTL-Deep-STF 模型在 BH_Dataset-1(冬季)和 BH_Dataset-2(夏季)数据集上的不同表现。在冬天测试集上，新模型提前三步预测对比提前一步预测的 MAE 性能下降了 145.56%(0.428 ℃ vs. 1.051 ℃)、RMSE 性能下降了 55.73%(0.750 ℃ vs. 1.668 ℃)；与此同时提前五步预测对比提前三步预测 MAE 性能下降了 43.67%(1.051 ℃ vs. 1.510 ℃)、RMSE 性能下降了 35.91%(1.668 ℃ vs. 2.267 ℃)。在夏天测试集上，新模型提前三步预测

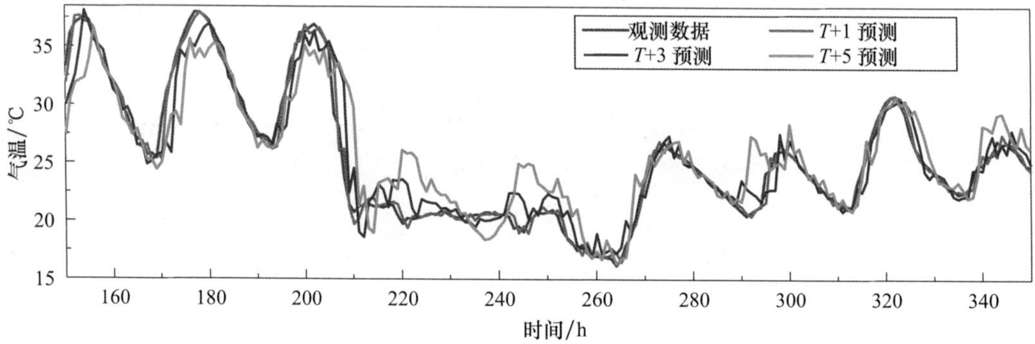

图 9.27 BH_Dataset-2(夏季)数据集上超前多步预测结果

对比提前一步预测的 MAE 性能下降了 145.82%(0.467 ℃ vs. 1.148 ℃)、RMSE 性能下降了 135.41%(0.706 ℃ vs. 1.662 ℃)；与此同时提前五步预测对比提前三步预测 MAE 性能下降了 52.96%(1.148 ℃ vs. 1.756 ℃)、RMSE 性能下降了 43.92%(1.662 ℃ vs. 2.392 ℃)。通过以上对比分析，我们发现在两个数据集上，提前五步对比提前三步的 MAE 和 RMSE 性能变差的百分比均显著低于提前三步对比提前一步的百分比，且在冬天测试集上的性能下降明显低于夏天数据集，这说明新模型对预测范围的增大具有较好的鲁棒性，并且具有在复杂地形和恶劣气候等场景下精确捕获气温突变的能力。

如前文所述，CNN 对于复杂地形场景下的预测效果不佳，公平起见我们选择 CNN-LSTM 作为基准模型，分析计算另外四个模型相对于其的预测性能提升，图 9.28 和图 9.29 分别展示 BH_Dataset-1 和 BH_Dataset-2 数据集上各自的 $T+3$ 和 $T+5$ 的提升率。其中 CNN 相对于 CNN-LSTM 的提升率均为负值，图上没有给出，如其在 BH_Dataset-1 数据集上表现最差，$T+3$ 预测步长时 MAE、R^2 和 RMSE 提升比率分别为 −22.24%、−22.74% 和 −14.42%，$T+5$ 时对应数值为 −23.40%、−44.30% 和 −16.00%，表现在随着预测步长的增加，误差增加的速率也在增大。总体而言，三个模型在 BH_Dataset-1 数据集上的 $T+3$ 和 $T+5$ 预测步长的提升率明显高于相应的 BH_Dataset-2，原因可能在于 CNN-LSTM 模型中 CNN 在 BH_Dataset-1 数据集上没能有效提取出气温振荡特征。

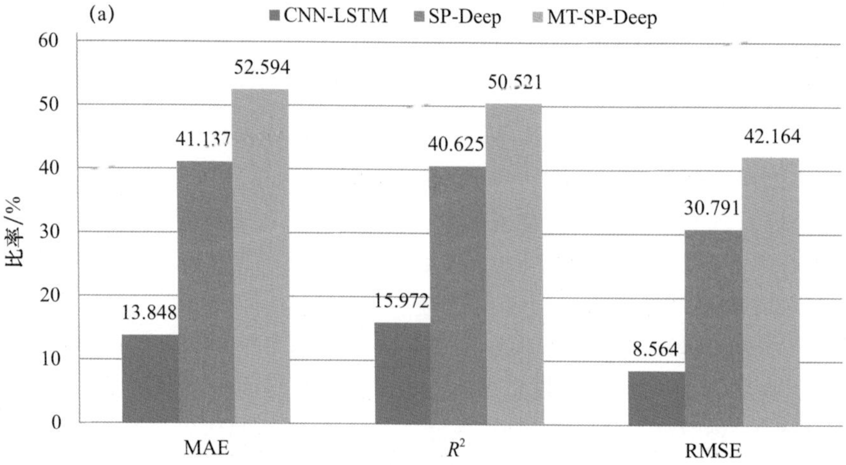

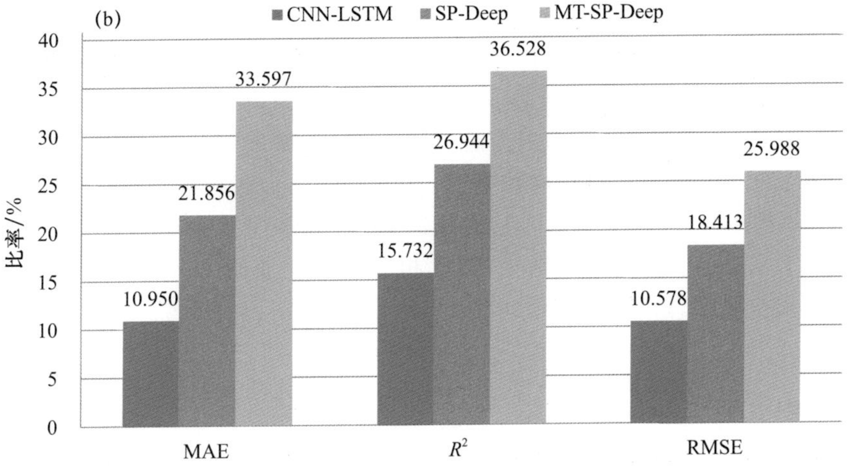

图 9.28　BH_Dataset-1(冬季)数据集上的增长比率

(a) $T+3$ 预测范围;(b) $T+5$ 预测范围

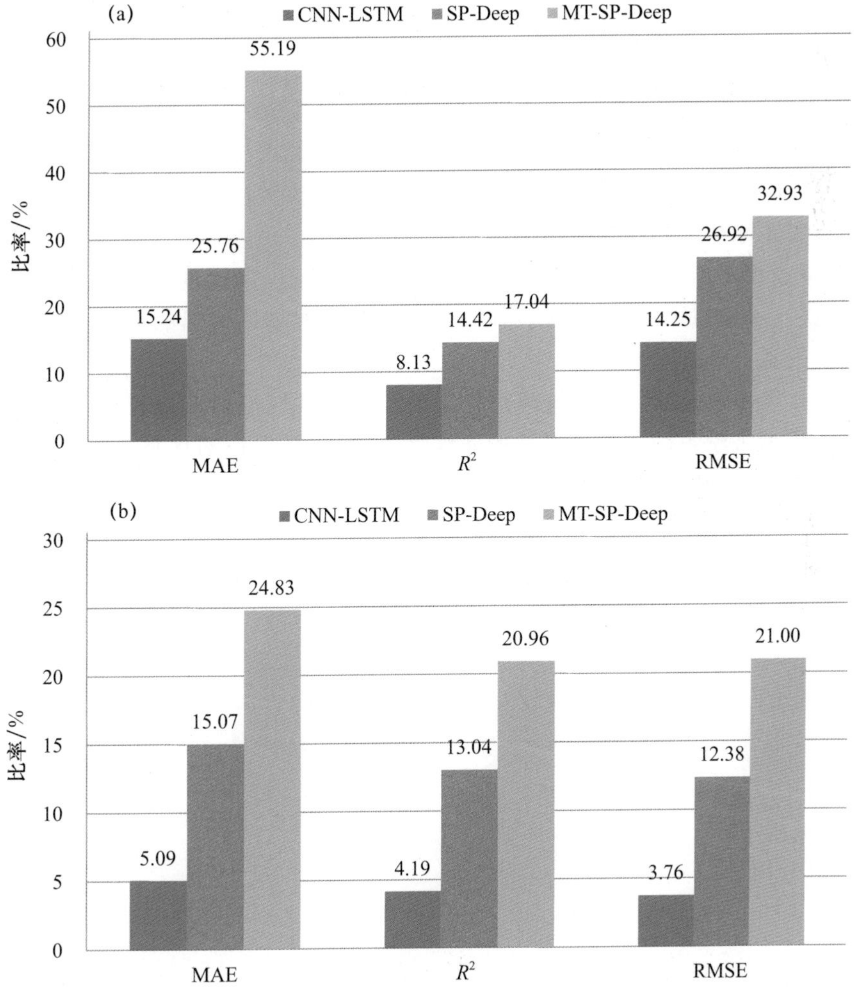

图 9.29　BH_Dataset-2(夏季)数据集上的增长比率

(a) $T+3$ 预测范围;(b) $T+5$ 预测范围

综上，在提前一步和提前多步的气温预测上，Deep-STF 超越了多种主流模型，在此基础上引入多任务处理的 MTL-Deep-STF 进一步提升性能，如在 BH_Dataset-1 数据集上提前一步预测时 MAE 和 RMSE 分别提升了 38.68%和 21.84%，提前三步预测时则分别提升了 25.43%和 16.43%，提前五步预测提升率也高达 15.03%和 9.28%。这主要在于 MTL-Deep-STF 引入的多个任务在同时进行反向传播时，共享表示则会兼顾到多个任务的反馈，由于不同的任务具有不同的噪声模式，所以同时学习多个任务的模型就会通过平均噪声模式额外学习到更一般的表征，这个有点像正则化，因此相对于单任务的 Deep-STF 模型，MTL-Deep-STF 降低了过拟合风险，使得泛化能力增强。

9.4 小结

本章对 2020 年 8 月 5—6 日金沙江下游极端高温天气过程进行了数值模拟，并以白鹤滩坝区为研究重点，对该区的气温预测分别构建了 ST-GRU 融合深度学习模型、ST-Net 短期区域气温预测模型和基于多任务学习的 MTL-Deep-STF 深度时空、气温预测模型。得到以下结论。

(1)利用 WRF 中尺度数值模式能很好地模拟金沙江下游极端高温天气过程。通过敏感性试验发现地面潜热通量是加热近地面，导致地面极端高温产生的重要因素，而水汽是潜热加热影响地面温度的重要媒介。对于该地区的温度预报，应该关注局地风场、水汽含量的变化特征以及考虑使用非绝热加热项来预报极端高温。

(2)ST-GRU 模型融合了基于传统全连接层和基于 GRU 的深度神经网络，在保证模型精度的基础上，进一步缩短了模型训练所需时间，能够更好地描述气温的动态和非线性变化，能够有效地预测气温。

(3)ST-Net 模型通过时空信息处理组件来将点分布的气温监测数据转换为时空图序列，利用深度学习模型来学习图序列中复杂的非线性时空变化，可以对区域尺度的气温变化进行预测，并取得较好的预测效果。

(4)MTL-Deep-STF 模型是同时进行多个任务的学习，相对于单任务的学习模型，降低了过拟合风险，使得泛化能力增强，有效提升了多步预测精度。

第10章

金沙江下游复杂地形的大风预测

可靠的短期风速预报对建设工程安全、风电消费和调度至关重要，是促进碳中和的有效途径。风电场通常位于地形复杂、风力资源丰富的地区，传统的数值天气预报等方法已不能满足需求。同时，在水电站的建设时期，由于水电站选址的特殊性，往往存在风速波动性较大的峡谷风。复杂多变的大风天气对大坝浇筑及施工极易造成严重的安全隐患。在大坝修建前期，对施工时段大风的实时准确预测尤为必要。出于峡谷风对水电站建设的安全性考虑，需要对施工期间的地理环境进行短期的峡谷风风速预测，以保证施工人员的安全。

现有的风速预测模型大多都以简单地形背景作为研究对象，可供模型训练的数据量充足，而在峡谷复杂地形背景下，风速波动剧烈且强度较大，却拥有很少的可利用单站点数据，现有的研究模型不足以充分利用此场景下的稀疏数据。

本章针对当前白鹤滩复杂地形的新场景，从局部空间特征提取、时间序列长期依赖特征捕捉、地理空间特征相关融合三个方面，设计了一种基于深度多任务学习模型与一种深度迁移学习预测模型应用于金沙江水电站坝区的风速预测，并用多个采集传感器站点的风速历史相关数据，预测未来1～10 h的风速，并进行模型实例评估。本章主要的研究内容如下。

(1)复杂地形的风速预测方法研究

由于气象数据在地理空间中的扩散作用，具体地理位置的风速不仅取决于当前地区的风速情况，还取决于其附近的风速数据。在复杂地形场景中，小范围内的风速数据具有很强的空间相关，同时附近较远地区的风速数据也具有一定的相关。本章提出了一个数据驱动方法对复杂地形预测研究的体系，针对复杂地形的预测问题展开了一系列步骤进行说明和分析，并提供了模型的选择方法和基于深度学习方法模型的评价方法。

(2)基于多站协同深度学习的复杂地形风速预测

本章对复杂地形区风速进行预测，输入数据中既有时间序列长期依赖特征，又有数据采集监测站点间的非线性空间特征。设计了一个基于深度学习和多任务学习的模型，将相关强的多个站点数据同时输入模型，利用来自相关站的风速与气象站的相关特征信息，可以使得预测模型在风速波动和突然变化时获得更好的预测性能。该模型结合跨任务的相关与异质性，应用深度学习算法和多任务辅助模型结构，实现卷积神经网络(CNN)作为特征提取和长短期时间记忆网络(LSTM)共享信息协同工作，任务间不仅能够共享信息，还能和不同任务的特定信息融合。由这种新型混合模型结构设计的数据驱动模型，不仅可以识别复杂的时间和空间层次输入间的非线性关系，还可有效通过任务之间的协同辅助，进一步提高模型的泛化能力和预测精准度。

(3)基于深度迁移学习的复杂地形风速预测

对于新建水电站或工程建造中的风速预测问题,则往往由于数据不足,很难训练得到一个很好的预测模型,因此提出了一种迁移学习方法,利用城市中高质量的历史数据迁移到复杂地形中,并通过微调来修正和自适应场景。单个深度学习算法模型的学习能力有限,因此我们融合了多个深度学习算法构建模型,使用卷积神经网络(CNN)和门控循环单元(GRU)及全连接网络混合建模,不仅大幅度提高了目标监测站在有规律性的稳定长时数据的整体预测精度,还提高了预测大风突变时的能力。具体研究内容如图 10.1 所示。

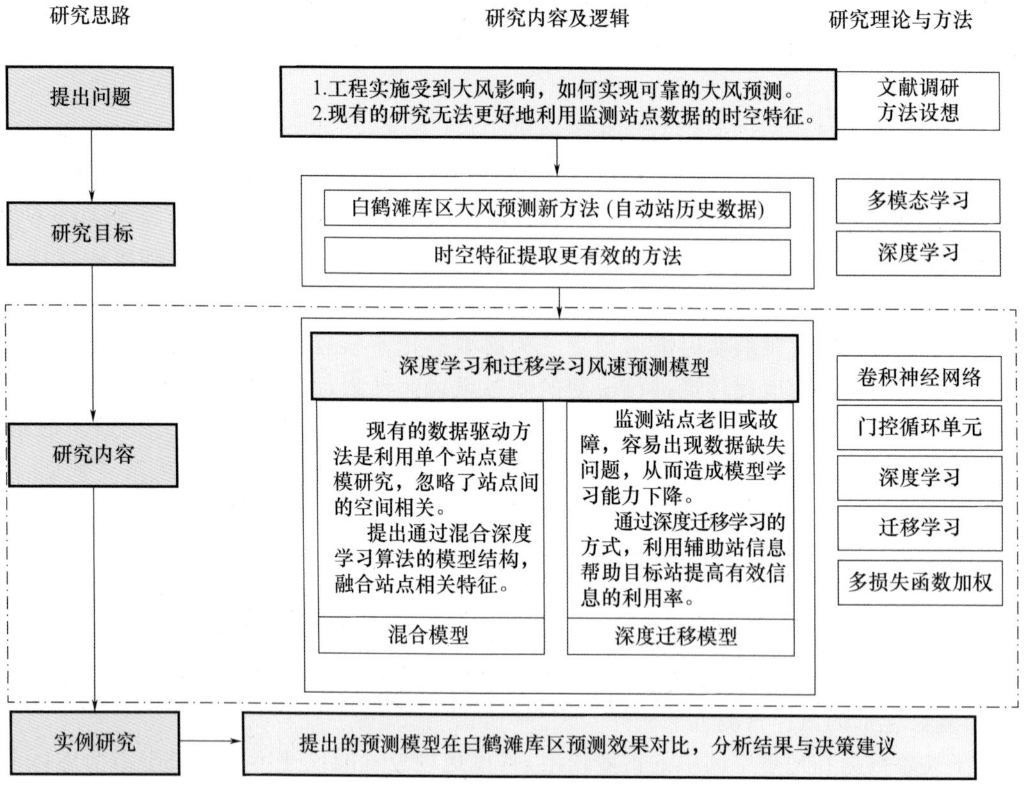

图 10.1 研究内容结构图

10.1 复杂地形的风速预测方法研究

目前对于风速预测的方法有很多,可分为机理方法和数据驱动方法,利用机理分析的气象学模型需要大量的计算资源和考虑诸多因素,在复杂地形的短期风速预测中效果不佳。数据驱动方法可以在很少计算资源的基础上,结合历史数据本身挖掘特征信息,带来较好的预测效果。早期的数据驱动预测方法主要是基于统计学方法通过推断变量之间的关系来建立模型,随后机器学习的迅速发展,基于机器学习的风速预测方法,尤其基于多元回归和支持向量机(SVM)的方法得到了广泛而深入的研究与应用,现在随着时间推移积累了大量的历史气象数据,为基于深度学习的风速预测提供了基础,其中 DNN、CNN、LSTM、TCN 等深度学习算法被不断应用在时间序列的应用中，而且一些基于深度学习的单算法模型在风速预测中得到了应用。但这些方法研究的场景通常是简单地形和数据充足的，随着大数据技术与物联网技术的应用，一些新能源场、站大量建造在地形复杂、水电和风能资源丰富的地区，已呈现出利用数字化技术、数据驱动方法来节约建造成本、提高气象预测技术和保证安全的新趋势。

现有的数据驱动风速预测方法中受限于需要充足的历史数据作为基础，往往只对时间序列特征进行研究。在复杂地形的场景中，监测站点之间距离很近，在小范围内对风速有影响的其他因子之间可能存在一样的局部空间特征，它们对风速的影响程度可能非常相似。除此之外，相邻站点之间的气象要素相互扩散和作用，具有很强的地理相关特征。另外，简单地形的风速数据也会和复杂地形区的风速数据具有一定的相关，简单地形中的风速数据也可为复杂地形场景带来一定的帮助。

目前对于基于数据驱动方法的风速预测的研究，基于深度学习的方法仍是最有效的，但对于当前复杂地形的特点，现有的基于深度学习的风速预测模型已不足以满足应用中更高的要求，需要提出新的方法和思路去解决现有方法中的不足。因此，本节针对当前复杂地形和深度学习预测方法的结合，提出了一个整体的预测体系方法，如图 10.2 所示。

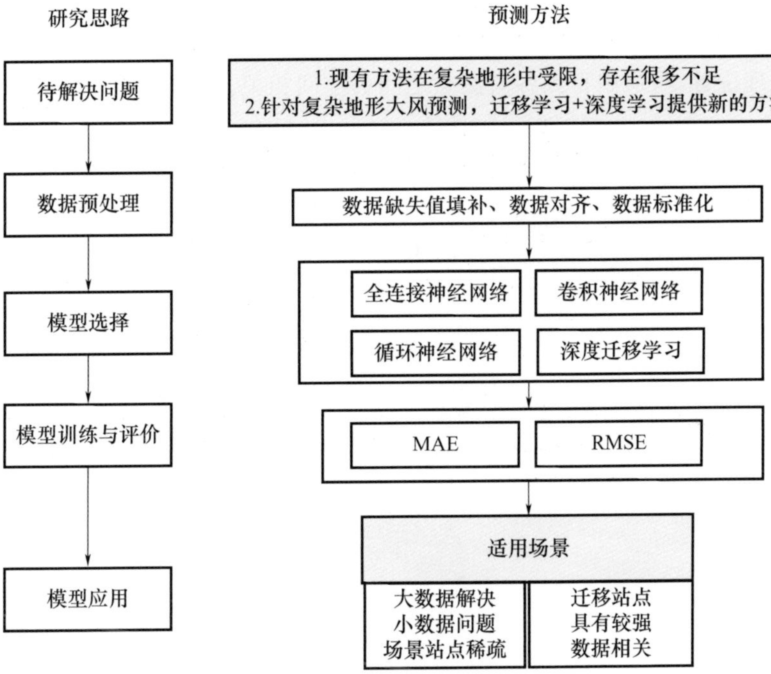

图 10.2　整体的预测体系方法

10.1.1　复杂地形实例研究对象

白鹤滩水电站位于云南省巧家县大寨镇与四川省凉山彝族自治州宁南县六城镇交界处，地形复杂，气候多变。由于受多种天气系统影响，加之特殊复杂的下垫面，天气、气候复杂多变。白鹤滩水电站工程开工建设以来，大风天气频繁，平均每年发生 7 级以上大风日数达 235 d，占全年总日数的 64.2%，这对大坝浇筑期的施工进度和施工安全提出了严峻的挑战，特别是对大坝浇筑、缆机运行、骨料传输系统的安全运行和施工人员的安全影响严重。而目前基于白鹤滩自动气象站的资料查询系统陈旧、功能单一且无法导出数据，对资料的查询和统计分析基本都是人工完成，不但费时费力，而且难以保证统计数据的准确和及时，给现场预报服务带来极大的不便。而在气象部门专门针对大型水电工程大坝浇筑施工保障的大风研究及预警系统建设的相关工作研究相对较少，一方面由于影响风速的因子太多，气象预报员在分析天气形势时常会出现漏报和空报，同时大风预报又具有较高的时效性，因此大风研究及预警系统建设也是目前的气象技术难题。针对白鹤滩大型水利工程开展大风及预警研究，提高大风预报、预警能力，为白鹤滩大型水利工程施工建立大风查询与预警、预报平台，为工程施工及人员安全、工程质量安全、风险管理和成本控制提供技术保障，既具有重要的现实意义，也是白鹤滩大型水利工程顺利开展的迫切需求。

原始风速数据来源于部署在白鹤滩水电站周围的 9 个自动气象站。该地区地形复杂，气候特征明显，干热河谷和寒湿山区共存。该地区多大风天气，平均每年有 235 个 7 级以上的大风天。数据的时间跨度为 2015—2020 年，数据由分钟和小时时间序列组成。采用 EL15-1C 杯型风速传感器测量风速和风向。我们选择了 2018—2020 年全年的 10 min 平均风速时间序列作为我们的数据集。经过数据清理和比对，为 9 个站每个站均获得多个样本。每个样本包含时间戳、10 min 平均风速(m/s)、10 min 平均风向(°)、最高气压(hPa)、最低气压(hPa)、最高气温(℃)、最低气温(℃)、2 min 平均风速(m/s)、2 min 平均风向(°)、月、日。图 10.3 为各风速监测点的地理位置，可从中得到各监测点之间的空间相关。

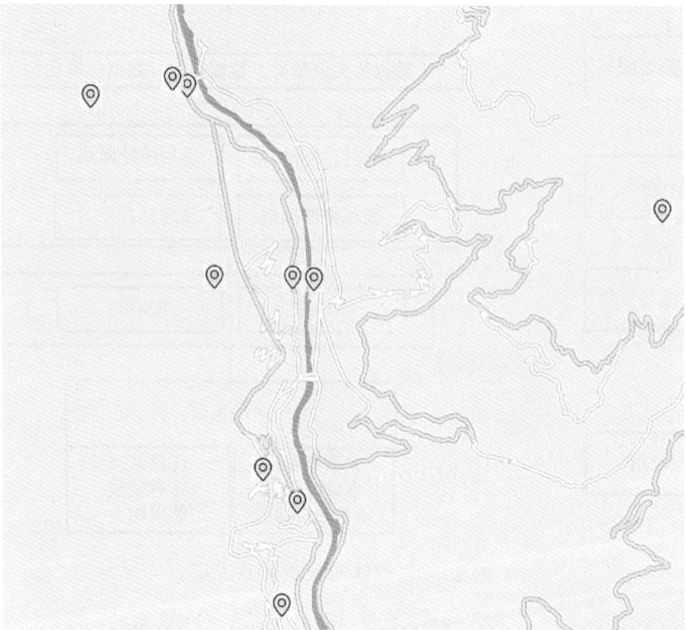

图 10.3　风速监测站的位置

10.1.2　预测模型选择

神经网络具有很强的非线性表达能力，是机器学习领域中重要的一个分支，然而仅含有一层隐藏层的浅层神经网络的表达能力是有限的，深度学习与传统的人工神经网络相比，是能学习到更深层次特征的方法，含有多隐藏层的深度神经网络结构，通过深层次的提取和激活函数影响把原始数据转变成高层次的、抽象的表征，从而更好地挖掘数据的有效特征表示。基于深度学习的网络结构，有一个输入层、多层隐藏层和一个输出层，其中数据从输入层输入，通过隐藏层对其进行深层次的非线性特征学习，最后输出层输出预测结果。

将深度学习的方法运用在复杂地形风速预测建模中，旨在跨学科突破环境学科中风速预测应用的多方面瓶颈，解决复杂地形中风速预测问题，让深度学习技术更好地发挥作用。历史气象数据可以通过多层的神经网络学习后形成很好的特征表示，经过大量神经元的训练，神经网络把输入数据转换成为非线性表示，可以更好地拟合时间序列数据中的非线性特征。

传统机器学习方法在数据预处理过程中需要人工提取数据特征后输入模型，在风速模型预测之前，消耗大量的精力进行特征提取工作，而深度学习可以从网络中各层的作用，从输入的数据中学习自动提取特征，降低了成本并且更好地挖掘到数据的特征。接下来具体介绍在复杂地形（白鹤滩水电站）场景中可供选择的模型。

（1）深度神经网络

如图 10.4 所示，这是一个输入层有 3 个神经元，隐藏层包含 3 层且每层有 8 个神经元，输出层为 1 个神经元的深度神经网络结构示例，多层神经网络构成的隐藏层可以挖掘出更深层的特征信息，但随着深度（层数）的不断增加，需要训练的参数逐渐变多，训练变得更加复杂，甚至可能出现过拟合现象。针对不同的数据集需要通过试验，合理设计层数与神经元数目。

在复杂地形区，通过什么方式来有效获取相邻站点之间的强相关是一个难点。全连接神经网络是深度神经网络中常见的一种网络层结构，在全连接层中的每个神经元将会与前一层的所有神经元进行全连接。例如，在卷积神经网络结构中，经过卷积层和池化层后，通常连接着全连接层。全连接层可以将其前面网络输出中具有区分性的局部信息进行归总。因此，全连接神经网络可以作为组合特征使用的有效方式，为解决站点空间特征组合提供了可能。

在图 10.4 的深度神经网络示例中，隐藏层为 1 时就是一个单层全连接神经网络结构。训练数据 X 为输入数据，对于一个含有 1 层隐藏层的全连接神经网络，W^1、b^1 分别表示第 1 层的权值和偏差。训练数据 X 从输入层输入后，网络的前馈传播过程为：

$$H^1=F(X)=F(W^1X+b^1) \tag{10.1}$$

式中，$F(X)$ 表示神经元的激活函数，输入的训练数据经过一个隐藏层后到输出层，网络的输出可表示为：

$$o=W^2H^1+b^2 \tag{10.2}$$

整个过程中，输入数据进入输入层后通过隐藏层将特征进行融合，最后通过误差由反向传播算法对整个网络参数进行调整。

可以看出，全连接层可以将输入的数据通过权重大小保持各自的重要性，因此它适合作为模型中融合特征的一个重要组件，在站点中，对一个站点进行预测时，可以通过全连接神经网络将其他相关站点信息嵌入，从而解决站点之间的空间特征难获取的问题。

（2）卷积神经网络新设计

卷积神经网络具有权值共享的网络结构，降低了网络模型的复杂度，同时还具有强大的表征学习能力，卷积神经网络可以保留邻域的联系和空间的局部特点，在进行特征提取时完全不用关心具体的特征是哪些，已被证明具有强大的空间数据处理功能。如图 10.5 所示，一个卷积神经网络隐藏层包括卷积层、池化层、全连接层，由于空气质量监测数据较图像数据简单，且

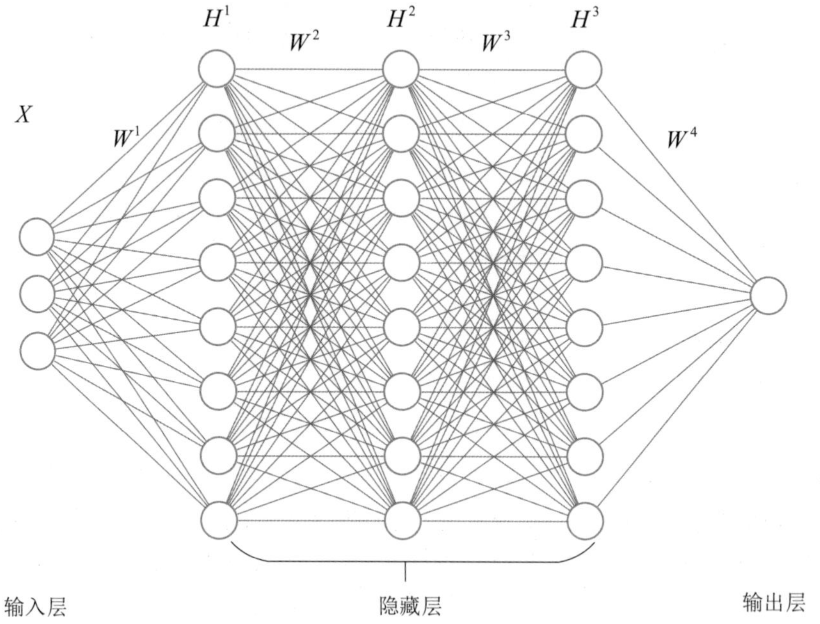

图 10.4 深度神经网络结构

具有时间序列的长期特征，池化层会在减少参数数量的同时丢失一些特征信息，舍弃池化层可防止有效信息遗漏，本节设计的模型在试验中也证明了此点。在对模型混合使用时，卷积神经网络的输出结果经过全连接层会丢失位置信息，从而打乱长期的时间序列特征，因此在对复杂地形站点的具体模型使用中，为保证混合结构的合理性，需要对卷积神经网络中的一些网络层结构进行特别的设计。

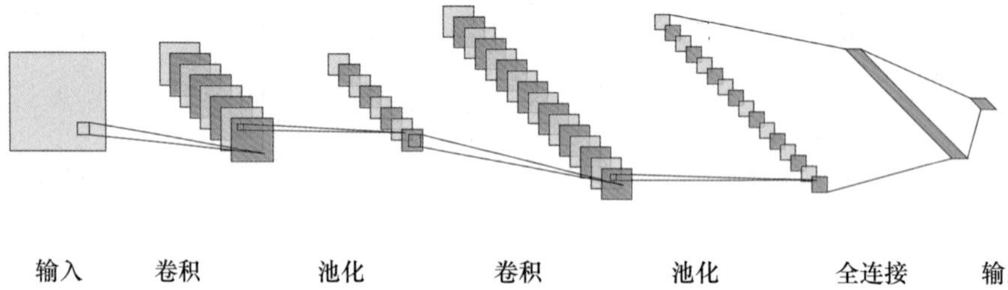

图 10.5 卷积神经网络结构

在一般地形站点，卷积神经网络因能捕捉到数据中影响风速的诸多因子之间的局部空间特征，在风速的预测中已经得到了应用。另外，复杂地形站点邻近站点之间的气象因子具有相似的局部空间特征，因此卷积神经网络在复杂地区站点应用中有更大的意义。

(3)深度多任务学习

如图 10.6 所示，每个深度学习任务有相对独立的建模与训练学习，而往往一些具有相关的任务之间存在可以共享的信息，单任务学习的模式失去了相关任务互相学习的可能。

多任务学习可以通过共享让多个相关的任务同时学习，通过任务之间的互相分享从而互相补充学习到的信息，这样的学习方式可以更好地提高模型的效果。近年来基于深度学习的网络模型的广泛应用，深度学习与多任务学习相结合的方法也引起了研究人员的密切关注。相对于传统的多任务学习方法，深度学习与多任务学习联合的网络模型有着更强大的特征学

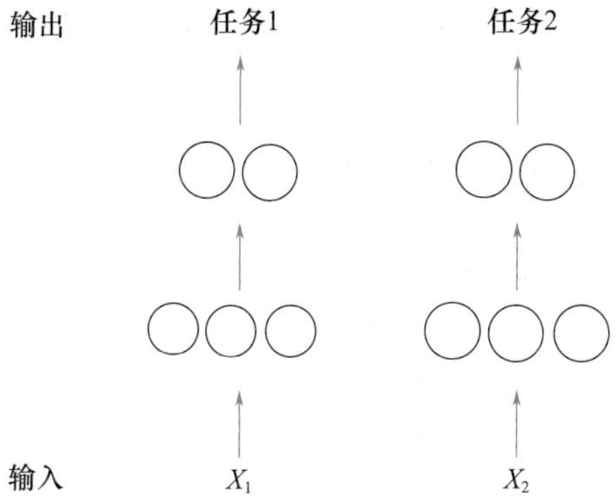

图 10.6　深度单任务学习

习能力，特征的学习能够随着深层的网络结构而改变，因此也会有更好的效果。

单任务学习时有多个局部最小值，梯度的反向传播容易陷入局部最小值。而多任务学习中多个任务同时进行，通过交互作用，可以防止学习过程中陷入局部最小点。与一般多任务学习建模过程不同，深度多任务学习方法利用经过多层特征抽象后的深层次信息进行任务关系描述，从而通过处理特定网络结构的参数达到信息共享的目的。

对于风速预测问题，由于风速形成的复杂性和浓度变化的非线性特征，深度学习通过深层非线性网络的自动训练学习，能够更好获取空气质量变化特征。在复杂地形的站点，小范围区域中具有大量强相关站点信息，为多个站点进行预测的多任务学习提供了可能。

深度多任务学习有四种常见的共享模式：硬共享模式、软共享模式、层次共享模式、共享-私有模式。在风速预测应用中，可以通过使用硬共享模式（如图 10.7 所示），让不同站点任务的深度神经网络模型共同使用底部层学习一些共有的低层特征，这样来提取输入数据中一些通用的时空特征。为了保证任务的独特性，让每个站点任务在顶部拥有自己独特的学习高层次的个性化特征，这样通过一些私有模块（高层）提取到不同站点任务的特定的特征。这种方法底层共享的参数是完全相同的，可以降低模型的复杂程度和学习训练成本。深度多任务学习模型需要同时学习一个适合多个任务的网络构架，一般来说模型具有更好的鲁棒性，不容易过拟合，从而可以提高预测模型的泛化能力。

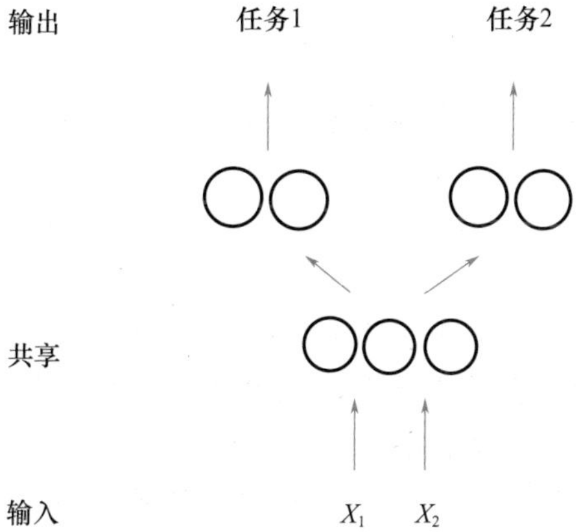

图 10.7　深度多任务学习（硬共享模式）

(4)迁移学习

在传统机器学习任务中,为了保证训练得到的模型的准确性和可靠性,一般都有两个假设:①训练样本与测试样本满足独立分布的条件;②必须有足够可利用的训练样本才能学习得到一个好的模型。但是,在实际应用中,这两个条件往往无法满足。迁移学习是运用已有知识对不同但相关的领域、任务进行求解的一种新的机器学习方法,该方法放宽了传统机器学习中的两个基本假设,目的是迁移已有的知识来解决目标领域中仅有少量有标签样本数据的学习问题。图 10.8 和图 10.9 展示了迁移学习与传统机器学习过程的区别。

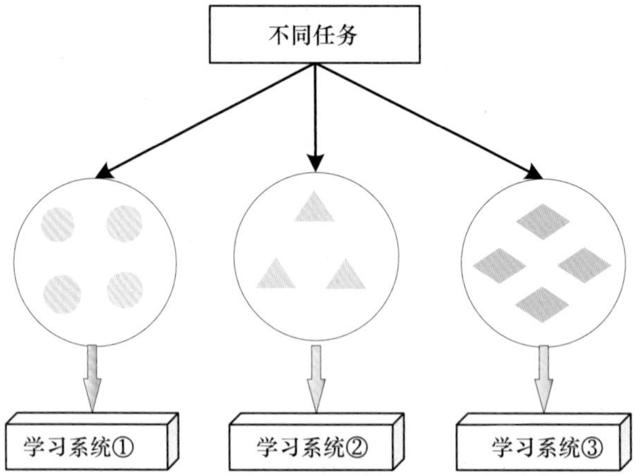

图 10.8　深度学习

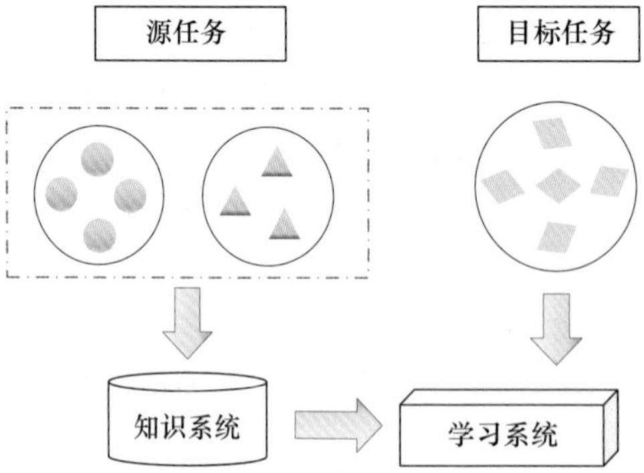

图 10.9　迁移学习

从图中看,深度学习对每一个任务都需要完成一个单独的学习系统,不同系统之间没有联系。在构建该系统时,需要用到不同的数据对该学习系统进行训练,数据要求量大,耗时多,这种方法对于水电站建坝初期,风速数据少、预测速度要求快并不适用。迁移学习与深度学习不同,从图 10.9 中看,在源域的数据特征中,有源域数据独立的特征,也有一部分数据的内在特征与目标域相似,图中以颜色块表示,这时在解决源域的问题时并不需要重新构建一个新的学习系统,只需将源域的学习系统微调后,直接应用到目标域的问题解决上。本节借鉴这种思想,在大坝建设的复杂地形区,针对工程初期的短期风速数据样本少这一难点,用迁移学习理论知识预测风速。

本节的试验目的是对建筑水电站时的风速预测,基于上述分析,考虑在实际大坝建筑工程中,风速预测的要求是快而准,因此我们采用深度神经网络最简单的迁移方法之一——fine-tune。Finetune是深度学习中的一个重要技术，利用已经训练好的网络，针对具体的任务再进行调整。Finetune的适用前提是训练和测试数据服从相同的数据分布，本节所用的数据，源域数据是周围城市的气象数据，目标域的数据是大坝站点附近的气象数据，这两类的数据分布相同，因此可以用迁移学习的finetune方法。

10.1.3 评价指标与优化算法

将试验数据划分为训练集(包含验证集)和测试集两部分进行模型训练和验证，鉴于预测数据是数值回归型预测数据，为了评估模型的有效性，可采用平均绝对误差和均方根误差等指标，用于测试集试验评价。平均绝对误差(MAE)衡量模型预测的精准度，MAE越小模型预测结果与真实值总体误差越小，结果越准确。均方根误差(RMSE)衡量预测误差的平稳性，对异常值较为敏感，即有一个预测值与真实值相差较大，RMSE就会较大，RMSE越小则表示模型预测稳定性越高和越准确。

基于深度学习的网络模型优化过程需要训练数据多次迭代来完成，优化算法在网络模型参数不断优化的过程让模型尽快地减小损失函数，最终损失函数值收敛到极小值。因此，能否选择到合适的优化算法将直接影响模型的最终训练效果。目前提出的优化算法很多，例如，随机梯度下降法(SGD)、AdaGrad、RMSProp和Adam等，SGD与Adam这两种优化算法，鉴于它们的优异表现已被广泛应用于网络模型的优化中。

传统SGD在优化过程中模型的收敛速度较慢，动量方法可以加速SGD从而加快收敛速度，因此SGD算法往往和动量方法结合使用。Adam是一种学习率自适应的优化算法，同时获得了AdaGrad和RMSProp算法的优点。和SGD相比，Adam在训练的过程中学习率会不断地自适应改变，因此在优化过程中模型收敛速度更快。

早停法(Early Stopping)是防止训练模型过拟合的一种技巧，早停法不需要改变模型的参数和结构，只需要设定一个阈值，当训练数据中的验证损失不再提高，并且迭代次数超过阈值时结束训练过程。利用早停法通过设置合理的阈值可以有效地防止过拟合现象发生，使得到的最终模型为最佳性能的模型。因此，早停法与优化算法一起使用，可以有效防止训练效果不佳的问题。

在具体的模型优化算法选择中，为了更好地选择优化算法来提升训练出的模型性能，首先需要从结构和实际应用效率等多个方面进行考虑，当遇到不易简单分析得出选择时，为了更好地选择优化算法来提升训练出的模型性能，可以将两种优化算法具体试验应用并进行详细的分析。

10.1.4 模型应用场景

基于简单地形的风速预测研究已比较成熟，由于复杂地形站点场景研究不足和人工智能方法的快速发展，扩展了大气环境管理的方法，也诞生了许多环境气象防控的新思路，同时也为风速预测新方法研究提供了可能。复杂地形的风速预测研究，通常只基于时间序列特征进行研究，而复杂地形中数据稀疏，更需要利用站点之间的强空间相关，在此场景中对风速预测不仅需要考虑时间序列特征，还要重点考虑站点之间的空间特征，因此对这种场景下风速预测方法需进行深入的研究。

本节针对复杂地形场景提出了风速预测的整体预测体系方法，通过这套体系方法的思路和步骤，可以对复杂地形场景下风速预测方法提出新的见解，并分析得到可能的预测模型。这套体系方法适用于应用在复杂地形的预测方法的研究，可以解决复杂地形中站点新场景带来的预测新问题。

在后续的章节中，将在本节的研究内容基础上，使用本节的内容思路进一步提出两个预测模型，并使用本章描述的相关模型训练与评价方法。

10.2 基于多站点协同深度学习的复杂地形风速预测

本节研究旨在通过深度学习方法，解决复杂地形风速预测中大风预测难这一挑战，并提出了一种基于多站点协同深度学习(MS-CDL)的方法。在我们提出的风速预测模型中，利用最先进的时空挖掘算法和多任务学习框架，利用协同学习和知识共享，在风速数据中挖掘深度时空特征。在真实的复杂地形场景下进行了试验，试验结果表明，该模型只需要少量的计算资源和成本就能获得良好的预测结果。对于使用 2018 年四季数据的 $T+1$ 期，MS-CDL 模型的 MAE 比单站点模型 CNN、LSTM 和 CNN-LSTM 分别低 16.5%、11.0%和 7.5%，RMSE 分别下降 19.3%、13.1%和 7.8%。

10.2.1 研究背景与现状

全球对实现碳中和的必要性达成了共识，开发可再生能源(如风能、太阳能、水力发电)已成为应对气候变化的主流方式。风能是可持续能源，风能不会直接排放碳。风是地球表面大量空气流动所产生的运动，大气流动是周期性的，时间长短各不相同。气流的固有波动和不确定性给电网的运行和传输带来了相应的不确定性，风速的准确预测可以提高风电的转换效率。在我们享受风能带来的清洁能源的同时，也应该警惕风可能给我们的日常生活和工业生产带来的危害。准确的风速预报对于风电建设项目的事故预防也很重要。

目前对风速预报的研究主要集中在地形方面。在风力资源丰富的地区，通常存在复杂的地形挑战，如山区或丘陵地区。复杂地形上的风的特点是风速波动大，风速的突然变化会改变发电和消费之间的平衡，这可能会影响可行的风能利用战略的制定，并可能危及风电建设项目，可能扰乱基础设施建设进展。复杂地形中的风行为，如狭管效应(当空气从空旷地区进入狭窄山谷时，可以观察到狭管效应，当气流加速前进时，气流的横截面积减小，导致风速突然增大)，使得准确的风速预报具有挑战性。到目前为止，对复杂地形下风速预报的研究还很少，复杂地形上的气流难以精确建模，提高预测精度一直是一个挑战。

风速预测可以按预测水平分为三类:超短期(提前 1 h)，短期(提前数小时到 1 d)和中长期(提前数天)。超短期风速预报包括物理模型、统计模型(如时间序列模型)和深度学习模型(如数据驱动模型)。物理模式由数值天气预报(NWP)表示，它们的缺点是计算成本高、短期精度差、时空分辨率低。统计模型通常使用时间序列数据和回归分析等技术构建适合平坦下垫面下风速预报的模型。近年来，深度学习模型受到了广泛关注，得益于深度学习理论的深入发展和网络架构的进展，是本研究的重点。

近年来，主流的深度学习技术，如卷积神经网络(CNN)、长短期记忆网络(LSTM)或两者的组合，已被引入风速预测，以利用其强大的非线性特征提取能力。Jaseena 等(2021)研究了风速预测中使用的几种分解方法，试验发现结合 Bi-LSTM 的经验小波变换是准确可靠的。Yildiz 等(2021)利用变分模式分解提取时间序列特征，并将其重建为二维图像，然后将其输入基于残差的深度网络模型，用于短期风电功率预测。Memarzadeh 等(2020)利用小波变换对原始风速时间序列数据进行分解，然后将选定的特征输入 LSTM 模型。Neshat 等(2020)提出了一种基于搜索的 CMA-ES 模型，该模型不使用梯度信息进行超参数调整，以缓解 LSTM 训练时收敛速度慢、训练成本高的问题。Bastos 等(2021a)将医学图像分割中广泛使用的语义分割框架 U-Net 引入风速预测中。最近，在风速预测中广泛使用了混合模型，这种模型将传统的时间序列模型与机器学习模型相结合，产生了比单独使用模型更强大的管道。不幸的是，混合模型缺乏对时空相关数据的洞察力。

最近的趋势是基于时间和位置构建二维数据集，这样就可以使用类似 2d-cnn 的图像进行特征提取。Liu 等(2020)利用风向、气温、气压预测风速，然后基于常用数据选择特征；然后他们设计了一个基于 LSTM 的编码器-解码器框架来执行提前 10 min 的风速预报。Wu 等(2021)提出了一种巧妙的时空相关模型来预测风速，输入层为二维矩阵，以气象因子为列，时间点为行。Gan 等(2021)开发了一种时间卷积网络(TCN)来预测风速，该网络善于捕捉时间序列相关；他们发现 TCN 的训练时间明显小于 LSTM/GRU，这得益于 TCN 使用 CNN 提取时间序列特征。Chen 等(2019)开发了一个多因素多站点模型，并以三维矩阵(时间、位置和多个因素)的形式构建了一个数据集，该数据集使用了气象因素(如温度、风向)和风速的相关。在后来的一项研究中，Chen 等(2021)使用了包含空间特征的 CNN-LSTM 组合模型来预测范围内的风速。

多任务学习(Multitask learning，MTL)是多个相关任务之间的协作学习，通过任务之间的知识共享，实现所有任务性能的最大化。从而减少了训练过程中对样本的依赖，提高了学习模型的泛化能力。多任务学习的主要挑战是如何设计一种有效的任务间共享机制；方法包括 shared-hard、shared-soft、shared-hierarchical 和 shared-private。Zhang 等(2021)开发了基于硬参数共享的双任务深度学习模型，同时预测两个任务：节点级和边缘级人群流。Bastos 等(2021b)开发了基于 U-Net 的 CPNet 架构，提高多站点风速预测的准确度，将风速分解为 u 分量(水平方向)和 v 分量(垂直方向)。试验表明，在时空预测中，独立加工比集成加工具有显著优势。Sener 等(2018)将多任务学习作为一个多目标优化问题，以寻找 Pareto 最优解为优化目标，解决任务之间的竞争。欧阳等(2019)提出了一种具有时间和空间特征的多任务方法，用于视频片段中的动作识别。Cheng 等(2020)开发了用于时间序列预测的互补多重未来任务信息。Zhang 等(2020)开发了一个基于 MTL 的模型来预测密集观测站的 $PM_{2.5}$。由于 $PM_{2.5}$ 和其他大气因素之间的密切关联，共享的 CNN 产生了更准确的预测。但风速的波动比 $PM_{2.5}$ 更频繁、更随意，大大增加了风速预报的难度。

为了克服前面综述中指出的风速预测的困难，提高风速预测的准确度，有必要对时空相关进行更详细的研究。在本研究中，我们提出了一个深度多任务学习模型，该模型包含了多个时空相关的同时训练站点的数据。深度多任务学习可以整合任务之间的相关：一方面，它体现在多任务学习方案的有效性；另一方面，引入深度学习，结合 CNN 和 LSTM 两种不同类型的网络结构，可以更有效地捕捉风速序列的细粒度特征。该模型提高了短期风速预测的准确度，为风电调度和风电场出力调整提供了预测依据。据我们所知，该工作在预测风速时考虑了复杂地形，是第一个将多任务学习引入短期风速预测模型。

第二部分详细介绍了我们提出的 MS-CDL 方法。第三部分首先对我们收集的风速数据集进行详细的描述，其中包括了复杂地形的数据，然后描述了我们的试验设计，并对结果进行了对比分析。第四部分是我们的结论。

10.2.2 模型与方法

CNN 和多层感知器(multilayer perceptron,MLP)在空间特征提取方面表现较好;LSTM 专注于时间序列。我们提出的模型结合了它们的优点来挖掘时空特征,并引入了一种融合多站点数据的机制。MS-CDL 模型体系结构如图 10.10 所示。CNN 首先从它们的原始风速时间序列中,从几个邻近的相关站点(即任务特定层)提取多层抽象特征。然后将提取的特征图输入共享的 LSTM 网络(即共享层),以捕获多个任务之间的长期依赖关系。随后,MLP 被用作任务特定层,它由一个完全连接(FC)层实现,该层具有平坦的时空特征作为输入。最后,通过多任务协同训练实现多任务同时优化。共同训练过程分为两个阶段。第一阶段,每个站点通过正向传播得到预测值,并与相应的观测值做比较,得到个体损失,对参与预测任务的所有站点的损失进行加权汇总,得到整体损失。在第二阶段,通过反向传播算法在主站点获得总损耗,计算各参数总损耗函数的梯度,然后使用基于梯度和学习率的优化器迭代更新各参数。

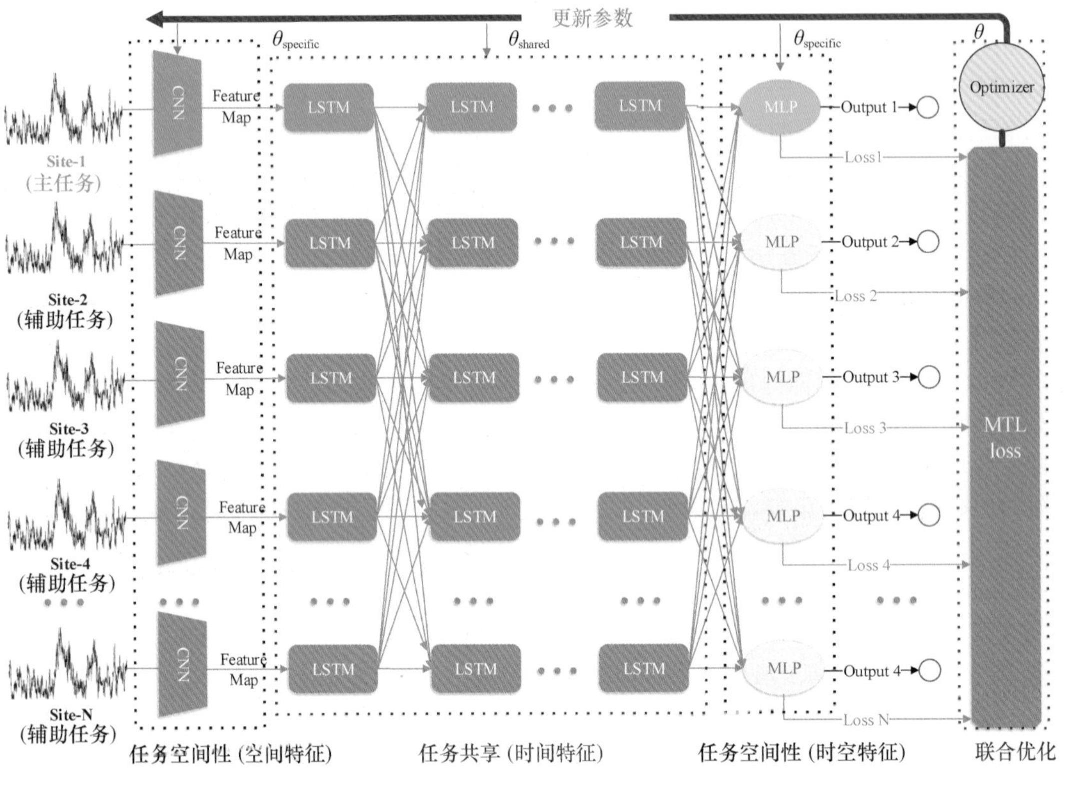

图 10.10 MS-CDL 方法的总体框架

在我们提出的 MS-CDL 框架中,将任务分为主任务和辅助任务,每个任务都有自己的数据集,并通过交替训练实现宏观并行学习。每个任务都有机会以一种难以共享的方式选择性地利用其他任务学到的隐式特征。如图 10.10 所示,MS-CDL 主要由三部分组成:特定任务特征提取、任务共享特征提取和多站点协同优化。

10.2.2.1 特定任务特征提取

卷积神经网络(CNN)是一种深度前馈神经网络,它使用卷积操作来自动提取特征。其设计与经典网络模型的局部感知、权值共享和多个卷积核相一致。现代 CNN 的基本组成部分是卷积层、池化层和全连接层。注意，鉴于风速时间序列的原始特征的维数相对较低，我们的模型没有使用池化操作进行下采样。卷积运算的原理如图 10.11 所示。假设输入数据为 3×5张量，卷积核的大小为 2×2，当跨度设置为 1 时，卷积运算得到的特征映射结果张量为 2×4。

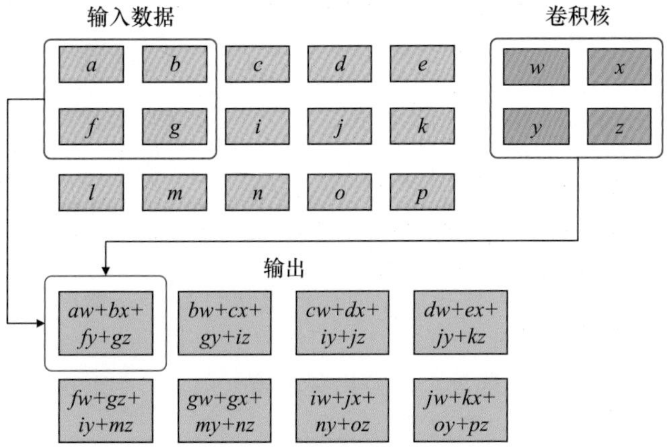

图 10.11　卷积运算原理

CNN 每一层的输入就是前一层的输出，初始层为风速时间序列。主要借鉴自然语言处理中对时间序列的处理方式，但气象数据具有很强的时间维度特征，本节在 CNN-GRU 的基础上进一步做了改进，舍弃了 CNN 中的池化层与全连接层，并替换 GRU 为 LSTM，以保证强大的特征提取能力，来获取复杂多变的风速时间长序列特征。

首先，CNN 中卷积层作为低级层，LSTM 作为高级层，这样做的好处是可以将输入的气象数据通过从低到高的顺序全面挖掘特征。其次，考虑到输入数据中既有影响风速的气象因子之间的局部空间特征，又有它们之间的时间序列长时间依赖特征，因此，使用 CNN-LSTM 这样的顺序进行设计，不仅不会打乱时间序列长期信息，而且还能更好地挖掘到时间特征。

如图 10.12 所示，在模型训练时，第 n 个站点的输入数据首先通过卷积层 l 中的卷积核 $(k^l_{1j},k^l_{2j},\cdots,k^l_{ij})$，卷积后得到第 j 个通道的净激活v^l_j，它是由前一层输出的特征图$\boldsymbol{X}^{l-1}_n=\{x_1{}^{l-1},x_2{}^{l-1},\cdots,x_i{}^{l-1}\}$(当 $l=1$ 为模型输入)进行卷积求和后加上偏置b^l_j后得到的。

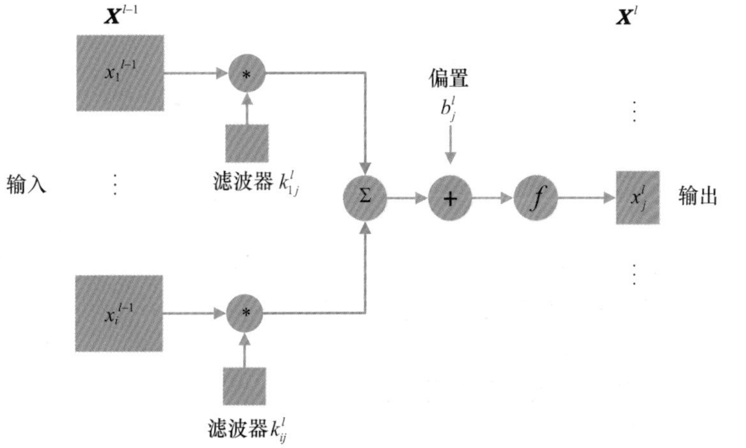

图 10.12　卷积层计算过程

$$v_j^l = \sum_{i=1} x_i^{l-1} \cdot k_{ij}^l + b_j^l \tag{10.3}$$

式中，k_{ij}^l是卷积核，* 为卷积符号。

得到净激活后，经过非线性激活函数得到卷积层 l 的第 j 个通道的输出特征图x_j^l。

$$x_j^l = f(v_j^l) = \max(0, v_j^l) \tag{10.4}$$

最后多个通道的输出特征图组合后结果$\boldsymbol{X}_n^l = \{x_1^l, x_2^l, \cdots, x_j^l\}$作为下一卷积层的输入或者最终输出结果。

10.2.2.2 共享任务特征提取

随着网络结构的改进和图形处理单元(GPU)计算能力的提高，递归神经网络(RNN)越来越受欢迎。RNN 对于时间序列数据非常有效，因为它可以从序列数据中提取时间和语义信息。在 1997 年提出的长-短期记忆网络(LSTM)标准 RNN 的改进版，与 RNN 一致，也是图灵完备的。原则上，LSTM 可以模拟计算机上的任何可执行程序。众所周知，RNN 具有简单的短期记忆功能。因此，LSTM 为神经元增加了记忆单元以提供长期记忆，并引入了一种门控机制来控制传递到下一阶段的信息量。门控机制由输入门 $i(t)$、遗忘门 $f(t)$ 和输出门 $o(t)$ 组成。这三个门和候选隐藏状态$\tilde{c}(t)$可以类似地表示为：

$$\begin{bmatrix} i(t) \\ f(t) \\ o(t) \\ \tilde{c}(t) \end{bmatrix} = \begin{bmatrix} \sigma \\ \sigma \\ \sigma \\ \phi \end{bmatrix} \left(\mathbf{W}_{(*)} \begin{bmatrix} x(t) \\ h(t-1) \end{bmatrix} + b_{(*)} \right) \tag{10.5}$$

长短期时间网络的结构如图 10.13 所示，另一种广泛应用的门控循环单元网络(GRU)可以在 LSTM 的基础上进行简化，将门数减少到 2 个。具有门控机制的 LSTM 和 GRU 通常比标准 RNN 表现更好。图 10.13 为常规 RNN、LSTM 和 GRU 的内部结构对比。GRU 降低了复杂性，LSTM 的体系结构增加了它的表征能力，三门增加了它的灵活性。我们使用 LSTM 来建立 MS-CDL 模型，是因为它更能适应风速的波动和不确定性。此外，考虑到大风的时间序列属性比其与气象和其他因素的相关更突出，因此我们将 LSTM 层作为 MS-CDL 的任务共享层，以获取更多风速的时间特征。

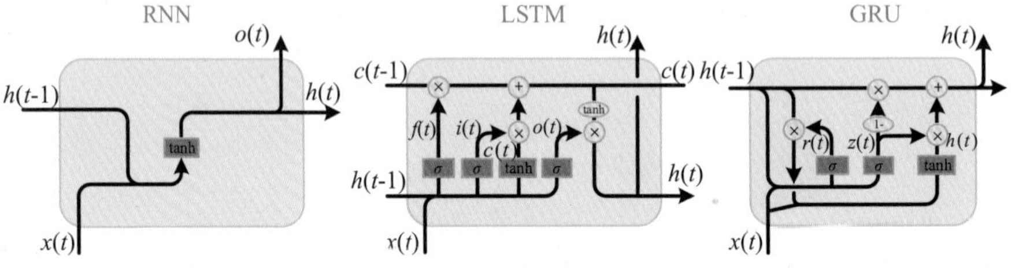

图 10.13 RNN、LSTM、GRU 比较

监测站点之间的相关较弱，如果将几个相关较弱的站点数据通过全连接层来融合空间特征，可能反而会造成过多的冗余信息干扰，从而预测性能不佳。而在监测站点中，小范围内的空气质量监测站点具有很强的相关，而且通过相关系数筛选方法，模型中站点间的异质干扰信息很少。因此，该模型适用于复杂地形的站点风速预测。

10.2.2.3 风速预测多站点协同优化

我们引入了具有少量反向导数计算的 Huber 损失函数；当使用平均绝对损耗(L_1)和均方

损耗(L_2)时，这种方法已被证明包含了离群值的影响。Huber 损失定义为：

$$\mathcal{L}(y,\hat{y})=\begin{cases}0.5\sum_{i=1}^{n}(y(i)-\hat{y}(i))^2 & |y(i)-\hat{y}(i)|\leqslant\delta\\ \delta\cdot(|y(i)-\hat{y}(i)|-0.5\delta) & |y(i)-\hat{y}(i)|>\delta\end{cases} \tag{10.6}$$

式中，δ 是额外引入的超参数，$\hat{y}(i)$是预测值，$y(i)$是真实值。总损失(即图 10.10 中的 MTL 损失)定义为预测过程中所涉及任务的加权和。对于 N 个任务，每个任务 M_n 个采样点，总损失为：

$$\mathcal{L}_{\text{total}}(\theta)=\sum_{n}^{N}\sum_{m}^{M_n}\alpha_n\mathcal{L}(y^{(n,m)},\mathcal{F}_n(x^{(n,m)};\theta^{(n)})) \tag{10.7}$$

式中，α_n 为任务权重，用于衡量主任务和辅助任务的重要性；θ 由任务共享参数 θ_{shared} 和任务特定参数 θ_{specifi} 组成；n 为 n 个任务的训练模型。我们的 MS-CDL 模型的训练过程总结如下。

① 输入：我们将每个站点的风速预报作为一个任务，定义一个站点为主要任务，并选取周边相邻站点作为 N 个辅助任务。采用滑动窗口策略将多个风速影响因素构造为二维矩阵，每个输入样本由 24 个采样点组成，采样时间为 10 min，包含风速值在内的 11 个特征属性。

② 内部特征提取：将多个站点的数据作为独立任务输入到各自的多层 CNN 中。每个任务都有其独特的网络层，从多层抽象表示中提取各自的空间信息。

③ 时空相关特征挖掘：将多个任务提取的特征同时传递到由多层 LSTM 组成的共享层。多个任务共享共享层中的参数，学习多个站点的时空相关特征，学习多个站点的共同时空特征。引入身份快捷连接，将前一步前向传播过程中可能被丢弃的信息进行传输，保证更充分的时空特征挖掘。

④ 时空异质性特征挖掘：多个任务进入各自独特的全连接深度神经网络，每个任务使用各自的 MLP 学习其时间序列特征，挖掘个性化信息。

⑤ 多任务联合优化：每个任务计算损失值预测风速的每个站点和各自的观察来获得不同的多个任务损失，然后对共同优化的多个损失值加权求和，每个任务可以更好地帮助彼此学习的过程。

⑥ 反向传播更新权值：通过随机梯度下降算法，利用反向传播更新所有网络参数，通过连续迭代训练最小化目标函数。在此期间，我们观察到在训练过程中验证集的减小过程，当验证集的误差不再减小时，我们使用早停止技术停止训练，并将减小到最小的参数 10 保存为最终模型。

⑦ 输出：上一步经过几次迭代训练，我们得到了最终模型的权值。它将用于多个站点的风速预测，主要站点的预测值作为最终的预测结果。

总的来说，虽然 CNN 和 LSTM 的内部结构不同，但我们引入了统一的损失函数，通过端到端训练实现对时空信息的联合学习。MS-CDL 模型联合多任务训练过程如下所示。

算法：MS-CDL 模型训练

输入：N 个站点任务训练数据 X_n，$1\leqslant n\leqslant N$；
　　最大迭代次数 $\mathcal{I}$；学习率 η

输出：训练模型 $\mathcal{F}_n$，$1\leqslant n\leqslant N$

过程：
随机参数 $\theta^{(0)}:\{\theta^{(0)}_{\text{shared}},\theta^{(0)}_{\text{specific}}\}$
for $i=1\cdots\mathcal{I}$　**do** //执行迭代训练

为 N 个站点准备任务数据
for $n=1\cdots N$ **do**
$X_n=\mathrm{CNN}_{\{\mathrm{specific}\}}(X_n)$ //N 个站点任务使用 CNN 分别提取特征
$Y=\mathrm{LSTM}_{\{\mathrm{shared}\}}(X_n)$ //N 个站点任务在共享层同时进行协同训练
$Z_n=\mathrm{MLP}_{\{\mathrm{specific}\}}(Y)$ //N 个站点任务在其特定的层中分别训练
N 个站点任务计算各自的损失
N 个站点任务联合训练计算各自的损失
更新参数 $\nabla(\theta^{(i)})=\nabla(\theta^{(i)}_{\mathrm{shared}},\theta^{(i)}_{\mathrm{specific}})$
$\theta^{(i)}=\theta^{(i-1)}-\eta\cdot\nabla(\theta^{(i)})\mathcal{L}_{\mathrm{total}}(\theta^{(i)})$//反向传播修正
end for
end for

10.2.3 试验及结果分析

10.2.3.1 试验配置

我们使用了前面章节的数据集，原始风速数据来源于部署在白鹤滩水电站周围的 9 个自动气象站，该地区多风天气，平均每年有 235 个 7 级以上的大风天(占全年总天数的 64.2%)。数据的时间跨度为 2015—2020 年，数据由分钟和小时时间序列组成。我们选择 2018 年全年的 10 min 时间序列作为我们的数据集。经过数据清理和比对，我们为 9 个站点每个站点获得。每帧包含时间戳、10 min 平均风速(m/s)、10 min 平均风向(°)、最高气压(hPa)、最低气压(hPa)、最高气温(℃)、最低气温(℃)、2 min 平均风速(m/s)、2 min 平均风向(°)、月、日。将数据集按 7∶2∶1 的比例划分为互斥集进行训练、验证和测试。训练和测试集用于模型训练和测试，验证集用于优化训练中模型的超参数。将测试集再分为四个子集(春、夏、秋、冬)。各季节风速数据序列的统计指标见表 10.1。

表 10.1 风速数据的统计特性(测试集)

季节	样本数	最大值/(m/s)	最小值/(m/s)	平均值/(m/s)	偏度/(m/s)	倾向度	峰度值
春季	1428	15.70	3.80	7.02	2.05	1.36	2.12
夏季	1428	17.40	6.40	11.26	2.09	0.50	−0.27
秋季	1428	11.80	0.20	2.64	2.15	2.20	4.91
冬季	1428	14.90	1.90	7.54	2.60	0.06	−0.43

在数据预处理阶段，采用 z-score 归一化方法对原始风速数据进行归一化；处理后的数据在[0,1]区间呈正态分布。需要注意的是，MS-CDL 模型预测的结果需要反归一化才能得到真实风速。归一化定义为：

$$X_n=\frac{X'_n-\mu}{\delta} \tag{10.8}$$

式中，X_n 和 X'_n 为站点 n 真实的归一化数，μ 为样本均值，δ 为样本标准差。

MS-CDL 的数据源是 24×11 二维矩阵的形式，其中一个维度是特征的数量，另一个维度是每个特征的时间序列。我们使用随机梯度下降(SGD)来训练所提出的模型，并包括一个早期停止机制(图 10.14)，以防止过拟合(即在训练时验证误差，并立即停止训练过程，当有显著的误差增加趋势，将动量设置为 0.5，学习率 η 设置为 0.001，以提高收敛速度）。假设有 N 个站参与多任务学习，将主任务损失函数的权值设为 0.5，其他辅助任务的权值设为 $0.5/(N-1)$，根据训练过程中每个站收敛速度的不同，将损失函数的权值进行缩放。所有试验都是运行 Keras 作为 Tensorflow 接口的工作站上，使用的是 Intel Xeon Silver 13 4116 CPU、64 GB RAM 和 Nvidia RTX 2080Ti GPU。

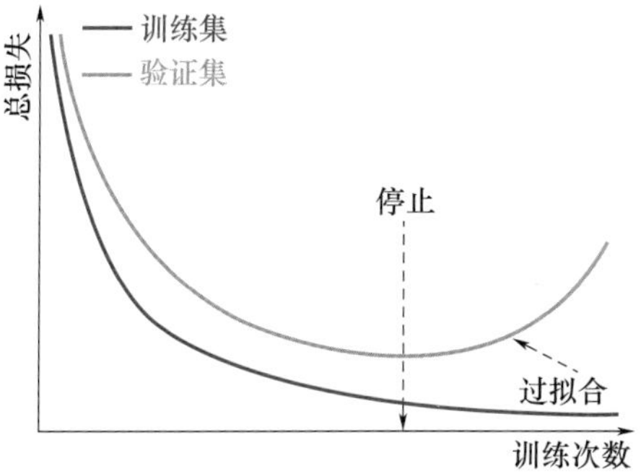

图 10.14　早停法原理

为了评价我们提出的模型的有效性，我们与三个单任务模型 CNN、LSTM 和 CNN-LSTM 进行对比试验。

我们提出的模型结合 CNN、LSTM 和 MLP 进行风速预测。我们在前期试验中改变了前两个部分的层数，并比较了对最终预测准确性的影响，以确定提出的风速预测模型的最佳网络结构。

由表 10.2 可知，对于 1 层 CNN，当 LSTM 从 1 层增加到 2 层时，MAE 降低，RMSE 保持不变。当 LSTM 增加到 3 层时，RMSE 显著增大，因此将 LSTM 设置为 2 层作为后续试验的基准。当 CNN 从 1 层增加到 2 层时，RMSE 显著降低，说明网络越深，对输入数据的空间特征提取越好。当 CNN 增加到 3 层时，MAE 和 RMSE 都增大了。因此，我们将 CNN 设置为 2 层作为后续试验的基准。我们设计的网络模型参数设置如表 10.3 所示，可训练参数总数为 320907。

表 10.2　不同网络层数对模型性能影响的比较

网络层数		春季		夏季		秋季		冬季	
CNN	LSTM	MAE /(m/s)	RMSE /(m/s)	MAE /(m/s)	RMSE /(m/s)	MAE /(m/s)	RMSE /(m/s)	MAE /(m/s)	RMSE /(m/s)
1	1	0.400	0.516	0.428	0.550	0.174	0.266	0.378	0.475
1	2	0.399	0.515	0.425	0.537	0.173	0.259	0.375	0.476
1	3	0.405	0.520	0.439	0.548	0.178	0.275	0.383	0.484
2	2	0.391	0.503	0.420	0.529	0.168	0.257	0.373	0.472
3	2	0.407	0.525	0.439	0.549	0.179	0.275	0.380	0.475

表 10.3　MS-CDL 网络参数设置

神经网络层	输出层	参数量	连接层
Main-input_1	(None,24,11,1)	0	—
Aux-input_2	(None,24,11,1)	0	—

续表

神经网络层	输出层	参数量	连接层
Aux-input_3	(None,24,11,1)	0	—
Conv2d_1	(None,24,11,32)	320	Main-input_1
Conv2d_2	(None,24,11,32)	320	Aux-input_2
Conv2d_3	(None,24,11,32)	320	Aux-input_3
Conv2d_1*	(None,24,11,32)	9248	Conv2d_1
Conv2d_2*	(None,24,11,32)	9248	Conv2d_2
Conv2d_3*	(None,24,11,32)	9248	Conv2d_3
Reshape_1	(None,24,352)	0	Conv2d_1*
Reshape_2	(None,24,352)	0	Conv2d_2*
Reshape_3	(None,24,352)	0	Conv2d_3*
LSTM	(None,24,100)	181200	Reshape_1 Reshape_2 Reshape_3
LSTM*	(None,100)	80400	LSTM
FC_1	(None,100)	10100	LSTM*
FC_2	(None,100)	10100	LSTM*
FC_3	(None,100)	10100	LSTM*
FC_1*	(None,1)	101	FC_1
FC_2*	(None,1)	101	FC_2
FC_3*	(None,1)	101	FC_3
Main-output_1	—	—	FC_1*
Aux-output_2	—	—	FC_2*
Aux-output_3	—	—	FC_3*

将所提模型与单任务模型CNN、LSTM和CNN-LSTM进行比较。为了验证MS-CDL在不同季节的泛化能力，对春、夏、秋、冬四个季节进行了对比试验。表10.4为四种模型在每个季节的性能对比。评估指标为MAE、RMSE和R^2。我们使用CNN作为基准模型，并将其与其他三个模型进行比较，以确定其他三个模型的改进。从表10.4还可以看出，我们所提出的模型在四个季节的单任务预测中，三个指标的表现都是最好的，再次是CNN-LSTM，再次是LSTM,CNN表现最差。这些试验充分验证了本节模型的有效性和泛化能力。MS-CDL在秋季测试集表现出了相对于单任务CNN模型的最高的16个性能改善：MAE下降了24.88%，RMSE下降了34.10%，R^2上升到0.986。由表10.1可以看出，秋季（10—12月）正好是资料收集区旱季，偏度大、峰度大，容易产生局地环流谷风，风速突变频繁。这支持了三个单任务模型处理复杂地形的能力有限，综合预测需要引入多站点数据的观测。

表 10.4　四种模型在一步预测中的准确性比较

季节	模型	评价指标			提升率/%		
		MAE/(m/s)	RMSE/(m/s)	R^2	MAE	RMSE	R^2
春季	CNN	0.436	0.589	0.917	—	—	—
	LSTM	0.418	0.542	0.930	4.13	7.98	1.42
	CNN-LSTM	0.408	0.525	0.934	6.42	10.87	1.85
	MS-CDL	0.391	0.503	0.940	10.32	14.60	2.51
夏季	CNN	0.529	0.661	0.900	—	—	—
	LSTM	0.483	0.596	0.919	8.70	9.83	2.11
	CNN-LSTM	0.469	0.579	0.923	11.34	12.41	2.56
	MS-CDL	0.420	0.529	0.936	20.60	19.97	4.00
秋季	CNN	0.217	0.390	0.967	—	—	—
	LSTM	0.203	0.364	0.971	6.45	6.67	0.41
	CNN-LSTM	0.186	0.311	0.979	14.29	20.26	1.24
	MS-CDL	0.163	0.257	0.986	24.88	34.10	1.96
冬季	CNN	0.432	0.541	0.957	—	—	—
	LSTM	0.410	0.525	0.959	5.09	2.96	0.21
	CNN-LSTM	0.393	0.495	0.964	9.03	8.50	0.73
	MS-CDL	0.373	0.472	0.967	13.66	12.75	1.04

图 10.15～图 10.8 按季节显示了四个模型各自的预测结果以及测量值。每个季节测试集的序列数均为 1428 个。为了显示清晰，所显示的图像在局部序列上被放大。风速突变的地方较多，从图中可以清楚地看出变化点前后序列的特征是不同的，这给风速预报带来了很大挑战。CNN 模型广泛应用于二维图像，但无法准确捕捉时间序列中的突变点，预测风速与观测风速之间以及两者的变化趋势存在较大差异。该模型受 CNN 感受野小的限制，不能提取长时间特征。可以看出，引入 LSTM 后，效果略有改善。可以看出，在 CNN 提取的特征图(即单任务 CNN-LSTM)上使用 LSTM 提取了时间特征，在风速没有突变的时段内显著提高了预测效果，但在突变点上仍然表现出较大的变化。可以清楚地看出，MS-CDL 几乎在所有时段都产生了更好的预测结果。MS-CDL 的 RMSE 与单任务 CNN 模型相比，四个季节的 RMSE 均较小，分别为 10.87%、12.41%、20.26%和 8.50%。与单任务 CNN-LSTM 模型相比，MS-CDL 模型的均方根误差(RMSE)分别提高了 4.38%、8.64%、17.36 和 4.65%，MAE 分别提高了 4.17%、10.45%、12.37%和 5.09%。MS-CDL 模型的这种近乎完美的性能主要归功于我们引入的多任务学习。来自附近站点的辅助数据使该网络能够将这些站点的非线性特征与来自主站点的观测数据结合起来，以了解风速突变时刻的特征表示。

具体来看，对图 10.15～图 10.18 进一步分析表明，在时间间隔中风速的变化逐渐更大(例如，20 个采样点 130～450 在图 10.15 中，采样点 225～450 在图 10.17 中，所有四个模型有效地预测了风速，但前三个模型更准确地预测了波峰和波谷，在细节上，我们的 MS-CDL 模型对于突然变化的时刻预测更准确。MS CDL 明显比前三种模型更有能力。风速突变期间，持续风速高，如抽样点 71～129 在图 10.15(风速＞12 m/s)和 126～201 在图 10.17(风速＞9 m/s)，只有 MS-CDL 给出准确的预测，预测的风速与实际风速一致。其他三个模型的预测值与实际值存在较大偏差。从图 10.17a 可以看出，在采样点 144 处，CNN 模型给出的预测值与真实值的差大于 3 m/s。图 10.19 为秋季测试集 450～550 采样点的放大显示，从中可以直观地看到四种模型的对比。前面的分析表明，我们的模型捕捉到了强风期间风速的大波动，并准确地拟合了波动的峰值和波谷。因此，MS-CDL 提供了复杂地形下准确的风速预测，这对减少风力发电和供电的波动，以及建筑工程中安全决策至关重要。

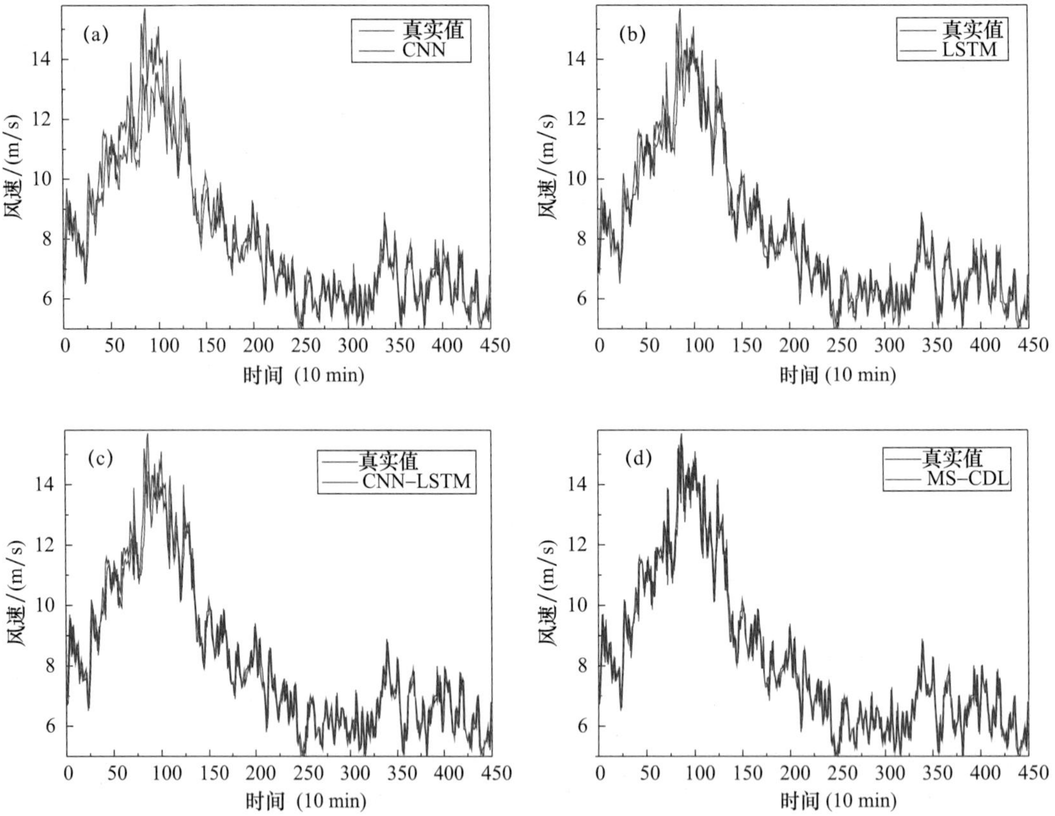

图 10.15　四种模型在春季试验集上的一步预测与真实对比

(a)CNN；(b)LSTM；(c)CNN-LSTM；(d)MS-CDL

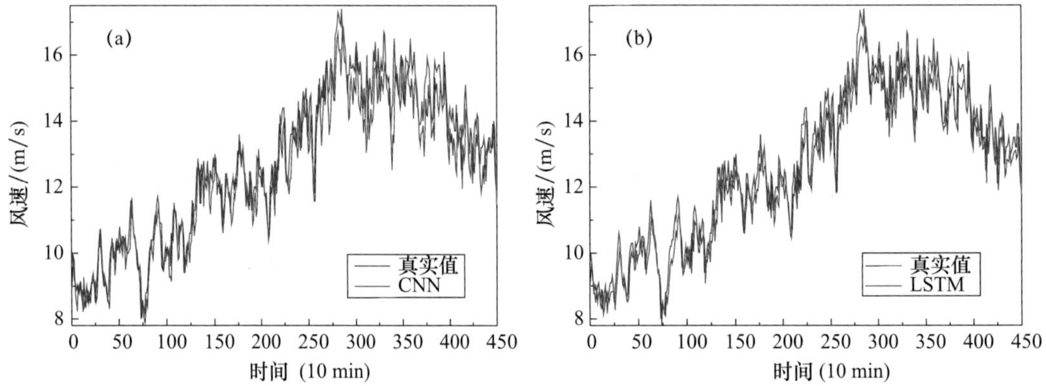

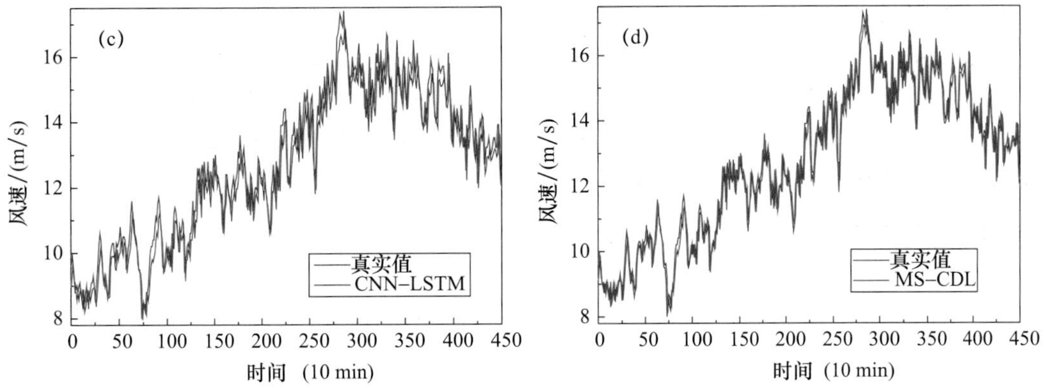

图 10.16　四种模型在夏季测试集的一步预测值与真实值的比较

(a)CNN;(b)LSTM;(c)CNN-LSTM;(d)MS-CDL

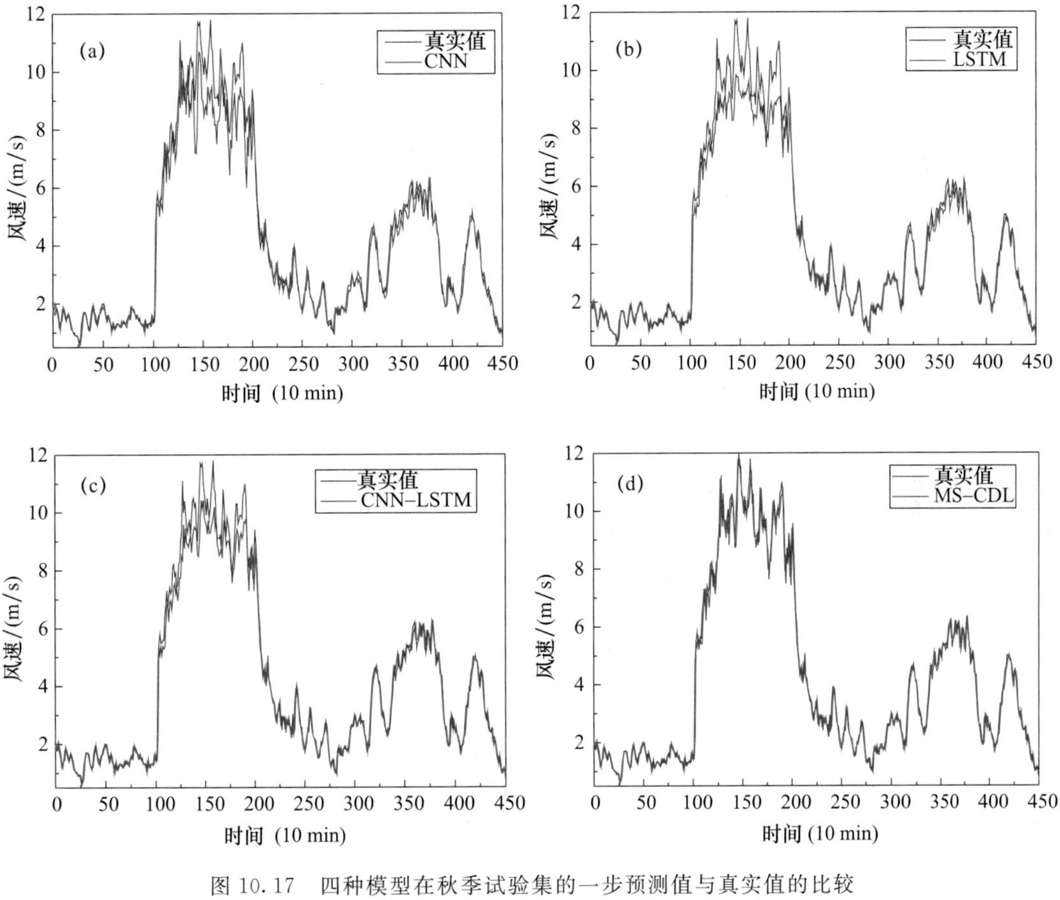

图 10.17　四种模型在秋季试验集的一步预测值与真实值的比较

(a)CNN;(b)LSTM;(c)CNN-LSTM;(d)MS-CDL

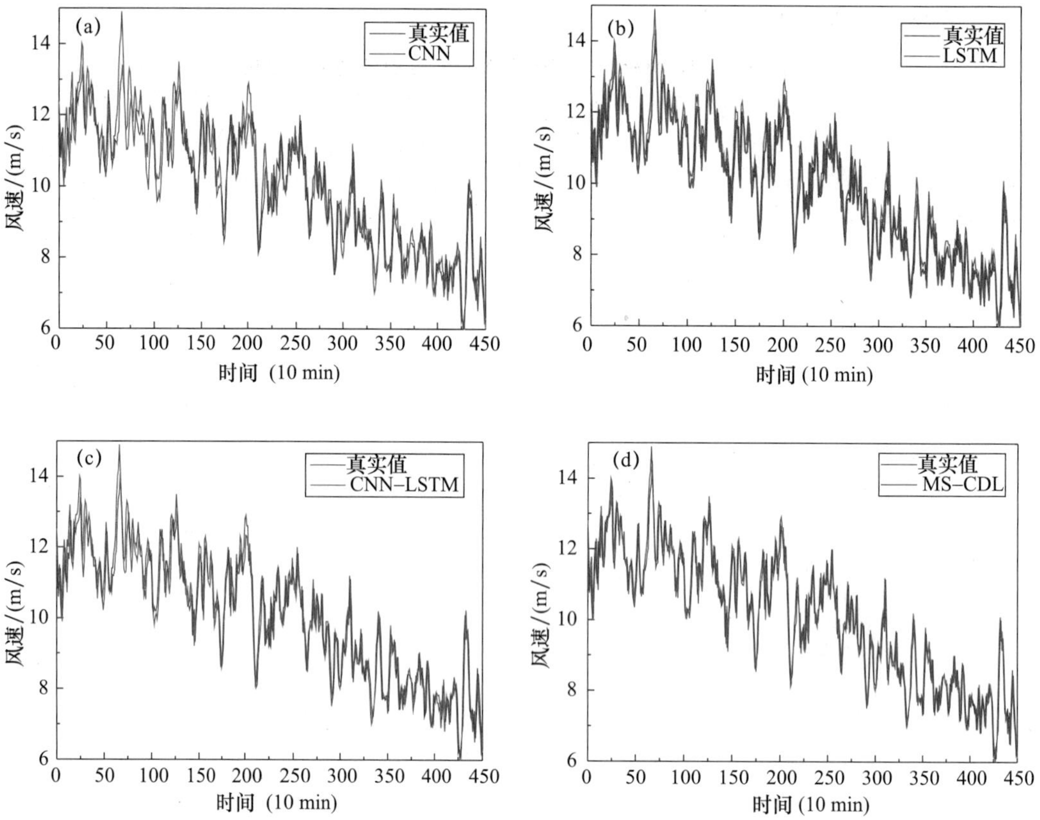

图 10.18　四种模型在冬季试验集上的一步预测值与真实值的比较

(a)CNN;(b)LSTM;(c)CNN-LSTM;(d)MS-CDL

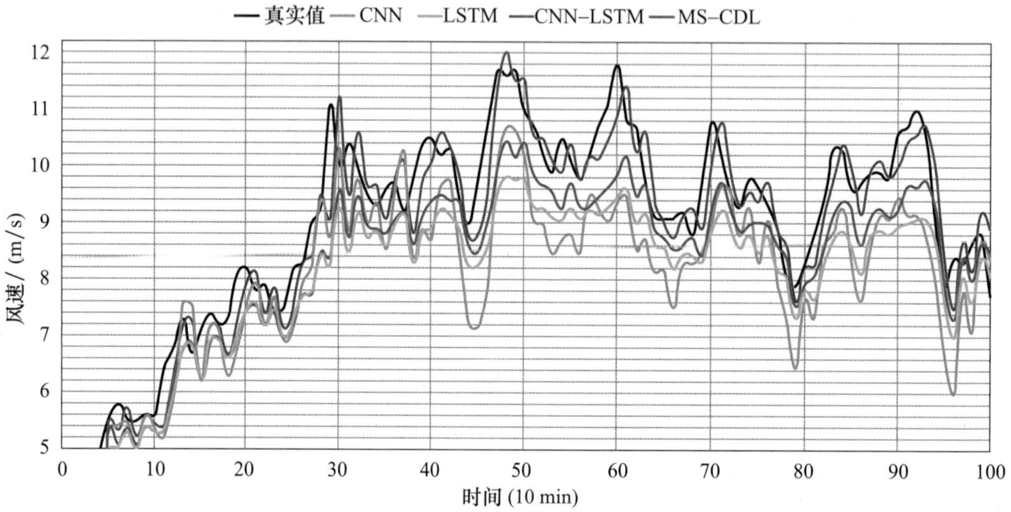

图 10.19　秋季测试集 450～550 采样点范围展示

在本节中，我们将进一步分析所提出的模型与其他模型在不同时段的性能，以及在未来时段 $T+5$(50 min)和 $T+10$(100 min)的风速滚动预测方面的性能。表 10.5 给出了不同网络模型对不同时段风速预测的指标。

表 10.5　四种模型在 $T+5$ 和 $T+10$ 层的预测精度比较

季节	模型	T+5			T+10		
		MAE/(m/s)	RMSE/(m/s)	R^2	MAE/(m/s)	RMSE/(m/s)	R^2
春季	CNN	0.761	0.987	0.765	1.023	1.311	0.608
	LSTM	0.741	0.948	0.786	0.803	1.040	0.743
	CNN-LSTM	0.724	0.921	0.798	0.786	1.016	0.754
	MS-CDL	0.679	0.877	0.817	0.721	0.918	0.799
夏季	CNN	0.876	1.091	0.729	1.005	1.252	0.643
	LSTM	0.834	1.060	0.744	0.950	1.203	0.671
	CNN-LSTM	0.809	1.026	0.760	0.901	1.140	0.704
	MS-CDL	0.759	0.958	0.791	0.810	1.052	0.748
秋季	CNN	0.563	0.847	0.845	0.738	1.133	0.723
	LSTM	0.528	0.802	0.861	0.712	1.098	0.740
	CNN-LSTM	0.505	0.747	0.879	0.708	1.096	0.741
	MS-CDL	0.456	0.680	0.900	0.649	0.985	0.790
冬季	CNN	0.805	1.015	0.847	0.888	1.114	0.815
	LSTM	0.773	0.982	0.857	0.857	1.804	0.825
	CNN-LSTM	0.770	0.973	0.860	0.838	1.062	0.832
	MS-CDL	0.740	0.944	0.868	0.787	1.010	0.848

从表 10.5 可以看出，MS-CDL 在所有季节的测试数据集上都比其他所有模型表现得更好。首先，我们对 $T+5$ 预测期进行水平比较，与表 10.4 所示的 $T+1$ 预测期(即提前一步预测)一致。单任务 CNN-LSTM 模型表现次之，再次是 LSTM 模型，CNN 表现最差。MS-CDL 在秋季数据集上比 CNN 表现出最显著的性能提升，MAE 和 RMSE 性能分别提高了 19.01% 和 19.72%。在 $T+10$ 预测范围内，MS-CDL 在春季数据集上表现出明显优于 CNN 的性能，MAE 和 RMSE 分别减小 29.52%和 29.58%。我们还注意到，在本例中，R^2 增大了 31.41%。上述分析表明，MS-CDL 在多步预测中能够准确预测风速，且在不同时段均保持稳定。其他三个模型以 $T+5$ 和 $T+10$ 为基准相对于 CNN 的性能指标如图 10.20 和图 10.21 所示。

从图中可以看出，MS-CDL 对 $T+5$ 和 $T+10$ 的预测优于其他三种模型。结合表 10.5 的结果，我们可以进行纵向比较。我们看到，随着预测范围从一个步骤增加到 $T+5$ 或 $T+10$，所有四个模型的预测都不太好。例如，在冬季测试集中，CNN、LSTM、CNN+LSTM 和 MS-CDL 的 MAE 从 $T+1$ 的 0.432、0.410、0.393 和 0.373 显著增加到 $T+5$ 的 0.805、0.773、0.770 和 0.740，$T+10$ 的 0.888、0.857、0.838 和 0.787。随着预测的时间范围越来越远，当前样本对后续样本的影响逐渐减弱，不确定性增大。四种模型预测误差的增长率存在显著差异。MS-CDL 预测误差的增大幅度仍在较低范围内。其中，在 $T+5$ 至 $T+10$ 期间，MS-CDL 春季、夏季和冬季的 MAE 和 RMSE 增长率最低，均小于 10%。这主要是由于 $c(t\text{-}1)$ 和 $h(t\text{-}1)$

的记忆单元能够比其他模型能更长时间地识别和保留风速特征，然后在周围站点的帮助下提取更具识别性的时空特征。

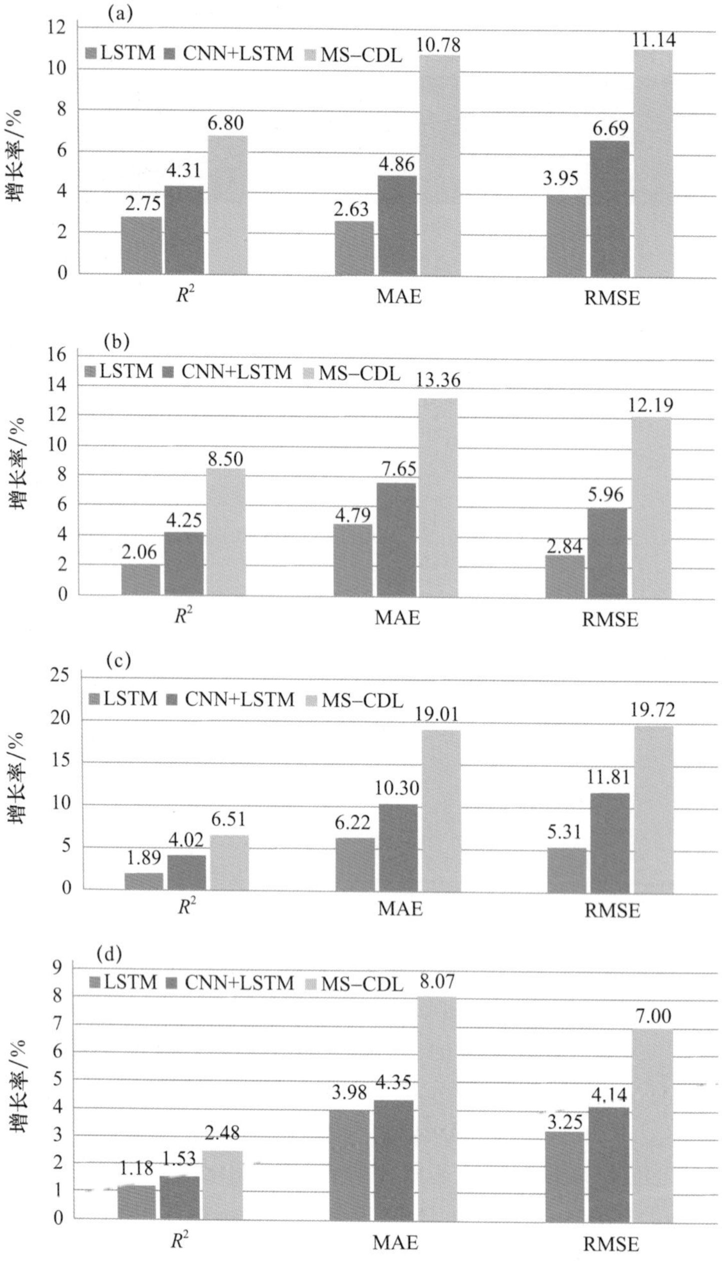

图 10.20 $T+5$ 时间范围相对于 CNN 模型的模型性能指标的变化

(a)春季；(b)夏季；(c)秋季；(d)冬季

综上所述，上述试验表明 MS-CDL 在不同的预测时间间隔下预测准确且稳定。MS-CDL 利用多站点风速预测强相关，基于多站点时空特征的硬共享建模进行多次协同训练，以增强隐含数据，确保比单任务独立预测模型具有更好的概化能力。所有试验均在四个季节测试集(春、夏、秋、冬)上进行，以验证模型的泛化能力。对 $T+5$ 和 $T+10$ 两个时段的风速预测结果表明，采用新提出的风速模型对不同时段的风速预测效果均较好。

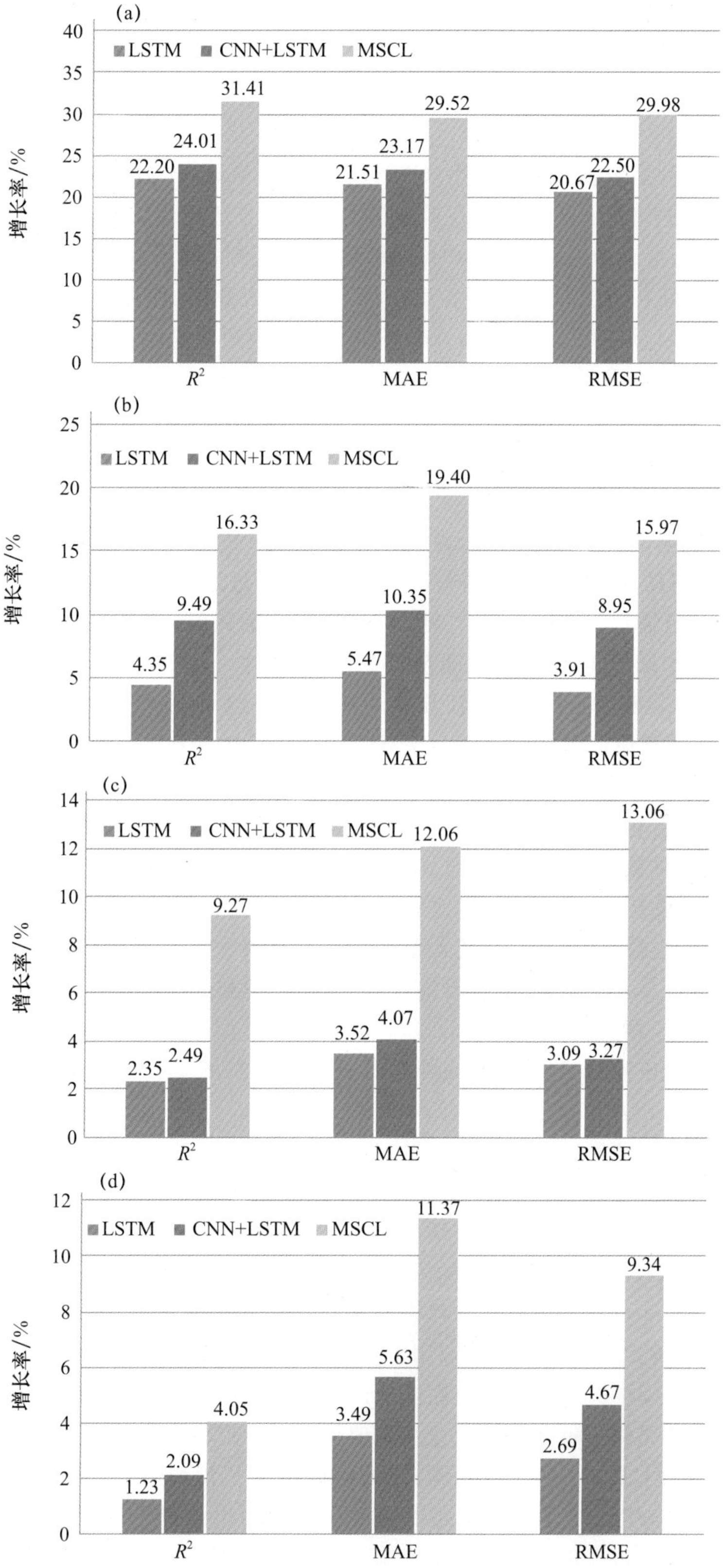

图 10.21　$T+10$ 范围相对于 CNN 模型的模型性能指标变化

(a)春季；(b)夏季；(c)秋季；(d)冬季

10.3 基于深度迁移学习的复杂地形风速预测

本节提出了一种基于卷积神经网络(CNN)和门控网络(GRU)的混合迁移模型,该模型实现了小样本气象数据情况下的短期峡谷风速预测。这种方法先将邻近城市的海量历史风速数据、气温数据按时间滑动窗口提取作为时序输入,采用 CNN 网络提取数据中的特征向量,再将特征向量数据重新构造成时序序列作为 GRU 网络输入数据,保存训练完成的权重,接着微调上述模型,使用目标域的少量数据训练 GRU,从而实现短期风速预测。试验结果表明,新提出的方法的 MAE、RMSE 性能提升了将近 20%,这将为复杂地形下的峡谷风速预报的应用研究提供新的思路。

10.3.1 研究背景与现状

水电是我国能源的重要组成部分,为我国提供了 1/4 左右的电力供应。水电开发不仅能够提供电力,还具有防洪、灌溉、旅游等综合社会效益,促进地区的经济发展。水力发电(Hydroelectric power)是通过位于高处的河流、湖泊等流至低处时,将其中所蕴含的势能转换成水轮机的动能,再推动发电机产生电能从而实现发电的。基于水电站的发电原理,其大坝一般建设在河流落差较大,且地形比较复杂的峡谷中。然而,在峡谷内且地势落差大的地方建筑水电站,就无法避免地出现峡谷风。峡谷强风会直接影响水电站的建设以及工人的安全,甚至导致工人殒命,对水电站造成不可估量的损失。例如,四川的白鹤滩水电站,地形复杂,气候多变。自白鹤滩水电站工程开工建设以来,大风天气频繁,平均每年发生 7 级以上大风日数达 235 d,占全年总日数的 64.2%,这对大坝浇筑期的施工进度和施工安全提出了严重的挑战。在水电大坝建设初期,施工点的风速数据尤其少,风速数据缺失值多,风速特征更是难以定性分析。针对这些棘手的问题,研究大型水利工程开展大风及预警研究,提高大风预报、预警能力,为工程施工及人员安全、工程质量安全、风险管理和成本控制提供技术保障,具有重要的现实意义。

近年来,有关风速预测的问题,国内外学者进行了大量的研究,提出了很多预测方法。总体来说,可以将它们分为 3 类。

(1)物理模型。物理模型使用物理因素、气象数据比如地形、压力和温度来估计未来的风速。有时候它们只是预测的第一步,作为其他统计模型的辅助输入。数值天气预报(NWP, Numerical Weather Prediction)是气象学家为解决大规模地区的天气预报问题提出的方法。为了得到更好的结果,NWP 对于给定的风电场数值性地解决了守恒方程。同时,为了表示当地的地形,在 NWP 中可以利用数字高程模型来得到更精确的结果。Landberg(1999)提出一种自动在线预测系统,NWP 模型也被应用于其中。由于它是一种大规模的预测,当研究对象为特定的风电场时,需要其他程序辅助提供地形、粗糙度等详细信息。风速预测最简单的方法就是持续法,该方法是将最近一点的风速观测值作为下一点的预测值,自动在线预测系统与持久性模型相比,对于未来 6 h 的风速预测,它大幅度提升了预测效果。Negnevitsky 等(2007)指出,NWP 模型应该引入准确的数字高程模型和模型输出数据来修正短期预测结果。在这项研究中,这个领域大部分的研究被列举出来。短期预测问题被分为大规模、离散、非线性和非凸问题。因此,对系统准确地建模是十分重要的。

(2)传统统计模型。它基于风速序列的相关,通过模型辨识与参数估计、模型检验等步骤建立预测模型,先描述历史风速序列的变化,再对未来的变化进行预测。其常见的建模方式主要有自回归模型(Autoregressive,AR)、移动平均模型(Moving Average Model,MA)、自回归移动平均模型(Autoregressive Moving Average Model,ARMA)和回归累计式移动平均模型(Regressive Integrated Moving Average Model,ARIMA)。Lalarukh 等(1997)提出一种涉及自相关、非高斯分布和日非平稳的时间序列模型。在他们的研究中,时间序列的变换和标准化被证明对模型的建立十分重要。Costa 等(2008)使用卡尔曼滤波预测风速,也将其与持续法进行了比较。他们的实验结果表明,持续法对于预测小时步长的数据效果好一点,但是滤波法对于预测 5 min 的风速更优。

(3)人工智能模型。如今,随着人工智能和其他预测方法的发展,用于风速和风电功率预测的各种各样的新模型陆续被提出。其中包括支持向量机(Support Vector Machine,SVM)、模糊逻辑方法、人工神经网络(Artificial Neural Network,ANN)等和一些组合预测方法。Monhandes 等(2004)首次将 SVM 用于风速预测,并将其与多层感知器(Multilayer Perceptron,MLP)神经网络进行比较。结果表明 SVM 模型比 MLP 有较低的均方根误差。Ji 等(2007)在 SVM 上做了进一步的研究。一个支持向量分类器被用于估计预测误差,它比传统的 SVM 方法误差有所下降。Sancho 等(2011)提出基于渐进的支持向量回归算法,它是用迭代的算法技术来解决 SVM 中的参数估计问题。Zhou 等(2011)系统地对最小二乘 SVM 参数的选择进行了研究。它使用了 3 种 SVM 核,线性核、高斯核和多项式核。另外,它还与持续法进行了比较,结果表明在许多情况下 LS-SVM 都要好很多。Hu 等(2014)针对支持向量机的不同噪声模型进行了建模与分析。模糊逻辑法应用模糊逻辑和预报人员的专业知识将数据和语言形成模糊规则库,然后选用一个线性模型逼近非线性动态变化的风速。但是,由于模糊预测学习能力较弱,单纯的模糊方法对于风速预测效果往往不佳,在预测系统中选择模糊系统的结构尚需做进一步的研究。也因此,通常模糊预测法要与其他方法配合使用,例如,Siderotos 等(2007)提出一种模糊方法,它与神经网络相结合,得到了满意的效果。

上述提到的现有风速预测方法各有各的特点,在不同的情况下效果有所不同。但是,这些研究方法,它们都是建立在数据充足的前提下。对于新建风电场或工程建造中的风速预测问题,则往往由于数据不足,很难学习到一个很好的预测模型。Hafermann 等(2021)针对这个问题提出一种自构建和自适应的统计模型,但是这个模型建立起来比较复杂,且没有使用其他风速数据。这时,我们考虑从水电站周围的区域直接借用适当的风速数据来帮助建模。为此,我们引入迁移学习(Transfer learning,TL)的建模策略。迁移学习可以将某些领域中学到的知识用到峡谷风速建模预测任务中,完成小样本情况下的短期风速预测。这种策略可以通过不同域的数据共同学习得到一个共享的模型,然后将此共享模型微调获取属于峡谷风特有的数学模型,从而得到更好的预测效果。

本节的主要内容可总结为:

(1)本节解决了一个模型难以预测不同区域的风速问题,任何风速数据都有时序型和非线性的特点,基于此问题,本节提出的 CNN-GRU 模型能巧妙地解决这种问题。本节提出的模型是基于迁移学习提出的,该方法通过学习其他区域相似的风速特征来预测相同站点的风速特征,在此基础上,微调后得到该类区域特有的模型。

(2)本节解决了实际水电站工程初期小样本风速数据的风速预测问题,通过本节新构建的模型方法，在建设初期，对于采集到的少量风速数据，可以预测该站点附近短期的风速，提前做好预防工作。

(3)本节是以四川白鹤滩水电站建设为背景的，实际数据来源也是该水电站建设初期的气象数据，是理论结合实际背景下的研究，具有较强的工程实现价值。

接着主要是概括了基础的 CNN 网络模型和基础的 GRU 模型，这两个网络模型的主体结构是本节的主要数学模型，能够有效地挖掘不同时序数据领域内在、抽象的共享特征，概括了迁移学习实现策略，并在此基础上改良 CNN-GRU 的模型。第 10.3.3 节提出了本节的风速预测评价指标，并做了三组试验：第一组是对模型的微调效果讨论，该实验的主要目的是验证迁移学习策略的有效性；第二组与第三组试验分别是针对不同站点的不同风速特征来验证该模型在短期风速预测上的表现。

10.3.2 模型与方法

整体框架如图 10.22 所示，分别是数据预处理模块、模型训练模块、风速预测模型三个模块。

数据预处理模块主要是区分目标域的数据与源域的数据，将源域的数据用于训练模型；模型训练模块主要是构建网络层数，确定网络的超参数，输入源域的数据，循环训练后根据损失函数最小求得更新整个网络的权重；风速预测模块主要是根据训练后得到的模型，微调模型，再对目标域的数据进行学习，实现目标域的风速预测。

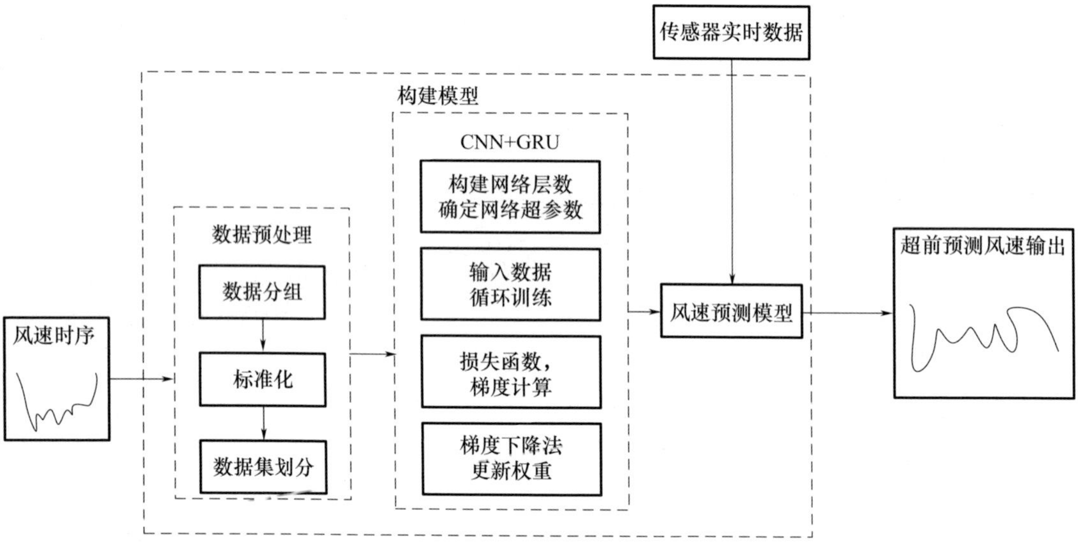

图 10.22 风速预测整体框架

10.3.2.1 基础模型设计

采用了基础卷积神经网络模型。卷积神经网络与其他神经网络不同，该模型借助卷积运算操作的优势，能够对原始数据进行更高层次和更抽象的表达，在图像、信号波形处理等领域表现优异。由于风速、气温等数据是时序型数据，存在局部相关，即时间相近的数据有较强的相关，所以运用 CNN 处理其局部特征具有很好的效果。

CNN 的基本结构主要包含卷积层和池化层，卷积层通过固定大小的卷积核，在一定的步长下滑动卷积核提取数据到下一层中，池化层主要是对数据进行相似性删除，减少数据的运算量，在经过 n 个卷积层和池化层的特征提取后，再对数据进行展平，最后经过全连接层，得到输出。池化层的作用是为了降低数据的维度，在保留原始数据的基础上进一步降低运算量，提高计算效率。本节使用的激活函数是 ReLu 函数，ReLu 函数在输入为正的时候，不存在梯度消失的问题，对于本节的风速预测，输入的数据是时序的风速数据，因此，使用 ReLu 函数更适合。池化层对卷积输出采取下采样的操作，保留数据的强特征，去除弱特征，同时减少参数数量，加快训练，防止过拟合。

利用一维 CNN 抽取原始数据特征，挖掘多维数据之间的相互关联并从中剔除噪声和不稳定成分，将处理后的模式相对稳定的信息作为整体传入 GRU 网络进行预测。

对于风速预测问题，由于大气中的因子形成的复杂性和浓度变化的非线性特征，深度学习通过深层非线性网络的自动训练学习，能够更好获取空气质量变化特征。在深度学习模型中，CNN 作为典型的空间深度神经网络能够通过感受野获取更多的空间特征；GRU 和 LSTM 作为 RNN 的变体，能够解决 RNN 梯度消失问题，从而拥有更多持久的记忆，目前被广泛用于解决时间序列上的长期依赖问题。相对 LSTM，GRU 的网络结构更加简化，不仅能提取到长的时间序列动态特征，而且还能降低模型的运算效率。将 CNN 和 GRU 混合应用到风速预测中能够更好地获取空气污染时空属性特征。同时，在复杂地形监测站点场景下，小范围区域中具有大量强相关站点信息，将多个站点的信息进行结合更有利于提高风速预测能力。

针对海量数据时空特征中的有效信息挖掘不足问题，设计了基于 CNN-GRU 的时序提取模块。针对微监测站点之间的非线性相关被忽略的问题，在时序提取模块的基础上进一步融合周围站点信息。对需要预测一个主目标站点，利用它和它邻近多个站点并行使用 CNN-GRU 模型训练，而最终多个输出进入一个全连接层后再输出。通过这样的方式来达到整合周围辅助站点的时空相关，提高了目标站点的预测结果。模型整体结构如图 10.23 所示。

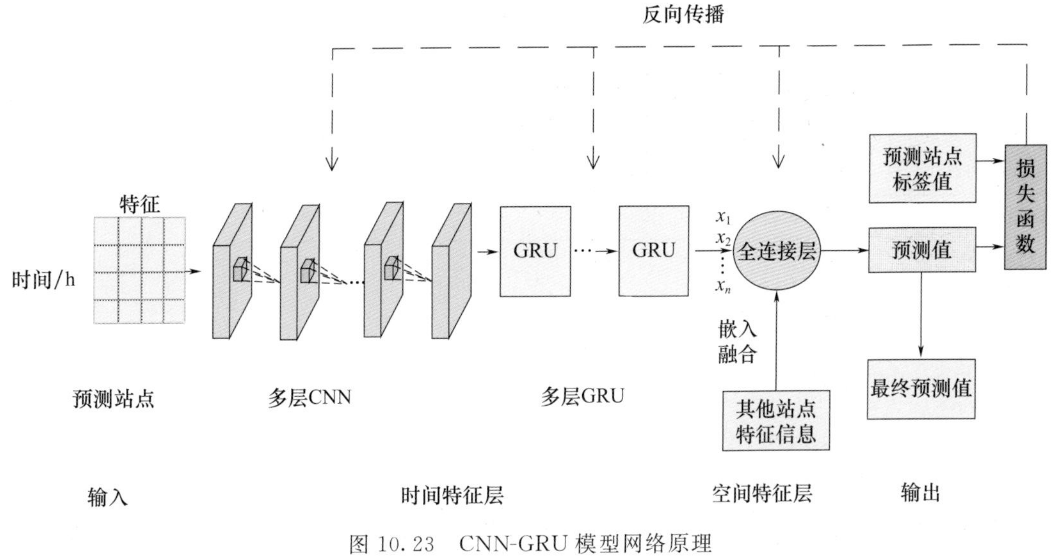

图 10.23　CNN-GRU 模型网络原理

CNN-GRU 网络模型主要包括输入层、时间特征层、空间特征层、输出层四个模块，下面对主要的两个模块功能进行介绍：①时间特征层：主要实现预测站时间序列特征的提取。将微站点的输入数据分别进入不同的 CNN 多层卷积过程中对各自局部空间特征提取，提取的结果通过多层 GRU 来获取各自的时间序列长期依赖特征。这样能让两种不同网络模型发挥各自的长处，挖掘出更深层的时间特征。②空间特征层：主要实现相关站点空间信息整合的作用。经过时间特征层的处理后，通过全连接层将所有的站点数据进行整合。整体模型可以根据主站点的标签值产生的损失函数值，对其他站点的特征信息不断调整权重，达到了自动学习站点之间相关特征的目的。

模型的训练过程如下。

第一步，输入。根据相关站点选取方法确定该站的相关站，这些相关站作为辅助站，每个站的输入特征向量 $XT-1,\cdots,XT-R$ 是过去 R h 的历史数据，包括时间维度上的空气质量数据和时间特征数据，形成该模型的多个输入向量。每个站点的历史空气质量数据中包括时间维度上的气象数据和时间特征数据，通过整理后形成各自的特征矩阵作为输入数据。

第二步，局部空间特征学习。每个站的输入向量进入各自不同的 CNN 中，经过各自多层卷积操作对输入数据中的局部空间特征学习，挖掘出各自不同的局部空间时序特征。

第三步，长期时序特征学习。每个站点经过上一步的输出结果，又将作为多层 GRU 的输入进行时间序列的长期依赖特征提取，每个站点提取各自不同的时序特征。

第四步，空间特征融合。每个站点经过前两步的时间特征学习，获取各自的深层次时间特征信息，将预测站特征信息与其他站特征信息通过全连接层进行融合，达到站点间空间特征融合的目的。

第五步，反向传播优化模型。全连接层输出一个风速预测结果，与主目标站的标签值计算损失函数值，训练数据通过反向传播算法利用优化算法对整体模型多次迭代优化，利用早停法对加入验证集中的数据观察，观察到模型在验证集上的误差比上一个周期训练结果差的时候停止训练，将上一次迭代结果中的参数作为模型的最终参数。

第六步，输出。通过上述训练过程多次迭代和误差修正后得到模型最优参数，此时的模型输出结果作为主站最终输出的预测值。

以下算法详细描述了 CNN-GRU-FC 模型的训练过程。

算法：训练 CNN-GRU-FC 模型

输入：N 个站点任务的训练数据集 D_n，$1\leqslant n\leqslant N$；

　　最大迭代次数 T，学习率 a ；

输出：模型 f_1

随机初始化参数 θ_0

进行迭代训练

for $t=1\cdots T$ **do**

　　//预备 N 个站点任务的数据

　　for $n=1\cdots N$ **do**

　　　　$\boldsymbol{X}_n^l=\mathrm{CNN}(\mathrm{CNN}(D_n))$

　　　　$X_t^n=\mathrm{GRU}_n(\mathrm{GRU}_n((\boldsymbol{X}_n^l))$；$N$ 个站点进入时空特征层各自训练

　　　　$\hat{y}_t^1=\boldsymbol{W}^2\sigma(\boldsymbol{W}^1X_t^n+\boldsymbol{b}^1)+\boldsymbol{b}^2$；$N$ 个站点经过空间特征层融合信息

　　　　$L_1=\dfrac{1}{M_1}\sum\limits_{t=1}^{M_1}(\hat{y}_t^1-y_t^1)^2$ ；任务计算损失函数

　　　　更新参数：$\theta_t\leftarrow\theta_{t-1}-\alpha\cdot\nabla_\theta L_1(\theta)$

　　end for

end for

10.3.2.2 整体模型设计

如今，自然语言处理应用已经变得无处不在。自然语言处理应用能够快速增长，很大程度上要归功于通过预训练模型实现迁移学习的概念。在自然语言处理的背景下，迁移学习本质上是在一个数据集上训练模型，然后对该模型进行调整，以在不同的数据集上执行不同的自然语言处理功能。

通过大量的生文本数据标注可以利用监督学习的方式，直接训练得到最终的模型，而这样是耗时耗力的，且在某些领域没有足够的数据可以使用，如图 10.24 所示，如果我们通过大量相关辅助任务标注的数据先进行模型预训练，再通过目标任务的标注数据进行精调，就可以很快得到一个很好的模型。同时一个经过预训练的大模型，可以在很多相关的任务上作为辅助使用，这样可以大幅度降低成本，同时进一步提高了目标任务的准确度。

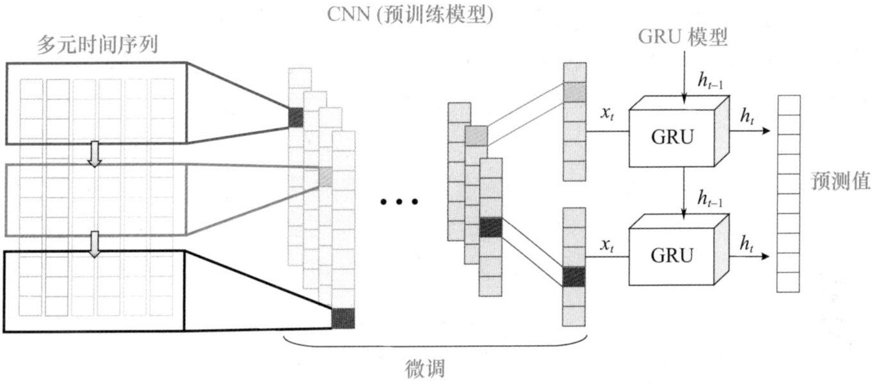

图 10.24　预训练 CNN-GRU 模型

这一突破，使得每个人都能够轻松地完成任务，尤其是那些没有时间、也没有资源从头开始构建自然语言处理模型的人们。对于想要学习或过渡到自然语言处理的初学者来讲，它也堪称完美。

我们借助目前自然语言处理中非常热门的预训练思想，使用预训练技术结合上文中基础 CNN-GRU 模型进一步设计建模，这样来解决复杂地形中风速数据稀疏的问题。首先通过 CNN 网络结合迁移学习提取已有站点的气温、风速数据，构建时序型的特征向量，并将结果输入 GRU 模型中进行训练，再通过优化算法对网络中的参数进行更新优化。

如果用一句话来概括“预训练”的思想，那么这句话可以是：模型参数不再是随机初始化，而是通过一些任务（如语言模型）进行预训练，将训练任务拆解成共性学习和特性学习两个步骤。上面的两句分别从两个不同的角度解释了预训练思想的本质。第一句话从模型的角度，第二句话从数据的角度。下面展开讲讲第二句。

预训练的做法一般是将大量低成本收集的训练数据放在一起，经过某种预训练方法去学习其中的共性，然后将其中的共性“移植”到特定任务的模型中，再使用相关特定领域的少量标注数据进行“微调”，这样的话，模型只需要从“共性”出发，去“学习”该特定任务的“特殊”部分即可。

比如让一个完全不懂英文的人（称为 A）去做英文法律文书的关键词提取工作会完全无法进行，或者说他需要非常多的时间去学习，因为他现在根本看不懂英文。但是如果让一个英语为母语但是没接触过此类工作的人（称为 B）去做这项任务，B 可能只需要相对比较短的时间学习就可以上手这项任务。在这里，英文知识就属于“共性”的知识，这类知识不必要只通过英文法律文书的相关语料进行学习，而是可以通过大量英文语料，不管是小说、书籍，还是自媒体，都可以是学习资料的来源。

因此，可以将预训练类比成学习任务分解：在上面这个例子中，如果我们直接让 A 去学习这样的任务，这就对应了传统的直接训练方法。如果我们先让 A 变成 B，再让他去学习同样的任务，那么就对应了“预训练＋微调”的思路。

在预训练 CNN-GRU 的结构图中，最左边的数据是多元时间序列风速相关要素，其中包括风速数据、气温数据、湿度数据等，这些数据都是时间序列数据，但是对于风速的时间序列相关较大，因此，将这些数据输入 CNN，卷积核通过滑动窗口一层层地提取原始数据，CNN 不仅提取了每个数据各自独立的特征，也提取不同数据间的关联程度。中间部分是 CNN 的主体结构，也是迁移学习的主要微调部分，该主体部分先通过大量的已有风速数据进行训练，不断优化每一层的参数，然后冻结该层，为后续的风速预测保存最佳权重参数。最后的模块是 GRU 的模型，该模型在上一节已做详细介绍，主要作用是预测风速，最后输出风速预测值。

10.3.3　试验及结果分析

试验采用的数据集取自水电站附近城市观测站的真实数据。本节选取 2019 年某月以后的小时风速数据，在数据集中，每条风速记录包括气温、风向、2 min 风速、2 min 风向、10 min 风速、10 min 风向、湿度、气压 8 个属性，展示了 2017 年的部分风速记录数据样例如表 10.6 所示。

表 10.6　气象数据(部分)

时间	空气温度/℃	风向/°	2 min 风速/(m/s)	2 min 风向/°	湿度/%	气压/hPa
2017-05-25 12:00:00	23.8	341	4.6	348	45	941
2017-05-25 13:00:00	26.1	28	2.8	16	36	942
2017-05-25 14:00:00	27.0	355	6.2	347	34	942
2017-05-25 15:00:00	27.1	355	5.8	352	32	942
2017-05-25 16:00:00	27.3	341	6.3	339	32	944
2017-05-25 17:00:00	27.2	350	6.4	354	32	944
2017-05-25 18:00:00	27.0	350	6.2	358	32	944
2017-05-25 19:00:00	26.7	2	3.8	14	34	945
2017-05-25 20:00:00	24.5	94	1.2	137	53	942

评价指标选取了前两节中提到的 RMSE 和 MAE。

下面对站点 1 的风速预测进行讨论。站点 1 所处的地理位置属于复杂地形，风速特征的波动性较大，我们对源域风速数据的前 24 h 数据进行试验，分别对 GRU 模型、CNN 结合 GRU 模型，以及基于迁移学习的 CNN 结合 GRU 模型对该站点的风速进行预测试验，本节截取了 15 d 的风速预测情况，图 10.25 分别展示了不同试验的对比，表 10.7 分别展示了不同方法的 MAE 和 RMSE 评价指标。

图 10.25a 和 c 为使用 1 个月数据作为训练后得到的模型，在该模型的参数下，预测 15 d 的风速数据；右侧的图为使用 3 个月数据训练后得到的模型，在学习到风速特征以后，预测未

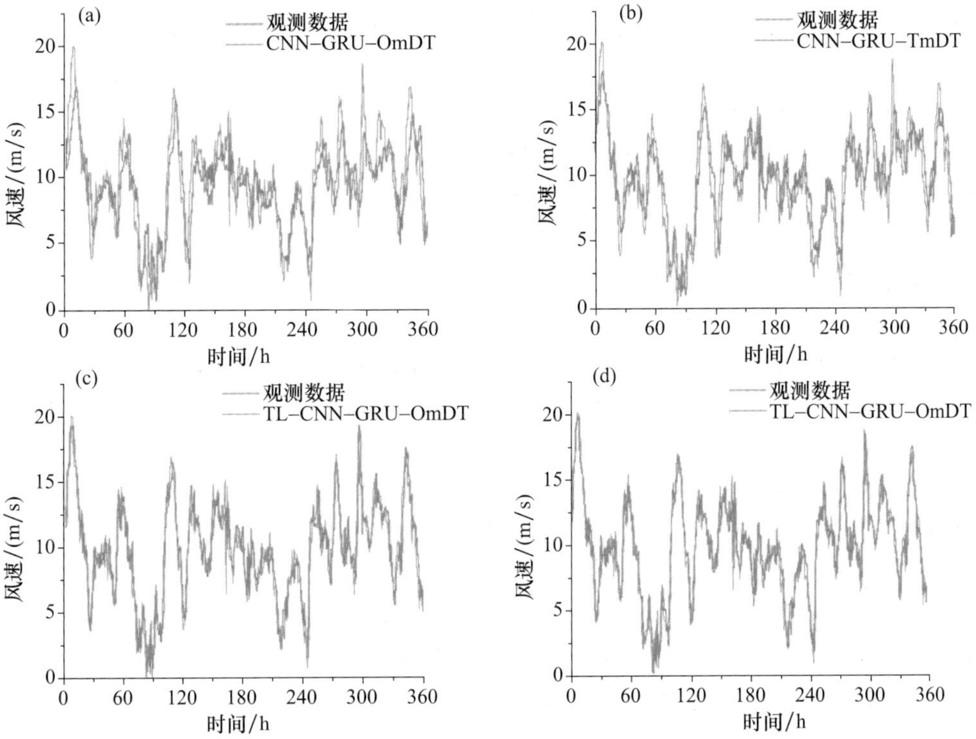

图 10.25　不同模型的拟合图

(a)CNN-GRU-OmDT；(b)CNN-GRU-TmDT；(c)TL-CNN-GRU-OmDT；(d)TL-CNN-GRU-TmDT

来15 d 的风速数据。图 10.25a 与 b 分别是基于 CNN 结合 GRU 模型的风速预测，从图中我们可以发现，基于 1 个月的风速数据训练的模型效果是最差的，该模型在风速波动较大的区域预测的偏差明显高于其他模型，而且在风速密集的区域，该模型的预测值与真实值并不重叠，这是由于在风速样本数较少的情况下，模型的预训练并不能很好地提取到风速特征。图 10.25b 展示的模型弥补了这一缺点，结果从图中可以看出，相较于图 10.25a，模型在风速峰值区域有较大的提升，但是在风速密集区域，该模型的表现较差，这是由于两地密集点风速特征不同，需要学习的特征较多，这会导致该模型并不能很好地预测目标域的风速。图 10.25c 与 d 分别是基于迁移学习的预测模型，相比于未使用迁移学习的方法，该模型的预测偏差程度明显优于未使用迁移学习的模型。从图中我们可以看出，无论是峰值风速还是风速较密的时间区域，这两个模型都能很好地预测，因此，本节所提的方法对站点 1 的风速波动性较大的区域具有良好的可预测性。表 10.7 给出了不同方法模型的评价指标。

表 10.7　*T*+1 时刻不同模型方法的评价指标精度　　单位：m/s

训练数据	GRU		CNN-GRU		TL-CNN-GRU					
					训练 GRU		不微调		冻结 GRU	冻结 CNN
	MAE	RMSE	MAE	RMSE	MAE	RMSE	MAE	RMSE	MAE	RMSE
OmDT	1.832	2.325	1.704	2.162	1.437	1.853	1.334	1.740	1.235	1.701
TmDT	1.724	2.171	1.605	2.021	1.414	1.811	1.317	1.730	1.235	1.630

由表 10.7 结合图 10.25 可见，模型 1 为单独使用 GRU，单独使用该模型的缺点是参数较少，不能很好地提取到风速特征，因此该模型的 MAE 和 RMSE 都相对较高。模型 2 是 CNN

结合 GRU 预测风速，该模型相较于单独使用 GRU 模型，精度有所提高，但是该模型只是在小样本数据上简单地学习到了一些基本的风速特征，对于峰值较高的风速和风速密集的区域，该模型的学习能力较差，因此，该模型的精度偏高。模型 3 是基于迁移学习提出的，该模型是本节的主要模型，以下是对模型 3 的讨论。

(1)不微调直接预训练后应用的模型预测结果最差，无论是小样本数据或者是 3 个月的样本数据训练，其 MAE 和 RMSE 相对于其他模型方法都明显偏高。这是因为模型不进行微调，会使神经网络出现过拟合源域数据集现象，对目标域地区数据特征提取欠缺。

(2)只冻结 GRU 的预训练模型较模型 1 效果进一步提升，所以通过微调部分神经网络层的方式既保证了对源域数据集中的风速特征充分获取，又进一步利用目标域数据修正了模型的过拟合问题。

(3)冻结 CNN 训练 GRU 以后的部分预训练模型的效果最佳，说明由于源域和目标域的风速时序特征存在部分差异，将 GRU 层作为微调的网络层部分，可以在学习到源域数据中整体风速时间序列特征的基础上，又快速获取到目标域中的大风时间序列特征，对风速长序列的特征提取能力得到了有效提升。

从上述分析可以得出：模型 3 是更适用于站点 1 的预训练模型的神经网络结构，基于迁移学习的 CNN 结合 GRU 模型的预测效果最好，其精度最高。

图 10.26 给出了两种数据样本的提升率，图 10.26a 使用 1 个月数据作为训练样本，图 10.26b 使用 3 个月数据作为训练样本，从图中我们可以看出，三种模型中使用了迁移学习的效果最好，与上述分析一致。

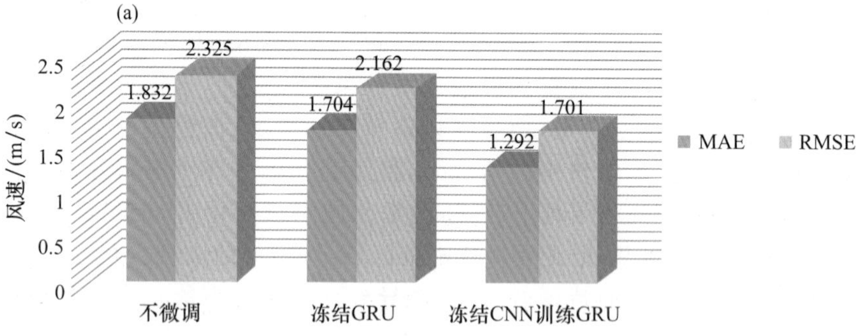

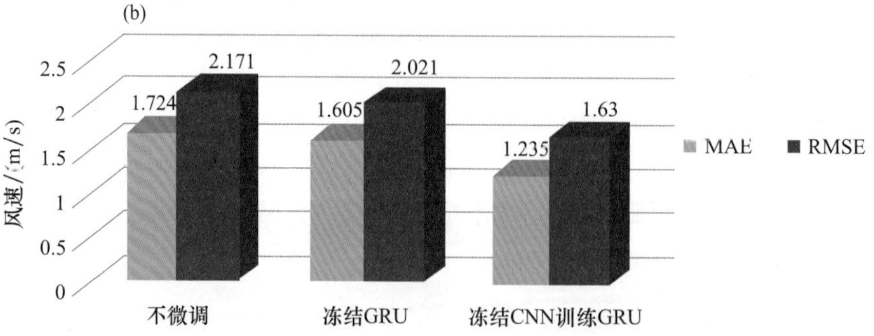

图 10.26　评价指标

(a)用 1 个月数据作为训练样本；(b)用 3 个月数据作为训练样本

基于上述 $T+1$ 的风速预测具有良好的表现，下面预测 $T+5$ 时刻的风速。在实际工程应用中，预测的风速在 $T+1$ 时刻的应用往往是短时预防，在建设水电站等其他实际工程应用中，我们往往需要提前知道接下去 $T+5$ 时刻的风速，可以及时保护工作人员的安全，停止高空作业等危险项目的实施，因此本节补充试验为预测该站点 $T+5$ 时刻的风速，根据上述理论，我们分别对单独使用 GRU 模型、CNN 结合 GRU 模型以及基于迁移学习的 CNN 结合 GRU 模型对站点 1 的 $T+5$ 时刻进行风速预测，表 10.8 展示了不同模型以及不同训练数据时长的 MAE 和 RMSE 评价指标。

表 10.8　$T+5$ 时刻不同模型方法的评价指标精度　　单位：m/s

训练数据	GRU		CNN-GRU		TL-CNN-GRU	
	MAE	RMSE	MAE	RMSE	MAE	RMSE
OmDT	3.120	3.924	2.918	3.710	2.417	3.168
TmDT	2.994	3.706	2.848	3.603	2.408	3.060

从表 10.8 中可以看出，单独使用 GRU 模型预测的精度相比于其他两种都偏低，其风速预测的误差最大。CNN-GRU 模型相较于单独使用的 GRU 预测模型，其对于风速预测的评价指标更好，整体预测误差更小。站点 1 的 $T+5$ 时刻风速预测最佳的模型是基于迁移学习的 CNN-GRU，其评价指标无论是 1 个月的训练数据或是 3 个月的训练数据，都优于前两种模型。但是相较于 $T+1$ 时刻的风速预测指标，该预测的偏差略大，这说明该模型对于风速波动大，风速平均值偏高的区域的中长期的风速预测效果会降低，仅仅对于站点 1 这类区域的短时预测有一定的决策作用。

根据上述对站点 1 的讨论，站点 2 的选取在地理位置上与站点 1 不同，该站点选取的测试数据较上个站点的平均数值小，除了一些特别高的峰值时刻，该站点的风速波动相对较平稳，风速平均值较站点 1 的低，出现风速峰值峰谷的次数较少，因此预测的整体评价指标比站点 1 的更好，图 10.27 展示了是否基于迁移学习的不同模型预测优劣。

与站点 1 的试验内容相同，图 10.27a 与 b 都是基于 CNN 结合 GRU 模型的风速预测，在图 10.27a 中，无论是在风速峰值点或是风速密集的区域，该模型都不能很好地预测该点在 $T+1$ 时刻的数据，这是由于站点 2 的风速长期波动性较小，只有极个别天容易出现大风天气，因此，站点 2 的风速特征更难学习，使用 1 个月的风速数据很难使 CNN-GRU 学习到该点的风速特征，相较于图 10.27a 和 b 的风速预测效果略好，但与真实风速数据还是存在明显偏差。图 10.27c 与 d 分别是基于迁移学习的 CNN 结合 GRU 模型，从图中可以看出该模型能够很好地预测目标域的风速，即使在风速值较大时，该模型也能很好地预测，在实际工程应用中，该模型具有良好的表现。表 10.9 给出了不同模型的评价指标。

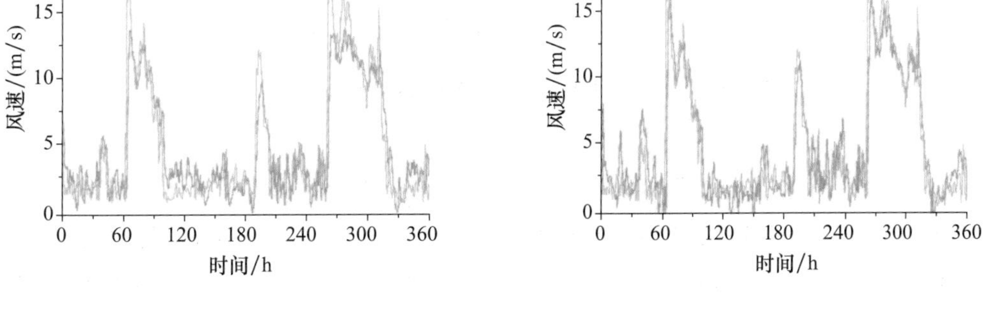

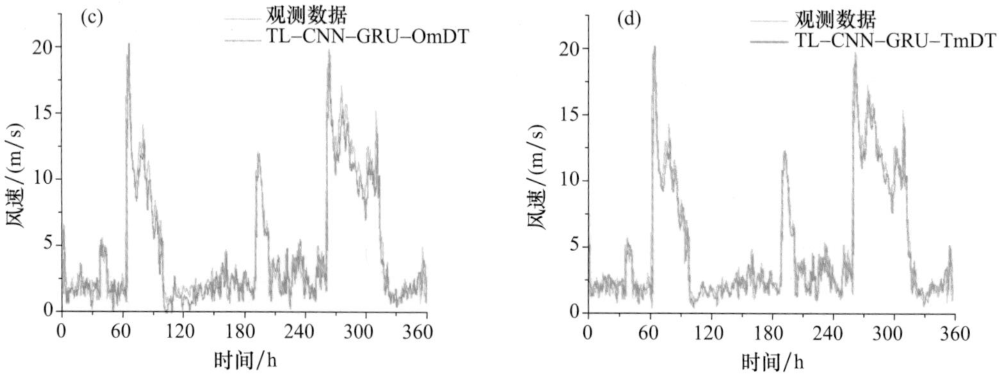

图 10.27 不同模型拟合图

(a)CNN-GRU-OmDT；(b)CNN-GRU-TmDT；(c)TL-CNN-GRU-OmDT；(d)TL-CNN-GRU-TmDT

表 10.9 *T*+1 时刻不同模型方法的评价指标精度 单位：m/s

训练数据	GRU		CNN-GRU		TL-CNN-GRU					
					不微调		冻结 GRU		冻结 CNN	训练 GRU
	MAE	RMSE	MAE	RMSE	MAE	RMSE	MAE	RMSE	MAE	RMSE
OmDT	1.503	2.015	1.362	1.960	1.212	1.728	1.150	1.659	1.101	1.616
TmDT	1.363	1.920	1.288	1.836	1.143	1.656	1.089	1.612	1.039	1.569

由表 10.9 并结合图 10.27 可以发现，单独使用 GRU 模型预测风速的评价指标最差，但相比于站点 1，GRU 模型在站点 2 的表现更好，这对于风速波动不大的区域有一定的参考价值。CNN-GRU 的风速预测评价指标比单独使用 GRU 模型的效果更好，这是由于卷积网络能更好地提取到站点 2 的风速特征，提高预测能力。模型 3 是基于迁移学习的 CNN-GRU，下面是对该模型的迁移学习的讨论。

首先对站点 2 的预测情况进行横向分析，从表 10.9 中可以看出，用 1 个月小样本数据进行训练的模型预测效果与 3 个月数据用作训练的预测效果接近，这说明本节所提的模型在水电站建设初期，风速样本不足的情况下，仍具有很好的效果。

再者，对站点 2 的预测精度进行纵向比对，从表 10.9 中可以发现，无论是小样本数据或是 3 个月充足数据训练样本，不微调的模型预测结果都明显偏高于微调后的模型，这可能是不微调直接进行迁移学习会导致模型参数过拟合，由于两地的风速特征不同，因此，模型的权重参数对于两地的提取风速特征是需要经过微调的。对于模型 2 与模型 3，模型 2 的预测效果进一步提升，GRU 网络的结构决定了 GRU 的参数较少，减少了过拟合带来的问题。模型 3 选择了冻结 CNN、训练 GRU，该模型在 3 类模型中取得的效果最佳，这说明尽管源域和目标域的数据特征不同，但是使用 GRU 可以快速学习到目标域的数据特征，这使得目标域的大风时间序列特征提取能力有了明显的提升。

图 10.28 同样给出了站点 2 的评价指标，图 10.28a 对应 OmDT，图 10.28b 对应 TmDT。从图中可以发现，基于微调后的模型效果最佳，其风速预测的误差最小，与上述的分析一致。

根据对上述 2 个站点的理论分析，确定了基于迁移学习的 CNN-GRU 在冻结参数后的效果更好，因此，将该理论用于站点 2 这类风速较为平稳、波动性不大、风速的平均值较小的预测是可行的。

同样，我们对站点 2 的 $T+5$ 时刻进行风速预测，确保对于不同的站点所得到的不同风速特征，本节所提的模型对于 $T+5$ 时刻的预测都是有效的。表 10.10 展示了不同模型和不同训练风速数据时长的 MAE 和 RMSE 评价指标。

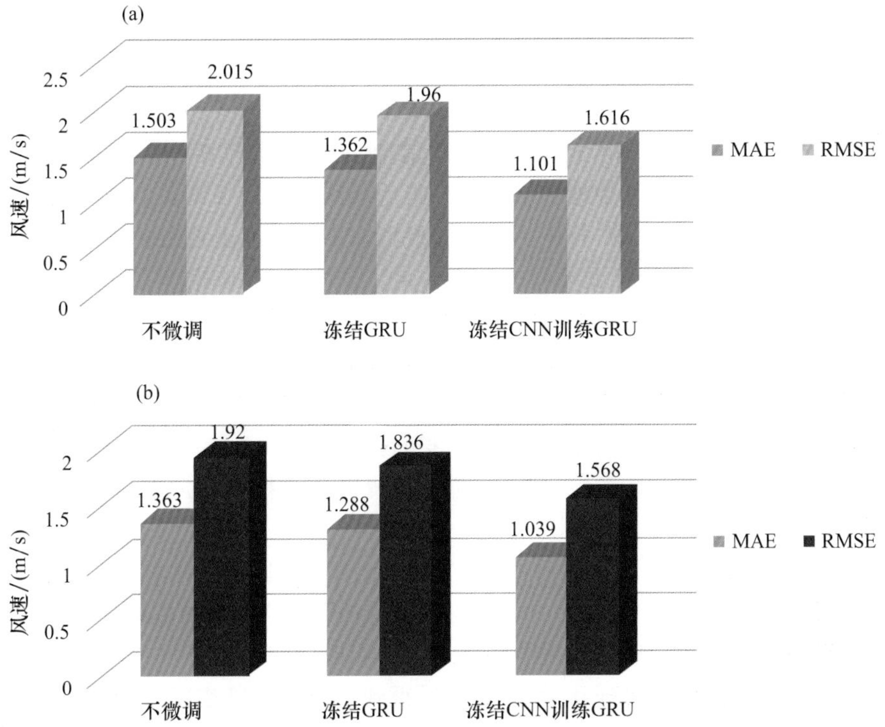

图 10.28　评价指标

表 10.10　$T+5$ 时刻不同模型方法的评价指标精度　　单位：m/s

训练数据	GRU		CNN-GRU		TL-CNN-GRU	
	MAE	RMSE	MAE	RMSE	MAE	RMSE
OmDT	2.460	3.311	2.284	3.194	1.989	2.956
TmDT	2.239	3.118	2.138	3.069	1.857	2.799

从表 10.10 中可以看出，单独使用 GRU 模型预测的精度相比于其他两种都偏低，其风速预测的误差最大。而 CNN-GRU 模型对于 $T+5$ 时刻的风速预测表现优于 GRU 模型，但是该模型在预测 $T+5$ 的精度不如 $T+1$ 时刻的精度，整体误差比较大，对于时间较长的预测，该模型的表现会呈现出误差增大的情形。在不同的站点之间，站点 2 在使用 CNN-GRU 模型预测风速时的表现优于站点 1，这是由于风速特征不同，CNN 对于波动较大的数据的学习能力较差。预测 $T+5$ 时刻风速最优的模型仍然是 TL-CNN-GRU，该模型即使在风速样本数据较小的情况下，预测的结果也是优于直接使用深度学习 CNN-GRU 模型，对比站点 2 的 $T+1$ 时刻，该模型的预测的 MAE 偏差大约为 0.88 m/s，基于 $T+1$ 时刻该模型的良好表现，可以认为该偏差的风速预测是在合理区间内的。

10.4 小结

在本研究中，我们研究了复杂地形下的超短期风速预测。基于原始风速序列的时空相关，建立了一个融合CNN、LSTM和MLP的深度神经网络多站点协同风速预测模型。开发了MS-CDL模型，该模型通过学习端到端提取风速数据序列的时空特征，大幅度降低了超短期风速预测的计算成本。使用CNN模型捕捉空间信息，使用LSTM模型记忆时间序列数据，并将它们结合起来，建立了适合复杂地形下风速预报的预测模型。在观测数据上与传统单任务预测模型进行了大量的对比试验，检验了我们的模型在多个维度上进行四季预测和多步预测的性能，发现MS-CDL模型具有更可靠的预测结果。总体而言，该模型在一步预报和多步预报任务中都具有较好的准确度和泛化能力，能够有效应对复杂地形引起的风速突变和剧烈波动。这为复杂地形下超短期风速预测的应用提供了新的基础。

我们未来的研究方向有两个。一是增加CNN的深度，引入跳跃连接，提高风速空间特征的表示和提取。第二个是关于主要任务站点。我们打算将多任务协同学习算法转化为自适应迁移学习算法，实现风速预测的领域自适应，进一步提高预测精度，为新能源提供更有益的帮助，节约更多的资源消耗。

此外，还提出了一种基于迁移学习的CNN结合GRU的风速预测模型，该模型同样适用于小样本风速数据的预测。我们构造一个多层的卷积神经网络用于提取风速特征，通过GRU门控机制记忆过去的风速信息，同时减少梯度消失的问题。使用周围城市区域的大量风速数据先对模型进行预训练，再引入迁移学习，微调后得到目标域的风速预测模型，该方法构建的共享模型能够有效挖掘不同领域的内在、抽象的风速共享特性。试验表明，无论是站点1风速在15 d内波动性较大的区域，还是在站点2风速平均值较低、波动较小、风速峰值出现的概率较少的区域，本节所提的模型预测的风速与真实数据相差无几，且无须大量风速数据的支持，因此该模型解决了复杂地形中，短期风速预测因数据稀疏造成的预测难问题，为进一步短期风速预测提供了可靠的方法和新思路。

第 11 章

峡谷区水电站坝区大风特性数值模拟技术

目前对河谷区地形风的主要研究方法有现场实测、风洞试验和数值模拟(计算流体动力学)等。

现场实测是研究风场特性最直接、最基础的一种方法,通过现场安装的加速度计、风速仪等仪器来对实际地区的风环境进行长期稳定的测量,从而获得该地区风场参数的实测资料。但在地形、地貌复杂且气象因子多变的地区,进行全尺寸现场实测是非常昂贵的,会耗费较大的人力、物力和时间。

风洞试验模拟是风工程研究的一个重要方法,它是依据运动的相似性原理,在实验室中将实验对象按照一定的缩尺比制作成地形模型或者直接放置于风洞中,通过控制人工产生的气流来模拟实验对象周围的气体流动,并测量相关风速、风压等参数,研究气体流动及其与模型的相互作用。对于气候条件比较极端且地形、地貌复杂的地区,现场实测技术已经不再适用,而风洞试验通过对风场环境的精确模拟以及可靠的实验数据就成为了一种高效可行的方法。风洞实验具有成本高、周期长,不可再现结构细节的风振响应,在某些情况下相似性原理要求达不到等缺陷。

风场数值模拟随着计算机技术的飞速发展而发展。在风工程研究中,风场数值模拟技术作为现场实测和风洞实验的补充手段已经得到风工程工作者们越来越多的重视。数值模拟技术最早开始进入风工程领域是在 20 世纪 80 年代,当时由于计算机计算能力的限制,数值模拟技术并未得到广泛的使用,但是近些年来随着计算机技术的迅猛发展,数值模拟的方法越来越为人们所推崇。数值模拟技术通常以计算流体动力学(Computational Fluid Dynamics,CFD)当中的连续方程和纳维-斯托克斯方程(N-S 方程)为基础,通过建立数值分析模型模拟复杂地形上方的空气流动,从而得到复杂地形风特性的分布规律。与现场实测和风洞实验相比,数值模拟技术可以摆脱实地气候和天气状况、实际地形地貌、模型尺度、风洞实验室尺寸等条件的束缚,灵活自由地控制并更改边界条件,重复性好,能有效地完成现场实测和风洞实验不易于完成的任务。但是数值模拟方法的缺点也很明显,该方法的分析计算条件有限,即只能针对风场的某些参数进行模拟而无法全部模拟。然而,随着计算机技术和虚拟现实技术的飞速发展,数值模拟方法将会是这几种风特性研究方法中最有前途的。

本章本节采用 Realizable k-ε 湍流模型对白鹤滩坝区的风场特性进行详细的模拟,采用体积法和 SIMPLEC 算法对流场进行求解,重点针对白鹤滩大坝建坝前、后坝址处风场特性开展研究,分析地形风的分布特征和形成机制以及建成后库区蓄水位对峡谷风场特性的影响。

11.1 数值模拟基本理论

CFD是以计算机技术为基础，求解各种复杂流体力学问题的一种数值模拟方法。作为一门将数值计算方法和数据可视化结合起来的新兴学科，数值模拟技术在许多领域都得到了较为广泛的应用，相对于传统的理论分析和物理模型试验方法，CFD方法具有自由灵活和能够模拟较复杂或较理想的流体流动等优点。随着计算机技术的不断发展，数值模拟技术会越来越完善，在现代科研和实际工程中的应用也将会越来越广泛。

11.1.1 CFD控制方程

流体流动遵循的基本方程有质量守恒方程(又称为连续方程)、动量守恒方程和能量守恒方程(实际结构风工程数值模拟中，一般不考虑能量守恒)。

(1)质量守恒方程

也称为连续方程。根据质量守恒原理，单位时间内控制体积内流体质量的减少等于通过控制面的质量通量，由此可得到流体连续方程的积分形式为(李莹慧，2017；唐金旺，2017)：

$$\frac{\partial}{\partial t}\iiint_V \rho \mathrm{d}x\mathrm{d}y\mathrm{d}z + \oiint_A \rho v \cdot n\mathrm{d}A = 0 \tag{11.1}$$

式中，ρ为流体密度，A为控制面，v为控制体。

根据高斯公式转化，可得到微分形式的连续方程，即：

$$\frac{\partial \rho}{\partial t} + \nabla \cdot (\rho v) = 0 \tag{11.2}$$

式中，t为时间；$v=(U,V,W)$；U、V、W分别为x、y、z三个方向的速度分量。

(2)动量守恒方程

动量守恒方程是动量守恒定律对于运动流体的表达式，其含义为，流场中任意微元体的总动量变化率等于作用于该微元体上所有外力的合力，由此可得到流体动量方程的分量表达式为：

$$\rho\frac{\partial v_i}{\partial t} - \rho\nabla(v_i v) = -\frac{\partial \rho}{\partial x_i} + \frac{\partial \tau_{ij}}{\partial x_i} + F_i \tag{11.3}$$

式中，τ_{ij}是微元体的黏性应力分量，F_i是微元体上的作用力，x_i为方向($i=1,2,3$；分别表示x、y、z方向)。

N-S方程表达式为：

$$\rho\frac{\partial v_i}{\partial t} - \rho\nabla(v_i v) = -\mu\Delta(v_i) - \frac{\partial \rho}{\partial x_i} + F_i \tag{11.4}$$

式中，Δ为拉普拉斯算子，$\Delta=\frac{\partial^2}{\partial x^2}+\frac{\partial^2}{\partial y^2}+\frac{\partial^2}{\partial z^2}$；$\nabla$为哈密尔顿算子，$\nabla=\left(\frac{\partial}{\partial x},\frac{\partial}{\partial y},\frac{\partial}{\partial z}\right)$。

11.1.2 数值求解方法

CFD有多种不同的求解方法，根据对控制方程离散方式的不同，CFD大体上可以分为有限差分法(FDM)、有限元法(FEM)、有限体积法(FVM)三种。其中，有限体积法由于较快的计算速度成为近些年来应用最广泛的一种离散方法，本研究欲采用有限体积法进行计算(李锦状，2017)。

有限体积法也称为控制体积法(Control Volume Method)，是将计算区域划分为一系列不重复的控制体积，然后选择合适的节点作为该控制体积的差值点，对控制体积求解微分方程，将微分方程中的变量表示为这些差值与变量的线性关系，从而求解得出一组离散方程。离散方程在计算域中每个小的控制体内都是积分守恒的，因此对于整个计算域来讲依旧是守恒的，这也是有限体积法能够得到广泛应用的优势之一。从离散方法的角度来看，有限体积法是介于有限元法和有限差分法的中间产物，有限体积法不仅关注节点上的数值是否符合网格点间的变化规律，同时关注不同网格点间值的变化。

控制方程被离散化后，就可以进行求解了，目前大多数 CFD 计算软件中流场求解计算方法采用的是压力修正法，其本质是迭代法，其中较为常用的有 SIMPLE 算法、SIMPLEC 算法和 PISO 算法。本节采用在工程应用上比较广泛的 SIMPLEC 算法。SIMPLEC 是 SIMPLE-Consistent 的缩写，意为协调一致的 SIMPLE 算法。SIMPLEC 算法中可不对压力进行欠松弛处理，因此计算过程中得到的压力修正值一般是比较合理的且与速度值协调性好，所以整个计算过程中收敛速度也较快，其收敛性要优于 SIMPLE 算法。

11.1.3　湍流模型理论

通常认为，计算复杂的湍流运动非定常连续方程和动量方程仍然适用。不考虑密度随脉动的变化，即可得出湍流流动的控制方程为：

连续方程：

$$\frac{\partial \rho}{\partial t}+\mathrm{div}(\rho u)=0 \tag{11.5}$$

动量方程：

$$\frac{\partial(\rho u)}{\partial t}+\mathrm{div}(\rho u\bar{u})=\mathrm{div}(u\,\mathrm{grad}u)-\frac{\partial p}{\partial x}+\left[-\frac{\partial(\rho\overline{u'^2})}{\partial x}-\frac{\partial\overline{u'}\overline{v'}}{\partial y}-\frac{\partial\overline{u'}\overline{w'}}{\partial z}\right]+S_u$$

$$\frac{\partial(\rho v)}{\partial t}+\mathrm{div}(\rho v\bar{u})=\mathrm{div}(u\,\mathrm{grad}v)-\frac{\partial p}{\partial y}+\left[-\frac{\partial(\rho\bar{u}\overline{v'})}{\partial x}-\frac{\partial\overline{v}^2}{\partial y}-\frac{\partial\overline{v'}\overline{w'}}{\partial z}\right]+S_v$$

$$\frac{\partial(\rho w)}{\partial t}+\mathrm{div}(\rho w\bar{u})=\mathrm{div}(u\,\mathrm{grad}w)-\frac{\partial p}{\partial z}+\left[-\frac{\partial(\rho\overline{u'}\overline{w'})}{\partial x}-\frac{\partial\overline{v'}\overline{w'}}{\partial y}\frac{\partial\overline{w'^2}}{\partial z}\right]+S_w \tag{11.6}$$

其他变量的输运方程：

$$\frac{\partial(\rho\phi)}{\partial t}+\mathrm{div}(\rho\bar{u}\phi)=\mathrm{div}(\tau\,\mathrm{grad}\phi)+\left[-\frac{\partial(\rho\overline{u'}\overline{\phi'})}{\partial x}-\frac{\partial(\overline{v'}\overline{\phi'})}{\partial y}-\frac{\partial\overline{w'}\overline{\phi'}}{\partial z}\right]+S \tag{11.7}$$

目前，Realizable k-ε 湍流模型已经被广泛用于解决各种类型的流体流动问题，都取得了比较好的效果。

11.2　峡谷区水电站坝区数值计算域建立

金沙江下游位于青藏高原和云贵高原向四川盆地的过渡地带，地形起伏很大，多深切割的河谷地貌，蕴藏的水能资源非常丰富。乌东德、白鹤滩水电站是金沙江下游四个巨型梯级水电站中的上游两个梯级。两水电站位于南北向河谷比较狭窄的位置，当有冷空气南下、热低压发展或强雷暴活动时，受地形影响，风在峡谷内受狭管效应影响，风速突增，易形成大风。山谷地区热性质不均匀，便形成了一种与平原地区截然不同的局地环流——山谷风。由于山谷风风速较大，经常形成灾害大风，给工程施工带来了较大了影响。

白鹤滩水电站位于金沙江下游四川省宁南县和云南省巧家县交界处，距巧家县城 45 km，上距乌东德水电站 194 km，下距溪洛渡水电站 199 km。白鹤滩水电站是金沙江下游梯级电站的第二级，开发任务以发电为主，电站装机容量 1400 万 kW，多年平均发电量 602.41 亿kW・h，兼顾防洪，并有拦沙、发展库区航运和改善下游通航条件等综合利用效益，是西电东送的骨干电源点之一。白鹤滩水电站坝址区域平面布置如图 11.1 所示。

图 11.1 白鹤滩水电站坝址区卫星图

水电站主体由拦河双曲拱坝、引水发电系统和泄洪冲沙系统组成。该水电站的拦河大坝为椭圆线形混凝土双曲拱坝，大坝坝顶高程 834.0 m，最大坝高 289.0 m，坝顶中心线弧长 708.7 m，大坝共分 31 个坝段。大坝工程施工共设置平移式缆机 7 台，采用高、低线双层布置方案。高线布置 3 台缆机，轨道平台高程 905 m，3 台缆机跨度依次为 1168.756 m、1177.756 m、1186.756 m，两岸主索出索点高程均为 980 m。低线布置 4 台缆机，轨道平台高程 890 m，缆机跨度 1110.49 m，主索出索点高程 920 m。混凝土水平运输采用 9 m^3 侧卸式混凝土运输车从大坝混凝土生产系统运输至高低线缆机供料平台取料，转 9 m^3 不摘钩吊罐由缆机直接入仓。低线缆机供料平台布置高程 768 m，高线供料平台布置高程 834 m；高线平台上游立柱布置在高程 834 m 平台上，下游落在左岸坝肩高程 834 m 平台上，平台采用钢砼混合结构制作，上层覆盖混凝土面层；缆机低供料平台大部分坐于开挖基础上，坐落在开挖基础上的平台按常规采用贴坡混凝土挡墙和混凝土路面，地形缺失部分平台采用钢砼混合结构制作，平台上层覆盖混凝土面层。白鹤滩大坝区域现场如图 11.2 所示。

11.2.1 地形建模及计算域的确定

根据工程所给的实测地形图数据，在拟定的模拟范围内确定控制断面。根据风场模型的需要，结合地形的变化状况，按近坝址区密、远坝址区疏抓住地形主要变化特性的原则，选取了 400 个控制断面，提取断面信息，大断面间隔 100 m，共计模拟河道长度 40 km，并对局部地形复杂区域实施加密处理。按照一定的间距量测各断面上特征点的坐标及高程，将提取的三维地形坐标信息编辑成文本，导入 Gambit 中进行建模，即可得到需要的计算区域，再对模型加以修正，得到高低线供料平台、坝肩槽等局部地形特征。完成的建模体型如图 11.3 和图 11.4 所示。

图 11.2　白鹤滩大坝区域现场照片

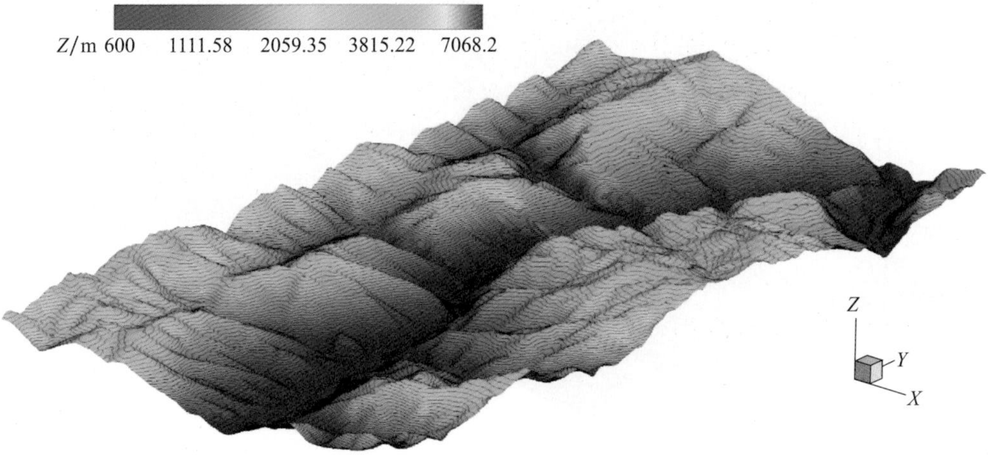

图 11.3　计算域等值线

图 11.4　整体几何模型

11.2.2 网格划分

由于峡谷地形复杂，本节均采用非结构网格对计算域模型进行网格划分，同时考虑到计算速度和计算精度的需要，采用渐变的网格划分方案。由于重点关注坝址区域及其周围的风场特性，故对坝址区域及其周围的网格进行加密，在包含坝体、围堰、供料平台及防风网的重点关注区域网格尺度控制为 3 m，远离坝址区域，按 1.05 的增长因子向外逐渐增大网格尺度，2000 m 以上高程采用棱柱体网格，最大网格尺度限制为 50 m，以减少不必要的网格数量，合理分配计算资源。总网格数量约 500 万个，在后期计算中再继续优化网格配置，对重要区域进行网格加密，力求获得较好的数值计算成果。具体网格划分如图 11.5～图 11.7 所示。

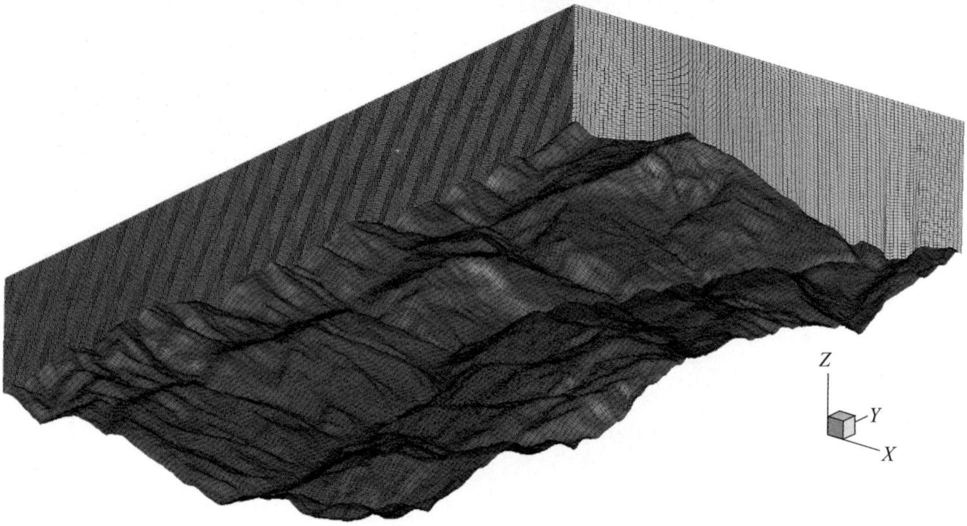

图 11.5　模型整体网格

图 11.6　大断面网格划分

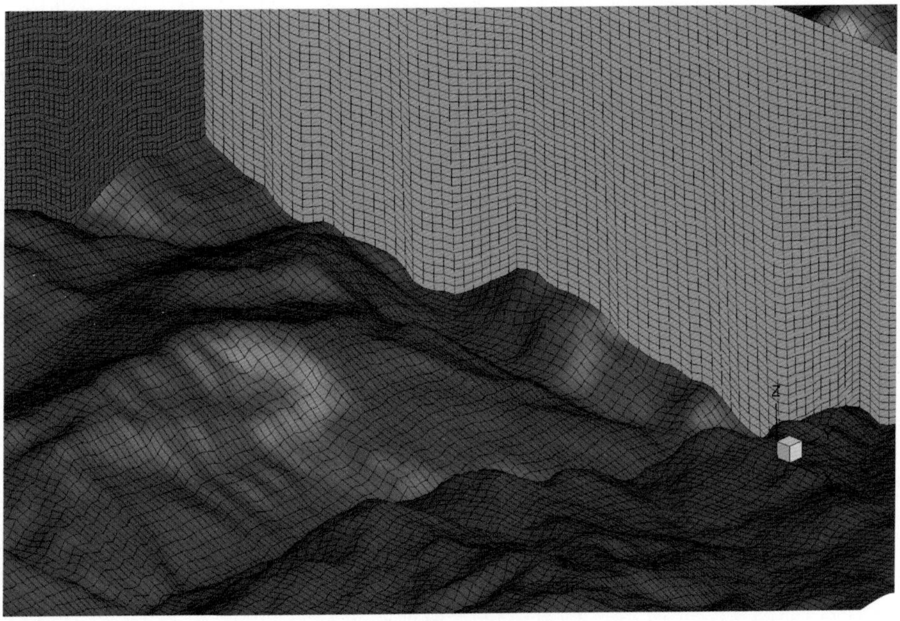

图 11.7　剖面网格及局部网格

11.2.3　边界条件的设置

本节数值模拟所采用的边界条件如图 11.8 所示。

(1)入口采用速度入口边界条件(velocity-inlet),本节采用均匀来流风剖面假设,即平均风速不随高度变化。

(2)出口采用压力出口边界条件(pressure-outlet),压力取 Fluent 软件系统默认值。

(3)两侧及顶面采用对称边界条件(symmetry)。

(4)底面采用无滑移壁面边界条件(wall)。

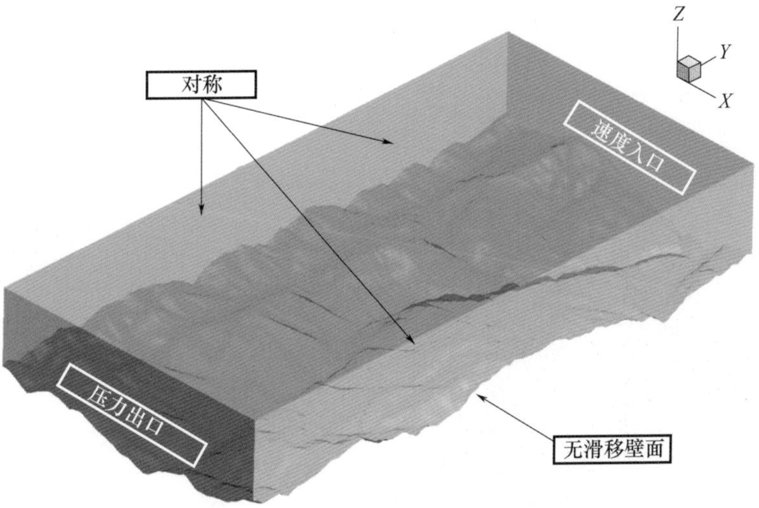

图 11.8　数值计算中边界条件设置方案

11.2.4 求解参数的设定

在数值模拟过程中，有很多关键的参数需要进行设置。研究发现 Realizable k-ε 湍流模型适合的流体流动类型比较宽泛，且对于山区复杂地形条件下的风场模拟具有较好的适用性，因此本节采用 Realizable k-ε 湍流模型对坝区的风场特性进行详细的模拟，对控制方程的离散化方式采用的是有限体积法；采用 SIMPLEC 算法对流场进行求解计算，该算法的收敛速度较快。当所有变量的迭代无量纲残差降低至 10^{-3} 以下且达到稳定，监测点附近的流场速度和湍流强度不再发生明显变化，且计算域的入口及出口边界流量差小于 10^{-3} 时，此时即认为计算达到收敛，流场的模拟进入稳定状态。

11.2.5 数值模拟方法验证

通过以上数学模型和数值方法建立了峡谷风场的数值模拟方案，对于该方案的可靠性，用实测数据进行验证。由于白鹤滩水电站上、下游气象监测点较少且有些气象站的数据资料不在同一个时间段。因此，在验证过程中选取了分布于坝址上、下游的荒田水厂和临时营地两个监测点的实测数据作为验证模型的上、下游边界，依此设定计算模型的边界条件，即入口和出口的风速、风向，如图 11.9a 所示。新田站位于坝址附近，将新田站实测值与计算模型获得的相同位置的计算值进行对比分析，由此来验证模型的可靠性。

选取荒田水厂测点海拔高度为 666 m，实测最大风速为 22.07 m/s，风向为北偏西 22°。表明风速随高度变化关系满足以下指数公式，即：

$$v=v_i\left(\frac{h}{h_i}\right)^n \tag{11.8}$$

式中，v 是距地面高度为 h 处的风速；v_i 是高度为 h_i 处的风速；n 是指数，它取决于大气稳定度和地面粗糙度，根据白鹤滩水电站附近的地面情况，取其值为 0.2。利用该公式可获得荒田水厂实测最大风速时的铅垂线方向风速与海拔高度的关系。根据当地地形条件，在距离地面 2000 m 时风速随高度变化较小，且可与气象站资料进行对比。荒田水厂所在断面的平均风速为 35.01 m/s，以此作为验证模型的入口风速，其风向选取北偏西 22°。经数值模拟，得到新田站计算结果，其值为 28.5 m/s。而新田站的实测最大风速为 28.99 m/s，相对误差为 1.7%，如图 11.9 所示。由此可见，数学模型对于模拟峡谷中风场是可靠的。

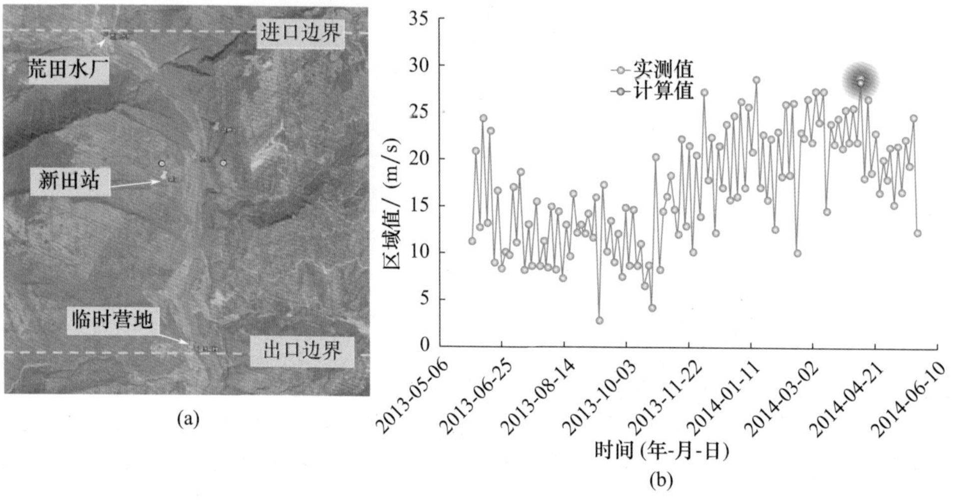

图 11.9 测点分布位置及实测值与计算值对比

11.3　建坝前峡谷区风场特性

在白鹤滩水电站建坝前，坝址区没有针对大风长期的气象观测资料。由于坝址区地处窄深河谷区，表现出特征明显的地形风。采用数值模拟方法，重点针对白鹤滩大坝建坝前坝址处风场特性开展研究，通过模拟得到详细的全息风场，掌握坝址区地形风的分布特征和形成机制。

根据白鹤滩坝址区气象统计资料，经初步统计分析，坝址区常年有 7～10 级大风。选取北风作为河谷典型风向，选择的风速为 28.0 m/s（相当于 10 级大风）。

11.3.1　沿河道纵向风速分布规律

在上述入口边界条件下，坝址区范围内沿河道方向上风速场整体三维流线分布如图 11.10 所示，纵剖面流线分布如图 11.11 所示，不同断面垂向风速分布如图 11.12 所示。海拔高度 3000 m 以上，风速分布均匀，受进口风影响较小。海拔高度 1500～3000 m，河道地形条件会对风速存在一定影响。海拔高度低于 1500 m 后，山体地形变化对风场影响逐渐增大。河谷区范围内（海拔高度 1500 m 以下），河道左岸山体起伏变化相对较小，风场流线较为平顺；右岸山体起伏相对较大，尤其大坝下游呈外凸地形，会导致坝址区风速相对增大，狭管效应增强。

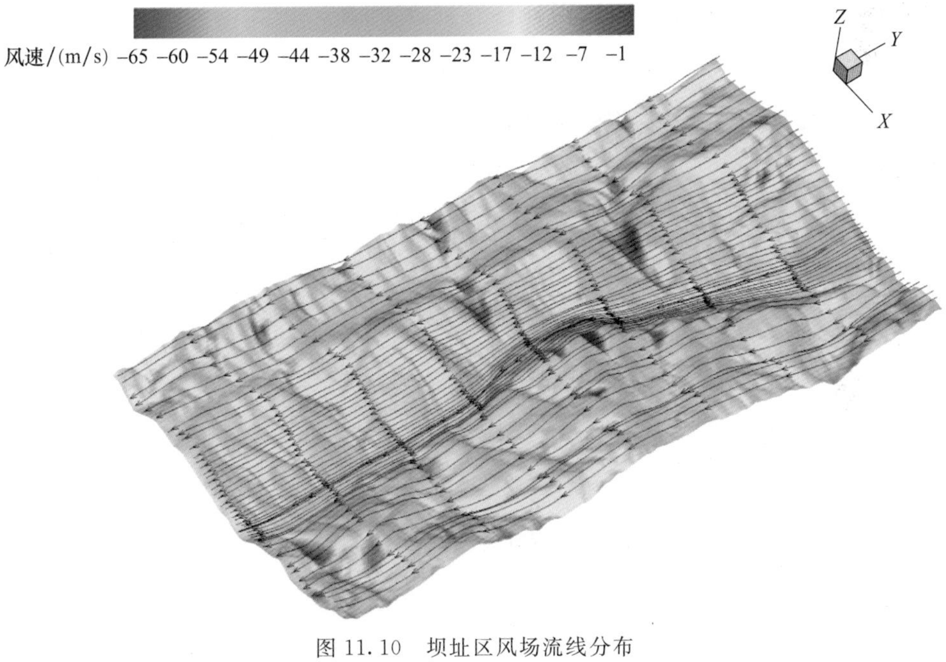

图 11.10　坝址区风场流线分布

11.3.2　河道横断面风速场变化规律

在上述入口边界条件下，坝址区范围内沿河道方向上不同横断面风速场分布如图 11.13 所示。在河道沿程不同断面，临近地表范围内，地形起伏对风速场影响较大，尤其在山脊部位，会产生局部风速陡增现象。峡谷区范围内，风速整体恒定，在白鹤滩坝址部位，右岸会存在相对低风速区，主要受坝址下游外凸山势影响。临近地表区，受山势影响而存在风速涡量。

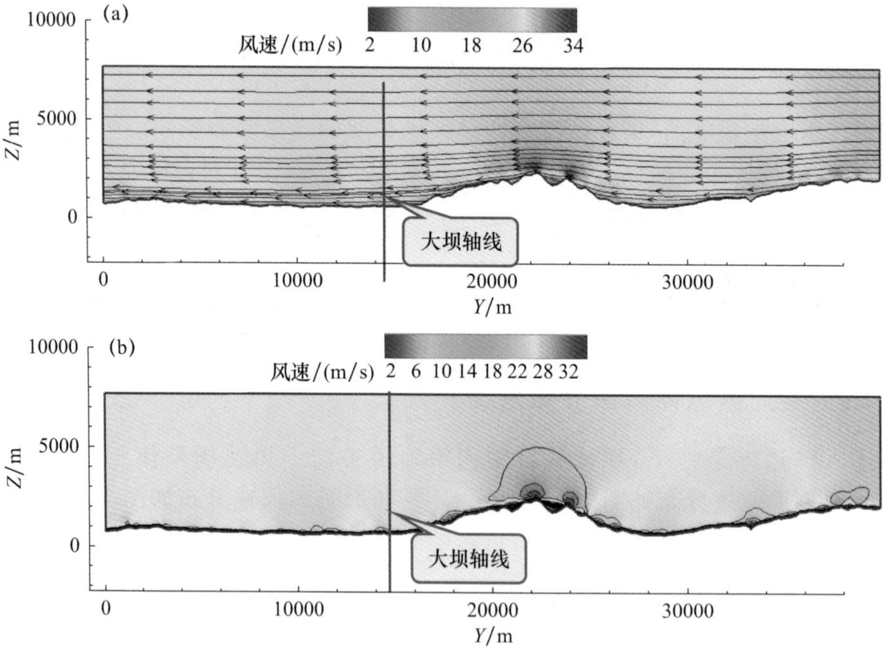

图 11.11 大坝横向中轴线断面沿河道风速场指标变化规律

(a)风速流线规律;(b)风速等线

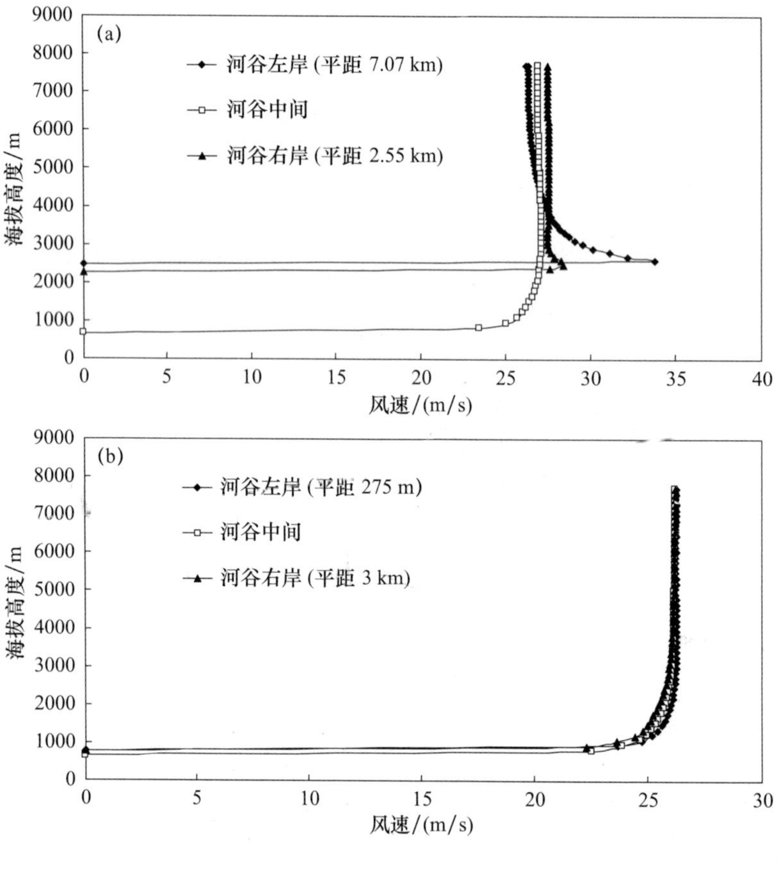

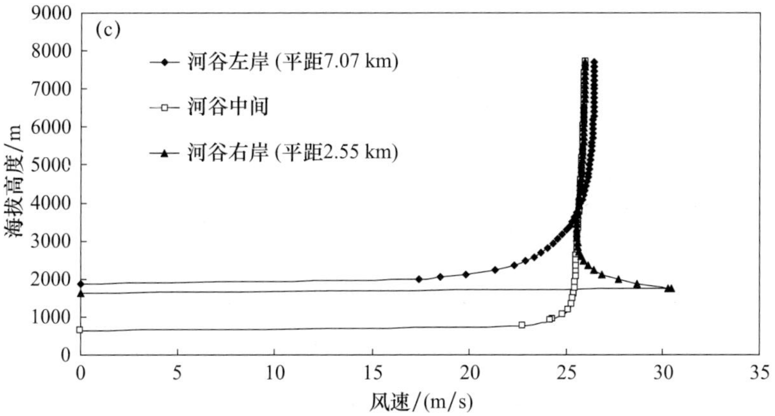

图 11.12　白鹤滩坝址区不同河道断面垂向风速计算结果

(a)坝下 10.9 km 断面垂向风速分布规律；(b)坝址断面垂向风速分布规律；(c)坝上游 5.3 km 断面垂向风速

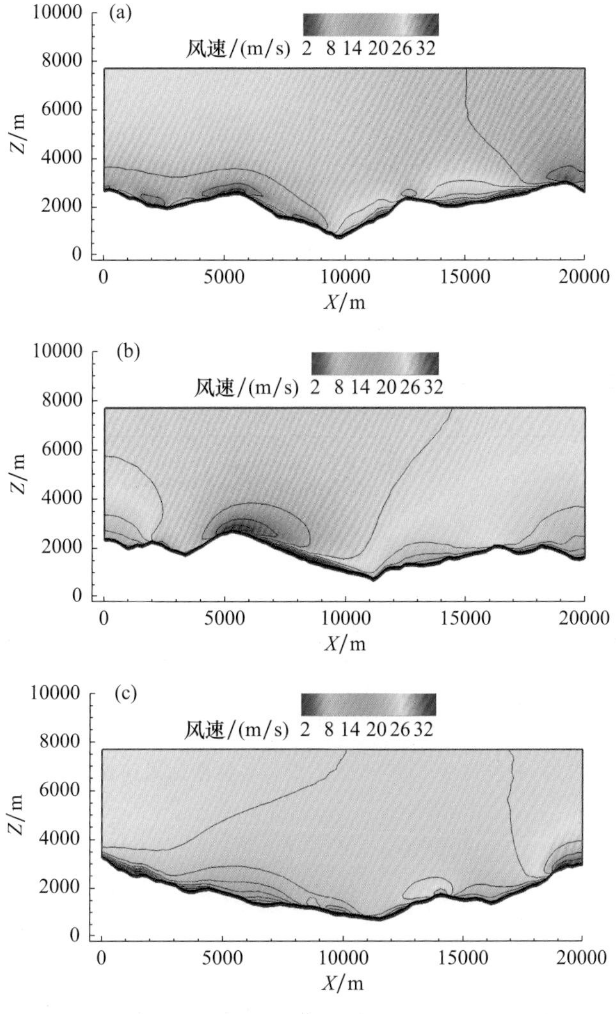

图 11.13　坝址范围内不同横断面风速场分布

(a)Y＝25216 m 河道横断面风速等值线分布(坝址下游 10.9 km)；(b)Y＝14430.64 m 河道横断面风速等值线分布(白鹤滩坝址)；(c)Y＝8938 m 河道横断面风速等值线分布(坝址上游 5.3 km)

11.3.3 峡谷区沿程风速变化规律

白鹤滩峡谷海拔高度低于1500 m沿程各断面平均风速和最大风速统计规律如表11.1和图11.14所示。在北风作用下，当入口断面风速为28.0 m/s时，在海拔高度1500 m以下的河谷内，河道沿程平均风速相对恒定，风速值为25.0～27.5 m/s，其中在坝下7.6 km处断面平均风速最大值为27.49 m/s。在海拔高度1500 m以上的河谷区内，河道沿程最大风速随地形的变化较大，尤其在坝下14 km河谷范围内，狭管效应显著，最大风速沿程整体呈增大趋势，在坝下5.67 km处，风速最大值达到40.96 m/s。坝址上游区，最大风速值逐渐趋于平稳，风速为30～37 m/s。

表11.1 高程1500 m以下沿程各横断面风速指标变化规律

相对里程/km	平均风速/(m/s)	最大风速/(m/s)	相对里程/km	平均风速/(m/s)	最大风速/(m/s)
−12.33	25.47	31.03	5.67	26.29	40.96
−10.33	26.05	33.92	7.67	27.49	38.97
−8.33	26.31	37.00	9.67	27.11	38.50
−6.33	25.77	33.06	11.67	26.98	34.87
−4.33	25.35	32.75	13.67	26.09	30.46
−2.33	25.39	30.37	15.67	25.20	29.13
−0.33	25.64	30.28	17.67	25.46	33.44
1.67	25.75	39.53	19.67	24.81	29.91
3.67	25.99	31.89	—	—	—

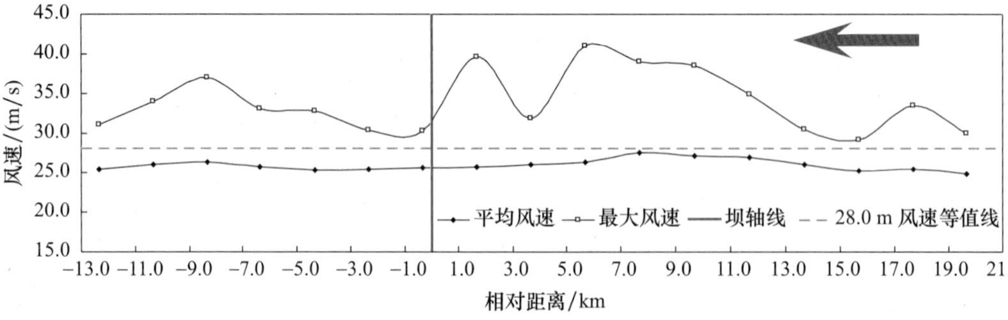

图11.14 海拔高度1500 m以下沿程各横断面风速指标变化规律

11.4 完建后库区蓄水位对峡谷风场特性影响

11.4.1 坝前水位变化对库区风速分布的影响

分别选取了坝址上、下游部分地面风速分布的等值线图来反映风场的整体分布情况。图11.15和图11.16分别是7级大风和10级大风条件下库区蓄水位不同时的风速分布情况。

白鹤滩水电站的风风向是由下游吹向上游，且风向是北偏西 22°的占多数情况。地形起伏导致近地面风速随地形变化较为剧烈。通过图 11.15 可以看出，在大坝下游的右侧迎风面风速较大，最高可达 25 m/s；在大坝下游左侧的山脊上，最大风速也达到 25 m/s 左右。随着地势的降低，在凹坡面位置，由于地形对风的影响，形成局部涡团，产生乱流，进而导致风速明显降低，如图 11.16 所示。

在水位逐渐上升的过程中，可以明显看出，风速较大的区域逐渐在缩小。以具体的某一个区域来讲，在坝址上游左岸区域的山峰 A 处，当水库处于空库状态时，该山峰处的等值线为 10 m/s 的区域明显较有水时的区域大；并且，随着水库中蓄水位的逐渐上升，区域 A 的 10 m/s 等值线区域逐渐减小。同样的变化趋势也发生在山峰 B 处。相反，在地势低凹的地方，风速较低的区域随着库区水位的上升逐渐增大。

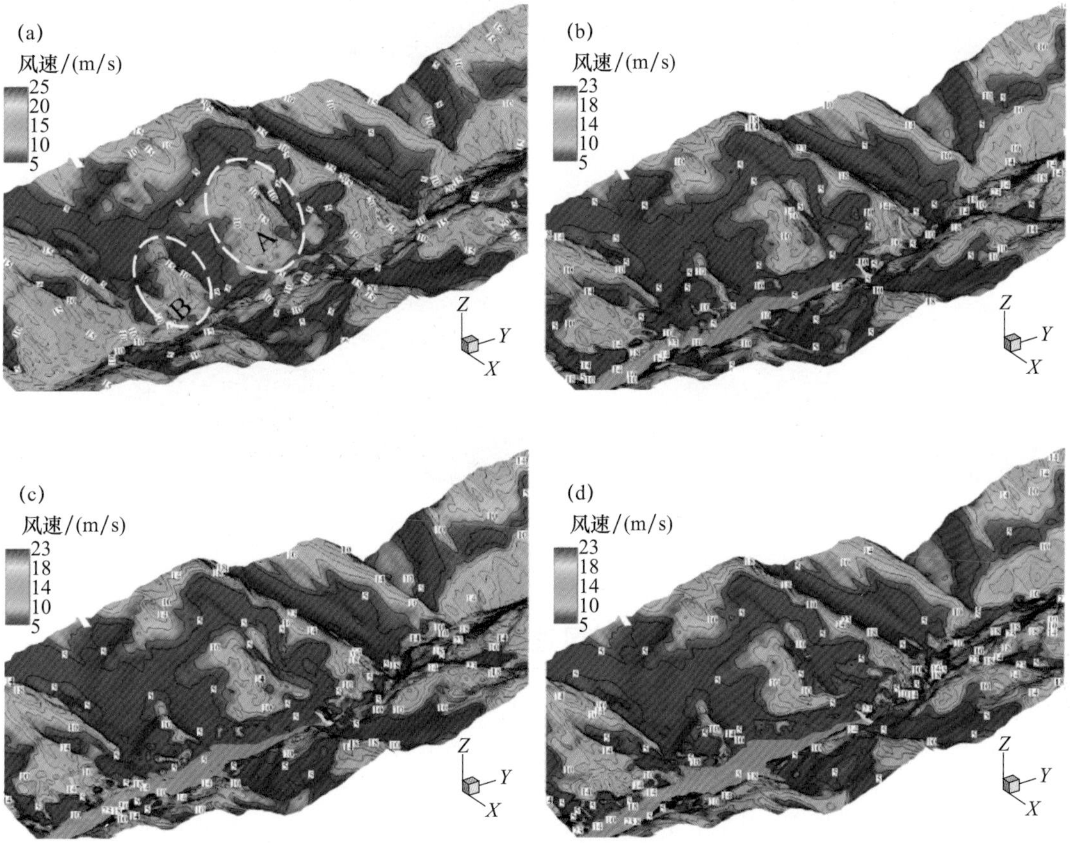

图 11.15　7 级大风条件下蓄水位变化对库区风场分布的影响

(a)空库状态；(b)水位 765 m；(c)水位 785 m；(d)水位 825 m

图 11.16 是 10 级大风条件下库区风场随着水位变化的情况。整体而言，随着来风强度的增大，库区整体的风速相对增大。但整体风场的风速分布情况与图 11.15 中 7 级大风条件下较为一致。通过以上两种来风条件下的坝区风场分布情况可以看出，库区水位的变化对风场强度有一定的影响，即库区风速的大小随着水库水位的逐渐上升而出现了不同程度的降低。究其原因，主要是由于在蓄水位较低的情况下，过坝的风场受到地形的影响，导致出现了很多局部的乱流；随着库区水位的上升，水体侵占了峡谷中最为陡峭的地形，这部分

陡峭的地形对风场的干扰作用逐渐减弱，使得空气流通逐渐变得顺畅。在库区水位较低的情况下，一方面气流受到地形的影响形成局部漩涡，另一方面，这些较小的漩涡相互作用，使得气流更加紊乱，这两种原因叠加在一起使得低水位条件下库区风速较大。

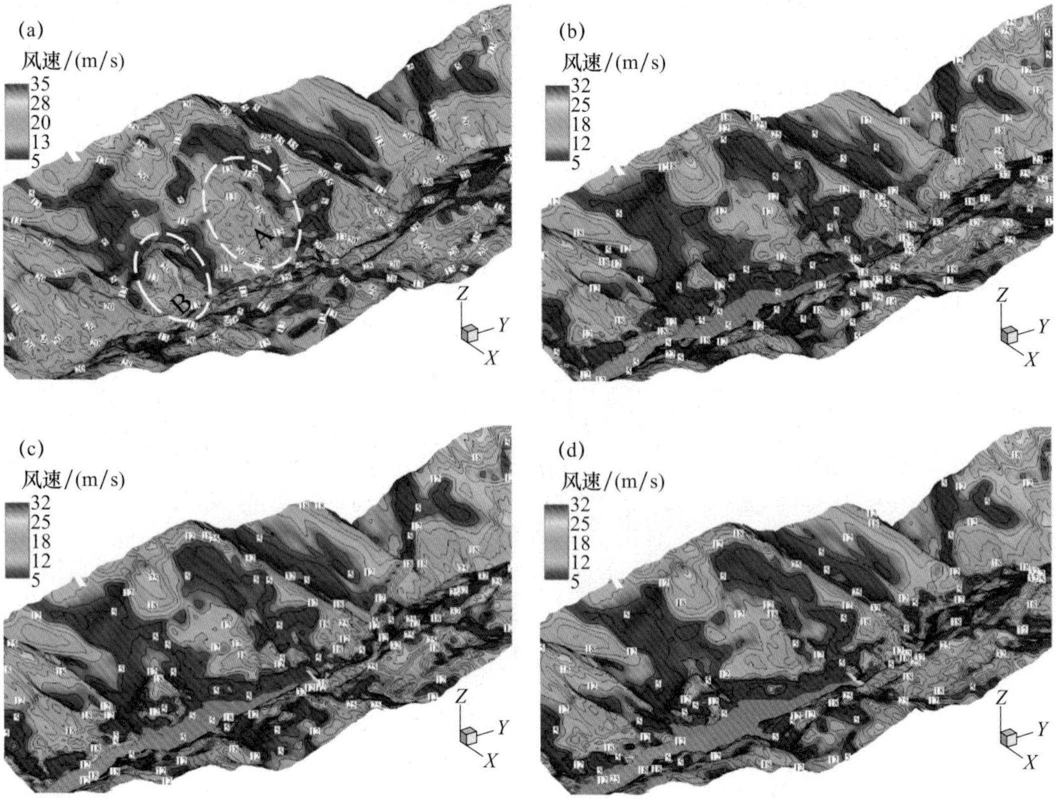

图 11.16　10 级大风条件下蓄水位变化对库区风场分布的影响

(a)空库状态；(b)水位 765 m；(c)水位 785 m；(d)水位 825 m

11.4.2　坝前水位变化对坝前后风速大小的影响

图 11.17 分别为 7 级来风和 10 级来风条件下以坝中心点为基准所获得的 Y 方向(河谷方向，$X=11075$ m)纵剖面风速等值线。可以较为直观地反映水库蓄水后，库区风速大小的纵向变化。图 11.17 中来风风力为 7 级的情况下，随着库区水位的逐渐上升，库区水域上方的低风速区域在垂线处逐渐增大，而在 Y 方向库区低风速的范围变化不明显。同样的变化趋势也存在于来风风力为 10 级的情况下。

图 11.17 只能定性地反映了库区水位的变化对风速的影响。为了更深入地反映水位变化对库区风速的影响，选取了海拔高度 3000 m 以下沿 Y 方向的平均风速来分析水位变化对库区风速的影响。图 11.18 为海拔高度 3000 m 以下 Y 方向断面平均风速变化曲线，其中图 11.18a 为 7 级来风条件下的断面平均风速沿河谷方向的变化情况，图 11.18b 为 10 级来风条件下的断面平均风速沿河谷方向的变化情况。

在图 11.18a 中的各蓄水位状态时，在坝后 1900 m 左右，空库状态时该断面平均风速达到了 18 m/s 左右，而随着上游蓄水位的逐渐上升，该断面的平均风速逐渐降低；而在坝前 1000 m 左右，空库状态时的断面平均风速为 15 m/s 左右，同样随着库区蓄水位的逐渐上升，该断面的平均风速逐渐降低，具体以空库状态和正常蓄水位状态的断面平均风速值来看，降幅可达 12%。在图 11.18b 中各蓄水位状态时，坝前和坝后断面平均风速出现的位置与图 11.18a 中的位置基本一致，并且随着蓄水位的逐渐上升，断面平均风速的最大值出现的位置也与图 11.18a 中的位置基本一致；具体以空库状态和正常蓄水位状态的断面平均风速值来看，降幅可达 18%。

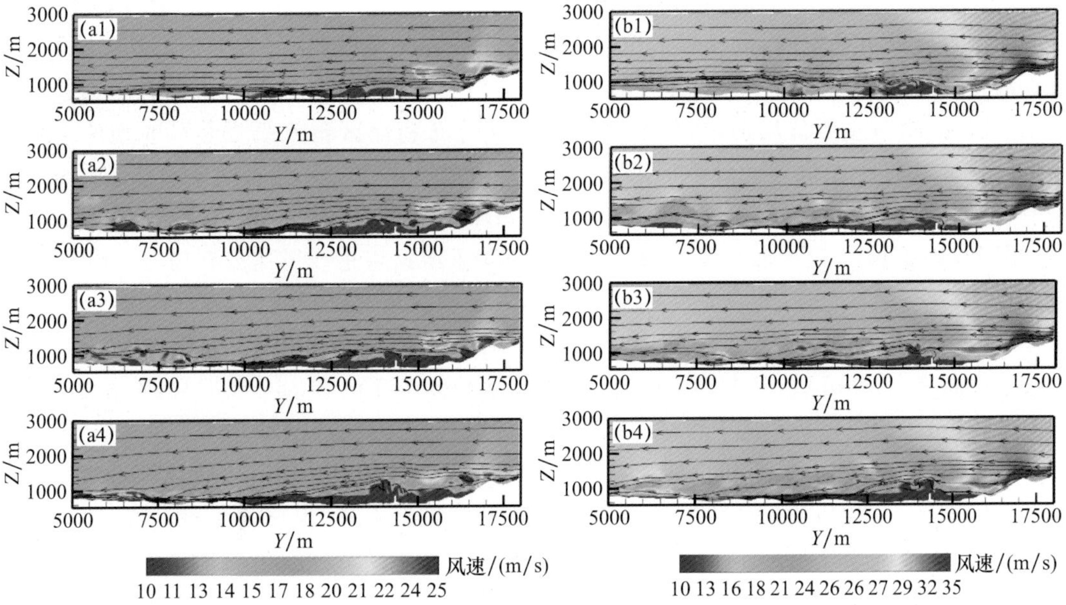

图 11.17　蓄水位变化对库区坝前后风场的影响范围（$X=11075$ m 剖面）

(a)组为 7 级大风条件下；(a1)空库状态；(a2)水位 765 m；(a3)水位 785 m；(a4)水位 825 m；

(b)组为 10 级大风条件下；(b1)空库状态；(b2)水位 765 m；(b3)水位 785 m；(b4)水位 825 m

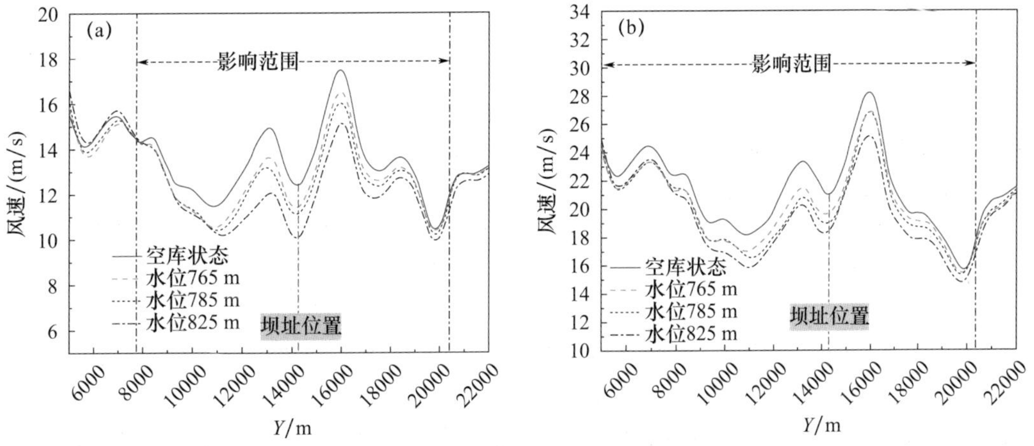

图 11.18　蓄水位变化对库区不同位置的断面平均风速影响

(a)7 级风条件下；(b)10 级风条件下

此外，从图 11.18 中还可以看出，随着来风风速的变化，库区蓄水位对于坝前和坝后的风速影响范围是不同的。在 7 级来风的情况下，库区蓄水位变化对于坝上游风速的影响范围大约为 6000 m，对坝下游的风速的影响范围为 5300 m 左右。当来风条件为 10 级风时，库区蓄水位变化对于坝上游风速的影响范围大约为 10000 m，对坝下游的风速的影响范围仍为 5300 m 左右。

由以上分析可以看出，来风风速的大小主要影响的是库区的风场，而库区蓄水位主要影响的是库区风场的强度。

11.4.3 坝前水位变化对垂线风速的影响

以上内容分析了坝前、后区域的风场的整体分布情况及纵向（河谷方向）风速大小随库区蓄水位的变化情况。对于水电施工或者后期运行管理而言，河谷垂线的风速分布也非常重要。因此，本节主要从坝前、后河谷垂线的风速分布随库区蓄水位变化的角度来及进行分析。坝址纵向所在位置为计算区域 $Y=14330$ m 处。图 11.19 为不同蓄水位条件下坝前（$Y=13780$ m 和 $Y=14268$ m）、坝后（$Y=14756$ m）的河谷垂线风速分布情况。

图 11.19a1 和 a2 是在来风风力为 7 级情况下坝上游河谷垂线风速分布情况。图 11.19a1 中，当水库为空库状态时，随着海拔高度的升高，河谷垂线风速逐渐增大，随后略减小，最后趋于稳定，基本不随高度的上升而改变了；风速最大值 18.3 m/s 出现在海拔高度 950 m 左右，当海拔高度高于 1200 m 后，基本趋于稳定。对于蓄水位为 765 m 和 785 m 而言，随着海拔高度的上升，其风速的变化高度基本与空库状态一致；所不同的是在这两种水库水位条件下，风速随着海拔高度的上升出现了细小的波动。而对于蓄水位为 825 m 时，垂线风速在海拔高度 950 m 和 1100 m 处出现了较大波动，随后随着海拔高度的上升，也达到了最大值，即 19 m/s 左右，最后在海拔高度 1500 m 以后与其他水位情况下基本一致。对于图 11.19a2 而言，同样出现了风速大小随海拔高度上升逐渐增大、随机略微减小、最后趋于稳定的变化规律，所不同的是该垂线风速分布变化没有图 11.19a1 中剧烈。从图 11.19a1 和图 11.19a2 可以发现，无论是离坝址较远的河谷或是距离坝址较近的河谷，其风速垂线上最大风速出现的海拔高度均发生了明显的上升，在两条垂线风速分布中，当水库处于空库状态时，其垂线上风速最大值出现的海拔高度均为 950 m 左右；而当水库处于正常蓄水位 825 m 时，其最大风速已抬升至海拔高度 1330 m 左右。垂线流速分布的抬升效应同样出现在来风条件为 10 级风的情况下，如图 11.19b1 和图 11.19b2 所示。

图 11.19a3 为来风风速为 7 级风条件时大坝下游河谷垂线风速分布情况。对于垂线风速上最大风速出现的海拔高度来讲，水库水位的变化对其影响不明显。在空库状态下时，最大风速出现的海拔高度为 1340 m 左右，而正常蓄水位情况下，其垂线上最大风速出现的位置为海拔高度 1335 m 左右；对于库水位为 785 m 和 765 m 而言，该垂线上最大风速出现的位置大概在海拔高度 1100 m 左右。对于来风风速为 10 级风条件时，坝下游垂线风速随海拔高度上升变化较为剧烈，其影响范围也均在海拔高度 2000 m 以下。

由以上分析可以看出，水库蓄水位的变化对于坝上游垂线风速分布具有较大影响。其主要表现为两个方面：一方面，随着蓄水位的逐渐上升，河谷垂线上最大风速出现的海拔高度逐渐上升；另一方面，随着蓄水位的逐渐上升，库区河谷垂线流速的波动幅度逐渐增大，这种波动特性也与来风的大小有密切关系。这种库区水位对垂线最大风速的“抬升效应”在坝下游区域表现得不够明显。出现这种“抬升效应”的原因主要是水库蓄水后，水体淹没了河谷中的凹凸不平的坡面地形，从而改变了海拔较低区域的风场结构。这种垂线的风速最大值的“抬升效应”对于水电施工的防风具有一定的指导意义。

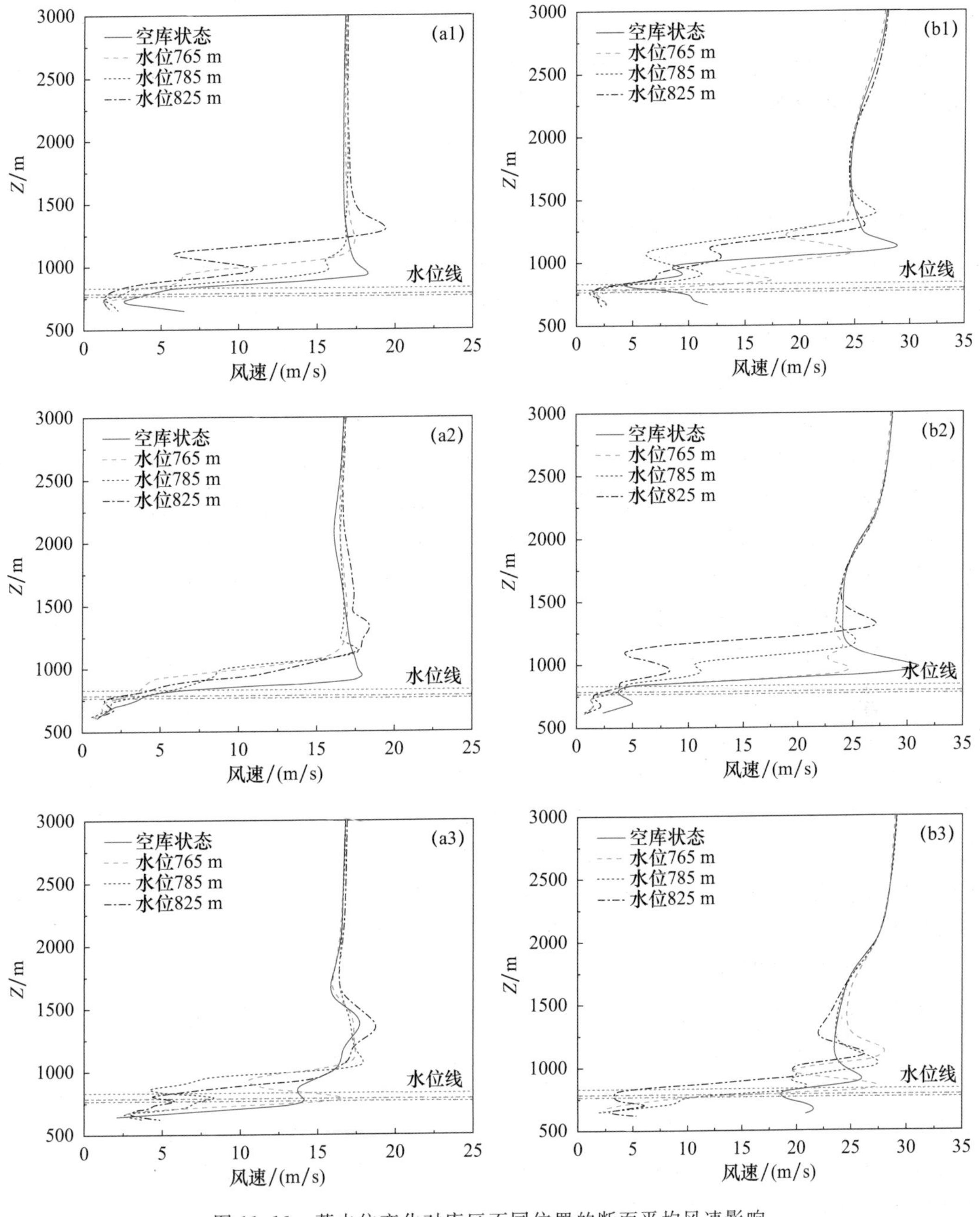

图 11.19　蓄水位变化对库区不同位置的断面平均风速影响

(a)组为 7 级大风条件下；(a1)$Y=13780$ m；(a2)$Y=14268$ m；(a3)$Y=14756$ m；

(b)组为 10 级大风条件下；(b1)$Y=13780$ m；(b2)$Y=14268$ m；(b3)$Y=14756$ m

11.5　建坝前后坝址区垂线风速特性

大坝建成前、后坝址附近河道中红线沿高程方向垂线风速如图 11.20 和图 11.21 所示。模拟结果表明，建坝前后，除坝址区局部范围外，其他区域垂向风速分布基本相同，说明白鹤滩大坝对大区域风场影响较小。沿程各断面垂向风速随河谷地形变化虽然存在差异，但风速分布规律基本相同。建坝后，风场受大坝阻挡后向上爬升，越过大坝后主流线和主流速区仍继续爬升，在坝上 1.4 km 左右主流线爬升至 1500 m 高程后，在上层风速场作用下，不会继续爬升。结合纵剖面风速流线和沿程垂向风速分布数据仍可以分析得出，白鹤滩建坝后对坝下游河谷风场的影响范围约 1.3 km，对坝上游河谷风场的影响范围约 6.0 km(主要影响坝上 3.0 km 河道区域)。主要影响海拔高度 1200 m 以下的峡谷区，海拔高度高于 1500 m 以后影响较小。在大坝上游 60 m 和 155 m 处，临近河道底部海拔高度 600～750 m 高程范围内最小风速为 5 m/s 左右，随海拔高度升高，风速逐渐增大；至大坝上游 1.6 km 处，临近河底 600～750 m/s 高程范围内最小风速为 15 m/s 左右；至大坝上游 3 km 处，临近河底 600～750 m 高程范围内最小风速为 18～20 m/s，该风速与河谷区临底区平均风速基本相当，说明在北风条件下，白鹤滩大坝对上游河道区的影响范围约 3 km。

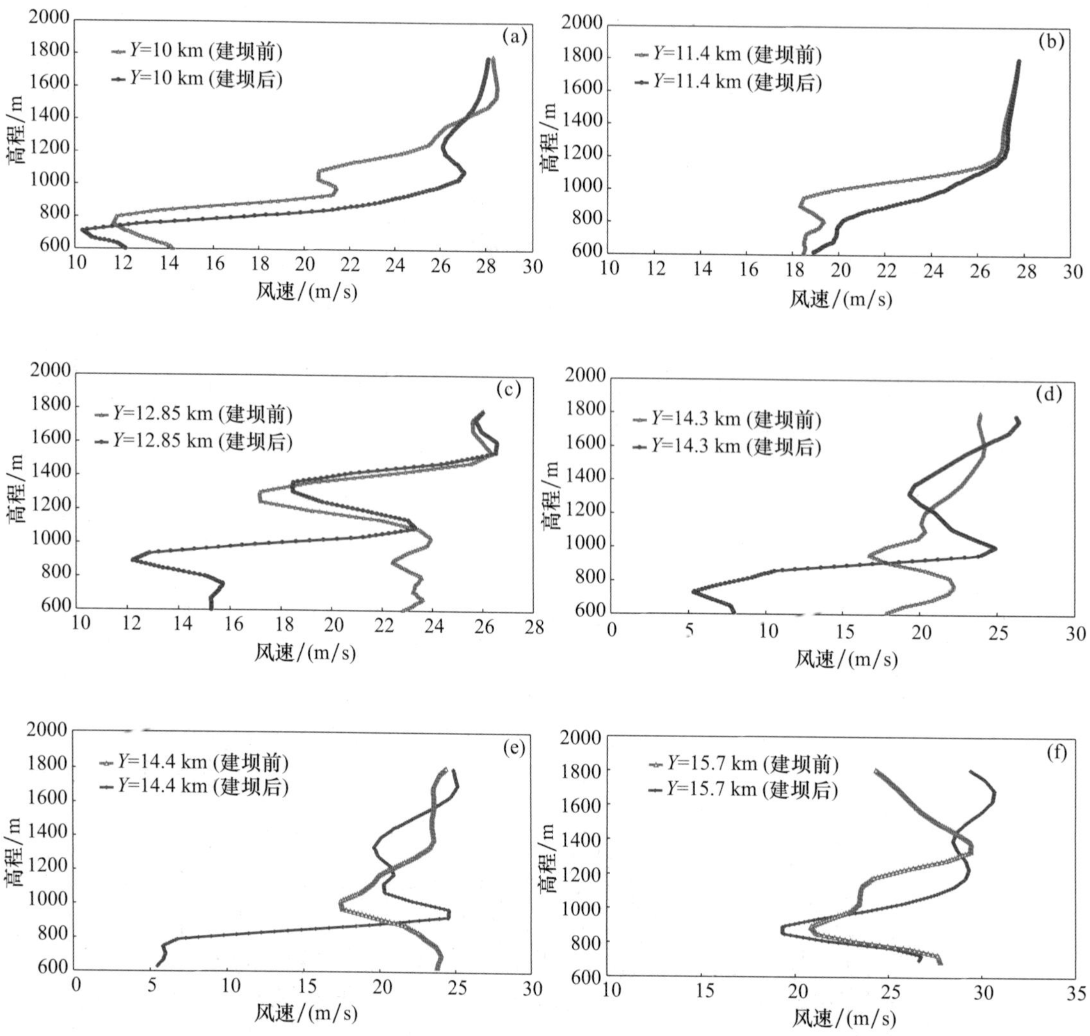

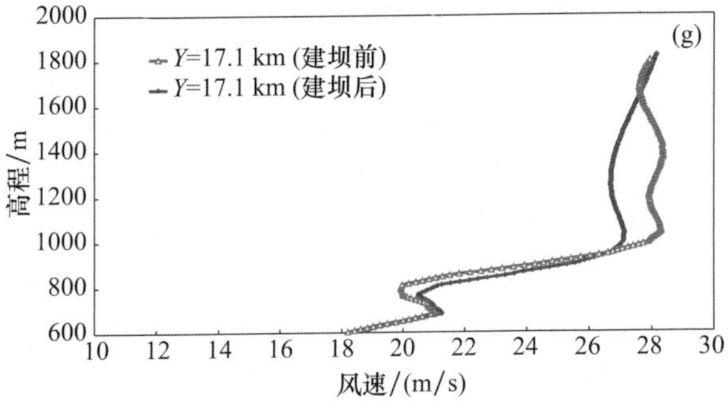

图 11.20　建坝前、后大坝上、下游局部区域河道深泓线垂线风速分布对比

(a)Y=10.0 m 处垂向风速对比(坝上 4.4 km);(b)Y=11.4 m 处垂向风速对比(坝上游 3.0 km);(c)Y=12.85 m 处垂向风速对比(坝上游 1.6 km);(d)Y=14.3 m 处垂向风速对比(坝上游 155 m);(e)Y=14.4 m 处垂向风速对比(坝上游 60 m);(f)Y=15.7 m 处垂向风速对比(坝下游 1.3 km);(g)Y=17.1 m 处垂向风速对比(坝下游 2.7 km)

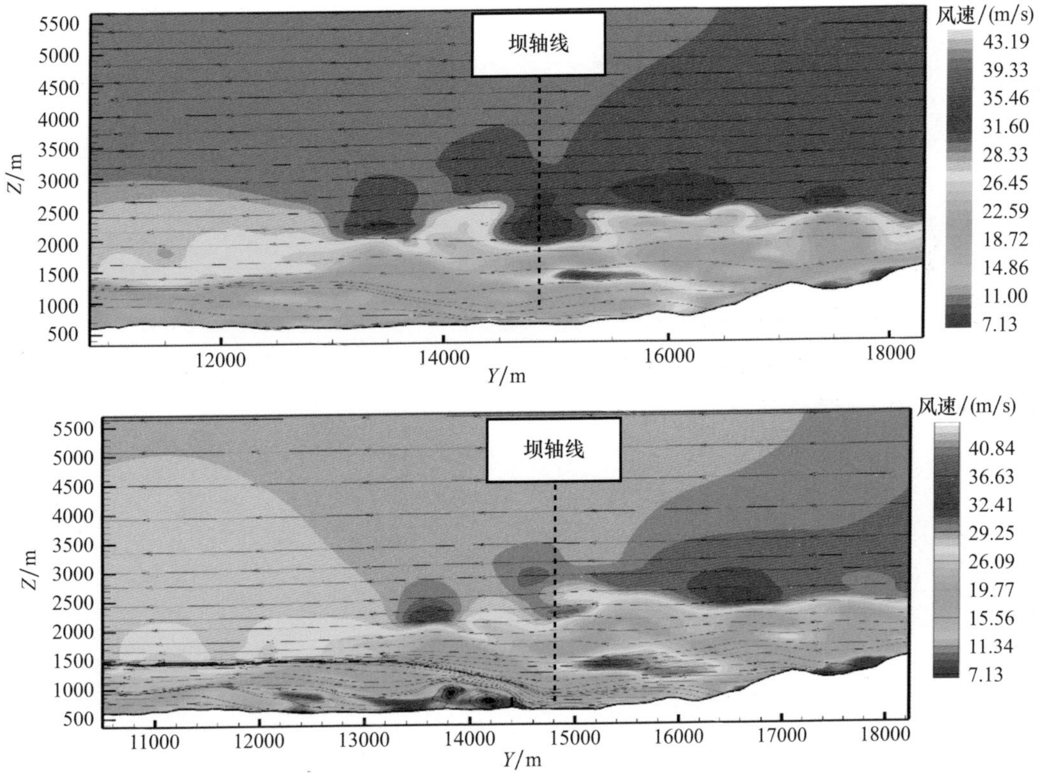

图 11.21　白鹤滩建坝前、后坝址附近风速流线

(a)建坝前坝址区纵剖面流线;(b)建坝后坝址区纵剖面流线

11.6　小结

对白鹤滩大坝建坝前、后风场进行了模拟,分析了地形风的分布特征和形成机制以及建成后库区蓄水位对峡谷风场特性的影响,对比了建坝前、后坝址区垂线风速特性,得出以下结论。

(1)坝址区范围内,沿河道方向风速场海拔高度 3000 m 以上,风速分布均匀,受风进口条件影响较小。海拔高度 1500～3000 m 范围内,河道地形条件会对风速存在一定影响,海拔高度低于 1500 m 后,山体地形变化对风场影响逐渐增强。在河道沿程不同断面,临近地表范围内,地形起伏对风场影响较大,尤其在山脊部位,会产生局部风速陡增现象。在北风作用下,当入口断面风速为 28.0 m/s 时,在海拔高度 1500 m 以下的河谷区内,河道沿程平均风速相对恒定,在海拔高度 1500 m 以上的河谷区内,狭管效应显著,最大风速整体呈沿程增大趋势。

(2)坝区建成后,库区在地势低凹的地方,风速较低的区域随着库区水位的上升逐渐增大,随着库区水位的逐渐上升,库区水域上方的低风速区域在垂线逐渐增大,而在坝后随着上游蓄水位的逐渐上升,平均风速逐渐降低;在坝前,同样随着库区蓄水位的逐渐上升,平均风速逐渐降低。

(3)建坝前后,除坝址区局部范围外,其他区域垂向风速分布基本相同,白鹤滩大坝对大区域风场影响较小,风速分布规律基本相同。

第 12 章

金沙江下游梯级水电站气象综合服务系统

近年来，随着我国气象科技的迅猛发展，综合监测能力进一步提升，风云二号 H 星、风云三号 D 星、风云四号 A 星相继投入运行，新增 13 部新一代天气雷达，高性能超算计算机系统投入气象业务使用，“天镜”综合业务实时监控系统试验运行，业务化的 5 km 分辨率实况分析和智能网格预报业务产品，使气象监测和预报更为精准，暴雨预警准确率稳步提升。为充分发挥气象技术在中国三峡建工集团有限公司业务发展中的支撑保障作用，推动防灾、减灾公共事业发展，针对中国三峡建工集团有限公司在国内大型水电工程施工及安全运行实际需求，研发金沙江下游梯级水电站气象综合服务系统，为工程建设施工安全、工程运行安全、防洪安全、航运安全等提供全方位的气象保障服务。

金沙江下游梯级水电站气象综合服务系统利用先进的降水和天气模型以及各类气象实况监测数据，通过基于地理信息系统的信息化平台，针对金沙江下游梯级水电站流域面向坝区工作人员、相关业务人员提供有针对性的天气预警、气候预报预测产品及降水、温度、风向、风速、遥感遥测等实况产品，为领导决策和业务人员日常工作提供全方位多形式的气象信息服务，为电站的运行提供有力的气象保障服务支撑。

12.1 系统技术要求和需求分析

12.1.1 系统技术要求

12.1.1.1 数据要求

金沙江下游梯级水电站气象综合服务系统主要提供 5 类气象数据，分别为气候数据、气象实况监测数据、气象预报数据、气象预警信息、遥感数据。

（1）气候数据

- 自 1981 年以来的气候整编数据。以西南地区逐日数据为主。
- 包含要素：气温、降水、湿度、风向、风速等主要气候统计值。

（2）气象实况监测数据

- 关注区域内国家基本气象站和区域气象站实况数据。

• 加密自动气象站数据。

• 格点实况数据。

• 要素包括：气温、降水、温度、风向、风速、天气现象。

(3)气象预报数据

• 5 km×5 km 格点预报数据，时间范围为逐 3 h 未来 7 d 预报；要素包括：气温、降水、温度、风向、风速。

• 重点关注点的站点预报，要素包括：气温、降水、温度、风向、风速。

• 年预报产品、季预报产品、月预报产品、旬预报产品。

(4)气象预警信息

• 最小粒度为县级的气象预警信息。

• 重要天气预警报。

(5)遥感数据

• 卫星云图。

• 雷达数据。

12.1.1.2 性能要求

(1)一般功能页面单次操作响应时间不大于 3 s，Web-GIS 页面打开时间不超过 3 s，对刚访问过的页面再访问延时不超过 1 s，系统页面异常退出率不高于 0.01%。

(2)气象数据在内网、外网(含公网)传输延时须小于 1 min。

(3)具有完善的 API 接口说明技术文档。

(4)基于 Web GIS 的精细化格点预报及实况可实现点、线、面等不同方式的展示。

12.1.1.3 安全要求

为保证系统能够安全可靠稳定地运行，必须建立有效的安全体系，以实现对网络系统和应用系统的有效控制和管理，保证系统的数据和信息安全，及时发现、识别、分析、处理、预防和规避目标系统出现的安全风险。该系统安全性的设计包括以下方面。

(1)网络/系统安全监测

确保系统信息和资源不被非授权的用户进入系统使用、修改或破坏。

在应用服务器以及数据库服务器上定制适当的用户口令策略，开通系统的审计和日志功能，对关键行为进行记录，并能够删除不必要的用户组。

(2)网络/系统安全检查

能够检测重要服务器上只开通必要的服务，而且服务的配置是合法的。能够检测网络设备的配置合法。

(3)身份认证和授权

保证身份认证和授权的有效性，支持用户名/密码方式的认证，用户可以查看重置密码历史。

(4)数据安全性

双网交互使用专线接入，能够保证接收和发送的数据完全一致，并保证不同系统之间数据交换的及时性、准确性和传输的安全性。能够合理利用数据库权限控制机制以及数据冗余方式保证应用数据的安全。

12.1.2　总体业务流程分析

通过对金沙江下游梯级水电站气象综合服务系统的业务常规流程进行梳理和分析，结合建设单位对综合气象数据展示、气象服务产品展示、气象预报预警、气象服务产品制作、气象LBS服务、决策指导的特殊要求，得出平台的总体业务流程，包括四川省气象服务中心专业服务产品制作、中国三峡建工集团有限公司内部业务产品制作、移民点地质灾害预警展示、流域气象数据综合展示等业务场景。

从整个平台来看，四川省气象服务中心作为业务数据的生产者(气象专业服务产品的制作者、气象基础数据的提供者)，是系统气象数据产品的主要来源，中国三峡建工集团有限公司作为气象数据及产品的主要消费者，直接使用各类气象数据和再加工分析利用气象数据，整体业务流程如图12.1所示。

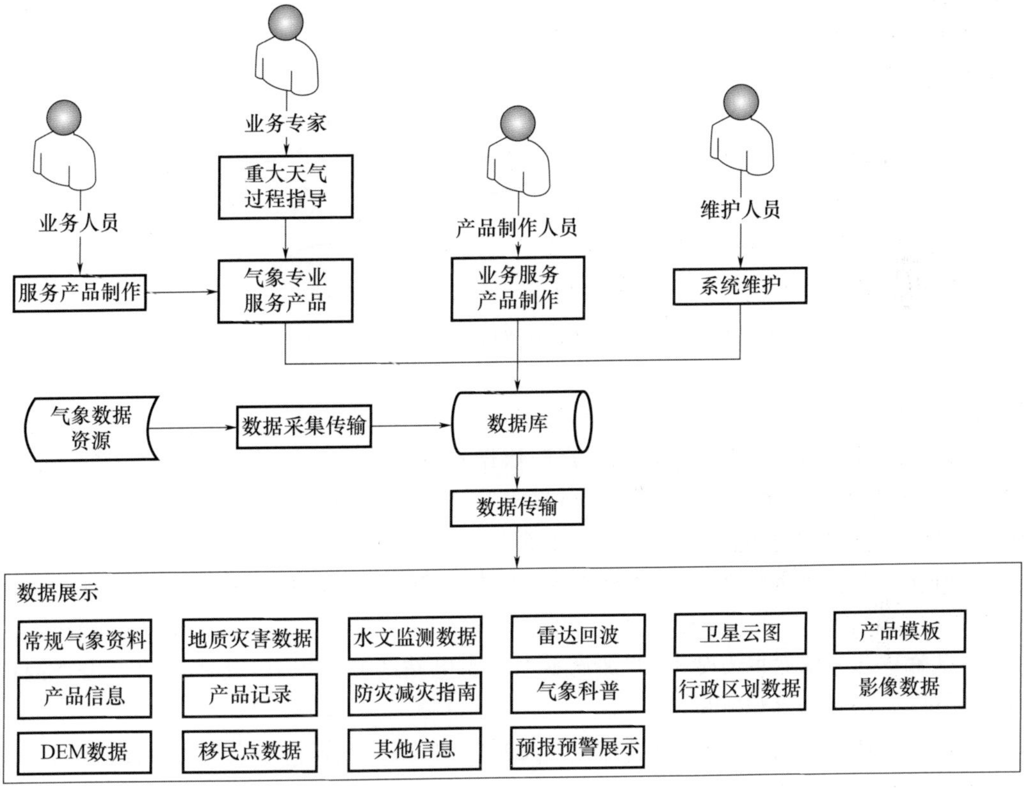

图12.1　系统总体业务流程图

12.1.3　系统功能需求分析

12.1.3.1　流域监测

(1)结合GIS地理信息展示未来7 d天气预报，主要分为站点天气预报和格点天气预报，站点天气预报为以长江流域地图为底图将各气象站点凸显出来，通过点击图弹出未来7 d降水、最高气温、最低气温、天气现象数据；格点天气预报为以长江流域地图为底图将气温、降水、风速未来7 d格点数据进行解析处理制作成色斑图并添加图例、时间。

(2)结合 GIS 地理信息展示雷达预测降水数据，雷达外推 2 h 数据，以色斑图的方式进行展示，并支持色斑图的播放、暂停、切换等操作(图 12.2)。

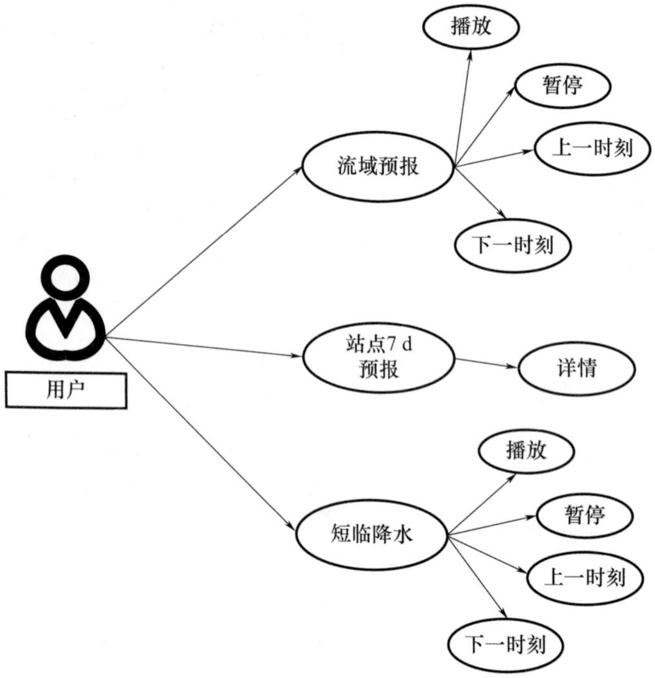

图 12.2　流域监测用例图

12.1.3.2　综合呈现

(1)系统根据业务需求为用户提供丰富的数据查询、统计、展示功能，包括地图展现、统计图表、表格显示、复合显示等显示方式，所有显示效果遵循“所见即所得”原则，支持不同格式的导出，方便查阅复用，为流域水电站气象服务相关业务人员提供充分的数据参考。

(2)结合 GIS 地理信息实时显示每个站的基本要素，包括气温、降水、气压、风向及风速等基本要素。

(3)以金沙江流域展示为基础，叠加显示不同水电站区域移民点，支持地图点击查询移民点详细信息，显示方式直观醒目。

(4)以金沙江流域展示为基础，叠加显示地质灾害隐患点分布，支持地图点击查询隐患点详细信息，显示方式直观醒目。

(5)以金沙江流域展示为基础，叠加显示四大水电站(乌东德水电站、白鹤滩水电站、溪洛渡水电站、向家坝水电站)分布图，地图上点击任一水电站，地图弹窗显示水电站详细信息。

(6)以金沙江流域展示为基础展示气温、风速、降水、等压线、等温线。气温、风速、降水均以色斑图方式进行展示(图 12.3)。

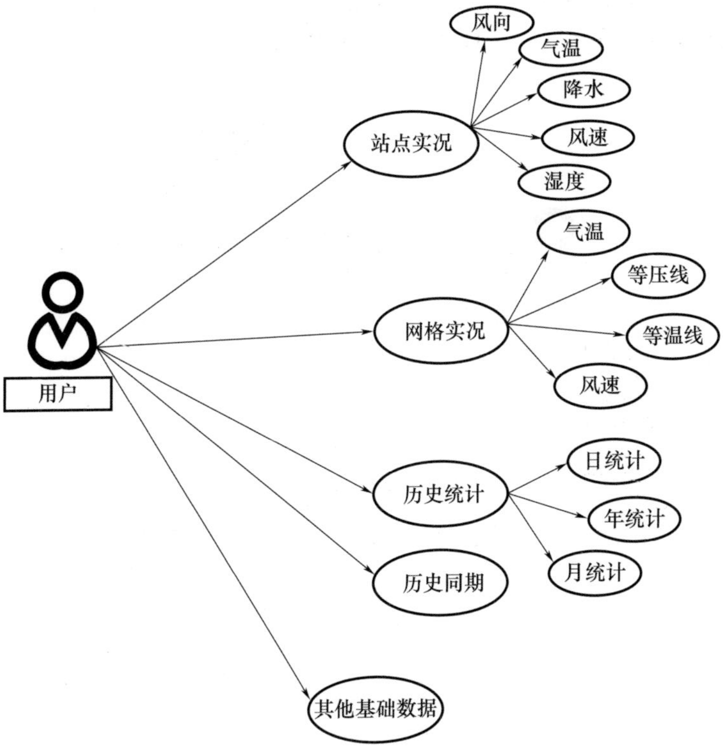

图 12.3　综合呈现用例图

12.1.3.3　产品制作

系统提供产品模板，并默认填写相关的数据后，点击制作系统自动生成 PDF、word 文档，并将制作成功的产品分发至相关管理人员进行审核，审核通过后即可发布产品(图 12.4)。

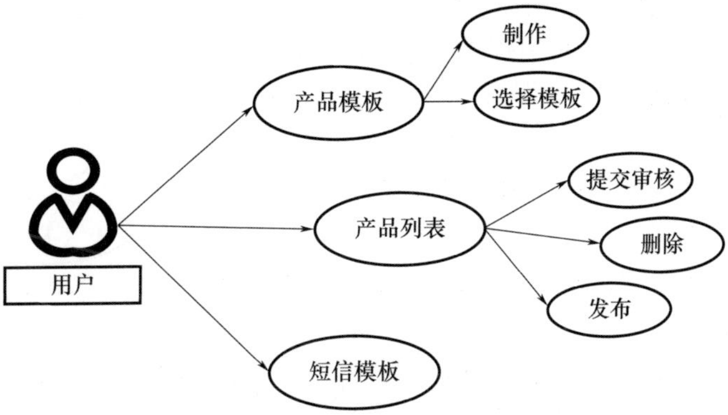

图 12.4　产品制作用例图

12.1.3.4　气象服务产品

气象服务产品展示专题服务产品和气象短期预报、中期预报、长期预报以及地质灾害预警产品、重要特殊预报(图 12.5)。

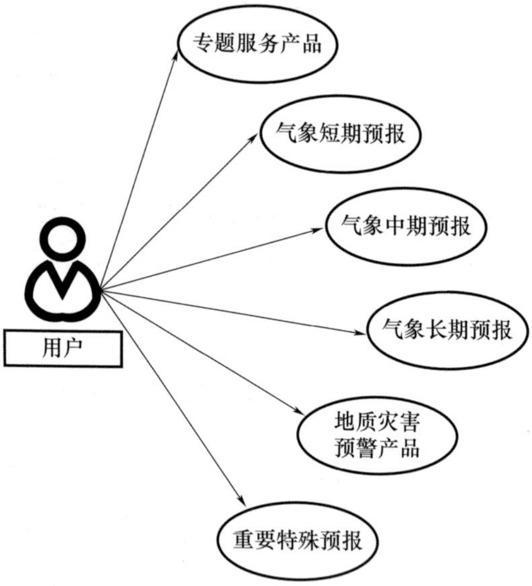

图 12.5　气象服务产品用例图

12.1.3.5　遥感图像

程序通过定时调度任务自动下载长江流域雷达图、西南区域雷达图、卫星云图，并进行解析，存入数据库中，客户端调用相关接口进行展示（图 12.6）。

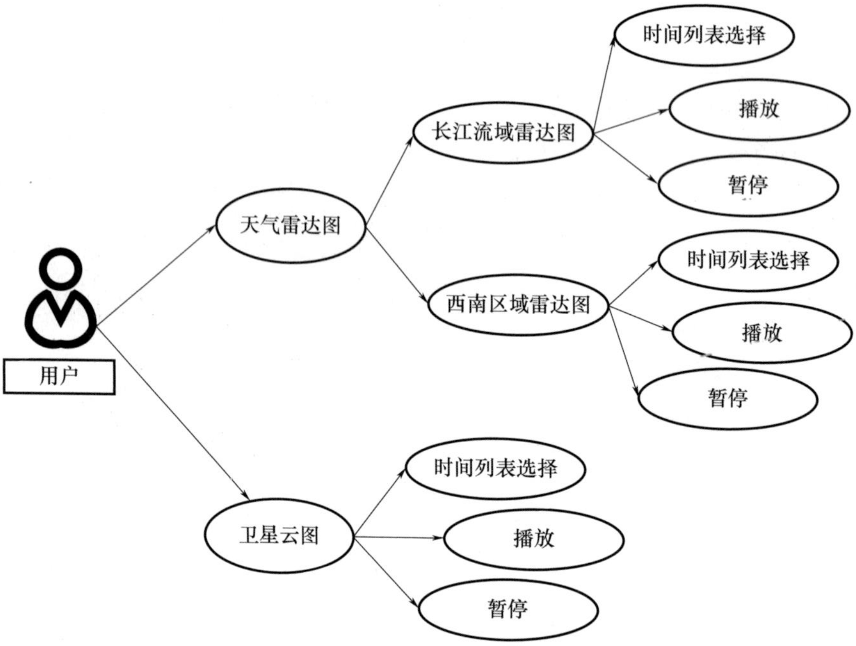

图 12.6　遥感图像用例图

12.1.3.6　系统管理

系统管理包含用户管理、角色管理、阈值维护、站点管理、日志管理、系统消息、部门管理功能（图 12.7）。

用户管理：对系统的用户进行配置、修改、删除、密码修改等操作。

阈值维护：对气象要素报警功能做动态配置，可以通过人工配置阈值。

站点管理：将气象自建站、自动气象站进行管理，主要可以管理站号、站名、经纬度及其他关键信息。

角色管理：对系统的角色配置并赋予相应功能的权限。

日志管理：对系统的日志进行管理。记录时间是指日志产生的时间；操作者指的是产生这条日志的人；备注是对于这个操作的一些提示；参数是在本次操作时提交的表单参数；IP 指的是本次操作的主机 IP。

系统消息：支持系统内部管理员之间或者上级账号给普通用户发送消息。

灾害隐患点管理：管理灾害隐患点的数据，支持灾害隐患点的数据修改、增加、删除等操作。

部门管理：部门管理主要是区分各水电站。将白鹤滩水电站、乌东德水电站、溪洛渡水电站、向家坝水电站的使用区分开来，不同的水电站可以有自己的管理员、普通用户。

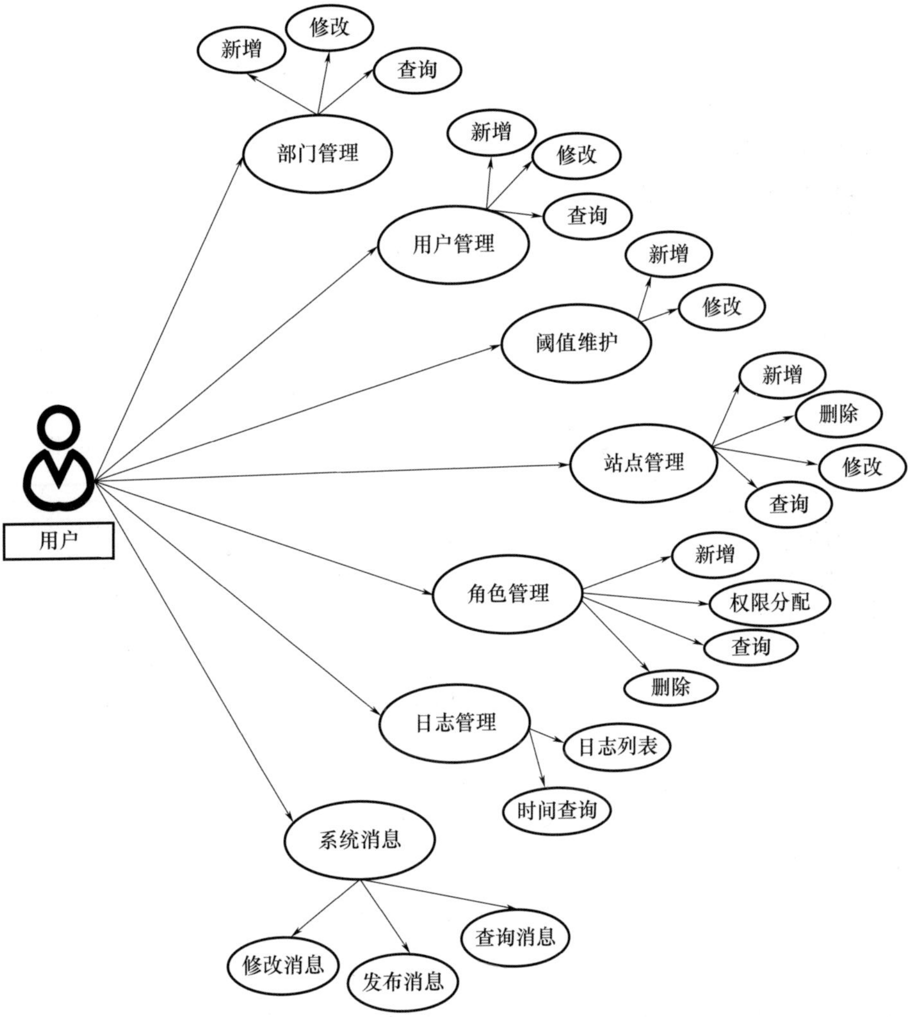

图 12.7　系统管理用户例图

12.2 系统的总体设计

12.2.1 系统功能图

金沙江下游梯级水电站气象综合服务系统功能如图 12.8 所示。

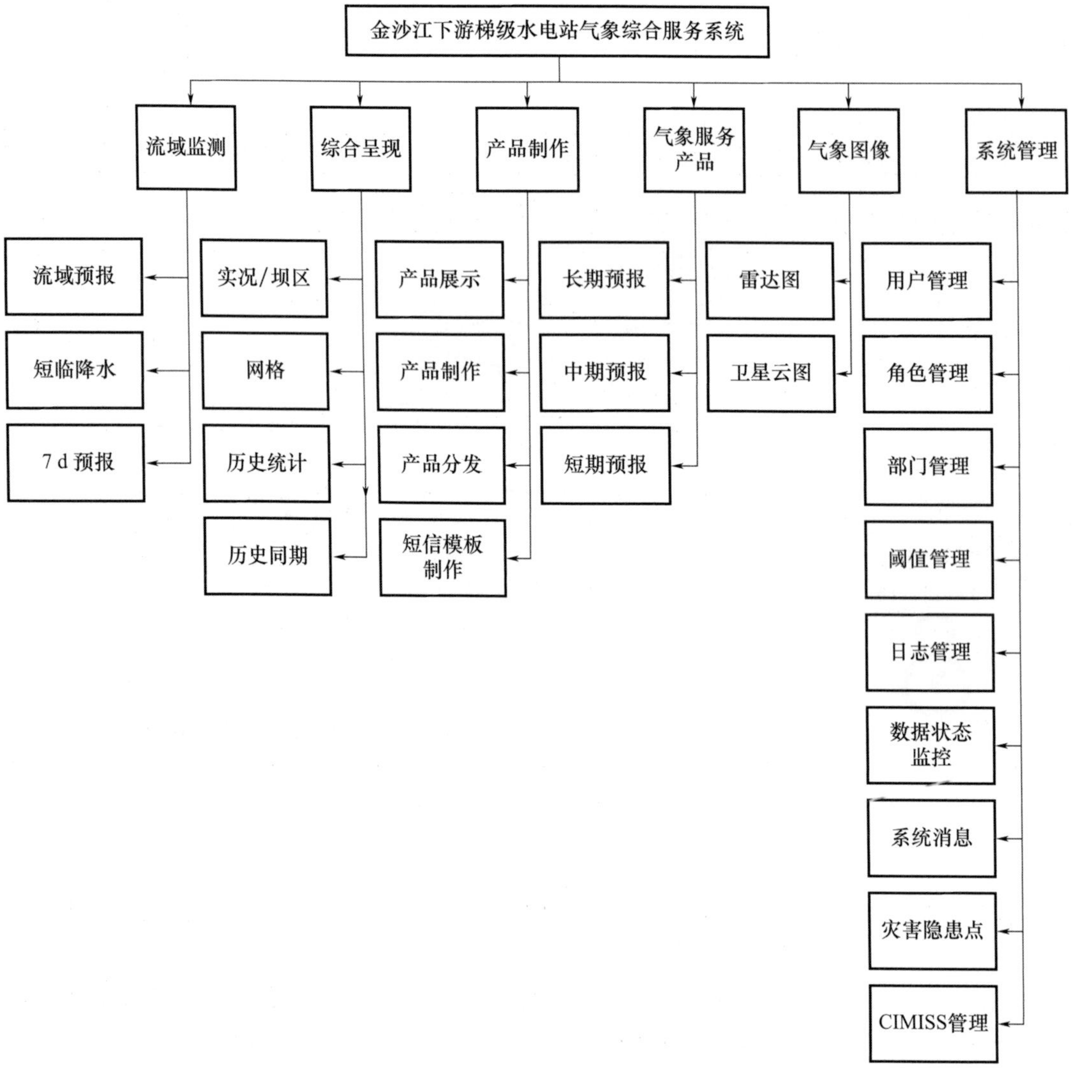

图 12.8 系统功能图

12.2.2　系统架构图

系统总体架构如图 12.9 所示。

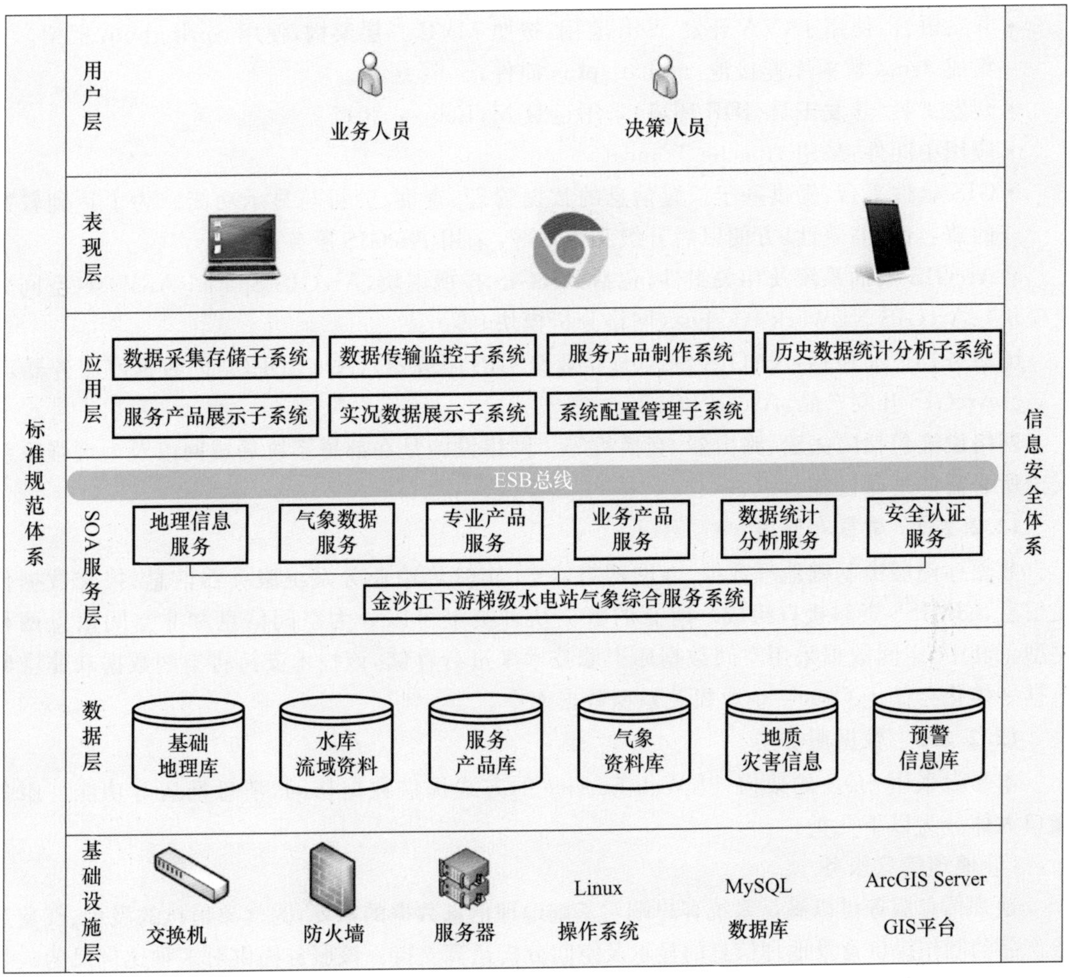

图 12.9　系统总体架构图

12.2.2.1　基础设施层

基础设施层是系统高效、稳定、安全运行的重要保障。根据系统运行的实际需求，系统基础设施包括硬件设施、软件设施和网络设施。

本系统部署于中国三峡建工集团信息中心机房，应用于金沙江流域水电站、四川省气象服务中心。系统将依托中国三峡建工集团信息中心现有的网络环境进行部署。

硬件设施包括机柜、文件服务器、数据库服务器、应用服务器、Web 服务器等，结合中国三峡建工集团有限公司、四川省气象服务中心现有资源环境，资源由中国三峡建工集团信息中心统一分配。

- 文件服务器用来存储文件型数据，主要是大量的文件资料。
- 数据库服务器部署数据库管理系统、空间数据库引擎以及数据库数据。
- 应用服务器用来部署中间件软件，包括服务接口、应用中间件及信息分发中间件。
- Web 服务器用来部署 Web 应用程序。

软件设施包括操作系统、应用中间件、数据库管理系统、GIS 平台软件等。这些基础软件提供系统需要的基础功能。

- 操作系统：采用 Windows Server 2016 为系统提供了良好的操作、交互平台。
- 数据库管理系统：提供海量数据存储、访问功能，本项目推荐采用 Oracle。
- 开发语言：使用 JAVA 开发 Web 应用，按照 MVC 三层架构，使用 Springboot 框架，集成 druid 数据库连接池，mybatisplus 插件，redis 缓存。
- 开发工具：开发工具（IDE 环境）采用正版 MyEclipse 2017。
- 应用中间件：采用 Apache Tomcat。
- GIS 软件平台：提供基于位置信息的数据管理、查询、分析与显示功能。为了达到较好的兼容性、高效性，方便以后升级和维护等，采用 ArcGIS 服务平台。

a）ArcGIS 桌面系统及相关组件，包括 ArcGIS 扩展模块，ArcGIS Spatial Analyst（空间分析模块）、ArcGIS Network Analyst（网格分析模块）等。

b）服务器产品包括：ArcGIS Server（企业级 GIS 服务器）、Arc SDE（空间数据库服务器）。

c）ArcGIS 开发产品：ArcGIS Server。

网络设施包括防火墙、路由器、交换机等。网络设施是在部署系统局域网以及为增强系统安全所必需的基础设施。

12.2.2.2 数据存储层

数据存储层由基础地理数据、专网网络信息、实时传输业务系统服务器信息、报文数据传输信息、CIMISS 资料接口组成。所有的数据从种类上可以分为空间信息和非空间信息两种类型。其中，空间数据采用空间数据库引擎技术来进行存储，该技术支持将空间数据和非空间数据一体化存储于 Oracle 企业级关系型数据库中。

12.2.2.3 数据服务层

本平台采用 SOA 的架构，以 Web Service 的方式提供数据访问、消息推送等功能。服务接口大体分为以下几类。

（1）地理信息服务

地理信息服务可以满足系统客户端对基础地理信息数据的需要，为气象信息的展示、气象服务产品的制作提供背景地理信息的显示及空间分析运算支持。该服务提供对多种比例尺的矢量地图数据的标准化服务接口，接口的标准包括 Rest 接口和 ArcGIS 的瓦片地图服务、动态地图服务、数据要素服务等形式，以及常用的地理空间分析（如邻近区域分析、空间关系分析等）功能服务接口（采用 Rest 接口或 GP 服务接口）。这些服务接口统一由 ArcGIS-Server 平台发布。

针对大比例尺地理信息数据访问的安全性和效率问题，系统将地理信息数据进行地图切片处理，这样手机 APP 客户端在绝大多数的情况下就可以直接访问地理数据的切片缓存，可以大幅度提高数据访问的效率。

在地图切片的情况下，为了满足 GIS 空间分析功能在系统中的应用，在服务层中以 Web Service 接口的形式提供了 GIS 空间分析服务，客户端提交请求后，由该服务进行计算，并将计算的结果返回到客户端。

（2）系统监控服务

通过统一的共享服务接口，实现对整个业务平台的监控运维管理。

（3）气象数据服务

提供基于位置的地面资料解报数据实况、CIMISS 地面资料实况、地面资料历史解报数据、天气实况数据、天气预报数据综合数据访问接口。

(4)消息推送服务

提供报警消息推送服务,以支持系统监测、预警、针对性报警信息推送服务等功能的需要。

(5)安全认证服务

提供用户管理、权限设置、用户认证、日志操作等安全服务接口。

随着用户数据的增多,可以通过服务集群的方式来提高系统的响应速度。在上述服务中,地理信息缓存服务一般是由 GIS 平台来提供的,GIS 空间分析功能和业务应用服务需要在 GIS 平台的基础上进一步开发。

12.2.2.4　应用层

业务应用层则进一步根据业务需求对数据进行分析处理,以保证应用层展示和人机交互。业务应用层是在统一数据库和 SOA 数据访问接口的基础上,开发金沙江下游梯级水电站气象综合服务平台。

12.2.2.5　表现层

表现层是本系统的终端应用环境,本系统实现统一服务对接多个终端,同时支持个人电脑、智能手机(IOS、Android)、Web 浏览器三种方式接入本业务系统。

12.2.2.6　用户层

用户层指系统的直接或间接用户,包括气象局业务人员、中国三峡建工集团有限公司业务人员、决策人员、各级领导以及系统维护管理人员等。

12.3　网络架构图

平台部署在中国三峡建工集团有限公司局域网内,四川省气象局与中国三峡建工集团有限公司使用专线进行关联,支持平台硬件有防火墙、交换机、光交等(图 12.10)。

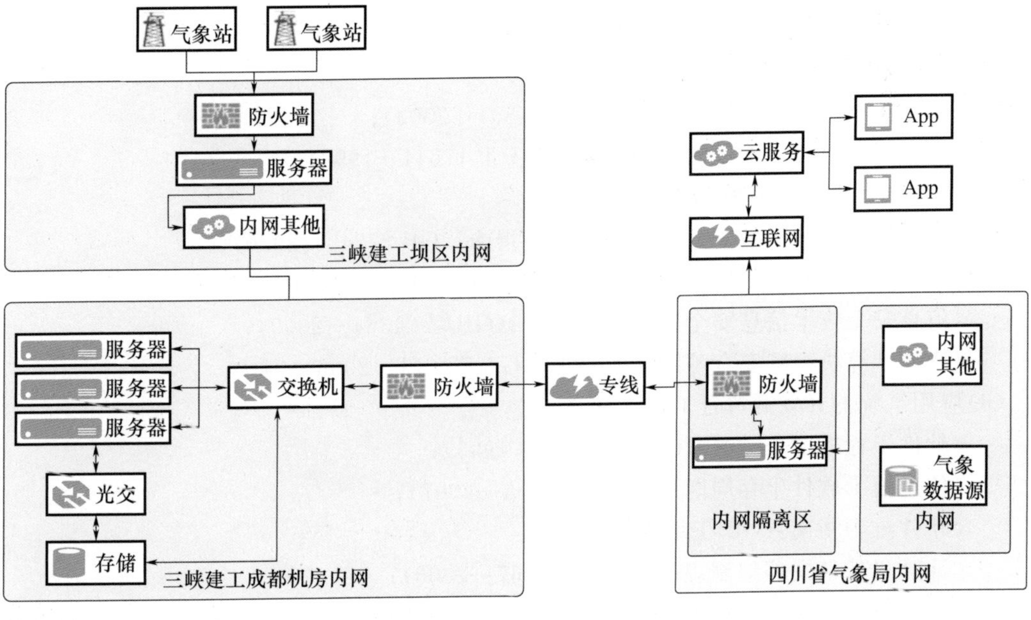

图 12.10　网络架构图

12.4 系统技术路线

系统采用跨平台程序设计，与软件系统、设备无缝连接，具有优良的互联互通性、可管理性、易用性和易维护性，性能指标和处理能力能够完全满足业务需求。

系统架构采用B/S架构模式。

• 操作系统：采用Ubuntu 18.04版。

• 数据库管理系统：本系统采用MySQL 8.0版。

• 开发语言：使用JAVA开发Web应用，按照MVC三层架构，使用Spring-boot框架，集成druid数据库连接池，MyBatis-Plus插件，Redis缓存。

• 开发工具：开发工具(IDE环境)采用IntelliJ IDEA 。

• 应用中间件：采用Apache Tomcat。

• GIS软件平台：提供基于位置信息的数据管理、查询、分析与显示功能。为了达到较好的兼容性、高效性，方便以后升级和维护等，采用ArcGIS服务平台。

a) ArcGIS桌面系统及相关组件，包括ArcGIS扩展模块、ArcGIS Spatial Analyst(空间分析模块)、ArcGIS Network Analyst(网格分析模块)等。

b) 服务器产品包括：ArcGIS Server(企业级GIS服务器)、Arc SDE(空间数据库服务器)

c) ArcGIS开发产品：ArcGIS Server

硬件设施包括防火墙、网络交换机、服务器、存储、光纤交换机等。

12.5 系统设计遵循标准

为保证项目建设质量，系统设计将遵循国家和省、市信息化主管部门的有关业务、技术、数据等标准和规范。

(1)网络系统需符合下述标准：

《信息技术互连国际标准》(ISO/IEC 11801—2002)；

《信息技术软件包质量要求和测试》(GB/T 17544—1998)。

(2)信息安全需符合下述标准：

《信息安全技术网络安全等级保护定级指南》(GB 22240—2020)；

《信息安全技术信息安全应急响应计划规范》(GB/T 24363—2009)；

《信息安全技术信息安全风险管理指南》(GB/Z 24364—2009)；

《终端计算机系统安全等级技术要求》(GA/T 671—2006)。

(3)应用系统的开发需符合下述标准：

《软件工程标准分类法》(GB/T 15538—1995)；

《信息技术软件生存周期过程》(GB 8566—2007)；

《软件维护指南》(GB/T 14079—93)；

《计算机软件文档编制规范》(GB/T 8567—2006)；

《计算机软件需求规格说明规范》(GB/T 9385—2008)；

《计算机软件测试文档编制规范》(GB/T 9386—2008)；

《计算机软件测试规范》(GB/T 15532—2008)；

《软件工程术语》(GB/T 11457—2006)；

《计算机软件配置管理计划规范》(GB/T 12505—90)；

《计算机软件质量保证计划规范》(GB/T 12504—90)；

《计算机软件可靠性和可维护性管理》(GB/T 12394—2008)。

(4)界面设计规范如下：

系统的整体形象包括下面几个要素：

① 标志(logo)

• 系统必须有独立的标志；
• 标志可以以系统中英文名称设计，也可以采用特别的图案，原则是简单易记；
• 标志必须可以用黑白和彩色分别清晰表现；
• 尽量提供标志的矢量图片；
• 请尽可能在每个页面上都使用标志。

② 标准色

• 系统应该有自己的标准色(主体色)；
• 标准色原则上不超过两种，如果有两种，其中一种为标准色，另一种为标准辅助色；
• 必须提供标准色确切的 RGB 和 CYMK 数值；
• 请尽可能使用标准色。

③ 标准字体

• 系统应该定义一种标准字体；
• 标准字体原则上定义两种，一种中文字体，一种英文字体(不包括文本内容字体)；
• 必须提供标准字体的名称和字库；
• 请尽可能使用标准字体。

12.6 系统性能设计

12.6.1 先进性

采用先进的技术、优化的结构，力争将系统的技术水平定位在一个高层次上，以适应现代化气象服务发展的需要。结合本项目建设需求，采用先进的、成熟的且可持续发展的面向服务的架构思想，遵循业界先进、成熟的技术标准，采用 B/S 模式、前后端分离开发模式构建应用系统，采取 XML、JSON 等技术进行数据的封装、传输，在软件开发思想上，严格按照软件工程的标准和面向对象的理论来设计、管理和开发，确保构建出具有整体性、协调性、高效率以及高性价比的系统。

12.6.2 易用性

易用性是交互的适应性、功能性和有效性的集中体现，即在指定条件下使用时，软件产品被理解、学习、使用和吸引用户的能力。

为方便用户维护管理，系统中配置信息的配置和修改，应提供直观、方便的界面，系统可按照配置的参数自动运行，减少操作人员的劳动强度；为使用户操作使用简单，系统提供的界面应该直观、灵活和实用，贴合用户的使用习惯，提供完备的说明手册，帮助用户很快地了解和使用系统。

12.6.3 可维护性和可扩展性

金沙江下游梯级水电站气象综合服务系统一旦投入运行就不能间断。除了要求系统本身具有良好的维护性外，还应当具有离线的维护环境以便在不影响正常业务的情况下进行软件的维护工作。为了达到业务平台系统可维护性的要求，应该解决系统程序可分析、可修改、可审计这几方面的问题，具体如下。

程序可分析：维护人员能读懂程序的源代码，方便地定位到指定的功能模块。

程序可修改：程序运行中发现的错误可修改，支持功能扩充/改善功能的修改，满足用户变化的需求。

程序可审计：程序是可测试、可审计的，证实已开发的软件是否符合标准，是否满足规定的质量需求。

随着气象业务和探测手段的不断发展，资料种类将不断增加，需要对已有的功能模块进行修改，或者增加新的功能模块。业务系统可扩展能力体现在系统本身的可扩展能力，依靠该能力可以逐渐完善和增强系统所具有的基础功能。

在系统可扩展能力方面的需求主要体现在四个方面：数据可扩展性、功能与算法可扩展性、可视化可扩展性和系统可扩展性，具体说明如下。

数据可扩展性。需要在数据扩展性方面提供支持，使得在系统建成以后，应用、开发过程中可以根据需要很快地开发出对新数据格式的支持模块，然后通过简单的注册、关联和函数调用等操作就可以很方便地集成到系统中。

功能与算法可扩展性。类似数据可扩展性，功能与算法可扩展性将使得在系统建成后可以追加新的功能和算法。只要遵循一定的接口标准和二进制可执行文件规范，用户就可以自由开发新的功能模块与算法模块。新的功能模块和算法将和新的数据支持模块一样，以动态链接库的形态存在，然后通过简单的注册就可以与系统连通起来。

可视化可扩展性。丰富的气象专业填图和气象符号是气象行业应用最主要的特色之一，且各种各样的气象专业填图也是气象行业主要的数据产品之一。系统应该提供无数目限制的符号库存储能力和尽量全面的符号描述算法(即不会出现无法使用系统所提供的语法描述符号)，使得系统对气象可视化应用提供最全面、最有效的支持。

系统平台可扩展性。平台应具备良好的可扩展能力，提供功能扩展辅助机制、友好的功能扩展接口以及详细的说明文档和范例，用于支持日后扩展系统的功能。

12.6.4 安全性

金沙江下游梯级水电站气象综合服务系统是业务运行系统，因此必须具备必要的安全运行措施。除了在系统上考虑安全性外(如内外网隔离、防火墙等)，系统也应提供基于角色(如系统管理员、业务用户等)的安全控制策略。满足国家信息技术安全等级的要求。

在系统中，业务系统的运行安全是保证软件成分不会由于自身的故障或失效导致应用系统的其他成分相继失效甚至崩溃的特性(典型的例子：不正常地持续占用大量 CPU、内存、I/O 等计算机资源，导致系统的其他成分无法运行)。因此，需要制定完整的故障隔离、规避和恢复策略，确保全系统业务软件运行的顺畅与安全。

12.6.5　稳定性和可靠性

系统要具有良好的稳定性，为了提高整个应用系统的稳定性，在实现过程中要致力于帮助气象应用开发人员规避一些常见的编程错误，如数组越界、未分配内存、未初始化对象等。

系统所提供的接口要求做到明晰易用，并且提供详细的异常（Exception）报告机制和错误跟踪机制；要提供相关文档，帮助应用开发人员不用过多地担忧如何使用各种编程技巧来规避可能的错误，使他们可以更多地专注于气象应用逻辑的实现，最终也能够开发出稳定、高效的气象应用业务系统。

此外，系统在投入运行后，要求能长期不间断运行，运行状态稳定、可靠，因此，无论是硬件系统或是软件系统（包括系统软件和应用软件）都要具备很高的稳定性和可靠性。

12.7　数据库设计

12.7.1　设计概述

整合各类数据资源，加强对数据存储、分析、处理能力的升级改造。集中管理各部门全部探测数据资源，整编基础气象数据资源、自建站气象数据资源，建立各类观测数据集；整理数据资源，针对天气、天气雷达、服务产品等专业气象业务科研的需求，分类整理、整编各种类型的数据资源。加大气象资料和产品对金沙江流域的共享力度，按照中国气象局有关信息资源开放政策制度，制定基本气象资料和产品共享目录与基础气象数据服务开放清单，整编公共气象数据资源。

数据库采用 MySQL 关系型数据库，可以存储和管理大的数据，统计类的数据较多需对表进行分表并且增加覆盖索引，每个表需要有主键，尽量不要使用外键（图 12.11）。

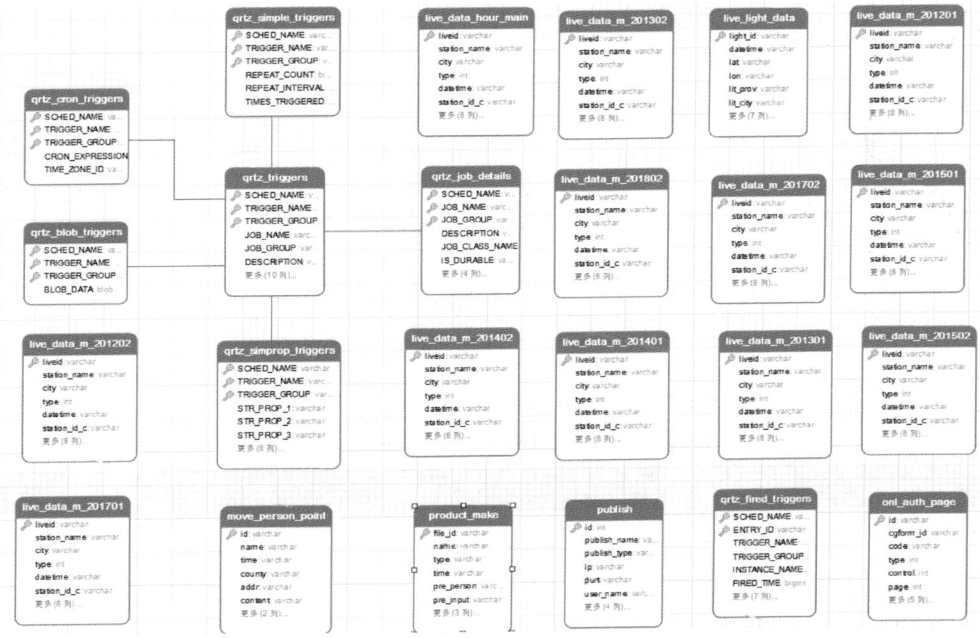

图 12.11　数据库组成部分表图

12.7.2 数据库组成部分

数据库设计应遵循国家气象数据库建设标准，形成统一、稳定、易于维护库表结构，为金沙江下游梯级水电站气象综合服务系统奠定基础。基于CIMISS和天气雷达服务器将数据整理入库，数据库中包含气象基础信息数据、气象历史数据、天气雷达数据、自建气象站数据、网格数据等，可高效应用于金沙江下游梯级水电站气象综合服务系统。

12.7.3 数据库部分表设计

(1)精细化天气预报表

表 12.1 (sevp_spcc)

字段名	数据类型	长度	主键	非空	描述
d_record_id	varchar	50	是	是	记录标识
d_data_id	varchar	30	否	否	资料标识
d_iymdhm	varchar	30	否	否	入库时间
d_rymdhm	varchar	30	否	否	收到时间
d_update_time	varchar	30	否	否	更新时间
d_datetime	varchar	30	否	否	资料时间
station	varchar	20	否	否	站号
station_name	varchar	20	否	否	站名
lon	varchar	20	否	否	经度
lat	varchar	20	否	否	纬度
altitude	double		否	否	海拔高度
sevp_spcc_starttim	varchar	30	否	否	预报资料起报时间
sevp_spcc_aging	varchar	30	否	否	产品预报时效
sevp_spcc_time	varchar	30	否	否	预报数据时次
sevp_spcc_maxt	double		否	否	最高温度
sevp_spcc_mint	double		否	否	最低温度
sevp_spcc_wd	double		否	否	风向
sevp_spcc_ws	double		否	否	风速
sevp_spcc_pre	double		否	否	降水
sevp_spcc_wp	double		否	否	天况

(2)气象实况表

表 12.2 (elements_present)

字段名	数据类型	长度	主键	非空	描述
live_id	varchar	100	是	是	主键
live_create_time	varchar	50	否	否	创建时间
element_name	varchar	30	否	否	要素名称
element_value	double	20	否	否	要素值

续表

字段名	数据类型	长度	主键	非空	描述
element_time	varchar	32	否	否	要素时间
weather phenomena	varchar	32	否	否	天气现象
station_name	varchar	32	否	否	站名
station_number	varchar	32	否	否	站号
lon	double	32	否	是	经度
lat	double	32	否	是	纬度

(3)站点历史年数据表

表 12.3　(site_history_year)

字段名	数据类型	长度	主键	非空	描述
history_data_id	varchar	10	是	是	主键
create_time	varchar	50	否	否	创建时间
date_time	varchar	30	否	否	历史年份
station_number	varchar	20	否	否	站号
station_name	varchar	20	否	否	站名
element_name	varchar	20	否	否	要素名称
year_max_value	double	20	否	否	年最高
year_min_value	double	10	否	否	年最低
year_day_average	double	10	否	否	年内日均
night_average	double	10	否	否	夜平均
Daytime_average	double	10	否	否	白天平均

(4)产品制作表

表 12.4　(product_maker)

字段名	数据类型	长度	主键	非空	描述
product_id	varchar	50	是	是	主键
producer	varchar	50	否	否	制作人
product_time	varchar	30	否	否	产品时间
product_name	varchar	100	否	否	产品名称
reviewer	varchar	50	否	否	审核人
issuer	varchar	50	否	否	发布人
number	int	10	否	否	产品编号

(5)系统消息表

表 12.5　(system_menu)

字段名	数据类型	长度	主键	非空	描述
menu_id	varchar	100	是	是	权限编号(主键)
name	varchar	100	否	否	菜单名称

续表

字段名	数据类型	长度	主键	非空	描述
menu_description	varchar	200	否	否	菜单描述
type	varchar	10	否	否	菜单类型:1 菜单 0 按钮
parent_id	varchar	20	否	否	父 ID
sort	int		否	否	排序号
icon	varchar	200	否	否	图标
open_address	varchar	200	否	否	打开地址
enable	int	20	否	否	启用标志 0 启用 1 停用
leaf	int	20	否	否	是否为叶子

(6)地质灾害隐患点表

表 12.6 (disasters)

字段名	数据类型	长度	主键	非空	描述
disasters	varchar	100	是	是	主键
lon	varchar	20	否	否	灾害经度
lat	varchar	20	否	否	灾害纬度
Name	Varchar	45	否	否	名称
address	varchar	100	否	否	灾害地点
City	Varchar	35	否	否	城市
County	Varchar	35	否	否	县
Cantent	Varchar	122	否	否	内容
r_id	Varchar	12	否	否	责任人 ID
Type	Varchar	15	否	否	类型
note	varchar	500	否	否	备注

12.8 关键技术和分析算法

12.8.1 关键技术

采用 B/S 架构进行设计,基于 J2EE 的 SOA 架构体系进行业务和数据资源的整合及集成,采用多层体系架构,保证功能自上向下合理分解,实现设计单元的高内聚、低耦合;

采用组件化(Component)与插件机制结合进行设计和开发,保证系统强大且灵活的可扩展性、可维护性以及可集成性;

采用 XML 数据封装技术,实现灵活的流程配置;

采用关系型数据库与文件系统结合,针对不同气象数据特点进行高效的数据存储管理和统一数据支撑服务;

采用 HTTP、TCP/IP 通信协议和 Web Service 等通信技术实现组件间的通信，控制数据传输的准确性及时效性，保证在 Internet 上的数据传输速度；

采用 Portal(门户)技术实现数据与产品共享服务整合，满足信息集成、个性化的内容聚合和定制分发需求，实现面向不同用户的气象资料服务的集约化、个性化，保证数据共享服务的扩展性。

12.8.2　基于 J2EE 的 SOA 架构体系的整合及集成

软件采用 B/S 架构进行设计，基于 J2EE 的 SOA 架构体系进行业务和数据资源的整合及集成，采用多层体系架构进行设计，保证功能自顶向下合理分解。通过分层 B/S 架构设计，可以限制子系统间的依赖关系，使系统以更松散的方式耦合，从而更易于建设、维护和改进；可以根据业务的变化，通过快速开发或者配置调整系统来适应金沙江下游梯级水电站气象综合服务系统集成软件新的业务需求。

12.8.3　高级消息队列

系统采用 RabbitMQ 消息中间件是因为它具有易用性、可扩展性、高可用性，系统中采集气象数据比较多、数据类型很多开启的线程来不及处理，所以可以用 MQ 的队列进行处理，数据采集后先放入 MQ 中，然后等各线程解析完之前的数据后再从 MQ 中去取，再进行解析处理。

采集程序将数据发送到 MQ 的 Broker，等待存储程序进行时使用，当存储程序执行完业务逻辑后，再发送给 Broker 消费成功，并且将此过程配置为异步，那么就不用每次等待，可以提高每个线程的利用率，为了保证幂等性，可以用分布式锁的概念，可以将每次采集的数据设置唯一索引，这样可以将索引作为 key 加到 Reid 中做校验，如果没有的话可以构造一个唯一的数据，userid＋操作数据 uuid 拼接作为 key。

12.8.4　数据交换格式技术

数据交换和配置采用 Json 数据格式，首先它使用的是独立的编程语言的文本格式来存储，其次是因为它数据结构简单明了，而且对于网络传输方面也是大大地提升了。主要用于在前后端接口交互使用，后端返回数据使用 Json 格式进行返回，金沙江下游梯级水电站气象综合服务系统使用前后端对接使用 Json 格式。在开发过程中带来了很多的方便。

Json 格式数据在带宽方面占用非常小，因为它会进行压缩处理。

Json 语言数据容易解析，主要是因为客户端通过 JavaScript 的 ecal()方法就可以处理 Json 格式数据的读取。

因为它能够给服务器端代码使用，提升了服务器端和客户端的工作效率及性能，并且完成的任务也是相同的，最主要的还是很容易维护。

12.8.5　数据缓存技术

Redis 是一个内存的存储数据库，它提供了多种数据类型供我们使用，其中在此系统中比较常用的就是字符串类型、集合类型。其他类型有列表类型、哈希类型。气象基础数据、地面实况数据、高空资料数据量大多数使用 Redis 中间件进行缓存，Redis 是将数据存在内存中，这样会大幅度提高调用效率。

在此系统中 Redis 采用多副本的形式部署，相对而言最大的优势就是可以实现主从复制，多个 Redis 服务之间数据可以实时同步，读和存分开操作。而且还支持数据的持久化和备份。这样可以提高服务的可靠性，主从复制的架构，能够在主库出现宕机或者出现故障时服务自动切换到主机和备机，支持备库变更为主库提供服务，可以保证平稳运行；从数据持久化来分析，将数据库持久化的功能开启和合理地配置备份策略，可以解决数据的异常丢失问题和人员的误操作，实现读写分离，可以有效提升高并发量和数据的准确性。

12.8.6 开发技术框架

Spring Boot 主要是 Spring 的升级版，它不再是只能使用 xml 来进行配置相关信息才能使用，有很多配置将在配置文件 yml 中进行配置以及以注解方式进行配置。这样开发人员不再需要进行复杂的配置项目的各种信息。对于现在的项目搭建直接使用 Spring Boot 框架，配置简单方便，可以使用 MVC 的模式将程序的处理分开，易于维护及开发，并且可以融入其他框架，比如 MQ、Mybatis 以及对数据库的连接等工作。

12.8.7 数据统计分析算法

常用统计分析计算包括对常用气象要素进行求平均值、极端值(最大值、最小值)、标准差、方差等。

12.8.7.1 平均值

平均值是描述某一气象要素变量样本平均水平的量，是代表样本取值中心趋势的统计量。定义 X_i 是 n 个变量组成的，对所有变量进行求和再除以个数 n，即为平均值：

$$\bar{x} = \frac{1}{n}\sum_{i=1}^{n} x_i \tag{12.1}$$

在计算机上编制程序计算算术平均值，可以按照上述方程对 x_i 的数据直接求和，再求平均得到 $\bar{x}$，也可用递推算法。令 $\bar{x}_0=0$ 对 $i=1,2,\cdots,n$，计算中间均值：

$$\bar{x}_i=\frac{i-1}{i}\bar{x}_{i-1}+\frac{1}{i}x_i=\bar{x}_{i-1}+\frac{1}{i}(x_i-x_{i-1}) \tag{12.2}$$

最终得到算术平均值 $x_k=(k=1,2,\cdots,p)$。

12.8.7.2 方差与标准差

方差和标准差是描述样本中数据与均值 $\bar{x}$ 为中心的平均振动幅度的特征量，这里分别记为 s^2 和 $r_k(X,U)=\frac{E[x_i(t)v_k(t)]}{E\left[x_i^2(t)\right]^{1/2}E\left[u_k^2(t)\right]^{1/2}}=\frac{\lambda_k l_k}{E\left[u_k^2(t)\right]^{1/2}}$。它们亦可以作为变量总体方差 σ^2 和标准差 σ 的估计。在气象中也常称标准差为均方差。

方差的计算公式为：

$$s^2 = \frac{1}{n}\sum_{i=1}^{n}(x_i-\bar{x})^2 \tag{12.3}$$

在计算机上，计算方差可以直接计算。但在处理实时资料时，采用递推算法可以减少很多计算量，即令 $\bar{x}_0=0, s_0^2=0$，对 $i=1,2,\cdots,n$，用方程 $\bar{x}_i=\bar{x}_{i-1}+\frac{1}{i}(x_i-x_{i-1})$ 递推计算出中间均值 $\bar{x}_i$，计算中间方差：

$$s_i^2=\frac{i-1}{i}\left[s_{i-1}^2+\frac{1}{i}(x_i-\bar{x}_{i-1})^2\right] \tag{12.4}$$

最终得到 $s^2=s_n^2$。当样本量 n 很大时，递推算法的计算量比直接计算要小得多。标准差计算公式为：

$$s=\sqrt{\frac{1}{n}(x_i-\bar{x})^2} \tag{12.5}$$

12.8.7.3　极端值

极端值是描述某一气象要素变量样本的极端量，包括最大值和最小值。

求极端值的方法是对样本数据序列按照数值大小进行排序后确定最大值、最小值。假设 X 为一变量，令 $X_1, X_2, \cdots, X_n$ 为 X 的一组随机样本，若按从大到小的次序排列，则可写为：$X_n * > \cdots > X_2 * > X_1 *$ 。这里所有的 $X_i *\ (i=1,2,\cdots,n)$ 都是所谓次序随机变率，其中 $X_n *$ 就是该样本的最大值，$X_1 *$ 就是该样本的最小值。

12.9　功能的设计与实现

12.9.1　系统登录

1. 登录名必须是本单位数据库中已经设置好的登录名，否则登录时会提示出错。

2. 读取浏览器端的 Cookie 值，如果员工以前登录过，则自动显示上次的登录名，光标定位在“密码”文本框。若以前没有登录过，则光标停留在“登录名”文本框，且文本框显示空白。

3. 密码长度不得超过 20 个字符，超过以后限制输入。可允许的字符至少要包括数字(0～9)、大写字母(A～Z)和小写字母(a～z)。但在这个登录页面，密码不受到限制。在这里如果密码不正确，则无法进入系统。限制密码格式是在后面的“修改登录密码”模块才涉及的。

4. 密码用掩码 ＊ 显示，长度根据已设值进行限制(默认为 8～20 位)，不能为空。若为空或没有按照格式输入，则显示“密码错误，请重试！”(图 12.12)。

图 12.12　系统登录界面

12.9.2 流域监测

12.9.2.1 流域预报

以色斑图的方式显示包含金沙江流域在内的长江流域未来 7 d 5 km×5 km 网格预报产品，可显示的气象要素包括气温、风速、降水。可通过手动滑动时间轴或自动滚动的方式动态展示未来 7 d 流域内的天气变化(图 12.13)。

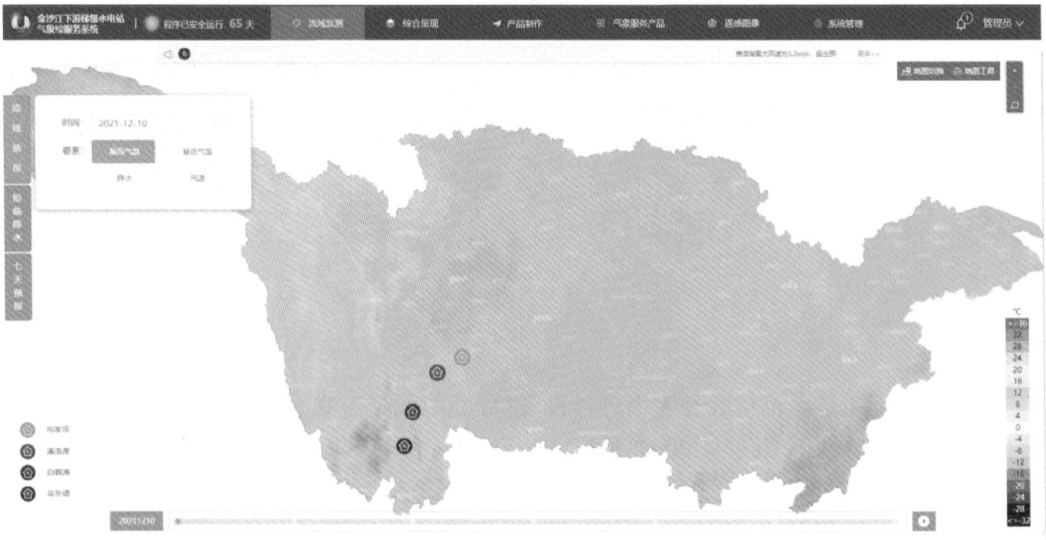

图 12.13 流域预报

12.9.2.2 短临降水

短临降水主要是雷达预测降水，可预测未来 2 h 长江流域降水过程(图 12.14)。

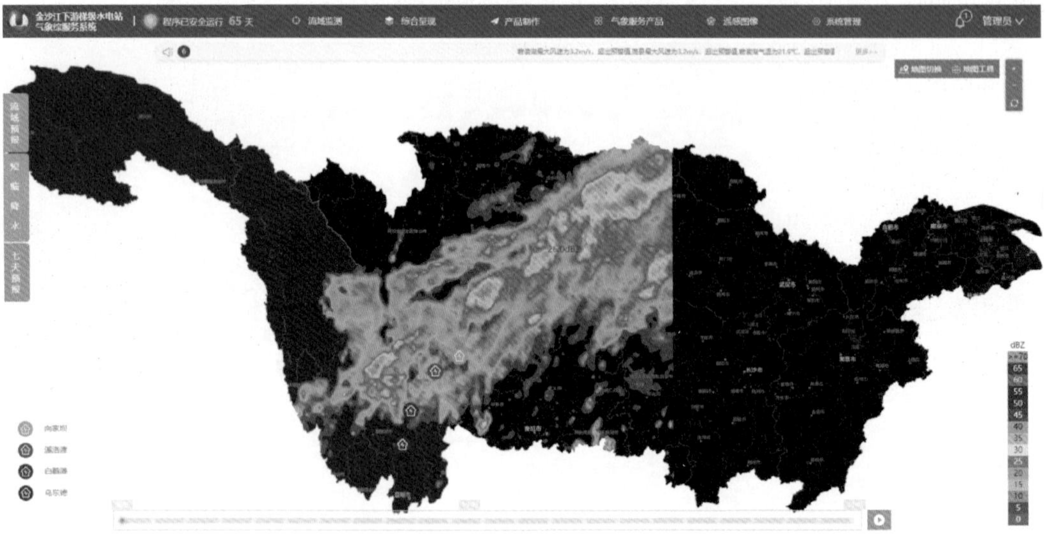

图 12.14 短临降水

12.9.2.3　7 d 预报

通过点击地图上的站点图标后展示该站点未来 7 d 预报及详情。预报内容有天气现象、气温、降水等(图 12.15)。

图 12.15　7 d 预报

12.9.2.4　气象要素报警

通过轮播的方式展示报警信息并伴有报警声音提示(图 12.16)。

图 12.16　气象要素报警

12.9.3 综合呈现

12.9.3.1 站点实况

结合 GIS 地理信息展示气温、降水、大风、湿度和气压实况数据。该数据主要为金沙江流域气象观测站点数据，站点类型包括区域气象站、国家基本气象站以及坝区自建气象站(图 12.17)。

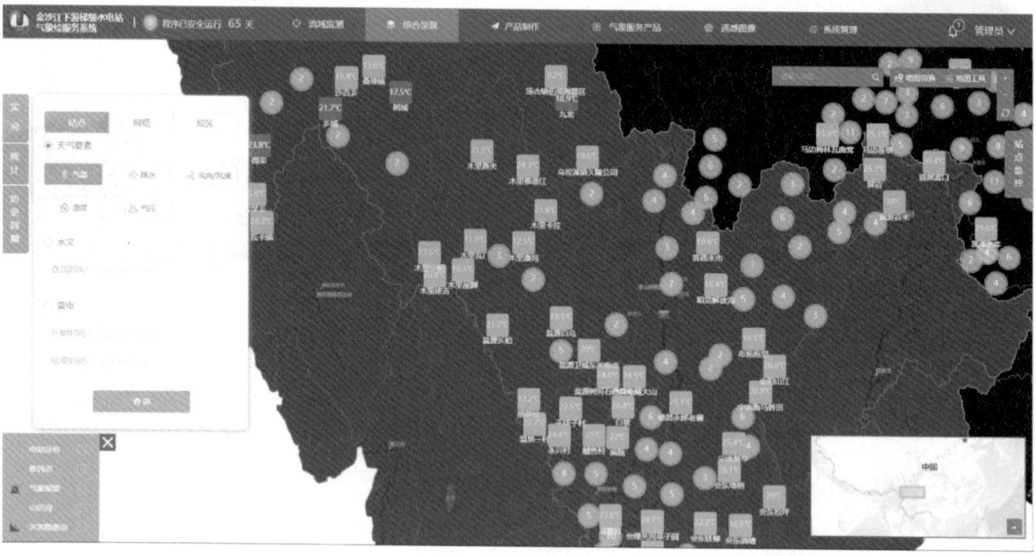

图 12.17 站点实况

12.9.3.2 网格实况

通过解析每小时更新的 1 km×1 km 实况网格产品，绘制出长江流域内的各气象要素色斑图、等值线。支持鼠标放置于色斑图上任意位置时显示对应点的要素值。显示的气象要素包括气温、降水、风速、湿度(图 12.18)。

图 12.18 气温网格实况

12.9.3.3　坝区实况

结合折线图及表格展示 4 个坝区分钟数据，能够查看历史任意时间段数据，并能实时观测数据情况，包括风速、风向、气温、气压、相对湿度及降水(图 12.19 和图 12.20)。

图 12.19　坝区实况表格

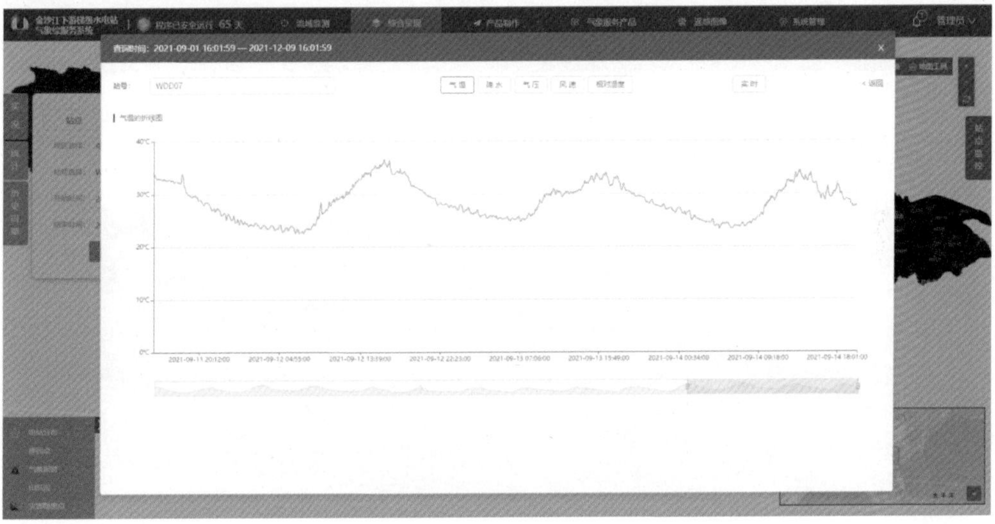

图 12.20　坝区实况折线图

12.9.3.4 历史统计

(1)逐小时统计

选择某段时间后查询站点逐小时数据，展示方式为折线图、表格，并提供数据下载（图 12.21）。

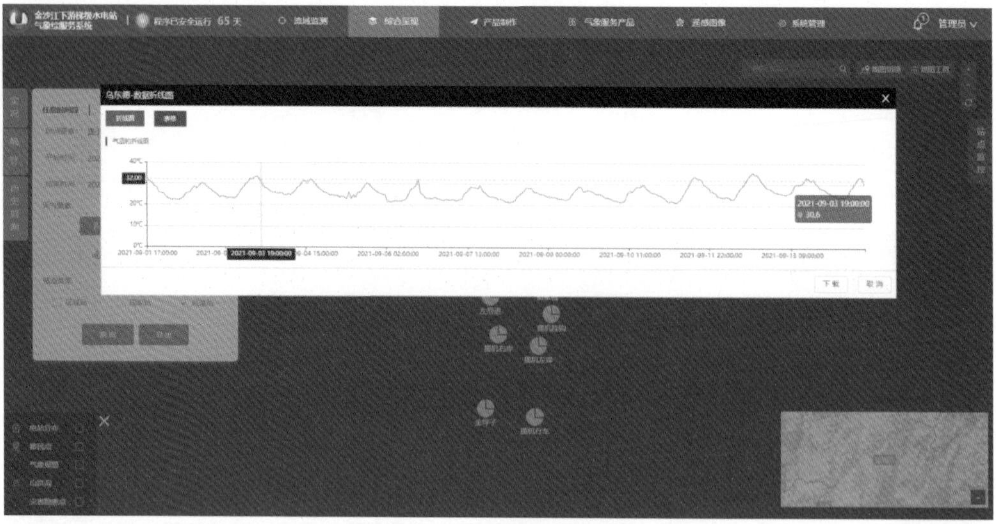

图 12.21 逐小时统计折线图

(2)小时统计

选择某段时间，时间可详细到小时，例如查询一周内每天 02 时到 04 时的数据进行统计（图 12.22）。

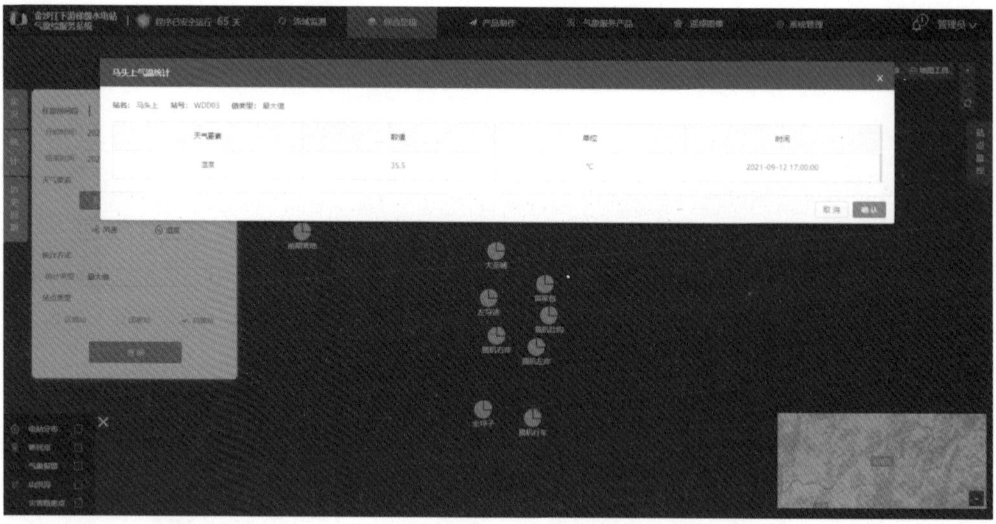

图 12.22 小时统计

(3)单日统计

单日统计可查询选择时间段内每日平均、最高、最低的折线图(图 12.23)。

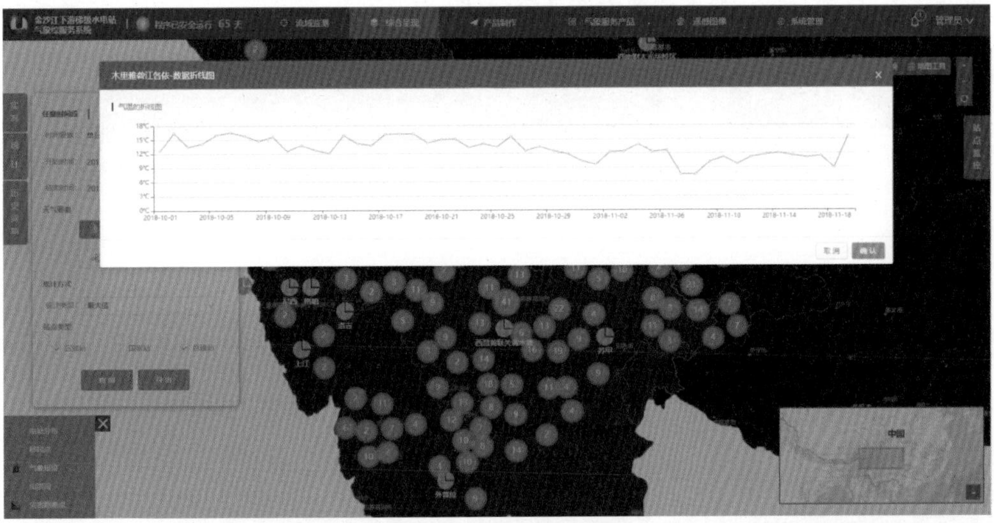

图 12.23　单日统计最大值

12.9.3.5　多日统计

该功能可选择任意连续几天,计算最高值、最低值、平均值、标准差、方差等,以及气温、降雨、风速、湿度四要素选择统计(图 12.24)。

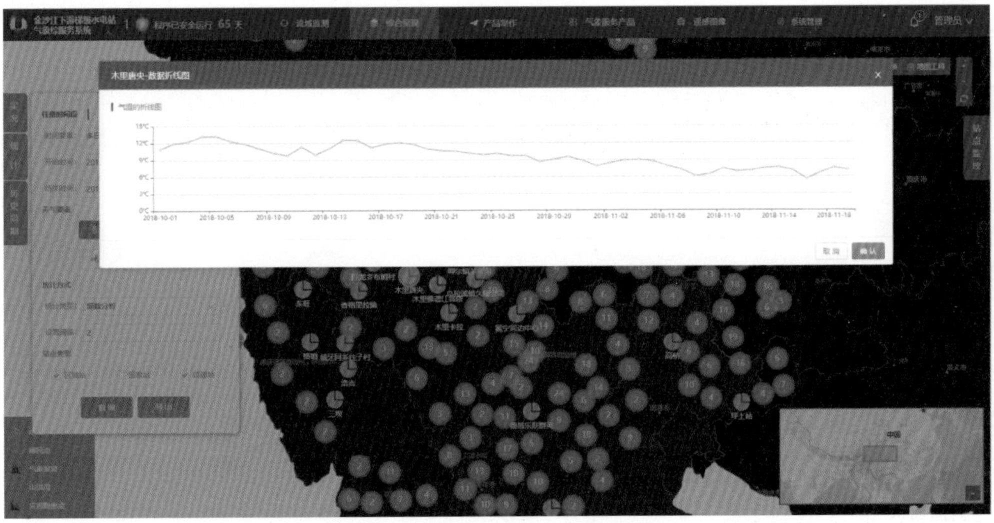

图 12.24　多日统计频数分析

12.9.3.6 旬统计

该功能可选择任意月，统计选择月上旬、中旬、下旬，计算最高值、最低值、平均值、标准差、方差等及气温、降雨、风速、湿度四要素选择统计(图 12.25)。

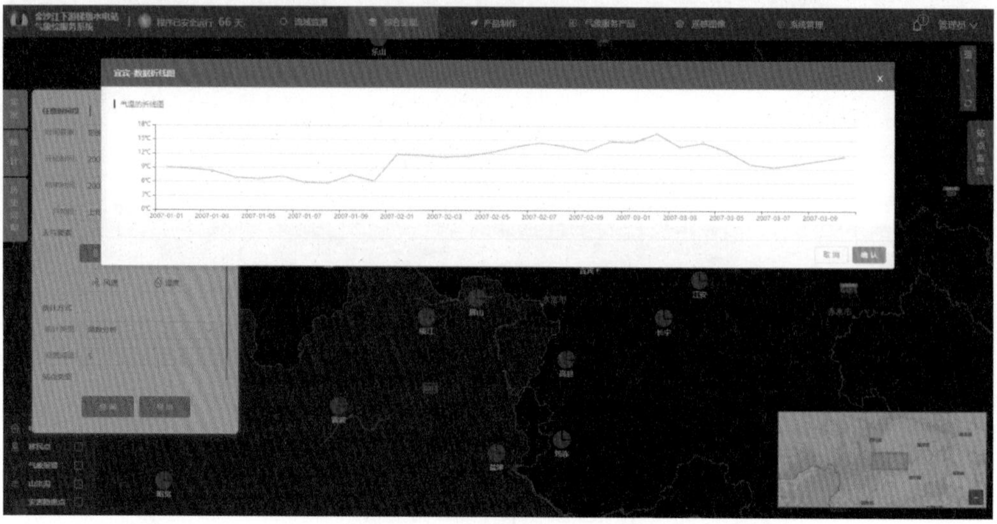

图 12.25 旬统计频数分析

12.9.3.7 年统计

该功能可选择任意年，计算最高值、最低值、平均值、标准差、方差等(图 12.26)。

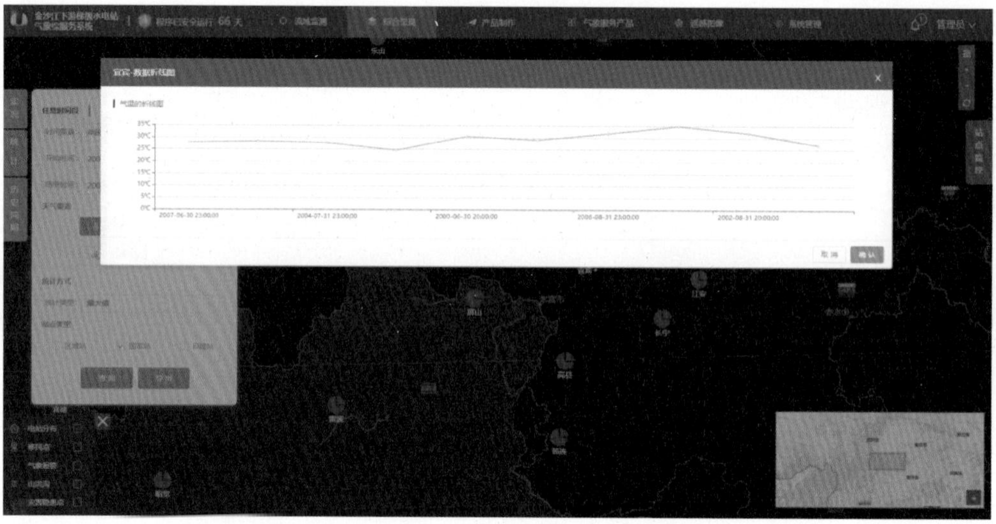

图 12.26 年统计最大值

12.9.4 电站分布

结合 GIS 地理信息展示四个水电站分布情况，并且可查询各水电站当前实况数据，气温、降水、风速等情况（图 12.27）。

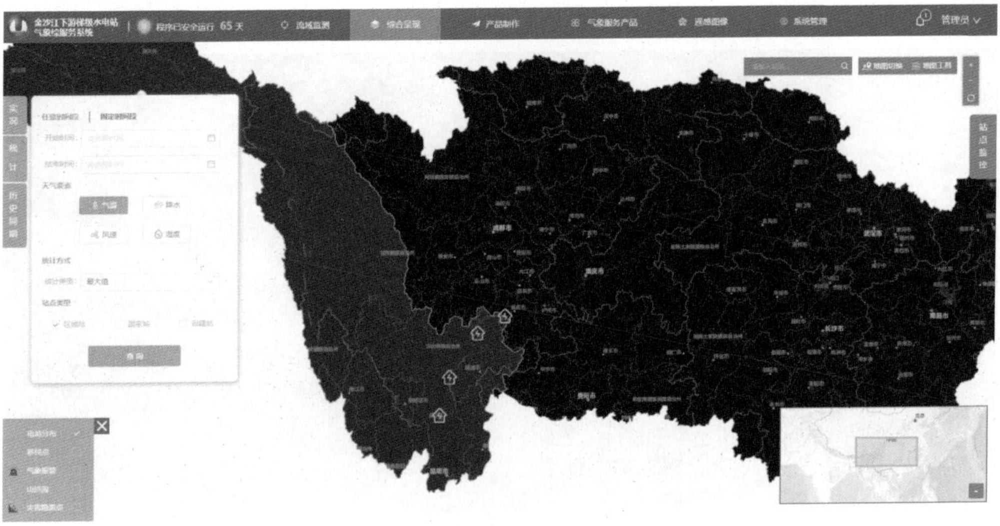

图 12.27　电站分布情况

12.9.5 移民点

结合 GIS 地理信息展示流域内的移民点详细情况（图 12.28）。

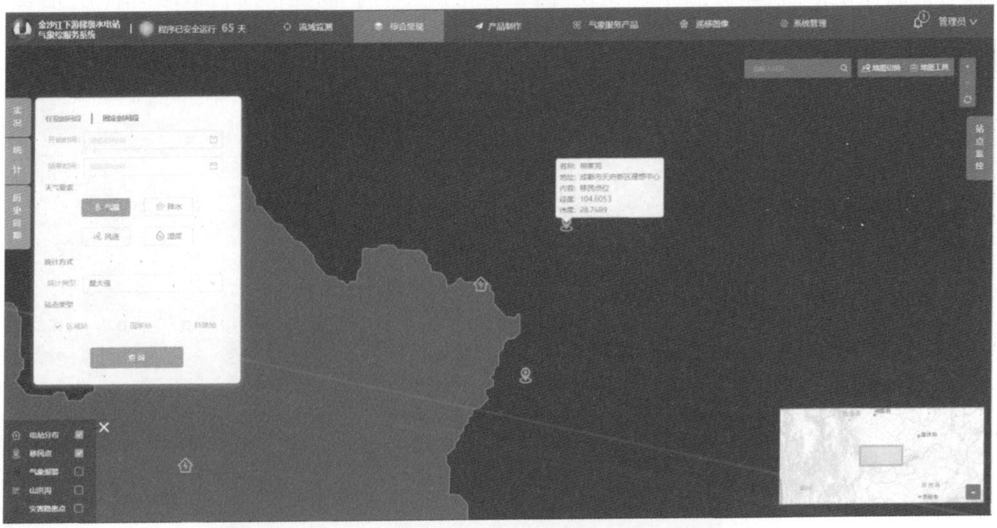

图 12.28　移民点

12.9.6 气象预警

勾选界面左下侧气象预警复选框，会显示流域范围内相关的气象预警信息，其最小行政区划粒度为县级。预警信息每 5 min 更新一次，对于超过时效或者解除的预警不再显示（图 12.29）。

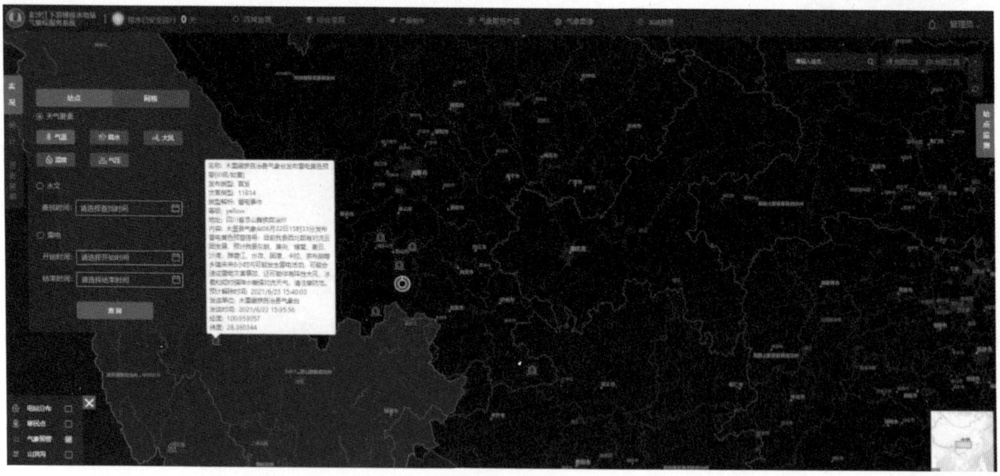

图 12.29 气象预警

12.9.7 灾害隐患点

结合 GIS 展示流域内灾害隐患点详细信息。在地图上标注出流域内的灾害隐患点，鼠标点击后显示其详细信息，包括隐患点名称、隐患点编码、类型、经纬度等（图 12.30）。

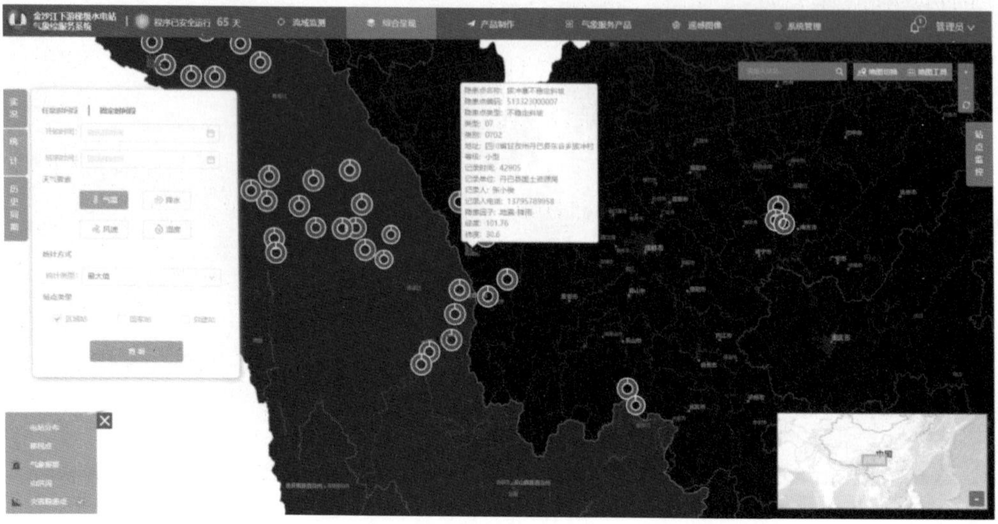

图 12.30 灾害隐患点

12.9.8　山洪沟

山洪沟主要展示流域内山洪沟所在位置以及山洪沟的详细情况(图 12.31)。

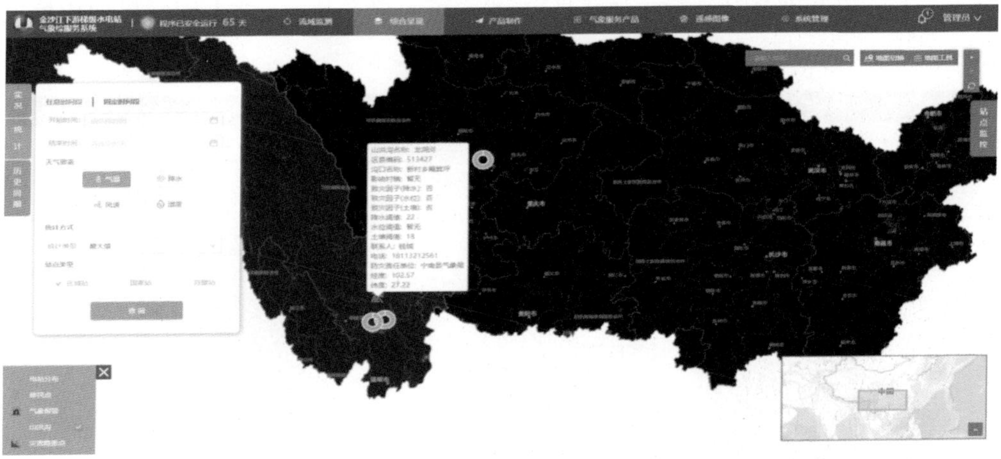

图 12.31　山洪沟

12.9.9　历史同期

统计一段时间内与过去几年同时期的数据对比趋势,结合 GIS 及图表展示,可以分别实现日、月、年数据的对比(图 12.32)。

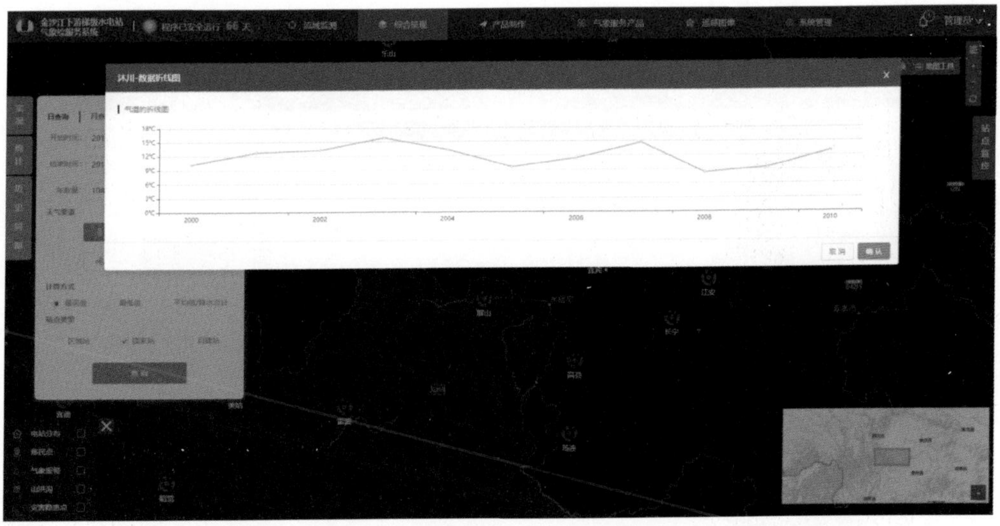

图 12.32　历史同期数据折线图

12.9.10 产品制作

12.9.10.1 产品模板

产品模板在制作产品时进行预加载显示，用户可根据产品类型选择对应的制作模板（图12.33）。

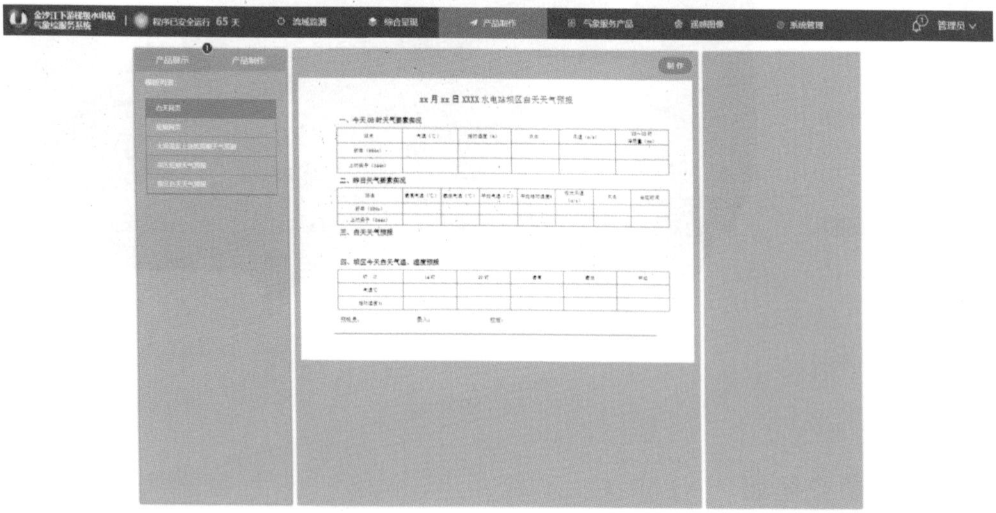

图 12.33 产品模板

12.9.10.2 产品制作

根据产品模板输入需要输入的产品内容，并点击制作即可完成产品制作（图 12.34）。

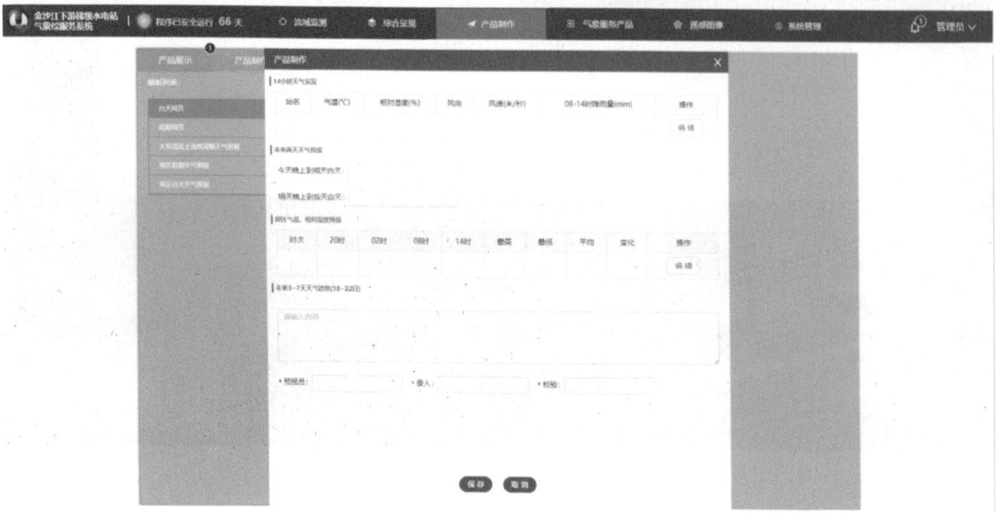

图 12.34 产品制作

12.9.10.3　产品审核

产品审核针对产品制作成功后将其提交至审核权限账号，由审核权限账号进行审核。可同意审核和驳回审核，并且支持附加审核意见（图 12.35）。

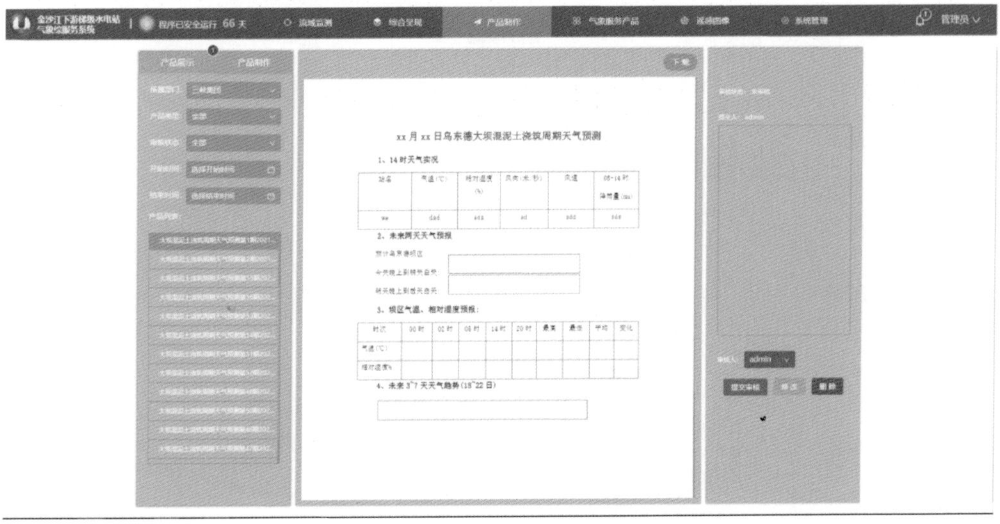

图 12.35　产品审核

12.9.10.4　产品分发

产品分发针对产品审核通过后，由产品制作权限账号进行产品发布，可以通过 FTP、共享文件夹等方式进行分发（图 12.36）。

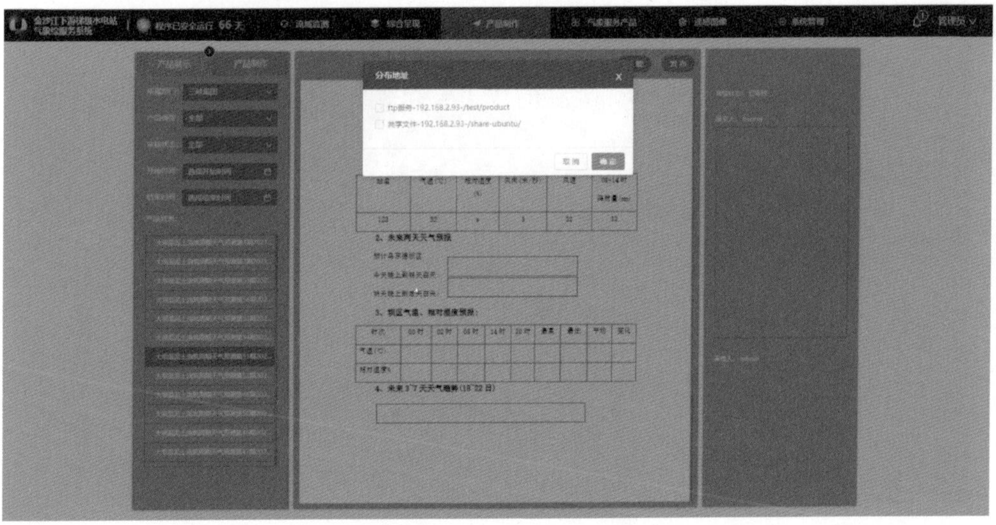

图 12.36　产品分发

12.9.10.5　短信模板制作

根据填写的内容自动生成短信模板，并可以直观看到短信编辑结果(图 12.37)。

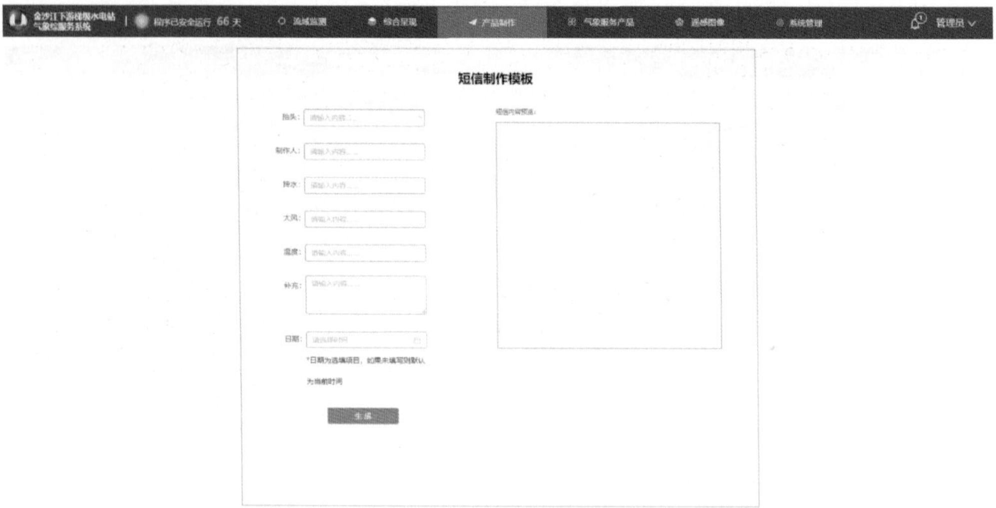

图 12.37　短信模板制作

12.9.11　遥感图像

平台展示长江流域、西南区域雷达拼图、卫星云图并根据实时情况进行更新展示。可支持基于时间轴的播放、暂停等功能(图 12.38 和图 12.39)。

图 12.38　长江流域雷达拼图

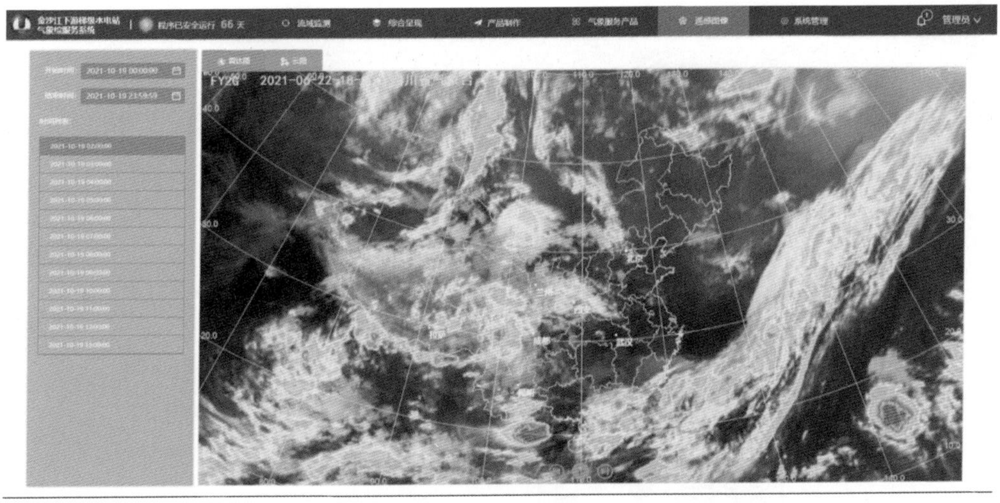

图 12.39　卫星云图

12.9.12　气象服务产品

气象服务产品展示短期、中期、长期预报产品。主要是以 PDF 的方式进行展示。文件由气象局、坝区气象工作人员发布（图 12.40 和图 12.41）。

图 12.40　气象服务产品示例一

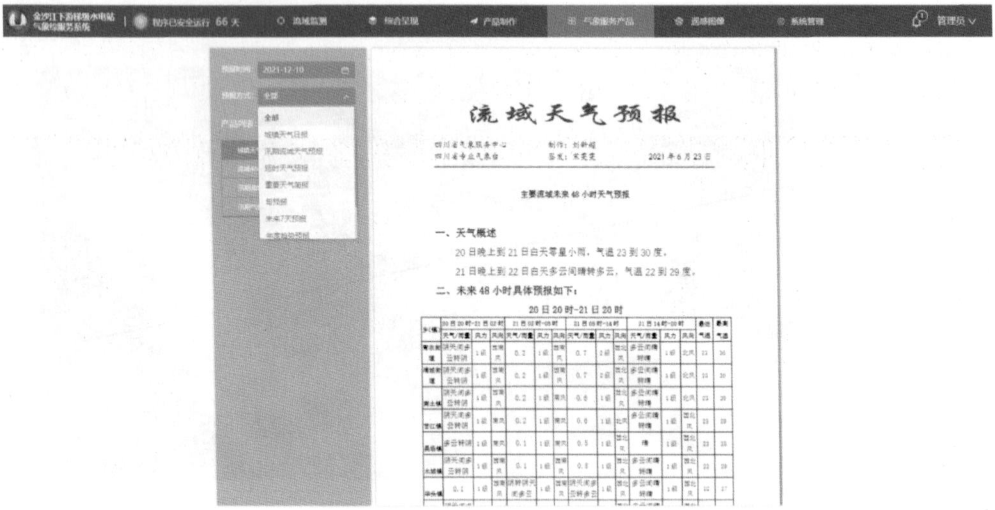

图 12.41　气象服务产品示例二

12.9.13　系统管理

12.9.13.1　用户管理

对用户的角色分配做配置，增加用户、修改用户信息等(图 12.42)。

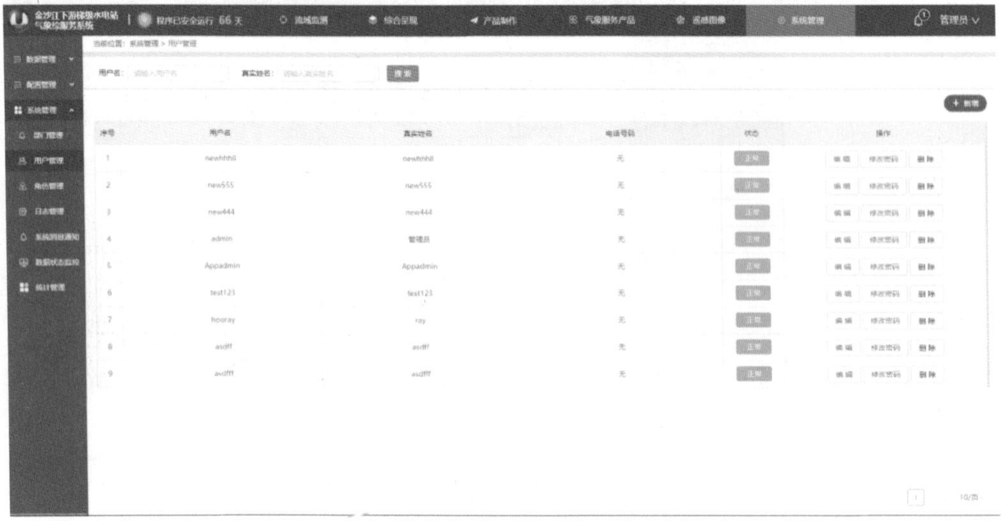

图 12.42　用户管理

12.9.13.2　阈值管理

编辑站点的各种要素的阈值、可以新增站点并配置相关要素的阈值、可以删除选中的站点及相关阈值信息、可以通过站名和站号来进行搜索、批量上传阈值数据(图 12.43)。

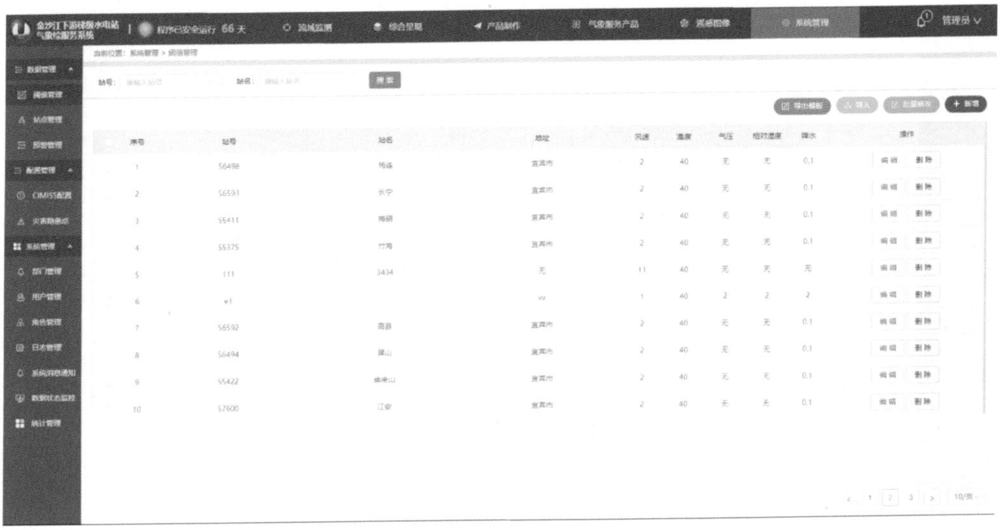

图 12.43　阈值管理

12.9.13.3　站点管理

系统具有气象监测站点管理功能,可添加、编辑、删除站点。可设置站点的站号、站名、类型、区域、所属区县、经纬度等信息,还可实现站点的批量导入、导出等(图 12.44)。

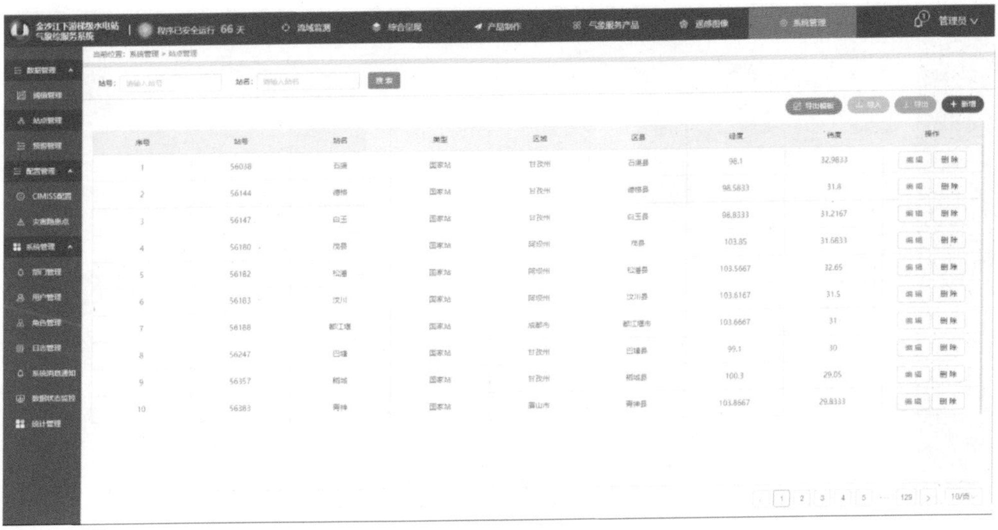

图 12.44　站点管理

12.9.13.4 部门管理

部门管理可提供识别用户是属于哪一个部门的，并且有效判断出支持制作产品的类型(图12.45)。

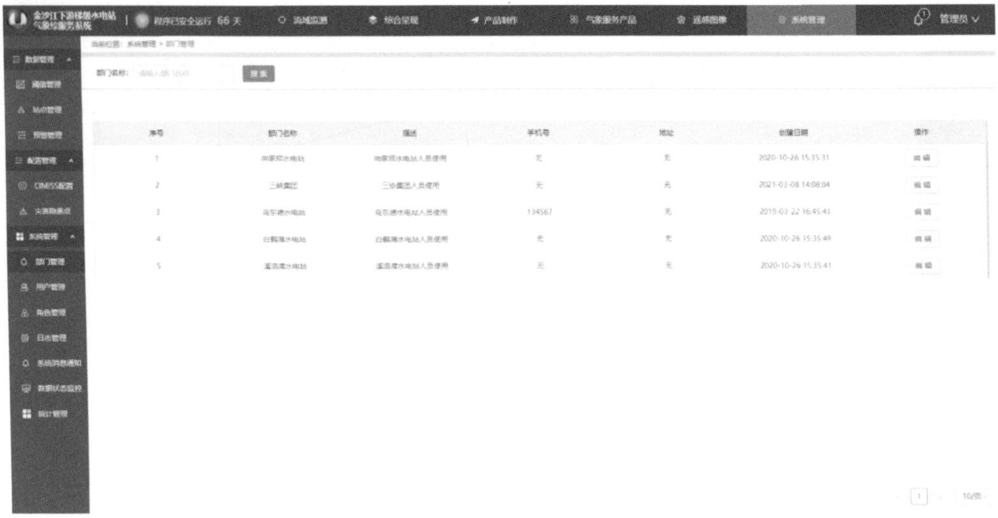

图 12.45 部门管理

12.9.13.5 角色管理

可对用户的角色分配做配置，修改选中的用户信息，删除、修改选中的用户，根据用户名搜索用户。

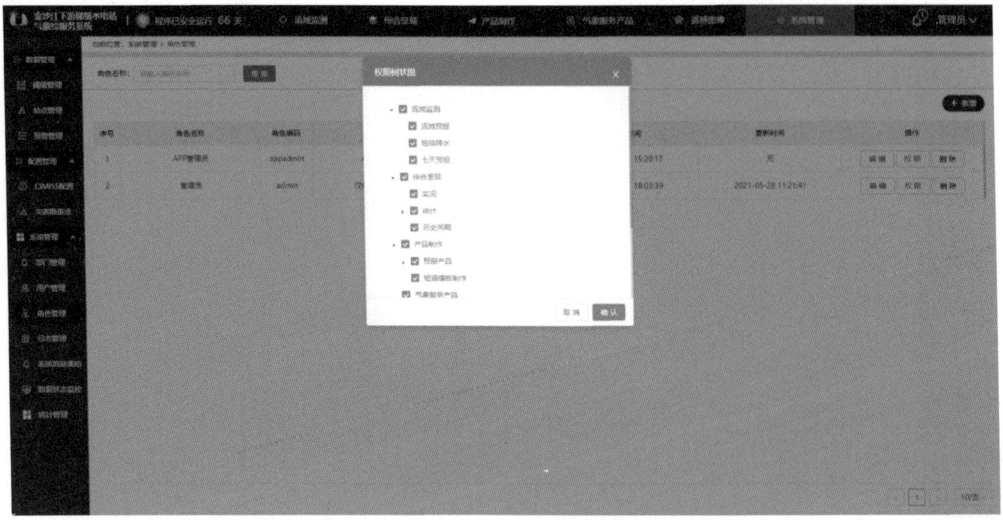

图 12.46 角色管理

12.9.13.6　日志管理

对系统的日志进行管理。记录时间是指日志生成的时间；操作者指的是产生这条日志的人；备注是对于这个操作的一些提示；参数是在本次操作时提交的表单参数；IP 指的是本次操作的主机 IP(图 12.47)。

图 12.47　日志管理

12.9.13.7　数据状态监控

数据监控功能每小时执行数据文件扫描、数据库数据状态查询，查看自建站、气象站、格点数据等是否正常到达、正常更新。可直观查看相关气象产品和基础数据采集和处理状态(图 12.48)。

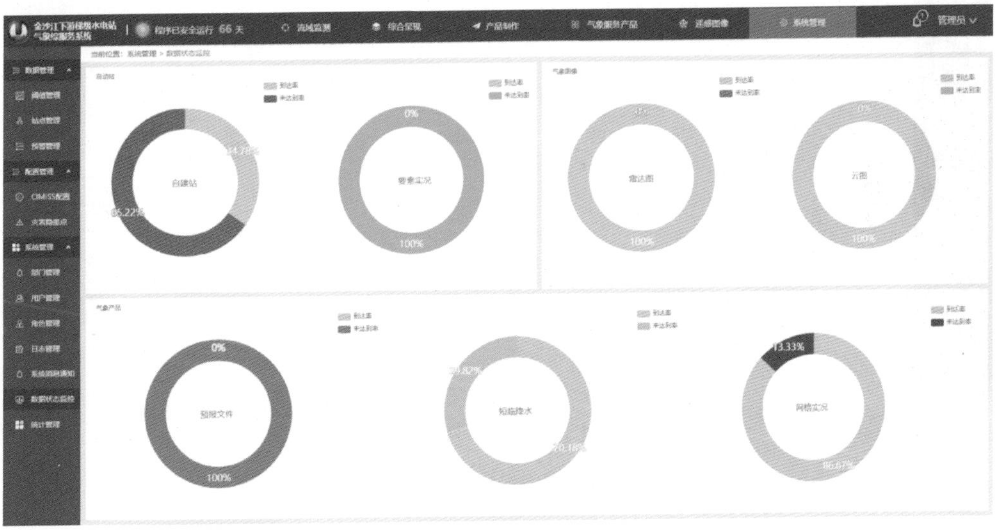

图 12.48　数据状态监控

12.9.13.8 统计管理

统计管理功能可根据时间、类型等查询气温、降水、风速、湿度的历史数据(图 12.49)。

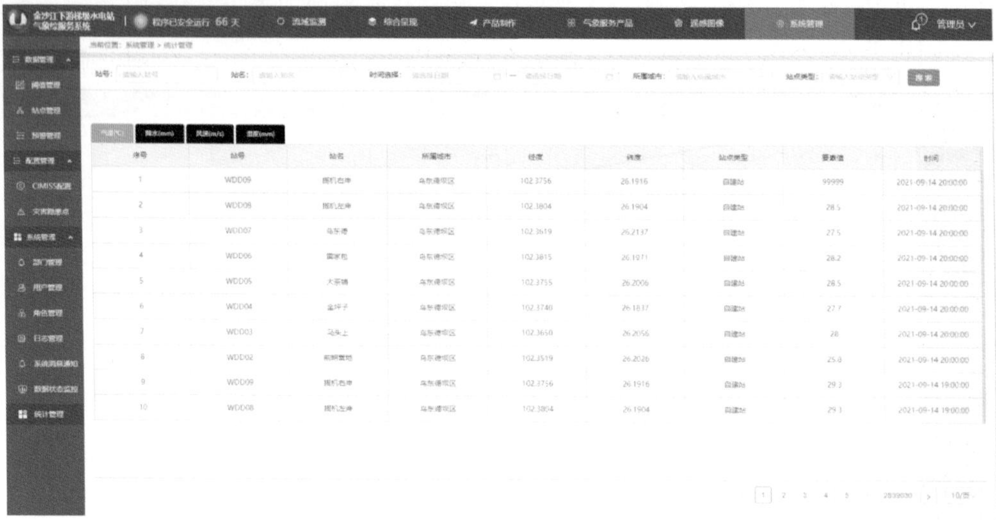

图 12.49 统计管理

12.9.13.9 系统消息

查看本账号接收到的系统消息,可以删除接收到的消息、发布消息、查看本账号发布的所有消息,可以再次编辑或者删除、输入消息名称来搜索消息(图 12.50)。

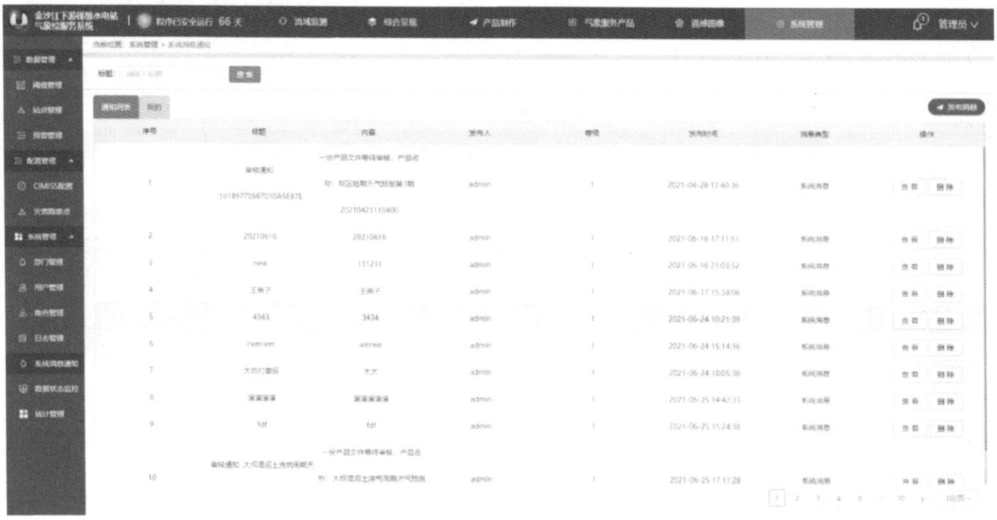

图 12.50 系统消息

12.9.13.10　CIMISS 管理

系统使用的大部分基础气象数据来自 CIMISS 平台接口，该模块可对 CIMISS 的接入信息进行配置管理(图 12.51)。

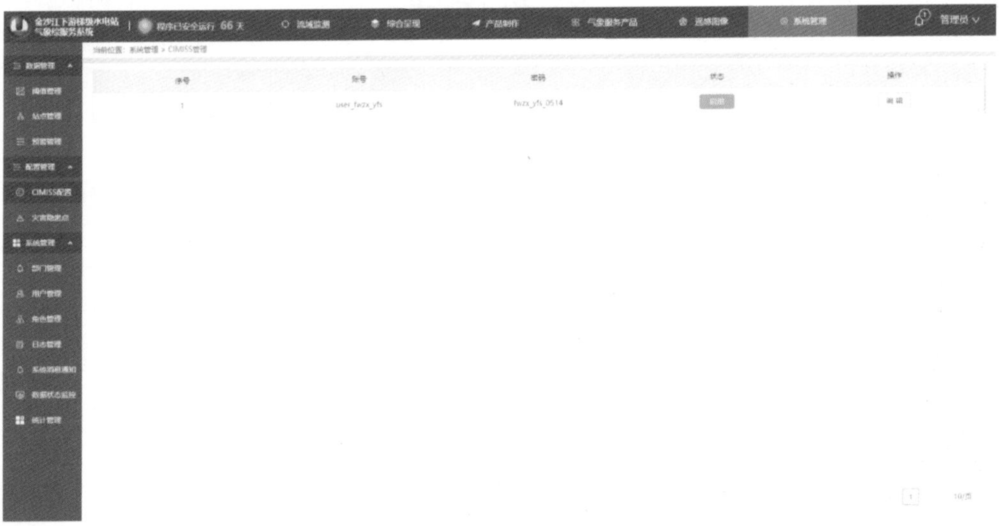

图 12.51　CIMISS 管理

12.9.13.11　灾害隐患点

该模块实现对灾害隐患点信息的查询、编辑、管理(图 12.52)。

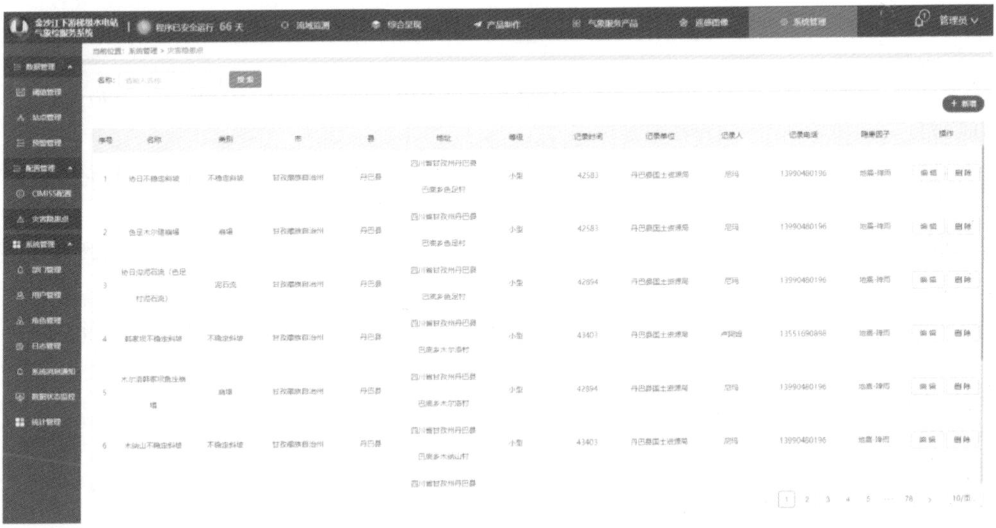

图 12.52　灾害隐患点

参考文献

陈红玉，钟爱华，李建美，等，2009. 风廓线雷达资料在强降水预报中的应用[J]. 云南地理环境研究，21(5)：63-68.

陈业国，农孟松，2010. 2008 年 6 月广西持续性暴雨的诊断与数值模拟[J]. 气象科学，30(2)：250-255.

陈忠明，徐茂良，闵文彬，等，2003. 1998 年夏季西南低涡活动与长江上游暴雨[J]. 高原气象，22(2)：6.

方宇凌，简茂球，2011. 2003 年夏季华南持续高温天气过程及热力诊断[J]. 热带海洋学报，30(3)：30-37.

高守亭，崔春光，2007. 广义湿位涡理论及其应用研究[J]. 暴雨灾害，26(1)：5-10.

郭渠，孙卫国，程炳岩，等，2009. 重庆近 48 年来高温天气气候特征及其环流形势[J]. 长江流域资源与环境，18(1)：52-59.

何导，1981. 长江上游 1981 年 7 月的暴雨洪水[J]. 中国水利(4)：30-31.

李锦状，2017. 超高层建筑临时支撑结构风压及风致反应的研究[D]. 北京：北京交通大学.

李秀连，2002. 首都机场寒潮强风极值出现条件的分析 [J]. 气象，28(11)：42-44.

李燕，程航，吴杞平，2013. 渤海大风特点以及海陆风力差异研究[J]. 高原气象，32(1)：298-304.

李莹慧，2017. 白鹤滩水电站施工区域风场特性及防风措施的数值模拟研究[D]. 西安：西安理工大学.

李云泉，张瑞萍，陈优平，2005. 2003 年嘉兴市持续高温天气分析[J]. 气象，31(6)：60-63.

廉毅，沈柏竹，高枞亭，2005. 中国气候过渡带干旱化发展趋势与东亚夏季风、极涡活动相关研究[J]. 气象学报，63(5)：740-749.

廖胜石，罗建英，姚秀萍，等，2008. 广西西江流域致洪暴雨过程中尺度特征及机制分析[J]. 高原气象，27(5)：1161-1171.

林建，毕宝贵，何金海，2005. 2003 年 7 月西太平洋副热带高压变异及中国南方高温形成机理研究[J]. 大气科学，29(4)：594-599.

刘芝芹，王克勤，等，2010. 金沙江干热河谷坡面降雨产流特征的分析[J]. 石河子大学学报(自然科学版)，28(2)：227-231.

马晨晨，余晔，何建军，等，2016. 次网格地形参数化对 WRF 模式在复杂地形区风场模拟的影响[J]. 干旱气象，34(1)：96-105，124.

马月枝，王新红，叶东，等，2010. 一次春季冷锋过境引起的大风天气分析[J]. 气象与环境科学，33(3)：41-47.

苗爱梅，贾利冬，武捷，2010. 近 51 a 山西大风与沙尘日数的时空分布及变化趋势[J]. 中国沙漠，30(2)：452-460.

潘新民，祝学范，黄智强，等，2012. 新疆百里风区地形与大风的关系[J]. 气象，38(2)：234-237.

秦丽，李耀东，高守亭，2006. 北京地区雷暴大风的天气—气候学特征研究[J]. 气候与环境研究，11(6)：754-762.

沈茜，马红，何娟，2016. 溪洛渡水电站 2016 年初夏首场暴雨诊断分析[J]. 高原山地气象研究，36(4)：17-22.

沈桐立，曾瑾瑜，朱伟军，等，2010. 2006 年 6 月 6—7 日福建特大暴雨数值模拟和诊断分析[J]. 大气科学学报(1)：16-26.

唐金旺，2017. 喇叭口地形桥址强风特性风洞试验及 CFD 模拟研究[D]. 西安：西安科技大学.

陶丽，黄瑶，袁梦，2020. 金沙江下游白鹤滩水电站“6·28”极端强降雨特征研究[J]. 高原山地气象研究，40(04)：30-35.

屠妮妮，陈静，何光碧，2008. 高原东侧一次大暴雨过程动力热力特征分析[J]. 高原气象，27(4)：11.
王文，许金萍，蔡晓军，等，2017. 2013 年夏季长江中下游地区高温干旱的大气流特征及成因分析[J]. 高原气象，36(6)：1595-1607.
吴国雄，蔡雅萍，唐晓菁，1995. 湿位涡和倾斜涡度发展[J]. 气象学报，53(4)：387-405.
杨贵名，毛冬艳，姚秀萍，2006. "强降水和黄海气旋"中的干侵入分析[J]. 高原气象，25(1)：13.
杨克明，毕宝贵，李月安，等，2001. 1998 年长江上游致洪暴雨的分析研究[J]. 气象，27(8)：9-14.
杨诗芳，郝世峰，冯晓伟，等，2010. 杭州短时强降水特征分析及预报研究[J]. 科技通报，26(4)：8.
杨文发，訾丽，张俊，等，2020. "20・8"与"81・7"长江上游暴雨洪水特征对比分析[J]. 人民长江，51(12)：98-103.
殷雪莲，郭建华，董安祥，等，2008. 沿祁连山两次典型强降水天气个例对比分析[J]. 高原气象，27(1)：9.
张俊兰，张莉，2011. 一次天山翻山大风天气的诊断分析及预报[J]. 沙漠与绿洲气象，5(5)：13-17.
张庆云，陶诗言，张顺利，2003. 夏季长江流域暴雨洪涝灾害的天气气候条件[J]. 大气科学，27(6)：13.
张天宇，程炳岩，李永华，等，2010. 1961—2008 年三峡库区极端高温的变化及其与区域性增暖的关系[J]. 气象，36(12)：86-93.
张晓红，贾天山，胡雯，2009. 2007 年淮河流域雨季暴雨多尺度环流分析[J]. 大气科学学报，32(2)：321-326.
张迎新，张守保，2010. 2009 年华北平原大范围持续性高温过程的成因分析[J]. 气象，36(10)：8-13.
张羽，牛生杰，于华英，等，2010. 雷州半岛"07.8"致洪特大暴雨的数值模拟[J]. 大气科学学报(1)：11.
郑京华，董光英，梁涛，等，2009. 一次西南涡东移诱发的罕见暴雨诊断分析[J]. 暴雨灾害．28(3)：229-234.
郑亦佳，刘树华，缪育聪，等，2016. YSU 边界层参数化方案中不同地形订正方法对地面风速及温度模拟的影响[J]. 地球物理学报，59(3)：803-815.
周秋雪，康岚，蒋兴文，等，2019. 四川盆地边缘山地强降水与海拔的关系[J]. 气象，45(06)：811-819.
周淑玲，吴增茂，闫丽凤，2008. 山东半岛一次强暴雨的分析和数值模拟[J]. 高原气象，27(5)：12.
朱乾根，林锦瑞，寿绍文，等，2000. 天气学原理和方法[M]. 北京：气象出版社．
朱艳峰，宇如聪，2003. 川西地区夏季降水的年际变化特征及与大尺度环流的联系[J]. 大气科学(6)：1045-1056.
邹海波，吴珊珊，单九生，等，2015. 2013 年盛夏中国中东部高温天气的成因分析[J]. 气象学报，73(3)：481-495.
AGHELPOUR P，MOHAMMADI B，BIAZAR S M，2019. Long-term monthly average temperature forecasting in some climate types of Iran，using the models SARIMA，SVR，and SVR-FA[J]. Theoretical and Applied Climatology，138(3)，1471-1480.
BASTOS B Q，OLIVEIRA F L C，HYNDMAN R J，2021a. U-Convolutional model for spatiotemporal wind speed forecasting[J]. International Journal of Forecasting，37：949-970.
BASTOS B Q，CYRINO OLIVEIRA F L，MILIDIÚR L，2021b. Componentnet：Processing U-and V-components for spatio-Temporal wind speed forecasting[J]. Electric Power Systems Research，192：106922.
CHEN Y，ZHANG S，ZHANG W，et al，2019. Multifactor spatio-temporal correlation model based on a combination of convolutional neural network and long short-term memory neural network for wind speed forecasting[J]. Energy Conversion and Management，185：783-799.
CHEN Z，JIAZE E，ZHANG X，et al，2020. Multi-Task Time Series Forecasting With Shared Attention[C]//2020 International Conference on Data Mining Workshops (ICDMW). IEEE：917-925.
CHEN Y，WANG Y，DONG Z，et al，2021. 2-D regional short-term wind speed forecast based on CNN-LSTM deep learning model[J]. Energy Conversion and Management，244：114451.
CHENG J，HUANG K，ZHENG Z，2020. Towards better forecasting by fusing near and distant future visions[J]. Intell：3593-3600.
COSTA A，CRESPO A，NAVARRO J，et al，2008. A review on the young history of the wind power short-

term prediction[J]. Pergamon,12:1725-1744.

DENG J,CHEN X,JIANG R,et al,2021. A Multi-view Multi-task Learning Framework for Multi-variate Time Series Forecasting[J]. arXiv:2109. 01657.

GAN Z,LI C,ZHOU J,et al,2021. Temporal convolutional networks interval prediction model for wind speed forecasting[J]. Infrared physics and technology,191:106865.

HAFERMANN L,BECHER H,HERRMANN C,et al,2021. Statistical model building:Background "knowledge" based on inappropriate preselection causes misspecification[J]. BMC Med. Res. Methodol,21:196.

HU Q,ZHANG S,XIE Z,et al,2014. Noise model-based v-support vector regression with its application to short-term wind speed forecasting[J]. Neural Networks,57:1-11.

JASEENA K U,KOVOOR B C,2021. Decomposition-based hybrid wind speed forecasting model using deep bidirectional LSTM networks[J]. Energy Conversion and Management,234:113944.

JAWED S,RASHED A,SCHMIDT-THIEME L,2019. Multi-step Forecasting via Multi-task Learning[C]// 2019 IEEE International Conference on Big Data (Big Data). IEEE:790-799.

JI G R,HAN P,ZHAI Y J,2007. Wind speed forecasting based on support vector machine with forecasting error estimation[C]//Machine Learning and Cybernetics,2007 International Conference on. IEEE:2735-2739.

JIMÉNEZ P A,DUDHIA J,2013. On the ability of the WRF model to reproduce the surface wind direction over complex terrain[J]. Journal of Applied Meteorology and Climatology,52(7):1610-1617.

LAI Y,DZOMBAK D A,2020. Use of the autoregressive integrated moving average (ARIMA) model to forecast near-term regional temperature and precipitation[J]. Weather and Forecasting,35(3),959-976.

LALARUKH K,YASMIN J,1997. Time series models to simulate and forecast hourly averaged wind speed in Quetta,Pakistan[J]. Solar Energy,61(1):23-32.

LANDBERG L,1999. Short-term prediction of the power production from wind farms[J]. Journal of Wind Engineering and Industrial Aerodynamics,80,207-220.

LARA-BENÍTEZ P, CARRANZA-GARCÍA M, RIQUELME J C, 2021. An Experimental Review on Deep Learning Architectures for Time Series Forecasting[J]. arXiv:2103. 12057.

LIN Y L,FARLEY R D,ORVILLE H D,1983. Bulk parameterization of the snow field in a cloud mode[J]. Journal of Climate and Applied Meteorology,22(6):1065-1092.

LIU X,ZHANG H,KONG X,et al,2020. Wind speed forecasting using deep neural network with feature selection[J]. Neurocomputing,397:393-403.

LIU H, WU Q, ZHUANG F, et al, 2021. Community-Aware Multi-Task Transportation Demand Prediction [C]//Proceedings of the AAAI Conference on Artificial Intelligence,35(1):320-327.

MA H,MA X L,MEI S W,et al,2021. Improving the near-surface wind forecast around the Turpan basin of the Northwest China by using the WRF_topowind model[J]. Atmosphere,12(12):1624.

MASS C,OVENS D,2010. WRF model physics:Problems,solutions and a new paradigm for progress [A]. Preprints,2010 WRF Users'Workshop,Boulder,CO,NCAR.

MEMARZADEH G,KEYNIA F,2020. A new short-term wind speed forecasting method based on fine-tuned LSTM neural network and optimal input sets[J]. Energy Conversion and Management,213:112824.

MOHANDES M. A,HALAWANI T O,REHMAN S,2004. Support vector machines for wind speed prediction [J]. Renewable Energy,29(6):939-947.

NEGNEVITSKY M. ,JOHNSON P,SANTOSO S,2007. Short term wind power forecasting using hybrid intelligent systems[C]//Power Engineering Society General Meeting. IEEE.

NESHAT M,NEZHAD M,ABBASNEJAD E,et al,2020. An evolutionary deep learning method for shortterm wind speed prediction:a case study of the lillgrund offshore wind farm[J]. Computer Science(24):79525.

NGUYEN L H, PAN Z, OPENIYI O, et al, 2019. Self-boosted time-series forecasting with multi-task and multi-view learning[J].

OUYANG X,XU S,ZHANG C,et al,2019. A 3D-CNN and LSTM based multi-task learning architecture for action recognition[J]. IEEE Access,7:40757-40770.

SALCEDO-SANZS ,ORTIZ-GARCLA E G ,PEREZ-BELLIDO A M ,et al,2011. Short term wind speed prediction based on evolutionary support vector regression algorithms[J]. Expert Systems with Applications,38(4):4052-4057.

SCHULTZ M G,BETANCOURT C,GONG B,et al,2021. Can deep learning beat numerical weather prediction?[J]. Philosophical Transactions of the Royal Society A,379(2194):20200097.

SENER O,KOLTUN V,2018. Multi-Task Learning as Multi-Objective Optimization[C]. Proceedings of the 32nd International Conference on Neural Information Processing Systems:525-536.

SIDERATOS G, HATZIARGYRIOU N D,2007. An advanced statistical method for wind power forecasting[J]. IEEE Transactions on Power Systems,22(1):258-265.

STANDLEY T,ZAMIR A,CHEN D,et al,2020. Which tasks should be learned together in multi-task learning?[R]//International Conference on Machine Learning. PMLR:9120-9132.

WANG Y,BAI Y,YANG L,et al,2021. Short time air temperature prediction using pattern approximate matching[J]. Energy and Buildings,244:111036.

WU Q,GUAN F,LV C,et al,2021. Ultra-short-term multi-step wind power forecasting based on CNN-LSTM[J]. IET Renewable Power Generation,15:1019-1029.

YILDIZ C,ACIKGOZ H,KORKMAZ D,et al,2021. An improved residual-based convolutional neural network for very short-term wind power forecasting[J]. Energy Conversion and Management,228:113731,

ZHANG Q,WU S,WANG X,et al,2020. A $PM_{2.5}$ concentration prediction model based on multi-task deep learning for intensive air quality monitoring stations[J]. Journal of Cleaner Production,275:122722.

ZHANG Y,YANG Q,2021. A survey on multi-task learning[J]. IEEE-Transactions-on-Knowledge-and-Data-Engineering,4347:1-20.

ZHOU J,SHI J,LI G,2011. Fine tuning support vector machines for short-term wind speed forecasting[J]. Energy Conversion and Management,52:1990-1998.